ガッツリ学ぶ 電験二種 電力

塩沢孝則 [著]

本書を発行するにあたって，内容に誤りのないようできる限りの注意を払いましたが，本書の内容を適用した結果生じたこと，また，適用できなかった結果について，著者，出版社とも一切の責任を負いませんのでご了承ください．

本書は，「著作権法」によって，著作権等の権利が保護されている著作物です．本書の複製権・翻訳権・上映権・譲渡権・公衆送信権（送信可能化権を含む）は著作権者が保有しています．本書の全部または一部につき，無断で転載，複写複製，電子的装置への入力等をされると，著作権等の権利侵害となる場合があります．また，代行業者等の第三者によるスキャンやデジタル化は，たとえ個人や家庭内での利用であっても著作権法上認められておりませんので，ご注意ください．

本書の無断複写は，著作権法上の制限事項を除き，禁じられています．本書の複写複製を希望される場合は，そのつど事前に下記へ連絡して許諾を得てください．
出版者著作権管理機構
（電話 03-5244-5088，FAX 03-5244-5089，e-mail：info@jcopy.or.jp）

JCOPY ＜出版者著作権管理機構 委託出版物＞

読者の皆様へ —Preface

　社会の生産活動や人々の暮らしを支えるエネルギーの重要性は，これまでもこれからも変わることはありません．そのなかでも，カーボンニュートラルの実現に向けては，電気がエネルギー源の中核を担い，果たすべき役割は今後ますます大きくなっていくことでしょう．

　このような情勢にあって，事業用電気工作物の安全で効率的な運用を行うため，その工事と維持，運用に関する保安と監督を担うのが電気主任技術者です．この電気主任技術者の役割は非常に重要になってきており，その社会的ニーズも高いことから，人気のある国家資格となっています．

　本シリーズは，電気主任技術者試験の区分のうち，第二種，いわゆる「電験二種」の受験対策書です．電験二種は，一次試験と二次試験があります．一次試験の科目は，理論，電力，機械，法規の4科目，二次試験は電力・管理，機械・制御の2科目です．出題形式は，一次試験が多肢選択（マークシート）方式，二次試験が記述式となっています．

　そこで，本シリーズは，電験二種一次試験の各科目別の受験対策書として，一次試験を中心に取り上げつつ，その延長線上の知識として二次試験にも対応できるよう記載することで，合格を勝ち取る工夫をしています．

＜本書の特徴＞
①図をできる限り採り入れて，視覚的にわかりやすく解説
②式の導出を丁寧に行い，数学や計算のテクニックも解説（電験二種では，電験三種で暗記していた公式も含めて，微積分等を駆使しながら，自分で導出できるようにする必要があります．）
③重要ポイントや計算テクニックは，吹き出しで掲載
④電験二種の過去問題を徹底的に分析し，重要かつ最新の過去問題を各節単位の例題で取り上げ，解き方を丁寧に解説．また，章末問題も用意し，さらに実力を磨くことができるように配慮
⑤少し高度な内容や二次試験対応箇所はコラムとして記載

　このように，本シリーズは，電験二種に合格するための必要十分な知識を重点的に取り上げてわかりやすく解説しています．

　読者の皆様が，本書を活用してガッツリ学ぶことで，電験二種の合格を勝ち取られることを心より祈念しております．

　最後に，本書の編集にあたり，お世話になりましたオーム社の方々に厚く御礼申し上げます．

2024年10月

著者らしるす

目　次 —Contents

◆1章　水力発電

1-1　水力発電所の種類と出力 ……………………………………… 2
1-2　水力発電所における土木設備 ………………………………… 14
1-3　水　車 …………………………………………………………… 22
1-4　調速機 …………………………………………………………… 37
1-5　水車発電機 ……………………………………………………… 44
1-6　揚水式発電所 …………………………………………………… 51
　　　章末問題 ………………………………………………………… 60

◆2章　火力発電

2-1　熱サイクルと火力発電所の概要 ……………………………… 66
2-2　燃料とボイラ …………………………………………………… 73
2-3　蒸気タービンおよび付属設備 ………………………………… 83
2-4　タービン発電機と電気設備 …………………………………… 93
2-5　火力発電所の制御 ……………………………………………… 105
2-6　ガスタービン，コンバインドサイクル，ディーゼル発電 … 111
2-7　環境対策 ………………………………………………………… 120
　　　章末問題 ………………………………………………………… 129

◆3章　原子力発電

3-1　原子力発電の原理 ……………………………………………… 134
3-2　発電用原子炉 …………………………………………………… 141
3-3　原子燃料サイクル ……………………………………………… 148

章末問題 ………………………………………………………… 151

◆4章　再生可能エネルギー

4-1　太陽光発電 …………………………………………………… 154
4-2　風力発電 ……………………………………………………… 162
4-3　地熱発電 ……………………………………………………… 169
4-4　燃料電池 ……………………………………………………… 173
4-5　電力貯蔵用新形電池 ………………………………………… 179
　　　章末問題 ………………………………………………………… 187

◆5章　電力系統

5-1　交流送電と短絡容量 ………………………………………… 190
5-2　定態安定度と過渡安定度 …………………………………… 202
5-3　電圧安定度 …………………………………………………… 215
　　　章末問題 ………………………………………………………… 221

◆6章　変　電

6-1　変電所と変圧器 ……………………………………………… 228
6-2　開閉設備と母線 ……………………………………………… 248
6-3　保護継電器（リレー）……………………………………… 258
6-4　変電所の絶縁設計と塩害対策 ……………………………… 277
6-5　調相設備 ……………………………………………………… 291
　　　章末問題 ………………………………………………………… 298

目　次—Contents

◆7章　送　電

7-1　架空送電線路と特性 …………………………………………… 304
7-2　架空送電線の雷害対策・振動対策・塩害対策 ……………… 321
7-3　誘導障害とコロナ障害 ………………………………………… 331
7-4　直流送電 ………………………………………………………… 338
7-5　地中送電線 ……………………………………………………… 345
　　　章末問題 ………………………………………………………… 362

◆8章　配　電

8-1　配電方式と配電系統の構成 …………………………………… 366
8-2　配電設備 ………………………………………………………… 383
8-3　配電線の保護と配電自動化方式 ……………………………… 396
8-4　配電系統の電圧調整と電力損失 ……………………………… 413
8-5　電力系統の障害現象 …………………………………………… 420
　　　章末問題 ………………………………………………………… 426

◆9章　電気材料

9-1　絶縁材料 ………………………………………………………… 432
9-2　磁性材料・導電材料 …………………………………………… 442
　　　章末問題 ………………………………………………………… 447

章末問題解答 ………………………………………………………… 448
索　引 ………………………………………………………………… 459

1章

水力発電

学習のポイント

　水力分野では，一次試験は語句選択式の出題が圧倒的であり，計算問題は揚水式発電所の総合効率くらいである．二次試験では，発電所出力，速度変動率と水圧変動率，速度調定率等の計算問題が出題される．一次では，水車の機能と構造，比速度，キャビテーションなどの出題数が多い．このほか，土木設備の上水槽やサージタンク，水車の入口弁，揚水式発電所の揚水始動・サイリスタ始動等も出題される．学習としては，図を豊富に用意して説明しているので，図を見ながら理解を深めていく．

1-1 水力発電所の種類と出力

攻略のポイント　本節に関して，電験3種では水力発電所の基本的な構造や機能，出力計算が出題される．2種では構造や機能の詳細な内容が問われる．構造の詳細な内容は次節以降取り上げるので，まずは水力発電所の全体像をおさえる．

1 水力発電所の種類

水力発電所は，構造による分類，水の利用面等によって分類される．

(1) 水力発電所の構造による分類

水力発電所において水面から水車までの落差をいかに得るかで整理したのが，構造による分類である．水路式，ダム式，ダム水路式に分けられる．これらを図1・1に示す．

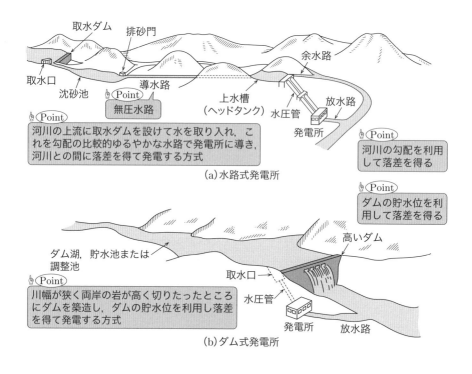

(a) 水路式発電所

(b) ダム式発電所

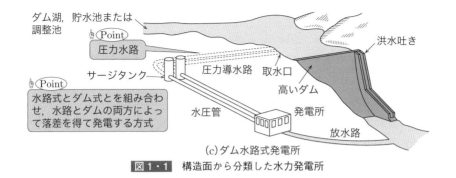

(c) ダム水路式発電所

図1・1　構造面から分類した水力発電所

(2) 水の利用面による分類

電力需要は，1日のうちの昼間と夜間で，また季節によっても大きく変化する．そして，この需要の変化に合わせ，水力，火力，原子力，再生可能エネルギーといった発電設備を最適に組み合わせて安定供給とコスト低減を図っている．図1・2は，日負荷曲線における電源の組合せを示している．流れ込み式発電所はベース供給力を担い，調整池式および貯水池式水力はピーク供給力，揚水式発電所はピーク供給力および周波数調整を担う．

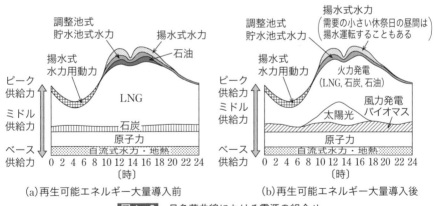

(a) 再生可能エネルギー大量導入前　　(b) 再生可能エネルギー大量導入後

図1・2　日負荷曲線における電源の組合せ

①流れ込み式発電所（自流式発電所）

河川を流れる水を貯めることなく，自然流量に応じてそのまま発電に使用する方式である．この方式の発電所はほとんどが出力の小さい発電所である．

②調整池式発電所

河川の流れをせき止めたダムに，夜間や週末の電力消費の少ないときに発電を控えて河川水を貯め込み，電力消費の増加に合わせて水量を調整しながら発電する方式．1日または1週間程度の短期間の水量を調整する．

③貯水池式発電所

調整池式より規模の大きいダムに，水量が豊富で電力消費が少ない春・秋等に河川水を貯め込み，電力消費が多くなる夏・冬にこれを発電する方式．つまり，自然流量を季節的に調整できる．

④揚水式発電所

発電所をはさんで上部と下部に上部貯水池と下部貯水池を作って貯水し，昼間，電力消費が多いときに上部貯水池の水を下部貯水池に落として発電し，電力消費が少ない夜間に下部貯水池から上部貯水池まで水を汲み上げ，再び，昼間の発電に備える方式．なお，最近の太陽光発電の増加に伴い，電力消費の少ない休祭日の昼間にも，余剰電力吸収を目的として揚水運転を実施することがある．揚水式発電所は，電力貯蔵機能を有し，ピーク負荷対応能力を備えた電源であると同時に，系統周波数調整としての役割も担う．

2 水の流れの連続の原理とベルヌーイの定理

水力発電において，水の流れの連続の原理とベルヌーイの定理が重要なので，説明する．水力発電に利用される水は，位置エネルギー，圧力エネルギー，運動エネルギーの三つの形態のエネルギーをもっている．

(1) 連続の原理

図1・3において，点A, Bを含む流水の断面積をS_A, S_B〔m²〕，流速をv_A, v_B〔m/s〕とすれば，それぞれの流量は次式で等しい．

$$S_A v_A = S_B v_B \text{〔m}^3\text{/s〕} \tag{1・1}$$

つまり，水管中を水が流れているとき，どの断面を取ってもそこを通る水の量は一定となる．これを**連続の原理**という．

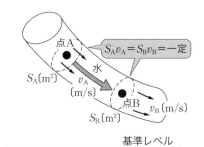

図1・3 連続の原理

(2) 水頭
①位置水頭

ある基準レベルからの高さでそのエネルギーを表したものである．図1・4で，点Aの基準レベルに対する**位置水頭**はh_A〔m〕である．

②圧力水頭

図1・5のような体積の水を考えるとき，水の全質量は体積×密度であり，全圧力P=重力加速度g×水の全質量であるから，体積の底面積S〔m²〕，高さh_p〔m〕，水の密度ρ〔kg/m³〕，重力加速度g〔m/s²〕とすれば，当該体積の底面に働く全圧力$P=g\rho S h_p$〔N〕となる．これから，**圧力水頭**は次式となる．

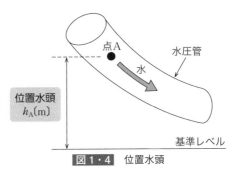

図1・4　位置水頭

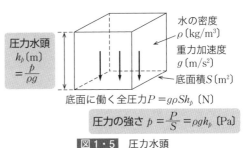

図1・5　圧力水頭

$$h_p = \frac{P}{\rho g S} \,〔\mathrm{m}〕 \tag{1・2}$$

ここで圧力の単位を〔N/m²〕＝〔Pa（パスカル）〕で考えれば，上式は$p=P/S$〔N/m²〕より次式となる．

> **POINT**
> 圧力エネルギーは位置エネルギーと同様に考え，$mgh_p = m\dfrac{p}{\rho}$

$$\boldsymbol{h_p = \frac{p}{\rho g}} \,〔\mathrm{m}〕 \tag{1・3}$$

③速度水頭

図1・6で，速度v_A〔m/s〕で流れている単位体積当たりの質量m_A〔kg/m³〕の水がもつ運動エネルギーは$m_A v_A^2/2$である．この運動エネルギーを高さに換算するために，位置エネルギーの高さをh_vと

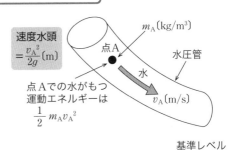

図1・6　速度水頭

すれば

$$\frac{1}{2}m_A v_A{}^2 = m_A g h_v \tag{1・4}$$

$$\therefore \quad h_v = \frac{v_A{}^2}{2g} \ [\text{m}] \tag{1・5}$$

上式の h_v を**速度水頭**という．さらに，**全水頭**とは，ある点における水の位置水頭，圧力水頭，速度水頭の和をいう．

(3) ベルヌーイの定理

まず，粘性や摩擦がない完全流体を考え，流量は一定の定常流と仮定する．

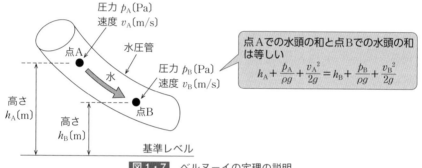

図1・7 ベルヌーイの定理の説明

図1・7において，**点A，点Bにおけるそれぞれの位置エネルギー，圧力エネルギー，運動エネルギーの和は，エネルギー保存の法則から等しい**．このため

$$mgh_A + m\frac{p_A}{\rho} + \frac{1}{2}mv_A{}^2 = mgh_B + m\frac{p_B}{\rho} + \frac{1}{2}mv_B{}^2 \tag{1・6}$$

となる．この両辺を mg で割れば

$$h_A + \frac{p_A}{\rho g} + \frac{v_A{}^2}{2g} = h_B + \frac{p_B}{\rho g} + \frac{v_B{}^2}{2g} \tag{1・7}$$

これが**ベルヌーイの定理**である．上式の第1項，第2項，第3項はそれぞれ位置水頭，圧力水頭，速度水頭を表している．

3 流量・落差と発電所の出力

(1) 流量

河川のある地点の一定横断面を1秒間に通過する水の量を**河川流量**といい，**単位は[m³/s]**である．河川流量は，降水量，流域の地質や森林の状態等によって変わる．**流況曲線**は，1年365日の流量について，横軸に365日の日数を，縦軸に流量を取り，流量の大きいものから順に並び替えてこれらの点を結んだ曲線である．図1・8が流況曲線であり，豊水量，平水量，低水量，渇水量が定義されている．

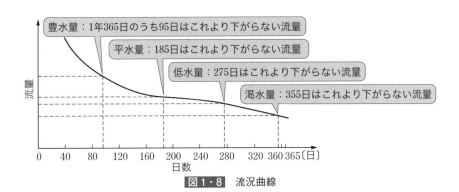

図1・8 流況曲線

ある河川の流域全体に降った雨量のうち，どの程度が河川流量となって流出するのかについて，降水量に対する河川流量の割合を**流出係数**で表す．河川の流域面積を S [m²]，年間降水量を h [m]，流出係数を α とすれば，その河川に流出する年間流出水量 V は

$$V = Sh\alpha \ [\text{m}^3]$$

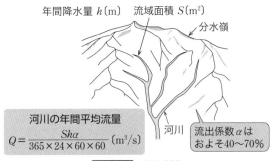

図1・9 流出係数

河川の年間平均流量
$$Q = \frac{Sh\alpha}{365 \times 24 \times 60 \times 60} \ [\text{m}^3/\text{s}]$$

流出係数 α はおよそ40〜70％

POINT h の単位に注意

(1・8)

したがって，河川の年間平均流量 Q は

$$Q = \frac{Sh\alpha}{365 \times 24 \times 60 \times 60} \ [\text{m}^3/\text{s}] \qquad (1 \cdot 9)$$

となる．

(2) 落差

総落差は，取水口における水位と放水口における水位の差である．しかし，取水口から放水口まで水が流れていく間に，水路の摩擦，曲がり，水車の位置等によって損失が生ずる．この損失に相当する落差を**損失水頭**という．そして，**有効落差**は，総落差から損失落差を引いたものである．反動水車を例にした落差の定義を図1・10に示す．

有効落差 H [m] ＝ 総落差 H_G [m] － 損失落差 h_l [m] $\qquad (1 \cdot 10)$

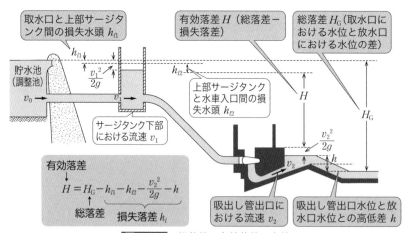

図1・10 総落差・有効落差の定義

(3) 発電所の出力

①理論水力

水力発電の出力は位置エネルギー（質量×重力加速度×高さ）を時間で割ったものというのが，基本的な考え方である．流量 Q [m³/s] の水が高さ H [m] から落下するときの単位時間当たりの仕事量 P は，水の比重 $\rho = 1\,000$ kg/m³，重力加速度 $g = 9.8$ m/s² を用いて

$$P = \rho Q g H = 1\,000 \times 9.8 Q H \ [\text{kg} \cdot \text{m}^2/\text{s}^3] \qquad (1 \cdot 11)$$

単位時間当たりの仕事量つまり仕事率の単位は〔W〕＝〔kg・m²/s³〕であるから，機器の損失を考慮しない場合の**理論水力**は次式となる．

$$P = 9.8QH \text{〔kW〕} \quad (1 \cdot 12)$$

②**発電所出力**

機器の損失を考慮する**発電所出力** P_G は，水車効率 η_W（水車の入力と出力の比），発電機効率 η_G（発電機の入力と出力との比）とすれば

$$P_G = 9.8QH\eta_W\eta_G \text{〔kW〕} \quad (1 \cdot 13)$$

となる．上式で，（水車効率）×（発電機効率）を**総合効率**または**合成効率**と呼んでいる．発電所の水車に入る水の流量 Q を**使用水量**といい，その最大値を**最大使用水量**という．最大使用水量と有効落差により式（1・13）で決まる出力が発電所の**最大出力**となる．

一方，発電所出力は，次のようにも表すことができる．水圧管の断面積を S〔m²〕，流速 v〔m/s〕，管路損失で流速が低下することを考慮した流速係数を k として，水圧管内の流量 Q は次式となる．

$$Q = Sv = Sk\sqrt{2gH} \text{〔m}^3\text{/s〕} \quad (1 \cdot 14)$$

> **POINT**
> 式（1・5）より
> $v = \sqrt{2gH}$

つまり，流量 Q は有効落差 H の平方根に比例して変化する．

発電所出力 P_G は理論水力に水車効率 η_W，発電機効率 η_G を乗じるので

$$P_G = \rho gQH\eta_W\eta_G = \rho gH \cdot Sk\sqrt{2gH}\,\eta_W\eta_G = \sqrt{2}\,k\rho S(gH)^{\frac{3}{2}}\eta_W\eta_G \propto H^{\frac{3}{2}} \quad (1 \cdot 15)$$

となる．つまり，**発電所出力 P_G は有効落差 H の3/2乗に比例して変化**する．

水力発電

例題 1　　　　　　　　　　　　　　　　　　　　　H27 問 5

次の文章は，水力発電所に関する記述である．

水路式発電所は河川の　(1)　を利用して落差を得る方式であり，ダム式発電所はダムの　(2)　を利用して落差を得る方式である．また，ダム水路式発電所は両者の特性を合わせもつ方式である．

水路式発電所の主な設備は上流から順に，取水ダム，取水口，　(3)　，導水路，ヘッドタンク，水圧管路，発電所，放水路および放水口で構成されている．

一方，ダム式，ダム水路式では，一般的に　(3)　の機能がダムに備わっていることから，　(3)　は不要とされている．

ダム水路式の導水路は，一般に　(4)　となることから，水路式のヘッドタンクに変えて，サージタンクを設置する．

ヘッドタンクには，出力変動に対する数分程度の水量供給変動を吸収する能力があり，サージタンクには，この能力とは別に，　(5)　を吸収する能力がある．

【解答群】
(イ) 流込み　　　(ロ) 流域面積　　　(ハ) 流入量の変化　　　(ニ) 圧力トンネル
(ホ) 貯水量　　　(ヘ) 水撃圧　　　　(ト) 無圧トンネル　　　(チ) 沈砂池
(リ) 減勢槽　　　(ヌ) 開きょ　　　　(ル) 貯水位　　　　　　(ヲ) ダム水位変動
(ワ) 勾配　　　　(カ) 砂捨て場　　　(ヨ) 流量

解説　図1・1の水路式・ダム式・ダム水路式発電所における構造物の配列順序をそれらの機能とあわせて理解しておく．土木設備の構造や機能の詳細は1-2節で，水車の構造や機能は1-3節で扱う．ダム水路式発電所では，水車の流量が急変した場合に，タンク内の水位が自動的に昇降して圧力トンネルや水圧管内の水圧の変化を軽減するために，サージタンクを設ける．これは導水路（圧力トンネル）と水圧管路の接続点に設置する．

【解答】(1) ワ　(2) ル　(3) チ　(4) ニ　(5) ヘ

例題 2　　　　　　　　　　　　　　　　　　　　　H17 問 1

次の文章は，水路式発電所に関する記述である．

水路式発電所は河川の　(1)　を利用して落差を得る方式であり，その主な設備としては，取水ダム，　(2)　，導水路，　(3)　，水圧管，水車・発電機，放水路および放水口からなる．

取水ダムで取水した水は，まず，　(2)　に入る．ダム式と異なり，取水中の土砂は取水口で完全に除くことができないため，ここで，水の流れを緩やかにして，導水路に入る前で土砂を十分に沈殿させる．

1-1 水力発電所の種類と出力

導水路には，主に開きょや (4) が用いられる． (4) の断面形状は一般的に馬蹄形が採用され，岩盤が堅固なところでは素掘りのままとする場合もあるが，多くはコンクリートなどで内面の巻立てを行う．

(3) は，水圧管の手前に設けられ，水路末端の断面積を広げて容積を大きくしたものであり，最終的な土砂の沈殿や落葉などのごみの取り除きを行うほか，発電所負荷の急増時には水の補給を行うなどの役割がある．なお，負荷遮断等の負荷急減時に，水路から流入してくる水を河川に放出するための設備を (5) という．

【解答群】
(イ) 流量　　　　(ロ) 無圧トンネル　(ハ) ダム　　　　(ニ) ヘッドタンク
(ホ) 排砂門　　　(ヘ) 圧力トンネル　(ト) 余水吐け　　(チ) 逆サイホン
(リ) 水路橋　　　(ヌ) サージタンク　(ル) 放水口　　　(ヲ) 吸出し管
(ワ) スクリーン　(カ) 勾配　　　　　　　　　　　　　(ヨ) 沈砂池

解説　余水吐け（余水吐）は，1-2節に示すように，取水口からの取水量が使用水量を超えた場合や負荷遮断をした場合に，その余分な水を安全に河川に放出するための設備である．

【解答】(1) カ　(2) ヨ　(3) ニ　(4) ロ　(5) ト

例題 3　　　　　　　　　　　　　　　　　3種 R3 問2

図で，水圧管内を水が充満して流れている．断面Aでは，内径 2.2 m，流速 3 m/s，圧力 24 kPa である．このとき，断面Aとの落差が 30 m，内径 2 m の断面Bにおける流速〔m/s〕と水圧〔kPa〕の最も近い値の組合せとして，正しいものを次の (1) ～ (5) のうちから一つ選べ．

ただし，重力加速度は 9.8 m/s^2，水の密度は 1 000 kg/m^3，円周率は 3.14 とする．

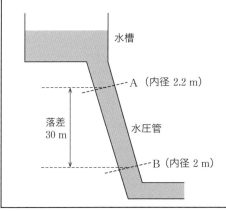

	流速〔m/s〕	水圧〔kPa〕
(1)	3.0	318
(2)	3.0	316
(3)	3.6	316
(4)	3.6	310
(5)	4.0	300

解　説　　式（1・1）を適用すれば，断面Bにおける流速 v_B は

$$v_B = \frac{S_A}{S_B}v_A = \frac{\pi\left(\frac{2.2}{2}\right)^2}{\pi\left(\frac{2}{2}\right)^2} \times 3 = 3.6 \text{ m/s}$$

式（1・7）より，$h_A + \frac{p_A}{\rho g} + \frac{v_A{}^2}{2g} = h_B + \frac{p_B}{\rho g} + \frac{v_B{}^2}{2g}$ を変形して数値を代入する．

$$p_B = \rho g(h_A - h_B) + p_A + \frac{\rho}{2}(v_A{}^2 - v_B{}^2)$$

$$= 1\,000 \times 9.8 \times (30-0) + 24 \times 10^3 + \frac{1\,000}{2}(3^2 - 3.6^2) = 316\,020 \quad \therefore \quad p_B = 316 \text{ kPa}$$

【解答】（3）

例題4　　　　　　　　　　　　　　　　　　　　　　　H30　二次　問1

河川の流域面積が 200 km²，年間降水量が 1 500 mm，流出係数 0.7 の河川がある．この河川に最大使用水量が年間平均流量の 2 倍の自流式発電所を設置するとき，次の問に答えよ．

ただし，取水口標高 420 m，水車中心標高 185 m，放水口標高 200 m，損失落差を総落差の 5%，水車効率 90%，発電機効率 98%，1 年は 365 日とする．

（1）この河川の年間平均流量〔m³/s〕を求めよ．
（2）発電所の最大出力〔kW〕を求めよ．

解　説　　（1）式（1・9）より，年間平均流量 Q は

$$Q = \frac{200 \times 10^6 \times 1\,500 \times 10^{-3} \times 0.7}{365 \times 24 \times 60 \times 60} = 6.66 \text{ m}^3/\text{s}$$

（2）総落差は取水口標高と放水口標高の差であるから，損失落差を考慮した有効落差 H は式（1・10）より $H = (420-200) \times (1-0.05) = 209$ m

題意より，最大使用水量 Q_m は年間平均流量 Q の 2 倍であるから

$$Q_m = 2Q = 2 \times 6.66 = 13.32 \text{ m}^3/\text{s}$$

発電所の最大出力 P は式（1・13）より

$$P = 9.8 Q_m H \eta_W \eta_G = 9.8 \times 13.32 \times 209 \times 0.90 \times 0.98 ≒ 24\,100 \text{ kW}$$

【解答】（1）6.66 m³/s　（2）24 100 kW

1-1 水力発電所の種類と出力

例題 5 ························· H21 二次 問 1

水車の案内羽根開度および効率を一定とした場合に,次の問に答えよ.
(1) 水車の出力 P [kW] は有効落差 H [m] の関数として表されるが,その関係を次に示す諸量を表す記号を用いて式で表せ.
水車効率を η [%],水圧管の断面積を A [m^2],重力加速度を g [m/s^2],管路損失等による流速の低下を考慮した流速係数を k として用いること.
(2) (1) を用いて,有効落差 100 m,最大出力 8 000 kW の水力発電所が水位変化によって有効落差が 81 m に低下したときの最大出力を求めよ.

解説 (1) 水車の出力 P は,式 (1・15) において S を A に置き換え,$\rho = 1\,000$ の代わりに単位を kW に変更し,発電機効率 η_G を乗じる前なので

$$P = \sqrt{2}\,kA\,(gH)^{\frac{3}{2}} \left(\frac{\eta}{100}\right) \text{ [kW]}$$

となる.

(2) (1) の式より,水車および発電所の出力は有効落差 H の 3/2 乗に比例するから

$$P_2 = P_1 \left(\frac{H_2}{H_1}\right)^{\frac{3}{2}} = 8\,000 \times \left(\frac{81}{100}\right)^{\frac{3}{2}} = 5\,832 \text{ kW}$$

【解答】(1) $P = \sqrt{2}\,kA\,(gH)^{\frac{3}{2}} \left(\frac{\eta}{100}\right)$ [kW] (2) 5 832 kW

1-2 水力発電所における土木設備

攻略のポイント　本節に関して，3種では土木設備の基礎的な出題がされるのに対して，2種では少し踏み込んだ土木設備の機能・設備や調整池の容量と運用等が出題される．1-1節の水力発電所の全体像を踏まえながら，確実に理解する．

1 ダム

　ダムは，川の流れをせき止め，水を貯めるとともに取水するための構造物である．大きく分けると，ダムには，コンクリートで構築された**コンクリートダム**（図1・11），岩や土等の天然物で造られた**フィルダム**（図1・12）がある．

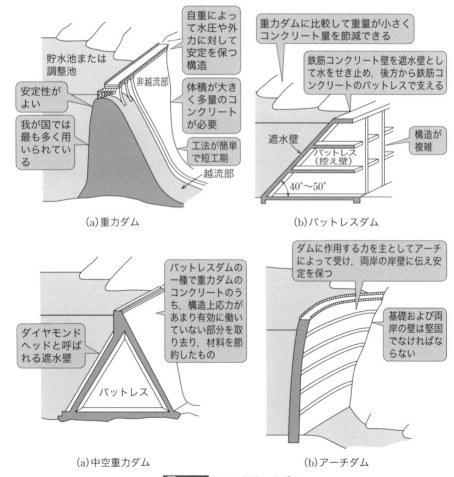

図1・11　コンクリートダム

1-2 水力発電所における土木設備

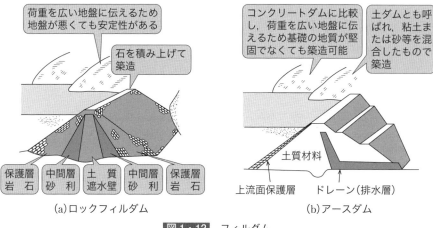

(a)ロックフィルダム　　(b)アースダム

図1・12　フィルダム

2 取水口

取水口は，貯水池，調整池，河川等から流水を取り入れる設備をいう．取水口は，使用水量を確実に取水し，導水路への土砂，流木，ごみ等の流入を防止する．取水口には，制水門，スクリーン，除塵機，排砂門（排砂ゲート），魚道等が設けられる．

3 沈砂池

取水口から取り入れた流水には土砂が含まれているため，水路に沈殿・堆積して取水量を減じたり，水圧管や水車に流入して摩耗させたりすることがある．このため，**沈砂池**を設ける．しかし，貯水池や調整池といった高いダムがある場合には，池内で土砂が沈殿するから，沈砂池は設けない．

4 導水路

導水路は，取水口と上水槽またはサージタンクとの間にある水を導くための工作物であり，**無圧水路**と**圧力水路**とがある．一般的に，**水路式発電所の場合には無圧水路**となり，**ダム水路式発電所の場合には圧力水路**となる．

5 上水槽（ヘッドタンク）

　水路式発電所において，導水路の末端と水圧管路の接続部に**上水槽（ヘッドタンク）**を設ける．上水槽には，水路から流入する土砂を沈殿させ，落葉・流木等の浮遊物を取り除いた水を水圧管に送るとともに，発電所の負荷が急増したときは一時的にこの水槽内の水で水路からの流量不足を補う目的がある．また，水車の負荷が遮断されたり，負荷が急減して余水が生じたりしたときには安全に放流するため，余水吐と余水路により放流する．

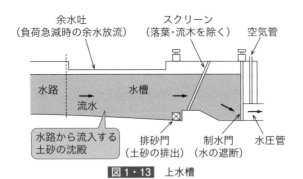

図 1・13　上水槽

6 サージタンク

　一方，ダム水路式発電所では，**水撃圧の吸収と緩和**のため，図1・14（a）のように**サージタンク**（調圧水槽）を設ける．**水撃圧**は，水力発電所の負荷が遮断されて水圧管の下部にある弁を急閉すると，水圧管および水路を流れている水は急に減速し，水の慣性により水圧管下部の圧力が上昇し，この圧力が水圧管上部や水路に伝搬することをいう．しかし，サージタンクのように自由水面があると，水撃圧は符号を変えて反射し，そこでの圧力上昇は常に零となるから，上流にある圧力水路に水撃圧が入るのを防止できる．このため，水圧管のみ水撃圧に耐えるよう設計すればよいので，経済的となる．サージタンクには，図1・14（b）や（c）のように，単動サージタンク，差動サージタンク等があるが，わが国では差動サージタンクが多く採用されている．

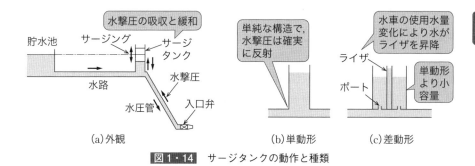

図1・14 サージタンクの動作と種類

7 水圧管路

　上水槽，サージタンクまたは取水口から圧力状態で直接水車に導水するための設備を**水圧管路**または**水圧管**という．水圧管路は，静水圧のほかに，管の閉鎖に伴う水撃圧に耐える必要がある．

　水圧管内の平均流速を v〔m/s〕，管の内径を D〔m〕とすると，流量 Q は

$$Q = \pi \left(\frac{D}{2}\right)^2 v = \frac{\pi}{4} D^2 v \quad [\text{m}^3/\text{s}] \tag{1・16}$$

である．このため，流量を一定にしたとき，管径を小さくすれば設備費は抑えられるものの，流速が大きくなって損失水頭が増すことから，設備費と損失電力量を総合勘案し，最も経済的になるように設計する．一般的に管内の流速は3～10 m/s 程度とされる．

　水圧管の条数は，運転上，水車1台に対し1条とするのが望ましいが，一定の水量を流す場合，水圧管の条数が少ない方が有利である．通常，水圧管1条に対し，水車1～2台とし，水圧管終端付近に分岐管を設ける．

8 放水路

　放水路は，水車から放水される水を導くための設備である．

9 余水路（余水吐）

　余水路（余水吐）とは，取水口からの取水量が使用水量を超えた場合や負荷遮断をした場合に，その余分な水を安全に河川に放出するための設備である．

10 調整池

1日または1週間程度の短期間の水量を調整するもので，深夜または軽負荷時の余剰水量を貯水し，ピーク負荷時に発電する目的で造られた池が**調整池**である．図1・15において，流入量（自然流量）をQ〔m³/s〕，ピーク負荷時の使用水量と継続時間をQ_p〔m³/s〕，T〔h〕とすれば，調整池容量V〔m³〕は

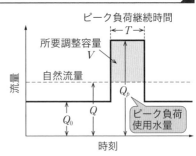

図1・15 調整池の容量と運用

$$V = (Q_p - Q)T \times 3\,600 \quad \text{〔m}^3\text{〕} \tag{1・17}$$

である．一方，貯水はピーク負荷時以外のときであるから，そのときの使用水量Q_0〔m³/s〕と流入量Q〔m³/s〕の関係は，図1・15より

$$(Q - Q_0)(24 - T) \times 3\,600 = V \tag{1・18}$$

となる．この二つが基本的な考え方である．式（1・17），式（1・18）を変形すれば

$$Q_p = Q + \frac{V}{3\,600\,T} \quad \text{〔m}^3/\text{s〕} \tag{1・19}$$

$$Q_0 = Q - \frac{V}{3\,600(24 - T)} \quad \text{〔m}^3/\text{s〕} \tag{1・20}$$

11 貯水池

河川流量は季節的に変化するため，豊水期には余剰水量を蓄え，渇水期にはこれを放水利用できるように，自然流量を季節的に調整できる容量を備えた池を**貯水池**という．満水位から最低水位までの実際に利用できる貯水量を**有効容量**という．

例題6　　　　　　　　　　　　　　　　　　　　　　　R2 問5

次の文章は，水路式発電所に関する記述である．

水路式発電所は河川の水を取り入れ，比較的長い水路で発電所に導いて落差を得る方式であり，その主な設備としては，取水口，取水ダム，　(1)　，導水路，　(2)　，水圧管，水車，発電機，放水路および放水口からなる．

取水口はごみの流入を抑制する目的で河川と直角にとることが多い．また，取水ダムには　(3)　を設け，洪水時などに取水口付近に堆積した土砂を排出する．

次に，取水した水は，　(1)　に入る．ダム式発電所と異なり，取水中の土砂は取水口で完全に除くことができないため，ここで，水の流れを緩やかにして，導水路に入る前で土砂を十分に沈殿させる．導水路には，主に開きょや　(4)　が用いられる．岩盤が堅固なところでは素掘りのままとする場合もあるが，多くはコンクリートなどで内面の巻立てを行う．

　(2)　は，水圧管の手前に設けられ，水路末端の断面積を広げて容積を大きくしたものであり，最終的な土砂の沈殿や落葉などのごみの取り除きを行うほか，発電所負荷の急増時には水の補給を行うなどの機能を有する．また，負荷遮断等の負荷急減時に，水路から流入してくる水を河川に放出するための設備を　(5)　という．

【解答群】
(イ) 制水門　　　　　(ロ) 無圧トンネル　　　(ハ) 維持流量設備
(ニ) ヘッドタンク　　(ホ) 魚道　　　　　　　(ヘ) 圧力トンネル
(ト) 余水吐　　　　　(チ) 逆サイホン　　　　(リ) 上部ダム
(ヌ) サージタンク　　(ル) 洪水吐　　　　　　(ヲ) 吸出し管
(ワ) スクリーン　　　(カ) 排砂門　　　　　　(ヨ) 沈砂池

解説　排砂門（排砂ゲート）は，常時閉めておき，洪水時に開いて洪水吐も兼ねた流水の勢いで取水口前面の堆積土砂を排砂路経由で下流側に排除するものである．

【解答】(1) ヨ　(2) ニ　(3) カ　(4) ロ　(5) ト

水力発電

例題7　H24　問5

次の文章は，調整池式水力発電所の運用に関する記述である．

調整池をもつ発電所では，河川流量が発電所の (1) より少ない場合，発電機は定格出力での連続運転ができず，一定の時間帯は発電機を (2) するか，出力を抑制して，定格出力で運転開始するまでに調整池水位を (3) とするなど，必要な貯水量を確保する必要がある．

いま，河川の全流量を発電に利用し，毎日0時時点での貯水量を同じにする条件で，図のような1日の発電パターンで調整池式水力発電所を運転するものとする．また，発電機出力 P_0〔MW〕，P_P〔MW〕に対応する各使用水量を Q_0〔m³/s〕，Q_P〔m³/s〕，P_P〔MW〕での運転継続時間を T〔h〕とし，河川流量が Q〔m³/s〕で一定（ただし，$Q_0<Q<Q_P$）とすると，最低限必要な調整池の貯水容量 V〔m³〕は，$V=$ (4) で表される．このとき Q_0〔m³/s〕は，$Q_0=$ (5) で表される．

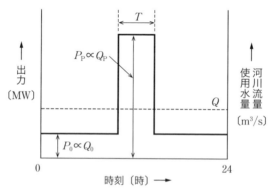

1日の発電パターン

【解答群】

(イ) $QT \times \dfrac{P_P}{P_0} \times 3\,600$ 　　(ロ) 最低　　(ハ) $Q_P T \times 3\,600$　　(ニ) 下限

(ホ) $\dfrac{Q \times (P_P - P_0)}{P_0}$　　(ヘ) 豊水時流量　　(ト) 満水位

(チ) $(Q_P - Q)T \times 3\,600$　　(リ) 遅相運転　　(ヌ) 進相運転

(ル) 無効放流量　　(ヲ) 停止　　(ワ) 最大使用水量

(カ) $Q - \dfrac{V}{(24-T) \times 3\,600}$　　　　(ヨ) $Q - \dfrac{V}{T \times 3\,600}$

解説 (4),(5) は式(1・17)〜式(1・20)の通りである.

【解答】(1) ワ (2) ヲ (3) ト (4) チ (5) カ

例題 8 ·· H7 問1

次の文章は,水力発電所の圧力管に関する記述である.

水圧管路の中を流れている水を,管端の弁で急に遮断すると,水の [(1)] のエネルギーが [(2)] のエネルギーに変わって,弁の直前の圧力が高くなりその圧力は圧力波となって,上流に伝わり,管の入り口で反射して [(3)] の圧力波となり逆に弁の方に伝わる.この弁に到達した圧力波は, [(4)] して上流に向かい上記と同様のことを繰り返す.この現象を [(5)] 作用という.

【解答群】
(イ) 正反射 (ロ) 共鳴 (ハ) 正 (ニ) 負 (ホ) 水撃
(ヘ) 有効 (ト) 運動 (チ) 圧力 (リ) 零 (ヌ) 高
(ル) 低 (ヲ) 余剰 (ワ) 水反 (カ) 位置 (ヨ) 音

解説 管路の中に水が充満して流れているとき,その一部に設けられた弁を急速に閉鎖すると,水の運動エネルギーが圧力エネルギーに変わって,管内に大きな圧力上昇が起こる.また,弁を急に開放すると水は急に流動を始め圧力の下降を起こす.この圧力の変動は圧力波となって管内を伝わる.これが水撃作用である.この圧力変化の大きさ ΔP は,流速変化 Δv,圧力波の伝搬速度 c に比例し,液体の密度を ρ として,$\Delta P = \rho c \Delta v$ と表すことができる.

【解答】(1) ト (2) チ (3) ニ (4) イ (5) ホ

1-3 水　車

**攻略の
ポイント**

本節に関して，電験3種では衝動水車・反動水車等に関する出題が多い．2種一次試験では，ペルトン・フランシス水車の機能や構造，水車の種類と適用落差・比速度，キャビテーションなど水力発電の最頻出分野である．二次試験でも，水車の型式と比速度，水撃作用とその防止策，ペルトン・クロスフロー・カプラン水車の部分負荷時の水車効率向上策が出題されている．

1　水車の種類

　水車は，水のもつエネルギーを機械的エネルギーに変える回転機械である．水車には，動作原理から分類すると，**衝動水車**と**反動水車**とがある．衝動水車は，水のもつ位置エネルギーを運動エネルギーに変えて機械的エネルギーを得る水車であり，ペルトン水車が該当する．一方，反動水車は，圧力エネルギーを変えて機械的エネルギーを得る水車であり，フランシス水車，斜流水車，プロペラ水車が該当する．

2　ペルトン水車

　ペルトン水車は，図1・16のように，**ノズル**から強い勢いで吹き出す水（**ジェット**）をランナに作用させる．ランナは，ジェットを受ける**バケット**（おわん形の構造）とその取付部である**ディスク**とからなる．主軸にはめ込まれたディスクの外周に15～30枚程度のバケットが取り付けられている．ノズルは水圧管につながっており，水の圧力水頭を速度水頭に変え，この水をジェットとしてバケットに吹き当てて回転させる．ノズルは中央に**ニードル弁**を備え，調速機によって開度を変えて使用水量を調整する．ペルトン水車は**高落差の発電所**に用いられる．

　デフレクタは，非常時にランナのバケットに当たるジェットを急激にそらすための装置であり，ノズルとランナの中間に設ける．送電線故障等で水車発電機の負荷が急減した場合，デフレクタを動作させ，ジェットがバケットに当たるのを一時的に遮り，その間にニードル弁でノズルを徐々に閉鎖して，水車の速度上昇と水圧管路の水圧上昇を抑制する．さらに，デフレクタに加えて急停止を可能とする**ジェットブレーキ**を設けることがある．これは，負荷遮断時にデフレクタとニードル弁が動作した後にバケットの背後から少量の水を噴射することにより，ランナの速度上昇防止と制動を行う．

1-3 水車

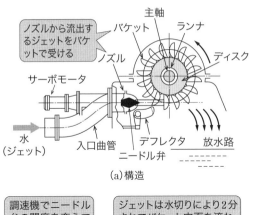

(a) 構造

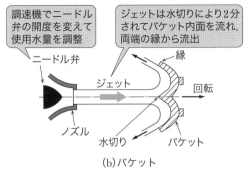

(b) バケット

図1・16 ペルトン水車とバケット部の構造

[ペルトン水車の特徴]

① **ニードル弁で水量調整するため，軽負荷時でも効率の低下が少ない．**そこで，流量や負荷変動が大きい流れ込み式発電所に適している．

② 多ノズル形では，負荷に応じて使用ノズル数を切り換えて運転することにより，効率の低下を防ぐことができる．

③ デフレクタで水圧上昇を抑えられ，水圧管は経済的となる．

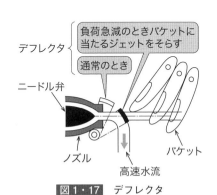

図1・17 デフレクタ

④ ランナ据付位置は放水面よりも高いため，損失落差がある．

⑤ 摩耗部品の取替など保守が容易である．

3　フランシス水車

フランシス水車は，図1・18（a）のように，水の圧力と速度を**ランナ**と呼ばれる羽根車に作用させる構造の水車で，反動水車の一つである．**ケーシング**は，渦巻形の構造で入口からの流水を内周部から均等にガイドベーンに導く．**ガイドベーン**は，流水に適当な方向を与えながら，ランナに入る水量を調整（すなわち出力を調整）する．ランナは，流水からのエネルギーを，主軸を介して発電機に動力として伝達する．一方，**吸出し管**はランナ出口から放水面までの接続管をいい，図1・18（a）のように横に折れ曲がった**エルボ形**や図1・18（b）の**円すい形**がある．吸出し管は単なる導水管ではなく，二つの機能をもつ．一つ目の機能は，図1・18（b）のように通常ランナは放水面より上に設置されるが，このままではランナと放水面間の落差 H_s が無駄になることから，この**落差を有効利用**することである．二つ目の機能は，ランナから放出された**水のもつ運動エネルギーを回収**することである．入口よりも出口の断面積を大きくとり，流速を小さくすることにより速度エネルギーを回収する．断面積を緩やかに広げていく必要があるため，エルボ形や円すい形が用いられるのである．放水面からランナ出口までの高さ H_s を**吸出し高さ**といい，これを高くとりすぎるとキャビテーションが発生しやすくなる．標準大気圧に相当する理論上の水柱の高さは約 10 m であるが，吸出し高さはキャビテーションを考慮して，通常は 6～7 m 以下とし，さらに比速度が大きな水車では 1～2 m としている．

> **POINT**
> 吸出し高さとキャビテーションの関係も重要

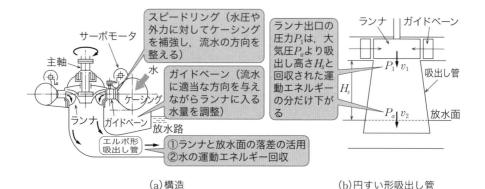

(a) 構造　　　　　　　　　　　　　　(b) 円すい形吸出し管

図1・18　フランシス水車と円すい形吸出し管

フランシス水車の適用落差は 40～500 m と広く，日本の水力発電所の約 7 割がこの水車である．大容量のものはほとんどが縦軸であるが，小容量のものは横軸が採用される．

[フランシス水車の特徴]
①ペルトン水車と比較し，比速度を大きくとれるので，回転数を高くし，同一仕様において機器や建屋を小さくできる．
②負荷や落差の変化に対して効率の低下が著しい．
③吸出し管により，落差を有効に利用できる．

4 斜流水車

　斜流水車は，流水がランナ軸に斜め方向に通過するもので，反動水車の一つである．この水車の適用落差は 40～180 m 程度である．斜流水車のうち，ランナベーンの角度を変化できる可動羽根形の水車をデリア水車という．

[デリア水車の特徴]
①デリア水車は落差や負荷の変化に対して効率が高い．しかし，構造が複雑である．

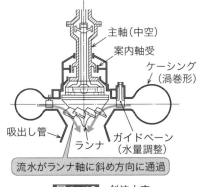

図1・19　斜流水車

②フランシス水車に比べて比速度が大きいので，機器や建屋を小さくできる．
③吸出し高さを低くする必要があり，掘削量が増加して土木工事費が高くなる．

5 プロペラ水車

　プロペラ水車は，ランナを通過する流水の方向が軸方向の水車で，反動水車の一つである．この水車の適用落差は 5～80 m 程度である．可動羽根形のものをカプラン水車という．ランナ羽根の数は 3～10 枚程度である．

[カプラン水車の特徴]
①カプラン水車は，ランナベーンをガイドベーンと連動して角度を調整できるため，落差や負荷の変化に対して効率が高い．

② フランシス水車に比べて比速度が大きいので，機器や建屋を小さくできる．

一方，**円筒水車（チューブラ水車）**は，低落差用として開発されたプロペラ水車で構造は横軸である．図1・21に示すように，水車入口，発電機，水車ランナまでを同一直線上に配置し，円筒形のケーシングで構成されている．発電機の回転を高めて小形化するため，水車と発電機との間に増速歯車を設けている．チューブラ水車は20 m以下の超低落差向きの水車である．

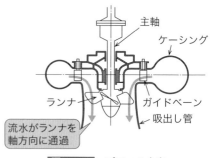

図1・20 プロペラ水車

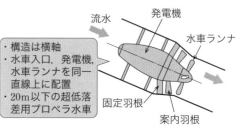

- 構造は横軸
- 水車入口，発電機，水車ランナを同一直線上に配置
- 20 m以下の超低落差用プロペラ水車

図1・21 円筒水車（チューブラ水車）

6 クロスフロー水車

クロスフロー水車は，水の圧力と速度をランナと呼ばれる羽根車に作用させる構造の水車であり，**水流がランナの回転軸と垂直方向にランナを貫通**する．これにより水流はランナに入る際と出る際の2回通過するため，水車効率が良い．ランナは30～40枚程度のブレードで構成されるかご形である．主に，1 000 kW以下の小水力発電所で用いられる．

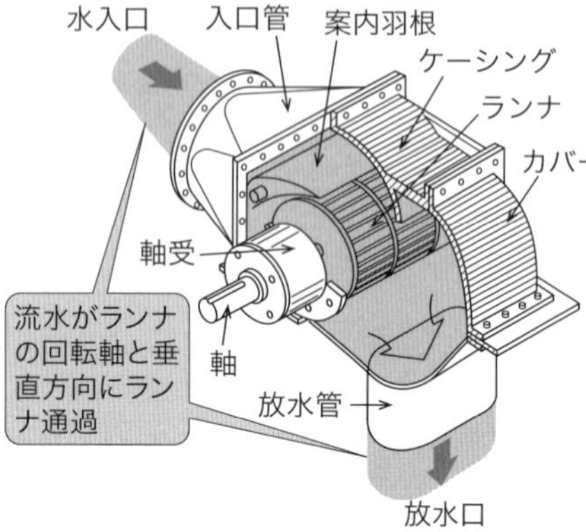

図1・22 クロスフロー水車

[クロスフロー水車の特徴]

① **大小2枚のガイドベーン（1/3流量相当，2/3流量相当）を設け，流量により組み合わせて使うことで**，低流量域まで水車効率を高くできる．

② 水車が標準化された部品を組み合わせた構造のため，低コスト，短納期である．

③水車が単純構造のため，メンテナンスが容易．
④水流がランナブレードの間をすり抜けるため，ごみが付着しにくく，水車効率の低下を防ぐことができ，ランナの清掃は基本的に不要である．
⑤ピーク効率はフランシス水車と比べ，5%程度劣る．

7 水車の比速度

水車の出力 P_W は，式 (1·15) の導出と同様に，理論水力に水車の効率 η_W を掛ければよいから

$$P_W = \sqrt{2}k\rho S(gH)^{\frac{3}{2}}\eta_W \tag{1·21}$$

ランナ直径および有効落差が異なる相似な二つの水車 A（直径 D_A，有効落差 H_A）および水車 B（直径 D_B，有効落差 H_B）を考えると

$$P_A = \sqrt{2}k\rho\pi\left(\frac{D_A}{2}\right)^2(gH_A)^{\frac{3}{2}}\eta_W \tag{1·22}$$

$$P_B = \sqrt{2}k\rho\pi\left(\frac{D_B}{2}\right)^2(gH_B)^{\frac{3}{2}}\eta_W \tag{1·23}$$

水車 A, B の出力比は，上式の両辺をそれぞれ割れば

$$\frac{P_A}{P_B} = \left(\frac{D_A}{D_B}\right)^2\left(\frac{H_A}{H_B}\right)^{\frac{3}{2}} \tag{1·24}$$

これを変形すれば

$$\frac{D_A}{D_B} = \frac{\left(\frac{P_A}{P_B}\right)^{\frac{1}{2}}}{\left(\frac{H_A}{H_B}\right)^{\frac{3}{4}}} \tag{1·25}$$

水車の回転速度 n と水の速度 v は $v=\pi Dn$ かつ $v \propto \sqrt{H}$ であるから

$$\frac{N_A}{N_B} = \frac{\frac{\sqrt{H_A}}{\pi D_A}}{\frac{\sqrt{H_B}}{\pi D_B}} = \left(\frac{H_A}{H_B}\right)^{\frac{1}{2}}\left(\frac{D_B}{D_A}\right) = \left(\frac{H_A}{H_B}\right)^{\frac{1}{2}} \cdot \frac{\left(\frac{H_A}{H_B}\right)^{\frac{3}{4}}}{\left(\frac{P_A}{P_B}\right)^{\frac{1}{2}}} = \frac{\left(\frac{H_A}{H_B}\right)^{\frac{5}{4}}}{\left(\frac{P_A}{P_B}\right)^{\frac{1}{2}}}$$

$$\therefore \quad N_B = N_A \frac{\left(\frac{P_A}{P_B}\right)^{\frac{1}{2}}}{\left(\frac{H_A}{H_B}\right)^{\frac{5}{4}}} \tag{1·26}$$

対象の水車と幾何学的な相似の水車を想定し，落差 1 m で 1 kW の出力を発生

する仮想の水車の回転速度を**比速度** n_s といい，**単位は〔m・kW〕**である．

$$n_s = N \frac{P^{\frac{1}{2}}}{H^{\frac{5}{4}}} \text{〔m・kW〕（ただし } N \text{ は定格回転速度）} \tag{1・27}$$

比速度 n_s が大きいほど，キャビテーションは発生しやすいものの，水車および発電機を小形化することができ，経済的な設計ができる．

8 水車の効率特性

水車の種類ごとに，出力に対する効率の変化（効率特性）を図1・23に示す．斜流水車，カプラン水車，ペルトン水車は負荷変化に対して効率低下が少ない．しかし，フランシス水車は負荷変化に対して効率低下が著しい．

また，表1・1に，水車の種類と適用落差，無拘束速度，比速度をまとめたものを示す．ここで，**無拘束速度**とは，ある有効落差，水口開度，吸出し高さにおいて水車が無負荷で回転する速度をいう．これらのうち，起こりうる最大のものを**最大無拘束速度**という．

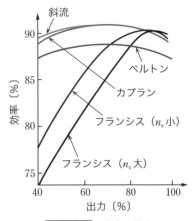

図1・23 水車の効率

水車が運転中の状態から突然無負荷になると，水車への入力が過剰となって回転速度が上昇する．しかし，速度上昇につれて流水の摩擦損失や水車・発電機の

表1・1 水車の種類と適用落差・無拘束速度・比速度

水車の種類	適用落差 (m)	無拘束速度 (規定回転速度に対する%)	比速度 (m・kW)	比速度の限界 (m・kW)
ペルトン	150〜800	150〜200	17〜25	$n_s \leq \dfrac{4\,300}{H+195} + 13$
フランシス	40〜500	160〜220	75〜358	$n_s \leq \dfrac{21\,000}{H+25} + 35$
斜　　流	40〜180	180〜230	140〜373	$n_s \leq \dfrac{20\,000}{H+20} + 40$
プロペラ (カプラン)	5〜80	200〜250	251〜989	$n_s \leq \dfrac{21\,000}{H+17} + 35$

機械的損失が増加するため,ある最高限度に達するとそれ以上は無制限に上昇することはなく,一定速度で安定する.これが無拘束速度である.無拘束速度は,落差の平方根に比例するため,一般的には最高落差のときに最大無拘束速度が発生する.

一方,表1・1に示すように,反動水車の比速度と無拘束速度との関連という観点では,変落差特性(ガイドベーン開度一定の下で落差が変化した場合の水車特性)が良い水車,すなわち比速度の大きい水車ほど無拘束速度が高くなる.このため,フランシス水車では定格回転速度の160〜220%,プロペラ水車(カプラン水車を含む)では200〜250%程度となる.一方,ペルトン水車の最大無拘束速度は,定格回転速度の150〜200%程度である.

9 水車のキャビテーション

(1) キャビテーション

運転中の水車の内部では,水の流速が大きく,その分だけ圧力が低下している.ある点の圧力がそのときの水温における**飽和蒸気圧以下になると,その部分の水は蒸発して水蒸気となり,流水中に微細な気泡を発生**する.この現象を**キャビテーション**という.

(2) キャビテーションの影響

キャビテーションが発生し,気泡が流水とともに流れ,圧力の高い所でつぶれると,極めて瞬間的に大きな衝撃を生じ,この衝撃が無数に反復して加えられることにより,**壊食**が生じる.つまり,機械的に材料が疲労をきたし,表面が破砕され,海綿状に羽根が傷められる.また,流路断面積が減少し,水車の効率,出力,水量が低下する.さらに,吸出し管入口の水圧変動が著しくなり,水車が振動し,騒音が発生する.

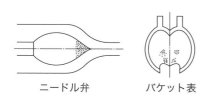
(a) ペルトン水車

(b) フランシス水車(ランナ羽根出口裏側)

図1・24 キャビテーションの壊食

(3) キャビテーションの発生原因

①ランナの比速度が大きすぎる．

②吸出し管の吸出し高さが大きすぎる．

③ランナの表面仕上げが悪い．

④水の接する部分の形状が適当でない．

(4) キャビテーションの防止策

①水車設計の際に，水車の比速度を表1・1の限界を超えないようにする．

②水車を放水位に対して十分低い位置に据え付ける．

③ランナ，バケットの表面を平滑に仕上げる．

④キャビテーションの発生しやすい部分に耐キャビテーション材料（ステンレス鋼，13Cr鋼等）を使用する．

⑤部分負荷や過負荷運転を避ける．

⑥吸出し管の上部に適量の空気を注入する．

10 水車の付属装置

(1) 入口弁

入口弁は，水車のケーシングの入口に設ける弁である．

[入口弁の設置目的]

①水車停止中の漏水を少なくし，ニードル弁やガイドベーンの摩耗を防ぐ．

②水車の内部点検時に水車内の抜水時間を短縮する．

③水車停止時にニードル弁またはガイドベーンが閉鎖不能になったとき，流水を遮断する．

④水路を共有する他の水車がある場合に，当該水車のみを抜水する．

水車発電機において，落差が大きい場合，入口弁は図1・25のように**主弁**と**バイパス弁**から構成される．通水の際には，まず，バイパス弁を開いて主弁の両側の水圧を均等にした上で主弁

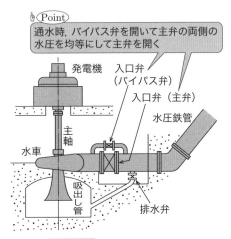

図1・25 主弁とバイパス弁

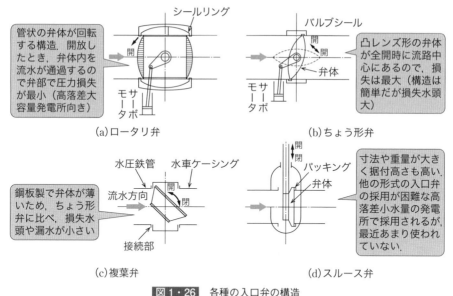

図1・26 各種の入口弁の構造

を開く．

　入口弁の操作は，圧油装置による油圧操作方式が一般的に用いられる．しかし，中小水力発電所では，保守の省力化，経済性の向上の観点から，電動操作方式が採用されることがある．

　入口弁には，図1・26のように，**ロータリ弁，ちょう形弁，複葉弁，スルース弁**がある．**ロータリ弁は高落差の発電所**で用いられる．中低落差の水力発電所では，ちょう形弁は構造が簡単で広く用いられてきたが，損失水頭が大きいことから，最近，複葉弁が使われる．**複葉弁は**，ちょう形弁の弁体を2枚の円板構造にしたもので，ちょう形弁に比べて**全開時の損失水頭および全閉時の漏水量が少ない**．スルース弁は，寸法，重量が大きく，据付高さも高くなることから，最近はあまり用いられていない．

(2) 制圧機

　発電所構内故障や送電線故障等により，保護装置が発電機の負荷を自動遮断した場合，**水車・発電機が危険な回転速度まで速度上昇しないよう，ガイドベーンを急速閉止**する．この場合，流水を急激に停止させることにより，水の運動エネルギーが圧力エネルギーに変わって水の圧力が高くなり，これが圧力波となって

水圧管路の中を伝搬・反射を繰り返す**水撃**が発生する．サージタンクを圧力水路の末端付近に設置し，水撃作用による圧力変動を吸収させる．**制圧機**をケーシングあるいは水圧管路の末端に設置し，水圧が危険圧力まで上昇しないよう，調速機によるガイドベーンの急速閉止に連動して，この制圧機の弁体を開放し，ケーシングおよび水圧管路内の水圧を逃がす．**フランシス水車では制圧機**（図1・27）を用いるのに対し，**ペルトン水車ではデフレクタ**（図1・17）を用いる．

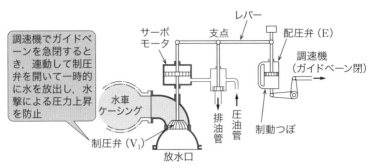

図1・27 フランシス水車の制圧機

(3) 水位調整器

流れ込み式発電所では，取水口からの水の流入量と水車の使用水量の差が上水槽の水位変化となるから，無効放流を防ぐ観点から，その水位を一定に保つために，**水位調整器**が設けられる．これと調速機を組み合わせて，自動的に出力制御を行う．

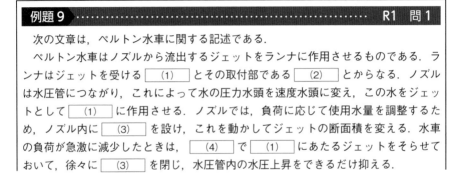

水車を停止する場合，回転の逆方向から [(1)] の背面に少量の噴射水をあててブレーキ作用させる [(5)] を備えている．

【解答群】
(イ) ディスク　　　　　　(ロ) ケーシング　　　　　(ハ) ガイドベーン
(ニ) スルース弁　　　　　(ホ) ジェットブレーキ　　(ヘ) ドラム
(ト) 制圧機　　　　　　　(チ) バケット　　　　　　(リ) ピッチサークル
(ヌ) ガバナ　　　　　　　(ル) ニードル弁　　　　　(ヲ) ノズルブレーキ
(ワ) デフレクタ　　　　　(カ) ロータリ弁　　　　　(ヨ) ドラムブレーキ

解説 本節 2 項を参照する．

【解答】(1) チ　(2) イ　(3) ル　(4) ワ　(5) ホ

例題 10　　　　　　　　　　　　　　　　　　　　　　R3 問 1

次の文章は，フランシス水車を用いる場合の水力発電所内の機器構成に関する記述である．

水圧管路を経た水は入口弁を通って水車へと送られる．入口弁は水車に通水または遮水する目的で設置され，その発電所の地点特性（設計諸元）に合わせて，適切なタイプの入口弁が選定される．高落差大容量の発電所には，損失落差がほとんどなく，漏水が少ない [(1)] が用いられる場合が多い．

入口弁を経た水は，ケーシングへ送られる．ケーシングは渦巻き状であり，[(2)] に溶接固定される．ケーシングを経た水は，[(2)] に設置された固定羽根を通り [(3)] により流量調整される．

反動水車であるフランシス水車は [(4)] を持つ流水をランナに作用させる水車である．ランナは鋳鋼製が多く，ランナと上カバーまたは下カバーの間には，一般的に内外周 2 段にシールが設けられ，この部分の水圧を減ずるとともに，ランナ上面と下面を結ぶバランスパイプやバランスホールで圧力を均衡させて [(5)] を減少させている．

【解答群】
(イ) ランナベーン　　　　　　　　(ロ) ガイドリング　　　　　(ハ) ロータリ弁
(ニ) 複葉弁（バイプレーン弁）　　(ホ) ニードル弁　　　　　　(ヘ) 速度水頭
(ト) 回復水頭　　　　　　　　　　(チ) ガイドベーン　　　　　(リ) 水スラスト
(ヌ) ディスチャージリング　　　　(ル) スピードリング　　　　(ヲ) 圧力水頭
(ワ) サージング　　　　　　　　　(カ) 水撃圧　　　　　　　　(ヨ) バタフライ弁

解　説　ケーシングが固定されているのはスピードリングである（図1・18（a）参照）．これは，水圧や外力に対してケーシングを補強する観点と流水の方向を整える観点とから，設けられる．一方，ガイドリングはガイドベーンの角度を変える役割がある．次に，水スラストとは，水圧の不均一により軸方向にかかる力のことで，水の重量にして千トン以上の非常に大きな力がかかる可能性がある．したがって，ランナと軸でつながっている発電機側にあるスラスト軸受に働く水スラストは，ランナ，発電機の電機子，軸の自重を含めて数千トンになるものがあり，軸受の焼付がないように，水スラストの見積りや低減が重要である．

【解答】（1）ハ　（2）ル　（3）チ　（4）ヲ　（5）リ

例題11　　　　　　　　　　　　　　　　R4　問5,　　類H15　問5

次の文章は，水力発電所の吸出し管に関する記述である．

吸出し管は，　(1)　のランナ出口から放水路を結ぶ管で，単なる導水管として用いられるだけでなく，管内に充満する水頭を利用して，ランナ出口の圧力を大気圧以下に保ち，また，ランナ出口の水の持つ　(2)　をランナ出口から　(3)　までの落差として回収するためのものである．

ランナの指定位置の標高と　(3)　の標高差を吸出し高さと言い，これを高くとり過ぎると　(4)　が発生しやすくなる．標準大気圧に相当する理論上の水柱の高さは約　(5)　mであるが，　(4)　を考慮して，吸出し高さは通常7m以下としている．

【解答群】
(イ) 衝動水車　　　　　(ロ) ドラフト底面　　　(ハ) 8
(ニ) コロージョン　　　(ホ) 放水面　　　　　　(ヘ) 圧力エネルギー
(ト) 9　　　　　　　　(チ) エロージョン　　　(リ) 運動エネルギー
(ヌ) 10　　　　　　　　(ル) 衝撃水車　　　　　(ヲ) 河川下床面
(ワ) 位置エネルギー　　(カ) キャビテーション　(ヨ) 反動水車

解　説　本節3項を参照する．

【解答】（1）ヨ　（2）リ　（3）ホ　（4）カ　（5）ヌ

例題12　　　　　　　　　　　　　　　　H28　問1,　　類H11　問1

次の文章は，水力発電所の入口弁の型式と機能に関する記述である．

入口弁は，　(1)　の入口に設けられ，水車の始動・停止に伴って開閉される止水弁で，主弁と　(2)　からなる．

水車始動時には，主弁の前後の水圧差を解消する目的で，まず (2) を開いて，主弁前後の水圧を平衡させ，その後，主弁を開いていく．中小水力のうち低落差のものにおいては，主弁操作力の向上から (2) を省略する場合もある．

入口弁の種類としては，スルース弁，ロータリ弁，ちょう形弁などがあるが，最近では，ちょう形弁に代わり，全開時の (3) の少ない複葉弁が使われている．ロータリ弁は (4) の水力発電所に適している．

最近では，落差が 150 m 程度以下で水路の短い発電所では，取水設備に非常用閉鎖装置を有する (5) を設置することで，入口弁を省略することも多い．

【解答群】
(イ) 洪水吐 　　(ロ) ケーシング　　(ハ) 低落差　　(ニ) 漏水量
(ホ) 空気弁 　　(ヘ) 高落差　　　　(ト) 圧力損失　(チ) 操作トルク
(リ) ガイドベーン (ヌ) スクリーン　　(ル) バイパス弁 (ヲ) 大形
(ワ) 吸出管 　　(カ) 安全弁　　　　(ヨ) 制水門

解説 落差が 150 m 程度以下で水路の短い発電所では，取水設備に非常用閉鎖装置を有する制水門を設置することで，入口弁を省略することも多い．なお，制水門を省略する場合には，ガイドベーンに自閉機能をもたせる必要がある．

【解答】(1) ロ　(2) ル　(3) ト　(4) ヘ　(5) ヨ

例題13　　　　　　　　　　　　　　　　　　　　　H10 問1

次の文章は，水車に関する記述である．

水車の特性を比較する上で比速度は最も重要な項目の一つである．一般に，40 m 以下の低落差では比速度の大きい (1) 水車が，500 m 以上の高落差では比速度の小さい (2) 水車が用いられる．

また， (3) 落差の領域では，フランシス水車の方が， (2) 水車に比べて比速度が大きくなり，吸出し高さを (4) 落差として利用でき， (5) の高い場所に都合がよいことなどの利点があり，広く採用されている．

【解答群】
(イ) ペルトン　　　　(ロ) 低　　　　　　(ハ) 取水位　　(ニ) プロペラ
(ホ) 中　　　　　　　(ヘ) 渇水位　　　　(ト) 標高　　　(チ) 平均
(リ) クロスフロー　　(ヌ) フランシス　　(ル) 高　　　　(ヲ) 有効
(ワ) 洪水位　　　　　(カ) 斜流（デリア）(ヨ) 損失

水力発電

解 説 比速度の考え方や表1・1に示した水車の種類と適用落差および比速度との関係を理解しておくことがポイントである．

【解答】(1) ニ (2) イ (3) ホ (4) ヲ (5) ワ

例題14 ・・・・・・・・・・・・・・・・・・・・・・・・・・・・・・・・ H25 問5，H9 問5

次の文章は，水車のキャビテーションとその対策に関する記述である．
ただし，重力加速度を g〔m/s²〕，流水の密度を ρ〔kg/m³〕とする．
水車の流水中の絶対圧力が ◻(1)◻ 以下になると，その部分にキャビテーションが発生する．キャビテーションが発生すると
① 効率，出力，水流の減少が起こる
② キャビテーションの発生場所に ◻(2)◻ が起こる
③ ◻(3)◻ 入口の水圧変動が著しくなる
といった現象が発生する．
このキャビテーションの発生を抑制する対策としては，
① 水車の ◻(4)◻ を一定値以下とする
② ランナベーンの形状を整え，表面を滑らかにする
③ 過度の ◻(5)◻ 運転や過負荷運転をさける
などがある．

【解答群】
(イ) 間欠　　　　　(ロ) 腐食　　　　　(ハ) 壊食　　　　　(ニ) 電食
(ホ) 比速度　　　　(ヘ) 飽和蒸気圧　　(ト) 速度水頭の $2\rho g$ 倍
(チ) 圧力水頭の ρg 倍　(リ) 重量　　　　(ヌ) 部分負荷　　　(ル) 出力固定
(ヲ) ガイドベーン数　(ワ) ランナ　　　　(カ) ケーシング　　(ヨ) 吸出し管

解 説 本節9項のキャビテーション，影響，発生原因，防止策を理解していれば解けるので，確実に覚える．さらに，吸出し管の出題と関連して出題（令和4年，平成15年）されている．

【解答】(1) ヘ (2) ハ (3) ヨ (4) ホ (5) ヌ

1-4 調速機

攻略のポイント

本節に関して，電験3種では速度調定率を用いた基礎的な計算問題が出題されることがある．2種一次試験ではこれまで出題されていないが，二次試験では速度調定率・速度変動率・水圧変動率の計算が出題されている．

1 調速機

水車の**調速機**は，発電機が系統に並列するまでの間は水車の回転速度を制御し，発電機が系統に並列した後は出力を調整し，また故障時には回転速度の異常な上昇を防止する装置である．調速機は，回転速度等を検出し，規定値との偏差等から演算部で必要な制御信号を作って，パイロットバルブや配圧弁を介してサーボモータを動かし，ペルトン水車においてはニードル弁，フランシス水車においてはガイドベーンの開度を調整する．

調速機には，回転速度の変化を機械的に検出する機械式と，電気的に検出する電気式とがあり，最近は電気式が多く用いられている．

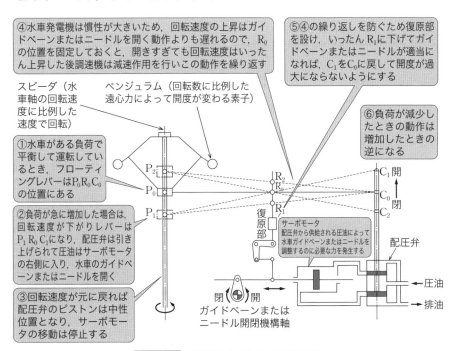

図1・28 調速機（機械式）の動作原理

2 速度調定率

速度調定率は，ある落差，ある出力で運転中の水車の調速機に調整を加えずに，発電機の負荷を変化させたときの発電機の出力の変化の割合に対する回転速度の変化の割合の比をいう．すなわち，図1·29の直線の傾きである．

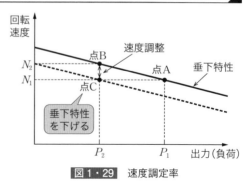

図1·29 速度調定率

同図では，出力が $P_1 \rightarrow P_2$ 〔kW〕に減少するとき，回転速度が $N_1 \rightarrow N_2$ 〔min^{-1}〕に増加している．（または，その逆で，出力が $P_2 \rightarrow P_1$ 〔kW〕に増加するとき，回転速度が $N_2 \rightarrow N_1$ 〔min^{-1}〕に減少している．）このとき，定格出力を P_n 〔kW〕，定格回転速度を N_n 〔min^{-1}〕とすれば，速度調定率は次式となる．

$$R = \frac{\dfrac{N_2 - N_1}{N_n}}{\dfrac{P_1 - P_2}{P_n}} \times 100 \ [\%] \tag{1·28}$$

なお，上式で $P_1 = P_n$，$P_2 = 0$ とすれば，速度調定率 R〔%〕は

$$R = \frac{N_2 - N_1}{N_n} \times 100 \ [\%] \tag{1·29}$$

となり，よく用いられる．速度調定率は，一般的に2〜5%に設定される．これは，定格出力から無負荷になると，回転速度が2〜5%上昇することを意味する．図1·29において，水車の運転状態が点Aにあり，負荷が P_1，定格回転速度 N_n（$=N_1$）で回転しているとする．次に，負荷が P_2 に減少すると，運転状態は点Bとなる．点Bでは，水車の回転速度は定格回転速度より高くなっており，発電機の周波数も規定値より高くなる．これを規定値に戻すため，同図の垂下特性を点Cを通るようにする．このとき，定格回転速度 N_n（$=N_1$）で出力 P_2 となる．これが周波数制御の考え方である．

コラム
速度変動率と水圧変動率

図1・30は，水車の負荷が遮断されたときの水車および調速機の応答である．負荷遮断後，水車の回転速度が上昇し，調速機によって水口が閉まる．負荷遮断後，水口が閉まり始めるまでに時間遅れがあるが，この時間 τ を**不動時間**という．不動時間 τ は 0.2〜0.5 秒程度である．また，水口が閉まるのに要する

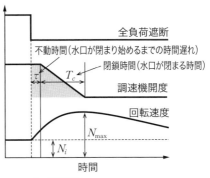

図1・30 負荷遮断時の応答

時間 T_c を**閉鎖時間**という．閉鎖時間は，反動水車では 1.5〜6 秒，ペルトン水車では 10〜20 秒程度である．この間，水車の回転速度は上昇し，水口が閉まると回転速度は減少して新しい速度に落ち着く．この過渡状態における回転速度の変化率を**速度変動率** δ_N といい，次式で表す．

$$\delta_N = \frac{N_{\max} - N_i}{N_n} \times 100 \ [\%] \tag{1・30}$$

（ただし，負荷変化前の回転速度を N_i [min^{-1}]，負荷変化時の過渡最大回転速度を $N_{\max}$ [min^{-1}]，定格回転速度を N_n [min^{-1}]）

一般に，全負荷遮断時の速度変動率 δ_N は 30〜40% 程度に抑えられる．

次に，負荷遮断前の発電機の出力を P [kW] とすると，負荷遮断から水口全閉までに水車および発電機に与えられるエネルギー W [J] は

$$W = \left(\tau + \frac{T_c}{2}\right) P \times 1\,000 \ [\text{J}] \tag{1・31}$$

POINT 図1・30の台形の面積に相当

で，これは運動エネルギーの増加となるので，I を慣性モーメントとして

$$W = \frac{1}{2} I \left(2\pi \frac{N_{\max}}{60}\right)^2 - \frac{1}{2} I \left(2\pi \frac{N_i}{60}\right)^2 \tag{1・32}$$

となる．回転部の重量を G〔kg〕，直径を D〔m〕とすれば，$I=GD^2/4$ となるから，式 (1・31)，式 (1・32) より，$N_{max} \cong N_i \cong N_n$ として

$$\delta_N \cong \frac{182\,400(2\tau+T_c)P}{GD^2 N_n^2} \qquad (1・33)$$

が得られる．すなわち，**はずみ車効果**（GD^2）を大きくするか，または $(2\tau+T_c)$ を短くすると，速度変動率が小さくなる．しかし，閉鎖時間 T_c を短くすると，水撃作用により水圧が上昇するので，注意しなければならない．水口の開閉に伴う**水圧変動率 δ_H** は

$$\delta_H = \frac{h_{max}-h_{st}}{H_{st}} \times 100 \;\text{〔\%〕} \qquad (1・34)$$

（ただし，h_{max} は水車中心の最大水圧〔m〕，h_{st} は水車停止時における水車中心の静水圧〔m〕［水車停止時の水槽水位と水車中心の水位との差］，H_{st} は静落差〔m〕［水車停止時の水槽水位と放水位との差］）

(1) 速度変動率を大きく設計する要素
① 発電機のはずみ車効果を小さくする．
② 調速機の不動時間を長くする．
③ ガイドベーンの閉鎖時間を長くする．

(2) 速度変動率を大きく設計するメリット
① 発電機の軽量化，コンパクト化が可能．
② 不動時間や閉鎖時間を長くすることで，水圧上昇や水撃作用を軽減でき，水圧鉄管，入口弁，水車ケーシングの設計水圧を低くすることができ，建設費を低減できる．
③ ガイドベーンの閉鎖時間を長くすることで，調速機容量，電動サーボ容量を小さくすることができる．
④ 上記を踏まえ，回転体を軽量・コンパクト化することができ，建屋の縮小，建屋掘削面積の低減等を通じて，建設費の低減が可能となる．

(3) 速度変動率を大きく設計するデメリット
① 負荷遮断時の速度上昇が大きくなり，遠心力による水車および発電機の応力が増大する．
② 負荷遮断時の速度上昇に伴って，発電機の発生電圧と周波数が過渡的に上昇するため，所内補機の過電圧や過励磁に注意が必要である．

③発電機のはずみ車効果を小さくした場合，周波数の変動幅が大きくなるので，発電機の単独運転には不向きとなる．

④発電機のはずみ車効果を小さくした場合，速応性の高い調速機を設置する必要がある．

例題15　　　　　　　　　　　　　　　　　　　　H12　二次　問1

出力 10 000 kW の水車・発電機の負荷遮断試験を実施した．そのときのデータは下表のとおりであった．このデータから

　a) 電圧上昇率 δ_v　　　b) 速度変動率 δ_n
　c) 水圧変動率 δ_H　　　d) 速度調定率 R

について次の問に答えよ．ただし，鉄管水圧は水車中心における水頭値であり，記号には h [m] を用いてある．

(1) 上記 a〜d の各項目について，その計算式を試験データおよび仕様に記した記号を用いて表せ．

(2) 上記 a〜d の各項目について，試験データおよび仕様の数値を用いてその値を計算せよ．

〈試験データ〉

発電機	負荷	基準出力時 P_n [kW]	10 000
		遮断前 P_i [kW]	10 000
		遮断後 P_f [kW]	0
	電圧	遮断前 V_i [kV]	6.7
		最　大 V_{max} [kV]	8.7
		安定後 V_f [kV]	6.8
水車	回転速度	遮断前 n_i [r/min]	720
		最　大 n_{max} [r/min]	900
		安定後 n_f [r/min]	756
	鉄管水圧	遮断前 h_i [m]	155
		最　大 h_{max} [m]	210
		安定後 h_f [m]	157

〈仕様〉

発電方式：流れ込み式
水車形式：フランシス形
定格電圧 V_n　　：6.6 kV
定格周波数 f_n　：60 Hz
定格回転速度 n_n：720 r/min
無拘束速度 n_{rs}：1 400 r/min
水車停止時標高
　上水槽水位 z_1：EL 360.00 m
　放水路水位 z_2：EL 198.00 m
　水車中心 z_r　：EL 200.00 m

水力発電

解説 (1) 速度調定率は式 (1・28),速度変動率は式 (1・30),水圧変動率は式 (1・34) で与えられる.電圧上昇率は,速度変動率の式 (1・30) と同様に考えれば,$\delta_v=(V_{\max}-V_i)/V_n\times100$〔%〕になる.

(2) $\delta_v=\dfrac{V_{\max}-V_i}{V_n}\times100=\dfrac{8.7-6.7}{6.6}\times100\fallingdotseq30.3\%$

$\delta_n=\dfrac{n_{\max}-n_i}{n_n}\times100=\dfrac{900-720}{720}\times100=25.0\%$

$\delta_H=\dfrac{h_{\max}-(z_1-z_r)}{z_1-z_2}\times100=\dfrac{210-(360-200)}{360-198}\times100\fallingdotseq30.9\%$

$R=\dfrac{\dfrac{n_f-n_i}{n_n}}{\dfrac{P_i-P_f}{P_n}}\times100=\dfrac{\dfrac{756-720}{720}}{\dfrac{10\,000-0}{10\,000}}\times100=5.0\%$

【解答】(1) (2) の式の通り (2) $\delta_v=30.3\%$,$\delta_n=25.0\%$,$\delta_H=30.9\%$,$R=5.0\%$

例題16 ·· H16 二次 問1

定格周波数 50 Hz,定格出力 40 000 kW,速度調定率 4% の水車発電機 G_1 と,定格周波数 50 Hz,定格出力 20 000 kW,速度調定率 5% の水車発電機 G_2 とが 50 Hz の電力系統に接続され,両機とも定格出力,定格周波数で並列運転を行っている.その後,負荷の一部が脱落して両発電機の合計出力が 46 000 kW に変化し,安定運転を行った.負荷脱落の前後で,両発電機の調速機に調整を加えないものとして,次の問に答えよ.
(1) 負荷脱落前の G_1 の回転速度を n_{10}〔min^{-1}〕,負荷脱落後の系統周波数を f〔Hz〕とするとき,負荷脱落後の G_1 の回転速度 n_{11}〔min^{-1}〕を表す式を示せ.
(2) 負荷脱落後の G_1 の出力〔kW〕を求めよ.
(3) 負荷脱落後の系統周波数 f〔Hz〕を求めよ.

解説 (1) 同期発電機の回転速度 n は $n=120f/P$(P は極数)で系統周波数 f に比例するから,$n_{11}=n_{10}\dfrac{f}{50}$〔min^{-1}〕となる.

(2) G_1 について負荷変化後の出力を P_{11} とすれば,式 (1・28) より

$4=\dfrac{\dfrac{f-50}{50}}{\dfrac{40\,000-P_{11}}{40\,000}}\times100$

同様に，G_2 について負荷変化後の出力を P_{21} とすれば，式（1・28）より

$$5 = \frac{\dfrac{f-50}{50}}{\dfrac{20\,000-P_{21}}{20\,000}} \times 100$$

となる．これらの式を f について変形すれば

$$f = 52 - \frac{2P_{11}}{40\,000} = 52.5 - \frac{2.5P_{21}}{20\,000}$$

となる．また，題意より $P_{11} + P_{21} = 46\,000$ であるから，$P_{21} = 46\,000 - P_{11}$ を上式へ代入して

$$52 - \frac{2P_{11}}{40\,000} = 52.5 - \frac{2.5(46\,000-P_{11})}{20\,000} \qquad \therefore \quad P_{11} = 30\,000 \text{ kW}$$

(3) $P_{11} = 30\,000$ を $f = 52 - \dfrac{2P_{11}}{40\,000}$ へ代入すれば

$$f = 52 - \frac{2 \times 30\,000}{40\,000} = 50.5 \text{ Hz}$$

【解答】（1）$n_{11} = n_{10} \dfrac{f}{50}$ 〔min^{-1}〕　（2）30 000 kW　（3）50.5 Hz

1-5 水車発電機

攻略のポイント
本節に関して，電験3種では水車発電機とタービン発電機の特徴の比較等が出題される．2種一次試験では直接出題されていない．しかし，短絡比等が故障計算や系統安定度を理解するための基本で，安定度等は一次・二次試験ともに出題される．自己励磁現象は二次試験に出題されたことがある．

1 水車発電機の概要と特徴

○水車発電機を軸構造で分類すると，**横軸形**と**立軸形**がある．横軸は小容量高速機に適している．一方，立軸形は，水力地点の落差を有効に活用するとともに，据え付け面積で有利になるため，大容量低速機に適している．

○水車発電機は，回転界磁形の三相交流同期発電機が一般的である．また，水車発電機は，直結する水車の特性から，その回転速度は概ね $100 \sim 1\,200\,\text{min}^{-1}$ であり，**タービン発電機に比べて低速**である．このため，商用周波数の50, 60 Hz を発生させるために，**磁極数を多くとれる突極形の回転子**が使用される．

○タービン発電機との比較では，水車発電機は，電力系統の安定度（5章で説明）や負荷遮断時の速度変動を抑える観点から，発電機の経済設計以上の**はずみ車効果**を要求される場合もあり，回転子直径がより大きくなり鉄心の鉄量が多い，いわゆる**鉄機械**となる．鉄機械は，体格が大きく，重量が重く高価になるが，**短絡比が大きく，同期インピーダンスが小さく，安定度が高く，線路充電容量が大きくなる**という利点をもつ．

2 同期発電機の短絡比

図 1・31 の同期発電機の無負荷飽和曲線において定格電圧 V_n を発生させるための界磁電流を I_{f1}，三相短絡曲線上で定格電流 I_n を発生させるための界磁電流を I_{f2} とすれば，**短絡比** K_s は I_{f1} を I_{f2} で除したものである．すなわち

$$K_s = \frac{I_{f1}}{I_{f2}} = \frac{\text{Od}}{\text{Oe}} = \frac{\text{dg}}{\text{ef}} = \frac{I_s}{I_n} \tag{1・35}$$

これは，無負荷で定格電圧を発生させている界磁電流 I_{f1} において，電機子端子を短絡させたときの持続短絡電流 I_s と定格電流 I_n の比に等しいことを示す．そして，**短絡比の逆数が単位法で表された発電機の同期インピーダンス**になる．

短絡比が大きいということは，①電機子コイルの巻回数が少ない，②磁束数が

大きく，電圧を誘起するのに必要な界磁電流が大きい，③鉄機械となり機械の体格は大きくなり，高価になる，④鉄損や風損も大きくなり，効率は悪くなることを意味する．逆に，短絡比が小さいということは，電機子電流による起磁力が大きく，銅機械であると言える．極数が少ないほど，界磁巻線を巻く場所が狭くなるから，短絡比も小さくなる．**水車発電機の短絡比は0.8～1.2程度，タービン発電機では0.5～1.0程度**である．したがって，一般的に水車発電機の同期インピーダンスはタービン発電機よりも小さくなるため，安定度が良く，電圧変動率が小さく，線路充電容量が大きくなる．

Point
短絡比 $K_s=\frac{I_{f1}}{I_{f2}}=\frac{\mathrm{Od}}{\mathrm{Oe}}=\frac{\mathrm{dg}}{\mathrm{ef}}=\frac{I_s}{I_n}$
端子電圧
短絡電流
V_n
I_s
I_n
b
c
a
g
f
△Oefと△Odgは相似
e
d
O
I_{f2}
I_{f1}
界磁電流

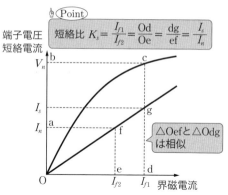

図1・31 無負荷飽和曲線と三相短絡曲線

コラム

同期発電機の短絡比と同期インピーダンス

図1·32は，三相同期発電機の1相分等価回路を示す．同図で，Zは同期インピーダンスであり，短絡電流I_sを用いて次式で表せる．

$$Z=\frac{V_n}{\sqrt{3}I_s} \quad (V_n\text{は線間電圧}) \tag{1・36}$$

$\dot{Z}(Z=\sqrt{r_a{}^2+x_s{}^2}\cong x_s)$
r_a
jx_s
内部誘起電圧
$\dot{E}$
端子電圧
$\frac{\dot{V}_n}{\sqrt{3}}$

図1・32 同期機の1相分等価回路

一方，単位（pu）法で表した同期インピーダンスZ_{pu}は次式で表せる．

$$Z_{pu}=\frac{Z}{(V_n/\sqrt{3})/I_n}=\frac{\sqrt{3}I_nZ}{V_n} \tag{1・37}$$

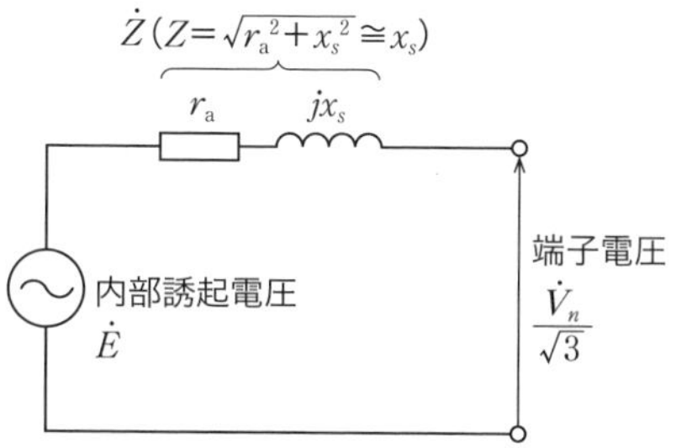

式（1・36）と式（1・37）からZを消去すれば

$$Z_{pu} = \frac{I_n}{I_s} = \frac{1}{K_s} \tag{1・38}$$

となる．すなわち，**短絡比の逆数が単位法で表された発電機の同期インピーダンス**になる．

3 発電機の自己励磁現象

同期発電機は，無励磁であっても残留磁気のため，自ら電圧を誘起する．したがって，無負荷長距離送電線のように静電容量が大きい線路に接続すると充電電流が流れ，電機子反作用によって励磁が強まり，発電機端子電圧を上昇させる．場合によっては，発電機の定格電圧を超える電圧上昇をもたらし，機器や線路の絶縁を脅かすことがある．この現象を**自己励磁現象**という．これは，無負荷の長い線路を小容量の発電機で充電する場合に発生しやすい．1台の発電機で無負荷送電線を自己励磁現象なしに充電できる発電機容量 P_n〔kVA〕は次式となる．

$$P_n > \frac{Q}{K_s}\left(\frac{V_n}{V}\right)^2 (1+\sigma) \tag{1・39}$$

ここで，Q：線路充電容量〔kVA〕，V：線路充電電圧〔kV〕，σ：定格電圧における飽和係数，V_n：定格電圧〔kV〕，K_s：短絡比

また，式（1・39）から，**短絡比が大きくなれば線路充電容量も大きくなる**ことがわかる．言い換えれば，同期発電機に許容される進相電流が増すことになる．**同期発電機は，定格容量が大きいほど，短絡比が大きいほど，自己励磁現象を起こしにくい**．水車発電機は，その短絡比がタービン発電機よりも大きいため，自己励磁現象を起こしにくく，線路充電容量が大きい．このため，**定格容量と短絡比の大きい水車発電機が送電系統の試充電**に使われる．

〔自己励磁現象の防止対策〕
①短絡比の大きい発電機で送電線路を充電する．
②送電線路の受電端に分路リアクトルまたは変圧器または同期調相機を接続して，遅相電流を流す．
③送電線路を充電するときに1台の発電機では容量が不足して自己励磁現象を起こす場合には，複数台の発電機で並列運転すれば，充電電流が各発電機の発電

機容量と短絡比の積に比例して分担されるので，自己励磁現象を起こさず，充電できる．

コラム
自己励磁現象を起こさないための条件式の導出

図1・33は，同期発電機の自己励磁飽和曲線Nと線路の充電電流特性の関係を示す．線路の充電特性OPの直線の傾きを$\tan\alpha$，自己励磁飽和曲線Nの原点Oにおける接線OM_1の傾きを$\tan\beta$とすれば，発電機が自己励磁を起こさない条件式は次式となる．

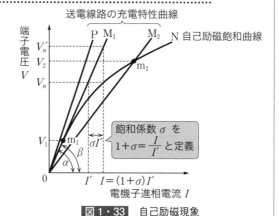

図1・33 自己励磁現象

$$\tan\alpha > \tan\beta \tag{1・40}$$

ここで，$\tan\alpha = \dfrac{V/\sqrt{3}}{I} = \dfrac{V^2}{\sqrt{3}VI} = \dfrac{V^2}{Q}$ である．同期リアクタンス

$x_s = \dfrac{V_n/\sqrt{3}}{I} = \dfrac{V_n/\sqrt{3}}{(1+\sigma)I'} = \dfrac{1}{1+\sigma} \cdot \dfrac{V_n}{\sqrt{3}I'} = \dfrac{1}{1+\sigma} \cdot \tan\beta$ となる．さらに，

式 (1・37)，式 (1・38) から，$\dfrac{1}{K_s} = \dfrac{\sqrt{3}I_n x_s}{V_n} = \dfrac{x_s P_n}{V_n^2} = (Z_{pu} \cong x_{spu})$ である．これらの式を式 (1・40) へ代入すれば

$$\dfrac{V^2}{Q} > (1+\sigma)x_s \quad \therefore \quad \dfrac{V^2}{Q} > (1+\sigma)\dfrac{V_n^2}{K_s P_n}$$

$$\therefore \quad P_n > \dfrac{Q}{K_s}\left(\dfrac{V_n}{V}\right)^2 (1+\sigma)$$

すなわち，自己励磁現象を発生させないための条件の式（1・39）が成立する．

4 水車発電機の励磁方式

(1) 励磁方式

水車発電機の励磁方式を図1・34に示す．

①直流励磁機方式

直流発電機によって界磁電流を供給する方式で，従来から広く採用されてきた．小容量発電機では分巻形，中容量以上では他励形が使われている．

②交流励磁機方式

交流発電機の出力を，別置の整流器で直流に変換し，その直流出力を界磁電流として供給する方式．

③ブラシレス励磁方式

交流励磁機の一種で，主軸の回転子に直結された回転電機子形交流発電機の出力を，同一回転軸上の整流器で直流に変換し，スリップリングを介さずに直接界磁電流として供給する方式．主機のスリップリングを取り去り，ブラシを用いないため，ブラシの保守・点検が不要である．

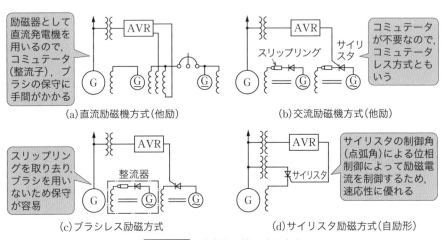

図1・34　水車発電機の励磁方式

④サイリスタ励磁方式

　励磁用変圧器または交流発電機の出力をサイリスタで直流に変換し，界磁電流として供給する方式．この方式は速応性に優れ保守・点検も有利であるため，最近多く採用されている．

　サイリスタ励磁方式は，励磁系としての時定数が小さく，励磁用変圧器の二次電圧を大きくとることにより大きな速応度が得られるので，電圧制御性の向上に加え，過渡安定度向上に寄与することができる．

(2) 自動電圧調整器（AVR: Automatic Voltage Regulator）

　定常運転時の発電機電圧の一定維持，負荷遮断時等における電圧急変時の速やかな電圧回復を図るため，界磁電流を調整し，端子電圧を一定にするため，**自動電圧調整器（AVR）**を設置する．速応性をもち，電圧調整偏差が小さく，制御系として安定でなければならない．このAVRは，各種の励磁方式によって図1·34のように施設され，近年，半導体を活用した連続動作方式が用いられる．AVRの発電機端子電圧の設定は，定電圧電源を電圧調整抵抗器によって調整し，これを基準電圧として端子電圧と比較し，その偏差信号によって界磁電流を調整する．

水力発電

例題 17 ·········· H29 問 1

次の文章は，水力発電所の発電機の耐熱クラスとその特性に関する記述である．

近年の水力発電所の発電機には，定格で連続運転したときに許容できる最高温度として，耐熱クラス 155（ (1) ）の電気絶縁システムが採用されている．これにより，耐熱クラス 130（B）と比べて最高温度が高くできるため，巻線の電流密度を (2) ことができ， (3) を小さくできる．また，直列巻回数を増やし出力係数を大きくすることにより鉄心寸法を小さくできる．

その結果，発電機の小形化・軽量化が可能となり，建屋の小形化と，天井クレーンの吊り上げ荷重の減少化が図れる．また，発電効率は，負荷損の増加により (4) の効率は低下するが，無負荷損の減少で (5) の効率は向上する．

【解答群】
(イ) E　　　　　　(ロ) 電圧変動率　　(ハ) 上げる　　　(ニ) 同じにする
(ホ) 下げる　　　　(ヘ) 全負荷時　　　(ト) 導体断面積　(チ) F
(リ) オフピーク時　(ヌ) 頂上電圧　　　(ル) 部分負荷時　(ヲ) ピーク時
(ワ) 冬季　　　　　(カ) 夏季　　　　　(ヨ) H

解説　(1) 9章の電気材料で学ぶ知識を必要とする．耐熱クラスは，電気機器を定格負荷で運転したときに許容できる最高温度をもとに決められた階級で，水車発電機では耐熱クラス 105（A）→120（E）→130（B）→155（F）→180（H）に分類されている．F種の155は許容最高温度155℃を意味する．従来，水車発電機の耐熱クラスは，アスファルトコンパウンド絶縁方式やポリエステルレジン系の絶縁方式を採用した耐熱クラス 105（A）であったが，その後，エポキシレジン系の絶縁方式を採用した耐熱クラス 130（B）が主流となった．さらにその後，技術開発が進み，耐熱クラス 155（F）が多く採用されている．

(2)(3) 耐熱クラス 130（B）と比べた耐熱クラス 155（F）は，固定子巻線温度を高くとれるため，導体の電流密度を上げることができ，導体断面積を小さくできる．

(4)(5) 巻線温度を高くとれるため，固定子巻線の直列巻回数を増やして電気装荷を増やせるので鉄心を小さくでき，発電機を小形・軽量化できる．このような銅機械化により，鉄損や機械損といった無負荷損が減少する一方，電流密度の増大による固定子巻線の抵抗損等の負荷損が増加する．したがって，部分負荷時は，無負荷損の減少により効率は向上するが，全負荷時は負荷損が増加するため，効率は低下する．

【解答】(1) チ　(2) ハ　(3) ト　(4) ヘ　(5) ル

1-6 揚水式発電所

攻略のポイント
本節に関して，電験3種では揚水式発電所の総合効率の計算等が出題されることがある．2種一次試験では揚水始動，サイリスタ始動，ポンプ水車と水車の違い等が出題される．さらに，揚水式発電所の出力・電動機入力・全揚程・総合効率等の計算は一次・二次ともに出題されたことがある．

1 揚水式発電所の種類

(1) 水の利用方法による分類

①純揚水式発電所
上部貯水池に河川からの水の流入がほとんどなく，下部貯水池の水を揚水して発電する方式．

②混合揚水式発電所
上部貯水池に河川からの水の流入があり，これと下部貯水池から揚水した水とを併用する方式．

(2) 機械形式による分類

揚水式発電所は，水車，発電機，ポンプ，電動機，または，ポンプ水車および発電電動機を備えている．別置式とタンデム式は水車およびポンプがそれぞれ独自の設計ができ，高い効率を得られるものの，ポンプ水車式に比べて建設費が高くなる欠点がある．一方，ポンプ水車式は可逆ポンプ水車が採用され，経済性に優れる．わが国ではポンプ水車式が採用される．

①別置式
水車−発電機，ポンプ−電動機を別々に設置する方式．

②タンデム式
ポンプ−水車−発電電動機を同一軸上に設ける方式．

③ポンプ水車式
ポンプ水車を発電電動機に直結する方式．

2 ポンプ水車

ポンプ水車方式は，経済的であって高い効率が得られるため，この方式が揚水式発電所の主流である．図1・35に，フランシス形ポンプ水車ランナと水車ランナを示す．

ポンプ水車ランナ　　水車ランナ

ポンプ水車ランナは，水車ランナに比べ直径が 30〜40 %
大きいが，ランナベーンは長く枚数は 6〜8 枚程度と少ない

図1・35　フランシス形ポンプ水車ランナと水車ランナ

3 揚水式発電所の始動方式

(1) フランシス形ポンプ水車の揚水始動

フランシス形ポンプ水車の揚水始動は，次の順序で行う．

①始動時の反抗トルクを軽減させるため，吸出し管内の水面を圧縮空気により押し下げた後，発電電動機を電動機として始動し，空気中にてランナをポンプ方向に回転させる．

②定格速度に達した後，系統に並列して同期電動機を無負荷運転状態とし，その後，吸出し管内の空気を排出してポンプ締切運転に移行する．この移行においては，吸出し管の排気により吸出し管内の水面が上昇してランナを充水すると，吐出し圧力が急速に高まって，全閉したガイドベーン内側のプライミング水圧がケーシング側水圧（必要揚程水圧）以上となってプライミングが確立する．（この状態がポンプ締切運転である．）

　高揚程の場合は，ランナ空転中の漏水を防止するため，入口弁も閉じた状態から始動を開始し，吸出し管内排気とともに入口弁を開いてケーシングおよびランナを充水した後，プライミング確立に至る方法がとられる．

③プライミングが確立した後に，ガイドベーンを適正な開度まで開き，揚水を開始する．

(2) 発電電動機の始動方式

発電電動機の始動方式は下記の方式がある．初期には制動巻線方式が採用されたが，その後，大容量の揚水式発電所は同期始動方式や直結電動機始動方式が採用され，近年では，半導体技術の進歩により，サイリスタ始動方式が用いられている．

①サイリスタ始動方式

停止中の発電電動機の回転子巻線に直流励磁を与えておき，回転子の磁極位置に応じた電機子電流をサイリスタ変換装置の交流電源より供給する．電機子には回転磁界が発生し，これに回転子が追従することにより回転速度を上昇させるもので，変換装置の周波数を低周波から定格周波数まで連続的に変化させる．定格周波数に達した後，系統の電圧・周波数に一致したら同期投入し，始動装置を開放する．この方式は，保守面で有利であり，回生制動が利用できる特徴がある．主に，大容量機で主機の台数が多い発電所で採用される．

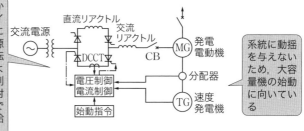

図1・36　サイリスタ始動方式

②制動巻線始動方式

発電電動機をかご形誘導電動機として始動するもので，回転子に制動巻線を設け，界磁回路を短絡して始動抵抗として用い，同期速度に近くなったときに界磁回路に励磁を与えて同期並列する方式．構造は簡単であるが，始動時に系統に影響を与える．

③直結電動機始動方式

始動用電動機を発電電動機と直結しておき，始動用電動機によって発電電動機の回転速度を上昇させる方式．発電電動機と同軸上に直結された巻線形誘導電動機の二次巻線に接続された抵抗器で始動トルクを制御して始動する．発電電動機を直結するため付属設備が多くなり，軸長も長くなることから，大容量かつ発電機の主機の台数が少ない場合にのみ採用される．

④同期始動方式

発電電動機と他の発電機とを停止状態で電気的に接続し，両機に励磁を加えた後に，両機を同期しながら速度を上昇させ，規定の回転数まで上昇させたら並列

する方式．発電電動機とは別に発電機が必要で，構造や回路は複雑になるが，系統への影響がないため，大〜中容量機に使われる．

(3) 揚水と発電のモード変更

揚水式発電所では，1台の発電電動機を発電と揚水に使用するため，モード変更を行う．発電時の回転方向と揚水時の回転方向は逆になるため，モード変更時には，三相同期発電電動機の主回路三相のいずれか二相を入れ替える必要がある．この切替に用いられる装置が**相反転断路器**である．なお，切替は起動前に行うので，負荷電流開閉能力を必要としない．

4 揚水式発電所の総合効率

(1) 総落差と全揚程

図1・37に示すように，総落差 H_G は発電所の取水口水面と放水口水面との標高差である．一方，揚水式発電所の**全揚程** H_P とは，ポンプ運転によって作られる水頭で，ポンプの入口と出口との全水頭の差をいう．つまり，全揚程は総落差 H_G に損失水頭 h_P を加えればよい．

全揚程 H_P ＝総落差 H_G ＋損失水頭 h_P (1・41)

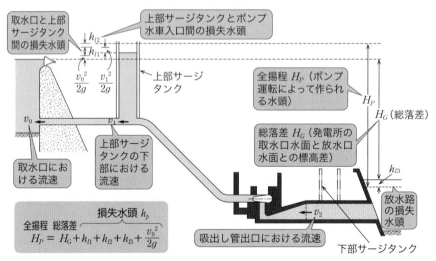

図1・37 総落差と全揚程との関係（吸出し管出口に自由水面がない場合）

(2) 揚水ポンプの電動機入力

発電所の理論水力で述べたように,流量 Q〔m³/s〕の水を H〔m〕の高さに持ち上げるのに要する動力 P は $P=9.8QH$〔kW〕であるから,これに損失を考慮する.揚水ポンプ効率を η_P,電動機効率を η_m とし,全揚程 H_P を用いれば,電動機入力 P_m〔kW〕は

$$P_m = \frac{9.8QH_P}{\eta_P\eta_m} \quad \text{〔kW〕} \tag{1・42}$$

(3) 揚水所要電力量

Q〔m³/s〕で揚水する場合,1時間の揚水量は $3\,600Q$〔m³〕であるから,V〔m³〕を揚水するのに要する時間 t〔h〕は

$$t = \frac{V}{3\,600Q} \quad \text{〔h〕} \tag{1・43}$$

となる.したがって,V〔m³〕を揚水するのに要する電力量 W_P〔kWh〕は

$$W_P = P_m t = \frac{9.8QH_P}{\eta_P\eta_m} \cdot \frac{V}{3\,600Q} = \frac{9.8VH_P}{3\,600\eta_P\eta_m} \quad \text{〔kWh〕} \tag{1・44}$$

(4) 純揚水発電所の総合効率

純揚水発電所の**総合効率** η は,揚水に要した電力量と発電電力量との比である.発電使用水量を Q'〔m³/s〕,水車効率を η_W,発電機効率を η_G,総落差を H_G〔m〕,損失水頭を h_G〔m〕とすれば,発電機出力 P_G は

$$P_G = 9.8Q'(H_G - h_G)\eta_W\eta_G \tag{1・45}$$

である.発電時間を t' とすれば,発電電力量 W_G は $W_G = 9.8Q'(H_G - h_G)\eta_W\eta_G t'$ となる.ここで,$V = 3\,600Qt = 3\,600Q't'$ であるから,総合効率 η は

$$\eta = \frac{W_G}{W_P} = \frac{\dfrac{9.8V(H_G - h_G)\eta_W\eta_G}{3\,600}}{\dfrac{9.8V(H_G + h_P)}{3\,600\eta_P\eta_m}} = \frac{H_G - h_G}{H_G + h_P}\eta_W\eta_G\eta_P\eta_m \tag{1・46}$$

総合効率 η は 70% 程度の値である.

5 可変速揚水発電所

(1) 可変速揚水発電システムの概要と原理

従来の揚水式発電所では,一定の回転速度で運転されているため,揚水運転時

の入力（電力）を調整できなかった．しかし，**可変速揚水発電システム**は揚水機器の回転速度を変えられるようにしている．

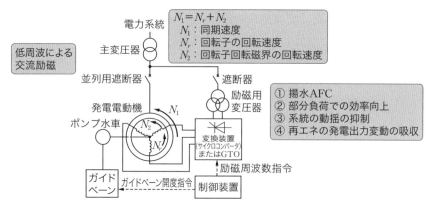

図1・38 可変速揚水発電システムの構成

[可変速揚水発電システムの概要と原理]

① 発電電動機の回転子は円筒形で，三相の巻線が施されている．

② この回転子にサイクロコンバータという周波数変換装置から低周波を作り，これを励磁電流として発電電動機の回転子に供給すると，回転子に回転磁界が発生する．回転子が回転する速度 N_r に回転磁界の回転速度 N_2 が加算されて，静止側である固定子の回転磁界 N_1 と同期を保ち，$N_1 = N_r + N_2$ の関係になる．すなわち，回転子の速度が変化した分だけ，回転子に発生する回転磁界が同期速度との差分を補い，発電機の固定子から出力される電力は一定の周波数を保つことが可能となる．

③ 回転速度の変化幅は±5〜8％程度で，揚水運転時の入力を60〜100％程度に調整できる．

(2) 可変速揚水発電システムのメリット

① 夜間や軽負荷等の揚水運転時の入力調整を高効率で行うことができ，揚水AFC（自動周波数制御）が可能になることから，従来周波数調整用に運転していた火力機を停止できて，電力系統の経済運用や二酸化炭素削減に寄与する．

② ピーク負荷時の発電運転では，水車を最適な回転速度で運転することにより，部分負荷での効率を向上させることができる．

③発電および揚水運転時に，ポンプ水車側電力に関係なく電気側入出力の調整が可能であるため，電力系統の過渡的な動揺に対してそれを抑制するよう，安定化に寄与することができる．

④風力や太陽光発電など再生可能エネルギーの発電出力変動を吸収し，電力系統の安定化に寄与する．この結果，再生可能エネルギー導入の促進にもつながる．

例題18 ·· H30 問1

次の文章は水車に関する記述である．

ある有効落差，水口開度，吸出し高さにおいて (1) 運転させたとき，回転速度は無制限に上昇せずに一定の速度に落ち着く．この速度を (2) 速度という．水車の (2) 速度は，(3) 水車やフランシス水車では一般に最高落差時に最大となり，(3) 水車の場合，定格回転速度の概ね (4) 倍，フランシス水車の場合，定格回転速度の概ね 1.6～2.2 倍になる．

また，揚水発電所で用いるフランシス形ポンプ水車は，ランナ径が水車専用機よりも (5) ため，ポンプ水車の (2) 速度は水車専用機よりも低くなる．

【解答群】
(イ) 無拘束　　(ロ) 2.0～2.5　　(ハ) 収束　　(ニ) 大きい
(ホ) 同期　　　(ヘ) 小さい　　　(ト) 無負荷　(チ) 調相
(リ) デリア　　(ヌ) 1.5～2.0　　(ル) 制限　　(ヲ) 定格
(ワ) 2.5～3.0　(カ) カプラン　　(ヨ) ペルトン

解説　無拘束速度は1-3節8項を参照する．

図1・35に示すように，フランシス形ポンプ水車ランナは，水車専用機に比べ，ランナ径が大きく，比速度が小さくなるので，無拘束速度は水車専用機よりも低くなる．

【解答】(1) ト　(2) イ　(3) ヨ　(4) ヌ　(5) ニ

水力発電

例題 19 .... H20 問1

次の文章は，揚水式発電所のサイリスタ始動方式に関する記述である．

サイリスタ始動方式は，停止中の発電電動機にあらかじめ (1) を与えておき，サイリスタ始動装置の順変換器に所内から商用周波数交流電源を供給し，発電電動機の回転子 (2) からの信号により逆変換器の (3) 回路を制御し，回転子の磁極位置に対応した零(0)から (4) まで変化する交流を (5) に供給して発電電動機を始動・加速する方式である．

【解答群】
(イ) 回転　　　　　　(ロ) 始動用電動機　　(ハ) 制動巻線
(ニ) 負荷　　　　　　(ホ) 電機子　　　　　(ヘ) 定格周波数の1/2
(ト) 位置検出器　　　(チ) 励磁　　　　　　(リ) ゲート
(ヌ) 加速度検出器　　(ル) カソード　　　　(ヲ) 定格出力
(ワ) アノード　　　　(カ) 速度検出器　　　(ヨ) 定格周波数

解説 本節3項(2)発電電動機の始動方式，特に図1・36を参照する．

【解答】(1) チ　(2) ト　(3) リ　(4) ヨ　(5) ホ

例題 20 .... H26 問1

次の文章は，揚水発電所の総合効率に関する記述である．

上池，下池の水面標高差が210 m，発電時，揚水時の損失水頭がともに10 m，発電使用水量，揚水量ともに50 m³/s，水車効率，ポンプ効率がともに88%，発電機効率，電動機効率がともに98%の同期発電電動機を設置する揚水発電所がある．

ここで，運転による水位変動は標高差に比べ小さく，無視できるものとし，重力加速度を9.8 m/s²とすれば，この発電所の発電運転時の発電機出力は (1) MWである．揚水運転時の全揚程は (2) mである．揚水発電所においては，発電と揚水のモードを変更するときは， (3) により，主回路を切替える．この発電所の揚水運転時の電動機入力は (4) MWとなり，したがって，この揚水発電所の総合効率は， (5) %となる．

【解答群】
(イ) 210　　　　　　(ロ) 114　　　　　(ハ) 220　　　　(ニ) 200　　　　(ホ) 12.8
(ヘ) 93　　　　　　(ト) 68　　　　　　(チ) 並列遮断器　　　　　　　　(リ) 85
(ヌ) 同期投入装置　(ル) 78　　　　　　(ヲ) 125
(ワ) 相反転断路器　(カ) 74　　　　　　(ヨ) 8.6

解説 (1) 発電機出力 P_G は式（1・45）より

$$P_G = 9.8Q(H_G - h_G)\eta_W\eta_G = 9.8 \times 50 \times (210-10) \times 0.88 \times 0.98 = 84\,515\text{ kW} \fallingdotseq 85\text{ MW}$$

(2) 揚水運転時の全揚程は式（1・41）より

$$H = H_G + h_P = 210 + 10 = 220\text{ m}$$

(3) 本節3項に示すように，発電と揚水のモードを変更するときには，相反転断路器により，三相同期発電電動機の主回路三相のいずれか二相を入れ替える．

(4) 電動機入力 P_m は式（1・41）と式（1・42）より

$$P_m = \frac{9.8Q_P(H_G + h_P)}{\eta_P\eta_m} = \frac{9.8 \times 50 \times (210+10)}{0.88 \times 0.98} = 125\,000\text{ kW} = 125\text{ MW}$$

(5) 総合効率 $\eta = \dfrac{P_G}{P_m} \times 100 = \dfrac{85}{125} \times 100 = 68\%$

【解答】(1) リ　(2) ハ　(3) ワ　(4) ヲ　(5) ト

章末問題

■1　　　　　　　　　　　　　　　　　　　　　　　　　　H23　問5

次の文章は，水車発電機の入口弁に関する記述である．

入口弁は，ケーシングの入口に設ける弁で，その設置目的は

①水車停止時の漏水を少なくし，ガイドベーンまたは　(1)　の摩耗を防ぐ．
②水車の内部点検時に水車断水時間を短縮する．
③水車停止時にガイドベーンまたは　(1)　が閉鎖不能になったとき流水遮断する．
④水路を共有するほかの水車などがある場合に当該水車のみ断水する．

などである．

　落差が大きい場合，入口弁は，一般に主弁と　(2)　弁から構成され，通水の際は，まず，　(2)　弁を開いて主弁の両側の水圧をほぼ均等にしたうえで主弁を開く．

　現在多く使用されている入口弁の形式には，ロータリ弁，　(3)　弁，複葉弁などがある．ロータリ弁は，流れ方向に直角に設けられた軸を中心として，　(4)　状の弁体が回転する．開放したときにこの弁体内を流水が通過するので，弁部での　(5)　が最も少ない．　(3)　弁は，流れ方向に直角に設けられた軸を中心に回転し，凸レンズ形の弁体が全開時に流路中心にあるので，　(5)　がこれら3形式の中では最も大きいとされている．

【解答群】
(イ) バケット　　(ロ) スルース　　(ハ) デフレクタ　　(ニ) ちょう形
(ホ) ポペット　　(ヘ) 排水　　　　(ト) トロコイド　　(チ) 圧力損失
(リ) 重量　　　　(ヌ) ハンチング　(ル) 管　　　　　　(ヲ) ニードル
(ワ) 円すい　　　(カ) バイパス　　(ヨ) 制水

■2   H12 問5

次の文章は，フランシス水車の構成要素に関する記述である．
　(1) は，渦巻形の構造で，入口からの流水を内周部から均等に (2) へ導くもので，負荷遮断時に発生する最大水圧に耐えるように作られている． (2) は，流水に適当な方向を与えるとともに， (3) に入る水量を調整する． (4) は， (3) 出口で流水のもつエネルギーを有効に活用し，流水を放水路に導く．
　(5) は，水車主軸のランナ取付け部近傍で，主軸が静止体のカバー部を貫通する部分に設けられ，水車回転部と静止部の隙間からの漏水を防止している．

【解答群】
(イ) 制圧機　　　　　(ロ) デフレクタ　　　(ハ) ステーベーン
(ニ) ガイドベーン　　(ホ) ノズル　　　　　(ヘ) ニードル
(ト) 吸出し管　　　　(チ) スピードリング　(リ) ケーシング
(ヌ) 給水装置　　　　(ル) ランナ　　　　　(ヲ) 入口弁
(ワ) 封水装置　　　　(カ) 上カバー　　　　(ヨ) 潤滑油装置

■3   H9 問5

次の文章は，水車のキャビテーションに関する記述である．
　水車のキャビテーションは，ある点の圧力が水の飽和蒸気圧より低くなると水中に含まれていた空気が遊離し気泡となる現象であり，水車の比速度が (1) ほど発生しやすく，ペルトン水車ではバケットや (2) に，プロペラ水車では (3) に発生しやすい．
　また，キャビテーションが発生すると，水車 (4) が低下し，流水接触面に (5) を起こす．

【解答群】
(イ) ランナベーン　　(ロ) ニードル弁　　　(ハ) 溶解　　　(ニ) 小さい
(ホ) ドラフト　　　　(ヘ) 振動　　　　　　(ト) 大きい　(チ) 入口弁
(リ) 効率　　　　　　(ヌ) ケーシング　　　(ル) 圧力　　　(ヲ) 回転速度
(ワ) 壊食　　　　　　(カ) 切断　　　　　　(ヨ) ガイドベーン

水力発電

■4　　　　　　　　　　　　　　　　　　　　　　　　H16　問1

次の文章は，落差変動が大きい水力発電所に適用される水車に関する記述である．

ダム式発電所や落差の低い発電所では，落差変動が水車の特性に大きな影響を与える．いま，　(1)　および水口開度を一定に保ち，落差変動による効率の変化はないと仮定すると，水車出力は落差の　(2)　乗に比例して増減するはずであるが，実際には落差の変化とともに効率も変化し，出力はこの影響を受ける．一般的には落差が低くなるときの方が，高くなるときよりも効率の　(3)　．

比較的落差が低く落差変動の大きい発電所には，カプラン水車の適用が一般的に有利である．カプラン水車では，落差変動に応じて　(4)　を適切に調整すれば効率の低下は少ない．また，カプラン水車と同様な操作機構をもつ　(5)　水車は，カプラン水車に比べて高落差まで適用が可能である．

【解答群】

(イ) プロペラ　　　　(ロ) 上昇は著しい　　　(ハ) ガイドベーン開度
(ニ) 回転速度　　　　(ホ) ランナベーン角度　(ヘ) ペルトン
(ト) 変化は少ない　　(チ) 低下は著しい　　　(リ) 落差
(ヌ) 1　　　　　　　(ル) 3/2　　　　　　　　(ヲ) デリア（斜流）
(ワ) 入口弁開度　　　(カ) 2　　　　　　　　　(ヨ) 電圧

■5　　　　　　　　　　　　　　　　　　　　　　　　H22　問5

次の文章は，プロペラ水車に関する記述である．

プロペラ水車は　(1)　に属し，流水がランナの　(2)　に通過する水車である．そのランナ羽根には固定構造のものと可動構造のものがある．可動構造で縦軸形のものを　(3)　といい現在一般に広く採用されている．

　(3)　は比較的　(4)　の水車に適し，主な特徴としては，次のとおりである．

a) 比速度を大きくとれるので，水車，発電機が小形になる．
b) 羽根の角度を自動的に変えるので，部分負荷での　(5)　が少ない．
c) 羽根を単独に取り外せるため，保守・点検が容易となる．
d) 羽根の間隔が広いので，流水に混入した異物による障害が少ない．

【解答群】

(イ) 高落差・大容量　(ロ) カプラン水車　　(ハ) 半径方向
(ニ) 軸方向　　　　　(ホ) 騒音　　　　　　(ヘ) フランシス水車
(ト) 効率低下　　　　(チ) 反動水車　　　　(リ) 斜流水車
(ヌ) 振動　　　　　　(ル) ペルトン水車　　(ヲ) 低落差・大容量
(ワ) 高落差・小容量　(カ) 軸斜め方向　　　(ヨ) 衝動水車

■6 H14 問1

次の文章は，揚水発電所の揚水始動に関する記述である．
フランシス形ポンプ水車の揚水始動は，次のような順序で行われる．

① 始動時の (1) トルクを軽減するため，吸出し管内の水面を圧縮空気により押し下げた後，発電電動機を電動機として始動し，空気中にてランナをポンプ方向に回転させる．

② 定格速度に達した後，吸出し管内の空気を排気してポンプ締切運転に移行する．排気により吸出し管内の水面が上昇してランナを充水すると， (2) 圧力が急速に高まってプライミングが確立する．

高揚程の場合は，ランナ空転中の (3) を防止するため，入口弁も閉じた状態から始動を開始し，吸出し管排気とともに入口弁を開いてケーシングおよびランナを充水した後，プライミング確立に至る方法がとられる．

③ プライミングが確立した後に (4) を適正開度まで開き，揚水を開始する．
発電電動機の揚水始動方法の一つであるサイリスタ始動は， (5) に励磁を発電電動機に与え，サイリスタ変換装置の交流出力電力を発電電動機に加え，変換装置の周波数を低周波から定格周波数まで連続的に変えて加速する方式である．

【解答群】
(イ) 吸込み (ロ) 温度上昇 (ハ) 反抗 (ニ) 逆止め弁
(ホ) 吸込弁 (ヘ) 停動 (ト) 吐出し (チ) 脱出
(リ) 始動開始後 (ヌ) 始動開始前 (ル) ガイドベーン (ヲ) 水圧上昇
(ワ) 鉄管 (カ) 漏水 (ヨ) 加速中

2章
火力発電

学習のポイント

　火力分野では語句選択式の出題が圧倒的であり，計算問題は非常に少ない．ランキンサイクル，再生サイクル，再熱サイクル，熱効率向上対策，復水器，タービン発電機の構造と特徴，冷却方式や励磁方式，進相運転や不平衡負荷運転，変圧運転，ガスタービンの構成とブレイトンサイクル，コンバインドサイクルの方式，環境対策等がよく出題される．一次試験の語句選択式のキーワードは二次試験の論説問題でも重要になる．学習としては，二次試験まで見据え，図で理解を深めながら，重要なキーワードを説明できるようにする．

2-1 熱サイクルと火力発電所の概要

攻略のポイント
本節に関して、電験3種ではランキンサイクルの基本が出題されるのに対し、2種では再生サイクル、再熱サイクル、熱効率向上対策等全般にわたる出題がされている。本節は火力発電の基本なので、十分に学習しよう。

1 カルノーサイクル

任意の初期状態にある対象を、吸熱や放熱を利用して状態変化（定圧変化、断熱変化等）を施し、再び初期状態に戻すような一連の変化を、**熱サイクル**という。**カルノーサイクル**は、等温膨張、断熱膨張、等温圧縮、断熱圧縮の順に行う理想的なサイクルである。図2・1 (a) は、カルノーサイクルの T（温度）-s（エントロピー）線図、図2・1 (b) は p（圧力）-v（体積）線図を示す。

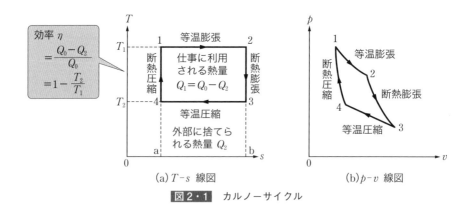

(a) T-s 線図　　(b) p-v 線図

図2・1　カルノーサイクル

カルノーサイクルにおいて、外部からもらう熱量は Q_0（面積a12ba）であり、外部に捨てられる熱量が Q_2（面積a43ba）であるから、効率 η は

$$\eta = \frac{Q_0 - Q_2}{Q_0} = 1 - \frac{Q_2}{Q_0} = \mathbf{1 - \frac{T_2}{T_1}} \tag{2・1}$$

カルノーサイクルは温度 T_1 と T_2 の間で働くサイクルの中で最も熱効率は高いが、実際の装置で理論的なカルノーサイクルを行わせることはできない。しかし、カルノーサイクルに近づけることにより、熱効率を上げることはできる。

2 ランキンサイクル

汽力発電所とは,蒸気タービンで発電する発電所であり,**火力発電所**は,ガス,石炭,石油等がもつ熱エネルギーを利用して発電する発電所である.

蒸気を動作物質として用い,上述のカルノーサイクルの等温過程を等圧過程に置き換えたものを**ランキンサイクル**という.こ

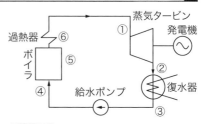

図2・2 ランキンサイクルの装置概要

れは,汽力発電所におけるボイラ,蒸気タービン,復水器,給水ポンプを含めた基本的なサイクルであり,図2・2に装置概要,図2・3 (a) にランキンサイクルの p-v 線図,図2・3 (b) に同サイクルの T-s 線図を示す.

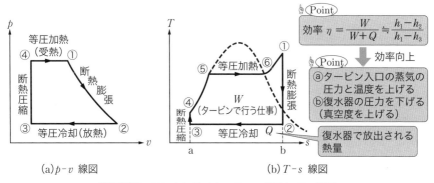

(a) p-v 線図   (b) T-s 線図

図2・3 ランキンサイクルの p-v 線図と T-s 線図

Point: 効率 $\eta = \dfrac{W}{W+Q} \fallingdotseq \dfrac{h_1-h_2}{h_1-h_3}$

Point: 効率向上
ⓐ タービン入口の蒸気の圧力と温度を上げる
ⓑ 復水器の圧力を下げる(真空度を上げる)

復水器で放出される熱量

図2・2および図2・3のランキンサイクルのプロセスは次のとおりである.

①→②:**断熱膨張**(過熱蒸気を蒸気タービンで断熱膨張して仕事をする.蒸気は圧力,温度ともに下がり,湿り蒸気となる)
②→③:**等圧冷却**(タービンから排出された湿り蒸気は復水器で等圧冷却されて熱を失い,飽和水に戻る)
③→④:**断熱圧縮**(給水は給水ポンプで断熱圧縮されてボイラに送り込まれる)
④→⑤:**等圧加熱**(ボイラに送り込まれた水は熱せられて飽和水となる)
⑤→⑥:**等圧加熱**(飽和水を加熱して乾燥飽和蒸気とする)

⑥→①：**等圧加熱**（乾燥飽和蒸気は過熱器で過熱されて過熱蒸気となる）

さて，図2・2や図2・3の①〜④の状態におけるエンタルピーを h_1, h_2, h_3, h_4，図2・3 (b) の①②③④⑤⑥および②③ab の面積をそれぞれ W, Q とすれば，ランキンサイクルの熱効率 η は，給水ポンプで消費される仕事 (h_4-h_3) がボイラの熱供給 (h_1-h_4) やタービンの仕事 (h_1-h_2) に比べ小さく，$h_1-h_4=(h_1-h_3)-(h_4-h_3) \fallingdotseq h_1-h_3$ となるから

$$\eta = \frac{W}{W+Q} = \frac{(h_1-h_2)-(h_4-h_3)}{h_1-h_4} \fallingdotseq \frac{h_1-h_2}{h_1-h_3} \quad (2\cdot 2)$$

POINT
η の向上策
① h_1 を大きくする
② h_2 を小さくする

上式より，蒸気タービン入口の蒸気の圧力と温度を上げるほど h_1 は大きくなり，復水器の圧力を下げる（真空度を上げる）ほど h_2 は小さくなるので，熱効率 η は向上することがわかる．

3 再生サイクル

再生サイクルとは，図2・4に示すように，蒸気タービンの中間段から蒸気を一部分抽出し（これを**抽気**という），**その熱を給水加熱に利用**する方式である．これにより，タービンで得られる仕事は減少するものの，復水器で持ち去られる熱量も減るので，全体として熱効率の向上をはかる．図2・5に再生サイクルのT-s線図を示す．同図で，過熱蒸気1 kg を考え，①の状態で蒸気タービンに入り②まで膨張して m〔kg〕が抽気され給水に熱を与えて⑥の状態になるとともに，残りの $(1-m)$〔kg〕は終圧まで膨張して③の状態で復水器に入り凝結して④の状態になるとする．ここで，1, 2, 3, 5, 6 のエンタルピーを h_1, h_2, h_3, h_5, h_6 とすれば，再生サイクルの熱効率 η_R は次式となる．

$$\eta_R = \frac{(h_1-h_3)-m(h_2-h_3)}{h_1-h_6} \quad (2\cdot 3)$$

POINT
再生サイクルは多段化しやすく，10段程度まで実用化されている

上式において，抽気を行わないときの熱効率 $\eta=(h_1-h_3)/(h_1-h_5)$ と比較すれば，式 (2・3) は分子が小さくなるが，分母がそれ以上に小さくなるので，熱効率は高くなる．

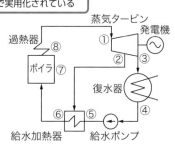

図2・4　再生サイクルの装置概要図

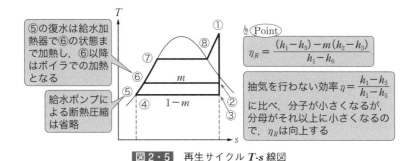

図 2・5 再生サイクル T-s 線図

4 再熱サイクル

ランキンサイクルの熱効率を高めるためには，蒸気の圧力および温度を上げればよいが，蒸気の圧力を上げればタービンの膨張が終わって蒸気の湿り度が増加する．タービン内の湿り蒸気は，損失を増加してタービン内部効率を低下させるとともに，タービン翼の腐食等を生ずる．一方，温度を高くすれば湿り度は減少するが，金属材料の強度や価格面からあまり高くできない．そこで，**蒸気の初圧（最初のタービンの入口圧力）を高くするとともに湿り度を増加しないようにする**ため，**再熱サイクル**が採用される．図2·6に示すように，再熱サイクルでは，タービン内で断熱膨張している蒸気が湿り始める前にタービンから取り出し，再びボイラに送って再加熱し，過熱度を高めた後，再びタービンに供給される．再熱は2～3段まで採用される．

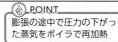

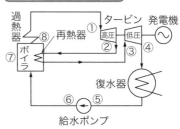

図 2・6 再熱サイクルの装置概要図

図2·7で，タービンの仕事は面積①②③④⑤⑥⑦⑧①，全体の仕事は面積①②③④ ca ⑥⑦⑧①であるから，再熱サイクルの熱効率 η_R はその比で

$$\eta_R = \frac{(h_1-h_2)+(h_3-h_4)-(h_6-h_5)}{(h_1-h_6)+(h_3-h_2)} \tag{2・4}$$

となる．再熱サイクルはランキンサイクルに対して熱効率が2～4%向上する．

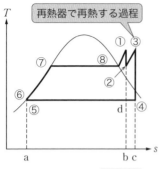

$$\eta_R = \frac{(h_1-h_2)+(h_3-h_4)-(h_6-h_5)}{(h_1-h_6)+(h_3-h_2)}$$

再熱を行わない場合の効率 η は

$$\eta = \frac{面積①②d⑥⑦⑧①}{面積①②ba⑥⑦⑧①} \text{であり},$$

面積 $\dfrac{②③④d②}{②③cb②}$ の比が他の部分より大きいため，η_R は向上する

図2・7 再熱サイクル $T\text{-}s$ 線図

5 再熱再生サイクル

熱効率の向上を図り，湿り蒸気による内部効率の低下やタービン翼の腐食等を防ぐため，再熱サイクルと再生サイクルとを組み合わせ，両者の長所を兼ね備えたサイクルが再熱再生サイクルである．図2・8はこの装置概要図を示す．大容量の汽力発電所は，ほとんどが再熱再生サイクルを採用している．

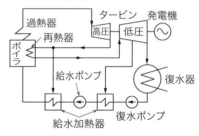

図2・8 再熱再生サイクル装置概要

6 火力発電所の概要

これまで説明してきた熱サイクルの装置概要図は熱サイクルを説明する基本的な要素だけ示したが，実際の火力発電所は図2・9のような構成になっている．

図2・9において，○印は水と蒸気の流れを示す．番号順にたどると，補給水→復水ポンプ→低圧給水加熱器→脱気器→ボイラ給水ポンプ→高圧給水加熱器→節炭器→ボイラ→過熱器→高圧タービン→再熱器→中圧タービン→低圧タービン→復水器となる．また，□印は燃料と燃焼ガスの流れを示している．燃料タンク→ボイラ→空気予熱器→集じん器→煙突の順に流れる．

2-1 熱サイクルと火力発電所の概要

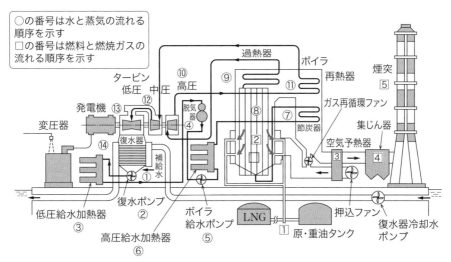

図2・9 火力発電所の設備概要

例題 1 ･･ H22 問1

次の文章は，汽力発電所（コンバインドサイクル発電所を除く）の蒸気サイクルに関する記述である．

蒸気タービンを用いた汽力発電所（コンバインドサイクル発電所を除く）の蒸気サイクルは ┃ (1) ┃ が基本であるが，その熱効率を向上させるために再熱サイクルや再生サイクルが採用される．

a) 再熱サイクル

┃ (1) ┃ の熱効率は，入口温度が一定の場合，蒸気タービンの ┃ (2) ┃ を高めることによって改善されるが，これに伴って排気蒸気の ┃ (3) ┃ が増加する． ┃ (3) ┃ の増加はタービンに悪影響を与えるため，タービン内で膨張した蒸気を再びボイラへ送って再加熱して再度タービンに送り，最終圧力まで膨張させるサイクルを再熱サイクルという．

b) 再生サイクル

┃ (1) ┃ では，復水器で捨てる熱量がボイラでの供給熱量に対して大きい割合を占める．この熱量を軽減して熱効率を高めるため，蒸気タービン内で膨張している途中の蒸気の一部を ┃ (4) ┃ し，その蒸気がもつ顕熱や蒸発潜熱の放出によって ┃ (5) ┃ を加熱する過程を取り入れたサイクルを再生サイクルという．

これによりタービンが直接行う仕事は減少するが，復水器で捨てる熱量も減少し，全体としての熱効率が向上する．

【解答群】
(イ) 湿り度　　　　　(ロ) 入口圧力　　　　　(ハ) 抽気

火力発電

（ニ）カルノーサイクル	（ホ）ブレイトンサイクル	（ヘ）再熱蒸気
（ト）出口圧力	（チ）過熱度	（リ）乾き度
（ヌ）冷却水	（ル）出口温度	（ヲ）給水
（ワ）ランキンサイクル	（カ）排気	（ヨ）脱気

解説 本節2，3，4項を参照する．

【解答】（1）ワ （2）ロ （3）イ （4）ハ （5）ヲ

例題2 .... H15 問1

次の文章は，汽力発電所の熱効率向上対策を列挙したものである．

a）過熱蒸気の採用

過熱蒸気を採用することにより ［(1)］ が増大し，熱効率が向上する．

b）復水器真空度の向上

復水器の真空度が向上すると背圧が下がり，タービンの熱落差が大きくなって出力が増す．復水器の真空度を高めるためには，復水器の冷却水温度を低下させるか，あるいは ［(2)］ を増加させる必要がある．

c）再生サイクルの採用

蒸気の ［(3)］ 過程の途中からその一部を抽出して給水の過熱に利用し，抽気の復水熱を給水に回収させる．抽気段数の増加とともに熱効率は高くなる．

d）再熱サイクルの採用

高圧タービン内の蒸気の一部を取り出し，これをボイラで再加熱して過熱度を増し，タービンに返すことによって膨張後の蒸気中の ［(4)］ を低下させ，熱効率を向上させる．

e）蒸気温度および圧力の上昇

蒸気温度を高くすると熱効率が向上する．また，蒸気圧力を高くすると同温度における ［(5)］ は減少し，有効な仕事に変わる熱量が増加して熱効率が向上する．

【解答群】

（イ）内部効率	（ロ）排ガス温度	（ハ）圧縮	（ニ）摩擦損失
（ホ）等圧	（ヘ）エントロピー	（ト）膨張	（チ）給水流量
（リ）排気損失	（ヌ）溶存ガス	（ル）湿り度	（ヲ）冷却水循環流量
（ワ）燃焼ガス温度	（カ）エンタルピー	（ヨ）復水流量	

解説 （5）等温変化において圧力を高めると，体積は減少することから，エントロピーは減少する．

【解答】（1）カ （2）ヲ （3）ト （4）ル （5）ヘ

2-2 燃料とボイラ

攻略のポイント

本節に関して、電験3種では各種ボイラの特徴比較等が出題される．2種二次試験では貫流ボイラの概要と特徴、自然循環ボイラとの比較等の記述問題が出題されている．2種一次試験の出題数は少なく、ボイラの保安・保護装置やLNGに関する出題がある．

1 燃料

燃料は、使用される状態によって、固体燃料、液体燃料、気体燃料に分けられる．また、取り扱いや効率の向上のために、固体を流体化した石炭スラリ燃料、ガス化燃料等がある．

(1) 固体燃料

火力発電所に用いられる固体燃料は、石炭である．石炭は炭化の程度により、泥炭、褐炭、れき青炭、無煙炭等に分けられるが、取り扱いの容易な**れき青炭**が主として用いられる．れき青炭は、黒色または暗黒色の石炭で、炭化が進み、水分が少なく発熱量が高い．

(2) 液体燃料

火力発電用としては、原油、重油、ナフサ、軽油等がある．大気汚染防止のため、硫黄分の少ない原油の生だきが行われてきているほか、C重油がよく使われてきている．

(3) 気体燃料

気体燃料には天然ガス、石油ガス、製鉄所の高炉ガス、コークス炉ガス等がある．天然ガスには、ガス田や油田から生産される在来型天然ガスのほかに、シェールガス等の非在来型天然ガスがある．わが国では、天然ガスを燃料として利用する場合、産地で一旦液化（**$-162℃$まで冷却して液化すると体積は1/600**になる）し、**LNG（液化天然ガス）**としてLNG船で輸送し、消費地において再ガス化して使用することが一般的である．天然ガスは主成分であるメタンなどの炭化水素のほかに硫黄分、窒素分、不純物等を含んでいるが、これらは液化の際に取り除ける．このため、LNGは、燃料として使用する場合、SO_x、ばいじんの発生がほとんどなく、NO_xの発生量が少ないことから、比較的クリーンな燃料である．

(4) 石炭スラリ燃料

微粉にした石炭に液体を加えて液体化し，取り扱いを容易にしたものが**石炭スラリ**である．石炭と重油で構成される **COM**（Coal Oil Mixture），石炭と水で構成される **CWM**（Coal Water Mixture）等がある．石炭スラリ燃料は，石炭利用面からは石炭濃度を高くすることが望ましいが，一方では液体として扱うためには低濃度であることが必要である．この観点から，石炭濃度（重量比）は，COM で 50% 程度，CWM で 60〜70% 程度である．さらに，スラリの安定化と粘度を低下させるために，微量の界面活性剤を加える．

(5) ガス化燃料

ガス化燃料は，石炭や重質油等の燃料をガスタービンの燃料とするため，酸素または空気と反応させて可燃性ガスとしたものである．その可燃性分は，主として CO, H_2 である．火力発電としては，高効率で環境特性に優れた**石炭ガス化コンバインドサイクル発電（IGCC）**の形態等で使われる．

2 燃焼

(1) 燃焼

燃焼とは，発熱を伴う急激な酸化反応をいう．燃料には，炭素 C，水素 H，硫黄 S からなる種々の可燃成分が含まれており，酸素と化合して多量の熱量を発生する．**高位発熱量**は，燃焼過程で水素と酸素の反応で生成する水蒸気および燃料中の水分が蒸発して発生する水蒸気の蒸発潜熱も放出されるが，これを含めた熱量をいう．また，高位発熱量から蒸発潜熱を差し引いた発熱量を**低位発熱量**という．

(2) 空気比

実際に燃料を燃焼させる場合，完全燃焼に理論上必要な空気量（これを**理論空気量**という）のみでは不完全燃焼となるため，過剰の空気を供給する．理論空気量 A_0 と実際の空気量 A との比を，**空気比** μ という．

$$\mu = \frac{A}{A_0} \tag{2・5}$$

空気比は，天然ガス 1.05〜1.2，微粉炭燃焼 1.2〜1.4，原・重油 1.1〜1.3 程度である．

3 熱効率と熱消費率

(1) 熱効率

　火力発電所の熱効率は，消費した燃料の熱量に対する発生電力量の比である．熱量と電力量との間には，**1 kWh＝860 kcal＝3 600 kJ** の関係がある．下記の式 (2・6)，式 (2・7) において，燃料消費量を kg，発熱量を kJ/kg としているが，重油等で消費量を l で表した場合には発熱量は kJ/l を用いる．

①**発電端熱効率 η〔%〕**：発電端の電力量を適用

$$\eta = \frac{\text{発生電力量〔kWh〕} \times 3\,600\,\text{kJ/kWh}}{\text{燃料消費量〔kg〕} \times \text{燃料の発熱量〔kJ/kg〕}} \times 100 \;\;〔\%〕 \quad (2\cdot6)$$

②**送電端熱効率 η'〔%〕**：発電端電力量から所内電力量を差し引いた電力量を適用

$$\eta' = \frac{(\text{発生電力量}-\text{所内電力量})\,〔kWh〕 \times 3\,600\,\text{kJ/kWh}}{\text{燃料消費量〔kg〕} \times \text{燃料の発熱量〔kJ/kg〕}} \times 100 \;\;〔\%〕$$

$$(2\cdot7)$$

(2) 熱消費率

　熱消費率は，1 kWh を発生するのにどれだけの熱量を消費したかを示すもので，熱消費率を H〔kJ/kWh〕，発電端熱効率を η〔%〕とすれば，次式となる．

$$H = \frac{3\,600}{\eta} \times 100 \;\;〔\text{kJ/kWh}〕 \quad (2\cdot8)$$

4 ボイラ

　ボイラは，燃料の燃焼によって発生した熱量を水に与え，必要な蒸気を発生させる装置である．図 2・10 はボイラの構成の概要図である．

火力発電

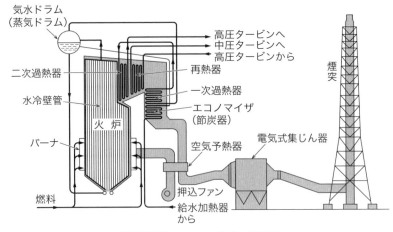

図 2・10　ボイラの構成の概要図

ボイラを水の循環方式で分類すると，**自然循環ボイラ，強制循環ボイラ，貫流ボイラ**の三つに分けられる．

(1) 自然循環ボイラ

自然循環ボイラは，図 2・11 に示すように，**水管内の汽水混合物の密度差によってボイラ水を循環**させるものである．ボイラ頂部に**気水ドラム**が設置され，ボイラ水は降水管から下降し，蒸発水管で熱を吸収して蒸気になり，気水ドラムに戻る．気水ドラム内には気水分離器が設置されており，気水ドラムに戻った汽水混合物は蒸気と水に分離され，この水は降水管を通じて再度蒸発水管に送られる．こうした循環力は，密度の大きい水は下降し，密度の小さい蒸気は上昇していくという対流現象を利用するものである．蒸気圧力が高くなるにつれ，水と蒸気の密度差が小さくなって循環力は小さくなるため，ボイラの高さを高くする．自然循環ボイラは圧力 17 MPa 級，出力 350 MW 級まで建設された．

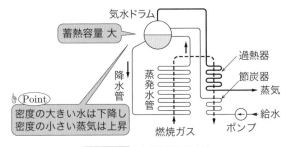

図 2・11　自然循環ボイラ

[自然循環ボイラの特徴（貫流ボイラとの比較）]
①**自然循環ボイラはドラムがあるため，蓄熱容量が大きい**．このため，負荷変動に対して蒸気圧力，温度の変動が小さく，**ボイラ制御も容易**である．
②ドラムがあるため，ボイラ水に含まれる不純物を気水ドラム下部から濃縮ブローできる．このため，ボイラ水の水質に対する要求は厳しくない．
③**最低出力を低く**することができる．

(2) 強制循環ボイラ

強制循環ボイラは，図 2・12 に示すように，降水管に**循環ポンプを設けてボイラ水を強制的に循環**させる．このボイラは，圧力 17 MPa 級，出力 156 MW 以上の大形ボイラに採用されてきた．

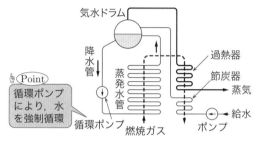

図 2・12　強制循環ボイラ

[強制循環ボイラの特徴（自然循環ボイラとの比較）]
①ボイラ水の循環を確実に行えるため，**高圧ボイラにも十分に対応**できる．
②循環ポンプにより水の循環が一様で熱負荷が均一になり，**蒸発管の径を小さく肉厚を薄くする**ことができる．
③**出力変動に対する応答性**に優れ，始動時間も自然循環方式に比べて短い．
④循環力が大きいことから，**自然循環方式よりもボイラの高さを低く**できる．
⑤循環ポンプは高信頼性を要求されるので，予備ポンプを配置する必要がある．
⑥ポンプにより所内動力が増加し，運転保守に注意を要する．

(3) 貫流ボイラ

貫流ボイラは，図 2・13 に示すように，給水ポンプで給水を圧力をかけてボイラに送り込み，節炭器，蒸発管，過熱管を貫流する間に熱吸収を行って過熱蒸気を発生する．近年，蒸気条件の高温・高圧化による熱効率向上というニーズを踏まえ，制御技術や水質管理技術の向上等により，貫流ボイラが主流になっている．

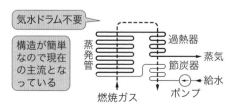

図 2・13　貫流ボイラ

[貫流ボイラの特徴]
① 気水ドラムは不要である．
② 給水を強制的に蒸発管に供給するため，循環不良による蒸発管の焼損事故を防止でき，蒸発管の径を小さくできるため，構造が簡単で全体の重量が軽い．
③ 保有水量が少なく，ボイラの熱容量が小さいため，短時間で起動できる．
④ 給水量と燃焼量のバランスが重要で，高精度のボイラ自動制御が必要である．
⑤ ドラムを持たないため，水処理や給水の水質管理を厳しく行う必要がある．

(4) ボイラ効率

ボイラ効率は，ボイラに供給された熱量に対するボイラでの有効利用熱量の比である．ボイラ効率 η_B は次式で表される．

$$\eta_B = \frac{(蒸発量〔kg/h〕 \times 発生蒸気のエンタルピー〔kJ/kg〕 - 給水量〔kg/h〕 \times 給水のエンタルピー〔kJ/kg〕)}{燃料使用量〔kg/h〕 \times 燃料の発熱量〔kJ/kg〕} \times 100 \ 〔\%〕$$

(2・9)

5 ボイラの付属設備

(1) 過熱器

過熱器は，ボイラの蒸発管で発生した飽和蒸気を，タービンで使用する蒸気温度まで過熱する装置である．接触形，放射形，接触放射形の三種類がある．接触形は接触（対流）伝熱によるもの，放射形は放射伝熱によるもの，接触放射形は両方の伝熱を利用するものである．

(2) 再熱器

再熱器は，熱サイクルの効率向上とタービン翼の腐食防止の観点から，タービンの高圧部または中圧部の排気を再び加熱して，タービンの中圧部または低圧部へ送る．主として 75 MW 以上の発電用ボイラに使用される．

(3) 節炭器

節炭器（エコノマイザ）は，煙突から排出される燃焼ガスの保有する熱を利用して給水を加熱することにより，プラント全体の熱効率を高めるものである．節炭器の設置により，熱効率向上による燃料消費量の節減，給水の予熱によるボイラドラムに与える熱応力の軽減，スケール（ボイラ水中の不純物がドラムや管内壁に析出・固着したもの）の減少といったメリットはあるが，デメリットとして

通風損失が増加する．

(4) 空気予熱器

空気予熱器は，節炭器で熱を回収された後の煙道ガスの余熱をさらに利用して燃焼用空気を加熱する装置である．空気予熱器は，300〜400℃の排ガスから熱交換して，燃焼用空気を200〜300℃に加温する．小形のボイラでは，管形，板形の空気予熱器としているが，大形のボイラでは回転形の空気予熱器を使う．これは，図2・14に示すように，高温の排ガス部で加熱された円板を回転させ，その熱を燃焼用空気に回収するものである．

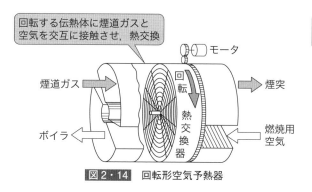

図2・14 回転形空気予熱器

(5) 通風装置

通風装置は，ボイラの燃焼に必要な空気を火炉に供給し，燃焼に伴って発生した燃焼ガスをボイラの伝熱面を通過させて大気に放出する．煙突のみによる自然通風は小規模のものだけに適用され，一般的には送風機を用いた**強制通風方式**が採用される．これには，図2・15に示すように，**平衡通風**と**押込通風**がある．

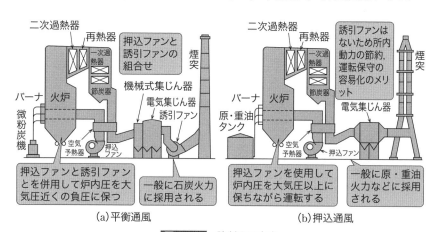

図2・15 強制通風方式

6 ボイラの保安・保護装置

(1) 安全弁
ボイラの蒸気圧力が規定圧力以上に上昇した場合，危険を回避するため蒸気を放出する弁で，ドラム，過熱器，再熱器等に設けられる．

(2) 高低水位警報
ボイラの水位が過度に低下すると，水管等を過熱破損する危険が生ずる．逆に上昇しすぎると，蒸気が水分と分離されないままドラムから送り出されたり（プライミングという），ボイラ水中に溶解している固形分が蒸気の流れによって運び出され（キャリーオーバという），過熱器の管壁に付着したり，タービンにまでたどり着くこともある．これらを防止するため，水面計とともに高低水位警報装置が設けられる．

(3) マスターフュエルトリップ（MFT）リレー
危険時にボイラの燃料を遮断するためのリレーである．ボイラ，タービン，発電機等の事故が発生してボイラを消火しなければならない事象については，MFTリレーにより燃料を遮断する．

(4) パージインタロック
ボイラは，起動時またはMFTリレー動作後の再点火時に，炉内に未燃ガスが残っていると爆発の恐れがあるため，外部に放出する．この放出を**パージ**というが，火炉をパージしなければ点火できない．

2-2 燃料とボイラ

例題 3 　　　　　　　　　　　　　　　　　　H12 問1

次の文章は，火力発電所等で使用される LNG に関する記述である．

LNG は天然ガスを [(1)] したものであり，その主成分は [(2)] である．沸点は－162〔℃〕，体積は気体の場合に比べておよそ [(3)] となる．

LNG は [(1)] の過程において不要成分が分離・除去されるため，燃焼時に [(4)] 酸化物が生じない比較的クリーンな燃料である．

LNG を使用するときは海水の熱等を利用して気化する．また，LNG は大気圧のタンクに貯蔵されていて，タンクや配管の外部から伝わる熱によっても一部が気化される．後者の気化したガスを [(5)] ガスという．

【解答群】
(イ) 液化　　　　(ロ) 窒素　　　　(ハ) 1/60　　　　(ニ) エタン
(ホ) 1/6 000　　 (ヘ) 圧縮　　　　(ト) 精製　　　　(チ) リーク
(リ) リターン　　(ヌ) 1/600　　　 (ル) ボイルオフ　(ヲ) メタン
(ワ) 硫黄　　　　(カ) プロパン　　(ヨ) 炭素

解　説　(5) LNG の受入から気化までの系統図を解説図に示す．LNG の気化は海水の散水によって行われるほか，タンクや配管の外部から伝わる熱によっても気化する．後者をボイルオフガスという．このガスはボイルオフガスコンプレッサによってボイラに供給される．

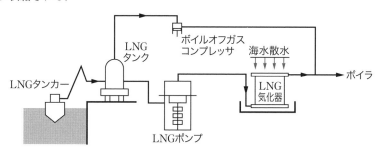

解説図

【解答】(1) イ　(2) ヲ　(3) ヌ　(4) ワ　(5) ル

例題 4 ·· H17 問2

次の文章は，火力発電におけるボイラの保護・保安装置に関する記述である．

ボイラにおける機器損壊防止や安全確保の観点から，異常状態となったときには，ボイラを直ちに停止させる必要がある．このため，保護インタロックや保安装置等が設置されている．

燃料遮断装置（MFTインタロック）は，ボイラ運転中に，燃料，缶水循環，空気の各系統の異常や ____(1)____ 不安定，あるいは火炉圧異常などの異常状態を検知すると，直ちに燃料を遮断してボイラを停止させることで破損を防止する．

____(2)____ インタロックは，ボイラ点火時の事故を未然に防止する機能で，火炉に残っている ____(3)____ ガスを除去すると同時に，ボイラ各系統が正常であることを確認できなければ点火不可としている．

____(4)____ は，ボイラの異常状態や負荷の緊急遮断等によって，発生蒸気が ____(5)____ を超える前に自動的に蒸気を大気に放出し，内部圧力を低下させて機器の破損を防止するものである．

【解答群】
(イ) ブロー　　　　　(ロ) 排気　　　　　(ハ) 安全弁　　　　　(ニ) 絶縁
(ホ) 不活性　　　　　(ヘ) パージ　　　　(ト) 最大連続蒸発量　(チ) 最高使用圧力
(リ) 最高使用温度　　(ヌ) 振動　　　　　(ル) 未燃　　　　　　(ヲ) ランバック
(ワ) 逆止弁　　　　　(カ) 燃焼　　　　　(ヨ) 調整弁

解説　本節6項を参照する．

【解答】(1) カ　(2) ヘ　(3) ル　(4) ハ　(5) チ

2-3 蒸気タービンおよび付属設備

攻略のポイント
本節に関して，電験3種では蒸気タービンや復水器の概要が問われる．2種ではタービンの発電機の起動上の留意事項や復水器の構造まで出題されている．ガスタービンコンバインドサイクルに比べると，出題数は少ない．

1 蒸気タービンの種類

蒸気タービンは，蒸気の保有している熱エネルギーを機械的エネルギーに変えるものである．蒸気の作用，構造等によって次のように分類できる．

(1) 蒸気の作用による分類

①衝動タービン

蒸気の圧力降下が主としてノズルで行われ，ノズルから噴出する蒸気の衝動力によってロータを回転させるタービン（図2・16 参照）．

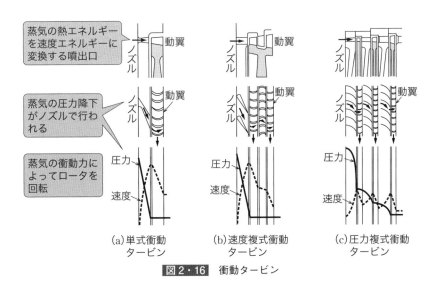

図2・16　衝動タービン

②反動タービン

蒸気の圧力降下が静翼と動翼で行われ，主として動翼から噴出する蒸気の反動力によってロータを回転させるタービン（図2・17 参照）．

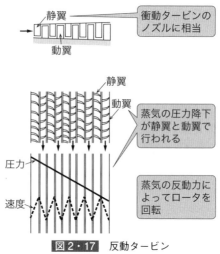

図2・17 反動タービン

(2) タービンケーシングの配列による分類
①くし形（タンデムコンパウンド形）タービン
　高圧・低圧タービンまたは高圧・中圧・低圧タービンが1軸に配置されたもの（図2・18参照）．

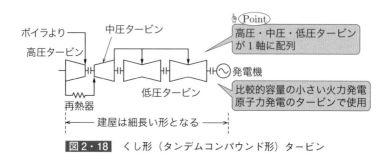

図2・18 くし形（タンデムコンパウンド形）タービン

②並列形（クロスコンパウンド形）タービン
　高圧・低圧タービンまたは高圧・中圧・低圧タービンが2軸以上に配列されたもの（図2・19参照）．

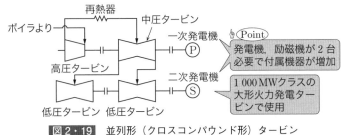

図2・19 並列形（クロスコンパウンド形）タービン

[タンデムコンパウンド形と比べたクロスコンパウンド形の特徴]
①発電機が2台になるため，単機容量を小さくできる．このため，ユニットとして大容量機の製作が容易になる．
②軸長が短くなるため，振動モードが少なくなり，固有振動数も高くなるので，軸設計が容易になる．
③発電機や励磁機が2台必要となるため，建設費が高くなる．
④軸ごとの単独運転はできない．

(3) 蒸気タービンの主要構成部分
①タービンケーシング
　タービンロータを囲む覆いをいう．その内面に静翼が取り付けられ，高圧部は二重構造になっている．
②ノズルと静翼
　ノズルは，蒸気のもつ熱エネルギーを有効に速度エネルギーに変換する噴出口である．衝動タービンのノズルに相当するものが反動タービンの静翼である．
③動翼
　タービンのロータ側に固定されたブレードをいう．
④タービンロータ
　ロータを軸受で支持すると弾性的なたわみを生じ，固有の振動数をもつ．偏心をもつ軸の回転速度が曲げの固有振動数と一致すると，たわみが大きくなり，回転を継続できなくなる．これを**危険速度**といい，低いものから一次，二次がある．一次危険速度が定格速度より低いものを**たわみ軸**といい，高いものを**剛性軸**という．大形タービンではたわみ軸が多く，危険速度と定格速度との開きは10〜15% 以上とされる．

2　復水および給水設備

　復水および給水設備は，蒸気タービンで作動した蒸気を凝縮させて復水とし，この復水を再びボイラの給水として利用する設備である．復水設備は，復水器，空気ポンプ，循環ポンプ，復水ポンプから構成される．また，給水設備は，給水加熱器，脱気器，給水ポンプから構成される．

(1) 復水器

　復水器は，蒸気タービンの排気を冷却して凝縮し，再び水にするとともに，真空度を保持して背圧を低くし，蒸気タービンの出力，効率を高める．復水器は，図2・20に示すように，冷却管に冷却水を通し，タービンの排気がその管の外面に触れて冷却復水す

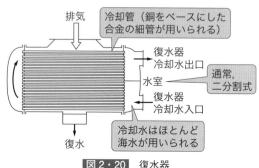

図2・20　復水器

る**表面復水器**が一般的に用いられている．貫流ボイラを使用する火力機や原子力機では，始動時や非常時に蒸気をタービンバイパスさせる系統を有しているが，この場合には必要に応じて減圧装置あるいは復水器冷却管保護装置，低圧タービン保護装置を設ける．

　一方，図2・21に示すように，熱サイクルの中で，復水器で失われるエネルギーが最も大きく，この損失は燃料のもつエネルギーの**50%弱**に相当する．

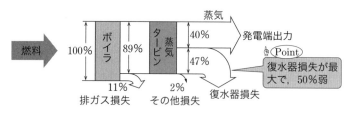

図2・21　蒸気タービン発電の熱精算図の例

(2) 給水加熱器

タービン内の途中から蒸気の一部を抽気し，復水装置から送水されたボイラへの給水を加熱させる装置が給水加熱器である．給水ポンプの前のものを**低圧給水加熱器**，後のものを**高圧給水加熱器**という．

(3) 脱気器

蒸気によって給水を直接加熱し，給水中の溶存酸素等を物理的に分離除去し，ボイラや配管の腐食を未然に防止する装置が脱気器である．

(4) 給水ポンプ

ボイラの蒸気量に相当する給水をボイラに送り込んで蒸発管の過熱を防止する重要なポンプである．給水ポンプは，一般には多段タービンポンプが用いられる．給水ポンプは，一定容量の予備機を保有する．

3 調速装置

(1) 調速装置

調速装置は，タービンの回転速度制御を行う装置で，蒸気加減弁で蒸気流量を調整する．並列運転時には，回転速度が系統周波数に保たれるため，出力の調整を行うことができる．調速装置には，機械式，電気式，油圧式がある．機械式調速装置を図2·22に示す．

また，加減弁によるタービン流入蒸気の制御方式には，絞り調速法，ノズル調速法，全周噴射法の三つがある．図2·23 (a) に示すように，**絞り調速法**は，絞り弁の開きを加減して蒸気を絞り，熱落差と蒸気量を変化させて出力を調整する．構造は簡単であるが，部分負荷時に蒸気量を単一の弁で絞るため，加減弁の蒸気圧力損失が大きく，タービン効率が低下する．次に，**ノズル調速法**は，多数 (4～8個) のノズル弁を直列に開閉しながら，蒸気の流入を制御する方式である．この方式は，部分負荷時においても，加減弁の圧力による損失は小さい．さらに，**全周噴射法**は，部分負荷時 (始動～20%以下の軽負荷) における損失の改善やタービンの局部加熱を改善する制御方式である．

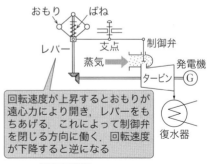

図2·22 機械式調速装置

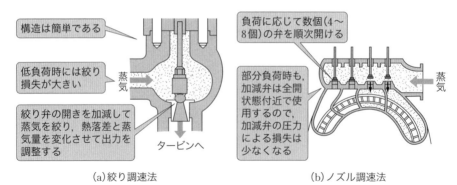

図2・23 絞り調速法とノズル調速法の原理

(2) 非常調速装置

非常調速装置は，タービンの回転速度が定格速度の110±1%になった場合に作動し，タービンへの蒸気の流入を自動的に遮断してタービンの損傷を防止する装置である．タービンロータの軸端に取り付けられた偏心リングが遠心力によってばねの力に打ち勝って飛び出し，トリップ装置の動作レバーを作動させる．トリップ装置の動作で，主蒸気止め弁，加減弁等を急速に閉鎖し，タービンを停止させる．

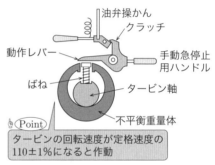

図2・24 非常調速装置

4 蒸気タービンの緊急停止装置

タービンが過速した場合に緊急停止させる非常調速装置に加えて，蒸気タービンには，次のような緊急停止装置を設けている．

(1) 軸受油圧低下トリップ装置

タービンの軸受油圧が規定値以下に下がった状態で運転を継続すると，軸受およびタービン軸が損傷するおそれがある．このため，制御油オイルシリンダ内の制御油圧を逃がして，主蒸気止め弁等を閉じてタービンを緊急停止（トリップ）させる．

(2) スラスト軸受摩耗トリップ装置

　タービンのロータの位置が正常位置よりずれると，羽根と静止部が接触して危険な状態となる．このため，スラスト軸受の摩耗を検出したらタービンを緊急停止させる．この摩耗の検出方法は，油圧検出法や温度検出法がある．

(3) 復水器真空度低下トリップ装置

　復水器の真空度が低下した状態で運転を継続すると，タービン低圧部の温度が上昇し，各段の圧力分布が異常となって，熱膨張により翼間が接触するおそれがある．このため，圧力検出装置により，復水器の真空度が規定値以下に低下するとトリップ動作になり，油圧切換弁により各蒸気弁を全閉させる．

(4) 排気室温度上昇トリップ装置

　低圧排気室温度の上昇により，排気室の変形が生じてタービン振動が増大するおそれがあることから，タービンを緊急停止する．

(5) 振動異常トリップ装置

　タービンの過大な振動は，動翼と静翼の接触や軸受の損傷を起こすおそれがあるため，振動監視装置を取り付け，振動の変化率や変化幅が制限値を超えると動作し，タービンを緊急停止する．

5　タービン発電機の起動

　蒸気タービンの起動にあたっては，復水器に冷却水が通水されていること，および復水器が真空状態であることの二つの条件が成立する必要がある．そこで，タービン発電機の起動は次のように行われる．

①循環水（冷却水）ポンプを起動して復水器へ冷却水を通水する．
②タービングランドに蒸気を供給し，グランド部（タービン軸封部）から空気が流入しないようにし，空気抽出器を起動して復水器の真空度を上昇させる．
③ボイラの蒸気条件（圧力，温度）および復水器の真空度が規定値に達したら，タービンの起動装置によりタービンに蒸気を送ってタービンを起動する．
④タービンの回転速度上昇中は，タービンの振動や伸び，軸受温度の制限値を超えないよう監視する．特に，軸振動に対する危険速度付近では，振動に注意しながら速やかに通過するよう操作する．
⑤タービンが規定回転速度に達したら，励磁装置にて発電機を励磁し，系統に同期並列する．

火力発電

例題 5 ··· H25 問 1

次の文章は，火力発電所で使用される蒸気タービン発電機の起動に関する記述である．

蒸気タービンを起動する前に，循環水（冷却水）ポンプを起動して　(1)　に冷却水を通水するとともに，タービンの軸封部を　(2)　にてシールし，空気抽出器によって　(1)　の真空上昇を行う．ボイラの蒸気条件および　(1)　の真空度が規定値に達したら，タービン起動装置によってタービンに蒸気を送り起動する．運転に際して留意する事項は次のとおりである．

① タービンに送気する主蒸気の温度およびその変化率は，ケーシングやロータなど厚肉材料に過大な　(3)　を与えないよう制限値以内で運転することが重要である．

② タービン回転上昇中はタービンの伸び差や　(4)　，軸受油温，油量などについて注意し，制限値を超えないようにする．特に，　(4)　については　(5)　を速やかに通過するよう操作するとともに，監視を十分に行い異常な　(4)　に注意する．

【解答群】
(イ) 熱応力　　　　　(ロ) 脱気器　　　　　(ハ) 危険速度　　　　(ニ) 水
(ホ) 水素ガス純度　　(ヘ) 不足励磁領域　　(ト) 給水加熱器　　　(チ) 圧力
(リ) 爆発下限界　　　(ヌ) 油　　　　　　　(ル) 復水器　　　　　(ヲ) 振動
(ワ) 蒸気　　　　　　(カ) 界磁電流　　　　(ヨ) 衝撃力

解説　(3) タービンのケーシングやロータのメタル温度が室温付近まで低下している状態でタービンに蒸気を送って起動すると，蒸気との温度差によりケーシングやロータ等の厚肉材料に熱応力が発生して割れの原因となる．また，ケーシングとロータの伸び差が大きくなり，回転部分と静止部分が接触する原因となる．この熱応力を軽減するため，タービン起動前に車室や蒸気加減弁のウォーミングを行うとともに，主蒸気の温度およびその変化率が制限値を超えないよう制限値以内で運転する．

【解答】(1) ル　(2) ワ　(3) イ　(4) ヲ　(5) ハ

例題 6 ··· H13 問 6

次の文章は，火力発電所の復水器に関する記述である．

復水器は，　(1)　あるいは河川水を冷却水として用い，蒸気温度を下げ，これにより冷却水の温度に相当した　(2)　まで圧力を降下させ，同時に　(3)　を

奪って復水させる装置である．

また，熱サイクル中で，復水器において失われるエネルギーが最も大きく，この損失は燃料のもつエネルギーの約 (4) ［％］に相当する．

発電用に主として用いられている復水器は (5) である．

【解答群】
(イ) 50　　　　　　　　(ロ) 臨界圧力　　　(ハ) 顕熱　　　　　(ニ) 気化熱
(ホ) 直接接触復水器　　(ヘ) 海水　　　　　(ト) 大気圧力　　　(チ) 30
(リ) 飽和圧力　　　　　(ヌ) 工業用水　　　(ル) 70　　　　　　(ヲ) 表面復水器
(ワ) 純水　　　　　　　(カ) 噴射復水器　　(ヨ) 潜熱

解説　(3) 潜熱とは，物質が気体から液体へと状態変化（相変化）する際に必要とする「温度変化を伴わない熱」をいう．

【解答】(1) ヘ　(2) リ　(3) ヨ　(4) イ　(5) ヲ

例題7　　　　　　　　　　　　　　　　　　　　　H28　問2

次の文章は，火力発電所における復水器構造に関する記述である．

大形プラントの復水器では，配置の効率化や，低圧抽気管の配管引回し軽減のため，復水器中間胴部に (1) を内蔵するのが一般的である．また，起動時や非常時に (2) をバイパスさせて蒸気の一部を復水器に回収することがある．この場合は復水器 (3) 保護のため減圧・減温装置を設ける．

復水器の性能は冷却管内の汚れ度合いに大きく左右されるので，プラント運転中は冷却水の水質によって (4) や除貝装置により貝などを取り除いたり，スポンジボールなどによる洗浄を実施したりすることによって冷却管内の清浄度を高めている．水室は (5) とし，運転中でも検査・手入れができるようにしたものが多い．

【解答群】
(イ) 正洗　　　　　　　(ロ) 冷却管　　　　(ハ) 四分割式
(ニ) 二分割式　　　　　(ホ) ホットウェル　(ヘ) 空気予熱器
(ト) 発電機　　　　　　(チ) 逆洗　　　　　(リ) ボイラ
(ヌ) 無分割式　　　　　(ル) タービン　　　(ヲ) フラッシング
(ワ) 高圧給水加熱器　　(カ) 水室　　　　　(ヨ) 低圧給水加熱器

解説　(1) 低圧給水加熱器は復水器中間胴部に配置するのが一般的である．通常，復水器1胴体当たり1～4本の給水加熱器を設置し，建屋内スペースを有効活用

し，低圧抽気管の配管引回しを少なくしている．

(4) 復水器の性能は冷却管内の汚れ度合いに大きく左右されるので，プラント運転中，ボール・ブラシ洗浄装置，逆洗装置，除貝装置により貝などを取り除いたり，洗浄を実施したりする．この逆洗装置は，冷却水配管の途中に逆洗弁を設け，復水器内を流れる冷却水の方向を変えて堆積物を取り除く．

(5) 冷却水が配管から復水器冷却管に流入または流出する箇所を水室といい，通常，低圧タービン1台当たり二分割式としている．

【解答】(1) ヨ　(2) ル　(3) ロ　(4) チ　(5) ニ

例題 8　　　　　　　　　　　　　　　　　　　　　　　　　　H9　問6

次の文章は，蒸気タービンの調速装置に関する記述である．

蒸気タービンの調速装置は，検出の原理によって，機械式，　(1)　式および　(2)　式に分類できるが，最終的に調速弁を駆動する部分は，いずれも　(2)　によるサーボ機構である．全負荷運転中のタービンが急に無負荷になった場合，速度上昇の整定値は，調速装置の特性，すなわち　(3)　によって決まる．しかし，タービンの回転速度の急速な上昇を引き起こして大事故になる恐れがあるので，これを完全に防止するため，定格速度の　(4)　倍以下で作動する　(5)　が設けられている．

【解答群】
(イ) 油圧　　　　　　(ロ) 1.15　　　　　　(ハ) 空気
(ニ) 主蒸気止め弁　　(ホ) 瞬時速度変動率　(ヘ) 1.11
(ト) 1.20　　　　　　(チ) 真空破壊装置　　(リ) 速度比
(ヌ) 遠心　　　　　　(ル) 電気　　　　　　(ヲ) 間接
(ワ) 速度調定率　　　(カ) 直接　　　　　　(ヨ) 非常調速装置

解説　本節3項を参照する．速度調定率は1-4節2項を参照する．

【解答】(1) ル　(2) イ　(3) ワ　(4) ヘ　(5) ヨ

2-4 タービン発電機と電気設備

攻略のポイント　本節に関して，電験3種ではタービン発電機と水車発電機の違い等が出題される．2種一次試験ではタービン発電機の冷却方式，励磁方式，所内電源，進相運転，周波数低下や逆相電流が与える影響等が出題されている．また，これらは2種二次試験でも出題されやすいため，詳細に解説する．

1　タービン発電機の概要と特徴

蒸気タービンまたはガスタービンによって駆動される発電機を**タービン発電機**という．タービン発電機は，水車発電機と比べ，下記の特徴を有する．

[水車発電機と比較したタービン発電機の特徴]

① タービン発電機は，水車発電機に比べて**大容量**である（2極火力用発電機では1300 MVA級，4極原子力用発電機では1570 MVA級が製作可能）．

② **極数が2極または4極（火力機では2極，原子力機では4極が主流）**であり，1分間の回転速度は60 Hzで3600回転（2極機）または1800回転（4極機），50 Hzで3000回転（2極機）または1500回転（4極機）と**高速**である．

③ タービン発電機は高速回転をするため，大きな遠心力に耐えるよう，**回転子の直径が小さく軸方向に長い横軸形の円筒機**を採用し，その回転子の軸および鉄心は一体の鋳造軸材で作られている．

④ タービン発電機は，上述の構造から，界磁巻線を施す場所が制約され，大きな出力を得るためには電機子巻線の導体数が多い，すなわち銅量が多い，いわゆる**銅機械**となる．

⑤ タービン発電機は，水車発電機に比べ，**同期インピーダンスが大きくなり**，一方，その逆数である**短絡比は0.5～1.0程度**と小さい．したがって，水車発電機に比べると，安定度は厳しくなり，電圧変動率は大きくなる．

2　タービン発電機の冷却方式

タービン発電機の冷却方式は，冷却媒体によって，**空気冷却方式，水素冷却方式，液体冷却方式**に分けられる．また，冷却構造によって分類すると，導体の冷却を絶縁物を介して行う**間接冷却方式**，導体内部に直接冷却媒体を流して冷却する**直接冷却方式**に分けられる．大容量機では，できる限り冷却を効果的に行い，設備をコンパクトにして製作限界に収めるため，**固定子コイルは水素ガスまたは**

水，回転子は水素ガスを用いた直接冷却方式が採用されている．

(1) 水素冷却方式が採用される理由

①熱伝導率，比熱が大きいので，冷却効果が優れていること

水素は，空気と比べ，熱伝導率が約7倍，比熱が約14倍と大きい．また，水素を加圧して用いることで，熱容量，熱伝導率が大きくなり，優れた冷却能力を発揮することができる．こうした水素の優れた冷却効果により，発電機を小形化できる．

②密度が小さいため風損が小さく，発電機効率を向上させることができること

火力用タービン発電機は2極の高速機であり，風損による効率低下が問題になる．水素は，密度が空気の7%と極めて軽いため，通風損失や回転子摩擦損が空気に比べて10%程度となり，効率が1〜2%程度向上する．

③水素ガスは不活性であるため，絶縁物の劣化が少ない．

④火花が発生しても酸素がないため燃焼が起こらない．

⑤水素ガス圧を高めて用いると，大気圧の空気よりコロナ放電が生じにくい．

(2) 水素冷却に伴う安全対策

①水素は空気と混合した場合，水素濃度が4〜77%の範囲で爆発性をもつ．このため，**水素濃度を常に90%以上に維持**するよう純度管理に十分留意する必要がある．

②機内水素ガスが軸に沿って機外に漏れないように**密封油装置を設置**する．これは軸受内で油膜によりシールを行うもので，軸とシールリングの隙間に機内ガスより高い圧力の油を流し，機内ガスの漏れを防ぐものである．

③密封油装置に異常が発生した場合，軸受の周りに水素が漏れて爆発する可能性があることから，窒素による消火装置を発電機軸受付近に設置する．

④発電機および管類は水素が大気圧において爆発する場合に生ずる圧力に耐えるものとすることが必要である．

(3) 固定子水冷却方式が大容量タービン発電機に採用される理由

①水は，空気，水素と比較し，熱容量，熱伝導率がともに非常に大きく冷却効果が優れている（水の冷却能力は空気の約50倍，水素の約10倍）ので，発電機を小形化できる．これにより，コスト上昇の抑制にもつながる．

②水は，水素に比べ，管理が容易であり，安全性を向上することができる．

(4) 固定子水冷却系統の構成

○固定子コイル内部に作られた通水路に純水を通して,巻線の発生熱を奪う.温度の上昇した水は,貯水槽を通り,冷却器で冷却され,ポンプで再び固定子コイルに送られる.

○水は純度管理が必要で,イオン交換樹脂を通して一定純度を保つようにする.

3 タービン発電機の励磁方式

タービン発電機の励磁方式を電気方式で分類すると,直流励磁機方式,交流励磁機方式,サイリスタ励磁機方式に分けることができる.従来,直流発電機を励磁機とする直流励磁機が用いられてきた.しかし,近年,発電機容量の増大に伴って大容量励磁機が必要となり,ブラシおよび整流子を有する直流励磁機は製作面や運転保守面から不利になってきた.そこで,これに代わって,交流励磁機が製作されるようになった.また,近年,系統安定度を向上させる観点から,サイリスタ励磁方式も採用されている.

(1) 交流励磁機方式(別置整流器付き)

主機に直結した回転界磁形の交流励磁機の出力を,別置の整流装置により直流に整流し,スリップリングを介して主機の界磁巻線に供給する方式である.主機の界磁電流調整は交流励磁機の界磁電流を調整することにより行う.整流子が不要であるため,保守が容易である.交流励磁機が遅れ要素と

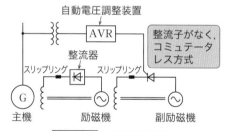

図2・25 交流励磁機方式

して加わるため,応答速度が遅くなるのが普通であるが,整流装置としてサイリスタを使用し,励磁装置の頂上電圧を高くすることにより,速応度を大きくできる.この方式はスリップリング用ブラシが残っているが,整流子がないので,**コミュテータレス方式**と呼ばれる.

(2) ブラシレス励磁方式

主機に直結した回転電機子形の交流励磁機の出力を,同じ軸上に取り付けた回転整流器により直流に整流し,主機の界磁巻線に供給する方式である.主機の界磁電流調整は交流励磁機の界磁電流を調整することにより行う.制御特性は交流

励磁機方式とほぼ同様である．スリップリング用ブラシが不要で機械的摺動部を持たないため，保守性が良い．タービン発電機は高速回転になるため，整流器やその取り付けに関しては遠心力に十分耐えられるよう考慮されている．

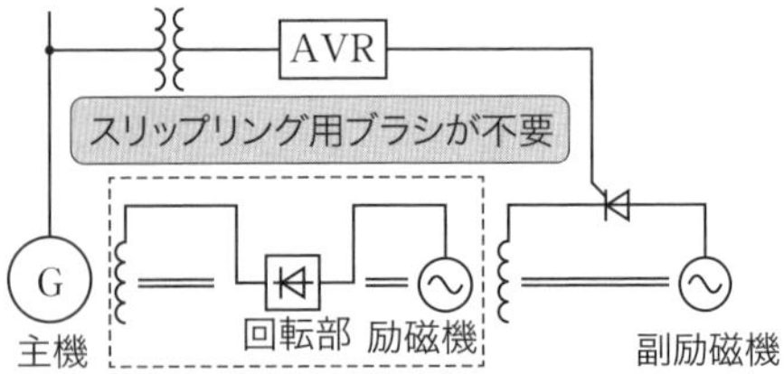

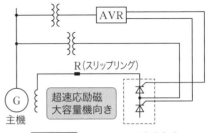

図2・26　ブラシレス励磁方式

(3) サイリスタ励磁方式

主機の主回路に接続した変圧器から励磁電源を得て，これをサイリスタにより直流に整流し，主機の界磁巻線に供給する方式である．主機の界磁電流調整は，サイリスタ整流器の出力電圧調整等により直接制御するため，電圧制御性に優れ，かつ励磁系としての時定数が小さく，励磁変圧器の二次電圧を大きくすることにより速応度を上げることができるため，超速応励磁として大容量機に広く採用されている．また，主機直結の回転励磁機を使用しないため，タービン発電機の軸長を短くでき，軸系の危険速度など機械的問題に対して有利である．しかし，交流励磁機のように慣性がなく，内部に誘起電圧を持たないため，発電機近傍の短絡故障の電圧低下で低励磁になるなど，励磁電源が系統擾乱の影響を受けやすい．励磁電源を所内電源から得るものもある．

図2・27　サイリスタ励磁方式

4 同期発電機の可能出力曲線とタービン発電機の進相運転

(1) 同期発電機の可能出力曲線

同期発電機が連続的に運転できる有効電力と無効電力の領域を示した曲線を**可能出力曲線**といい，図2・28に示す．タービン発電機の冷却能力は，発電機ガス冷却系の水素ガス圧力に依存するため，可能出力曲線も水素ガス圧力に依存する．例えば，水素ガス圧力が低下すると，固定子や回転子の電流がその水素ガス圧力に対応する値まで制限され，出力が低下するため，可能出力曲線は小さくなる．可能出力曲線の各領域は，次の要素で制限される．発電機は定格点でなくて

も，可能出力曲線の領域内であれば安定的に連続運転を行える．

① 領域 AJ

発電機定格力率に相当する A 点および進み力率 0.95 に等しい J 点を定める．この円弧 AJ は電機子電流一定，すなわち**固定子（電機子）巻線の温度上昇で制限**される範囲である（発電機定格力率は，通常 0.85 または 0.9 が採用されることが多く，進み側は一般的には進み力率 0.95 が採用される）．

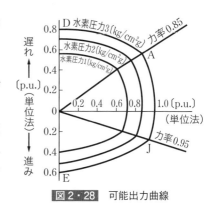

図 2・28 可能出力曲線

② 領域 AD

界磁電流一定の場合の出力曲線，すなわち**界磁巻線の温度上昇によって制限**される範囲である．

③ 領域 JE

進相運転時の固定子鉄心端部の温度制限により決定されるが，**定態安定度限界**（5 章で説明）および**所内電圧の低下**等を考慮して決定する．

(2) タービン発電機の進相運転

深夜や軽負荷時における電力系統の過剰な進み無効電力を吸収させるため，同期発電機の励磁を弱めて進相領域で運転させることを**進相運転**という．これは，500 kV，275 kV 送電線やケーブル送電線の増加等により，深夜や軽負荷時に進み無効電力が過剰になって系統電圧が上昇しすぎるので，こうした**過剰な無効電力を発電機で吸収させて系統電圧の上昇を防止**するのである．但し，発電機を進相運転すると，次の問題があるので，注意して運転する．

[進相運転時の留意事項]

① **定態安定度の低下**

低励磁運転によって発電機の内部起電力が低下するので，内部相差角が増えて安定度が低下する．

② **固定子端部の過熱**

回転子と固定子間のギャップ磁束が減少し，回転子保持環が未飽和となり，磁束が固定子端部に通りやすく渦電流が増えて過熱する．

③**所内電圧の低下**

低励磁によって発電機端子電圧が低下し，所内電圧が低下する．

[進相運転に対する対策]

①**高速度 AVR（自動電圧調整装置）** を設置し，端子電圧の変動を少なくし，安定度を向上させる．

②固定子端部のフランジや回転子保持環を**非磁性体**にする．フランジに銅板の遮へいを設け，漏れ磁束に対する磁気抵抗を高める．

③所内変圧器に**負荷時タップ切換器（LTC）を設置**する．

5　逆相電流がタービン発電機に与える影響

(1) 逆相電流の発生原因

電機子電流が不平衡になると逆相電流が流れる．この原因としては，①不平衡負荷の存在，②線路定数のばらつき（非ねん架），③系統の不平衡故障（一線地絡，二線地絡，二線短絡等），④送電線故障時の単相再閉路・多相再閉路における無電圧時間中の断線状態などがあげられる．

(2) 逆相電流による影響

電機子（固定子）巻線に逆相電流が流れると，発電機内部に回転子の回転方向と逆方向に回転する磁界が形成されて，回転子に **2 倍周波数**の電圧を誘起する．これにより，回転子表面に大きな渦電流が流れ，回転子表面が発熱し，温度が上昇する．この電流は，主に回転子歯部やくさびを流れ，コイル保持環を通って還流し，端部では局部加熱を生じる．

(3) 逆相電流に対する発電機側の対策

①回転子に制動巻線を設け，逆相電流を吸収させる．

②くさびに特殊耐熱材を用いる．

③発電機に逆相過電流リレーを設け，警報または発電機停止を行う．

6　周波数低下がタービン発電機に与える影響

電力系統の周波数が低下すると，**低圧タービン動翼の共振，補機類の出力低下**等が発生する．低圧タービンの最終段付近は細長い構造になっているため，共振周波数が低く，定格回転速度およびその倍数値から十分に離すことが難しい．このため，翼が振動を起こし，材料に高い繰り返し応力が加わり，疲労破壊を起こ

す危険性がある．このため，一定の周波数以上に下がれば，周波数低下リレーによって発電機を停止する．

7 火力発電所の所内電源

火力発電所の補機の電源供給を担う所内電源は，図2・29のような**ユニットシステム**が採用されている．このシステムは，**所内変圧器**または**起動変圧器**より電源供給を行うことにより，信頼度の高い構成としている．

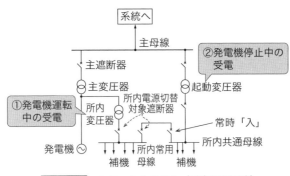

図2・29 ユニットシステム（所内電源回路）

図2・29において，火力発電所の補機電源（所内母線）は，①発電機運転中は発電機より所内変圧器で降圧して電力を受電，②発電機停止中は外部系統から起動変圧器で降圧した電力を受電，という二つの系統が設けられている．そこで，発電機の運転状態により，所内電源の供給元を切り替える必要がある．この電源切替方式には，次の二つの方式がある．

(1) 並列切替方式

プラントの通常の起動，停止時に行われる方法で，図2・29に示した所内常用母線と所内共通母線を並列させた後に片方の電源に切り替えるものである．このため，ループ切替することになるので，横流を抑制する観点から，異系統間の位相差と電圧差を一定値以内とする必要がある．

(2) 瞬時切替方式

発電機が故障停止した場合に自動で行われる方法で，所内変圧器側を停電させた後，起動変圧器側から受電する方法である．この方式では異系統間の問題はないが，補機電動機への機械的衝撃を防止するため，迅速に切替を行う必要がある．

火力発電

例題9　　　　　　　　　　　　　　　　　　　　　　　　R4　問1

次の文章は，水素冷却発電機に関する記述である．

大容量タービン発電機の冷却方式には，冷却媒体に水素ガスを用いる水素冷却が多く採用されている．

水素冷却発電機は，空気冷却発電機に対して次の特徴がある．

① (1) が減少することで，発電機効率が向上する．
② 水素は (2) が大きいので，冷却効果が向上する．
③ 水素は空気より絶縁物に対して不活性であり， (3) が高いために，絶縁物の劣化が少ない．

一方，水素と空気の混合ガスは引火，爆発の危険があるので，これを防ぐため水素純度を (4) 以上に維持すること，固定子枠を耐爆構造としなければならないこと，軸貫通部の水素漏れを防止するために軸受の内側に (5) 制御装置を設ける必要があることなど，取り扱いも慎重にしなければならない．

【解答群】
(イ) 85%　　　(ロ) コロナ発生電圧　　(ハ) 風損　　(ニ) 電圧変動率
(ホ) 銅損　　 (ヘ) 75%　　　　　　　(ト) ガス　　(チ) 熱伝導率
(リ) 潜熱　　 (ヌ) 90%　　　　　　　(ル) 冷却水　(ヲ) 鉄損
(ワ) 絶縁抵抗 (カ) 密封油　　　　　　(ヨ) 膨張率

解説　本節2項を参照する．

【解答】(1) ハ　(2) チ　(3) ロ　(4) ヌ　(5) カ

例題10　　　　　　　　　　　　　　　　　　　　　　　R2　問1

次の文章は，水素冷却発電機の水素ガス制御方式に関する記述である．

水素冷却発電機は水素ガスの漏洩や， (1) の侵入を防止するため，水素ガスシール装置を備えている．水素ガスシールは (2) とシールケーシング内に取り付けた (3) の間隙に，機内水素ガス圧力と (4) 圧力の油を供給し，この油が水素ガス側と (1) 側に流出し続けることで水素ガスが機外に漏洩するのを防止している．

シール油の制御方式のうち， (5) 方式は，使用後のシール油をそのまま供給する方式で，シール部と発電機本体の間に隔室を設け，ここから純度の低い水素ガスを排出している．

【解答群】
(イ) 複流　　　(ロ) 油切り　　　(ハ) 空気　　　(ニ) 固定子枠
(ホ) 比べ低い　(ヘ) 比べ高い　　(ト) 回転子軸　(チ) ガスケット
(リ) 連続掃気　(ヌ) 軸受　　　　(ル) シールリング　(ヲ) 真空処理
(ワ) 冷却水　　(カ) 等しい　　　(ヨ) 蒸気

解説　密封油装置（水素ガスシール）は，回転子軸と，発電機固定子枠に設けたシールケーシング内に取り付けたシールリングとの間隙に，シール油を供給する．シールリング内径は回転子軸外径よりわずかに大きく作られ，シールリングは軸上に浮動した状態で軸とともに回転しない．シール油は，機内水素ガス圧力と比べ高い圧力で供給され，軸とシールリングの間隙に流入して油膜を形成し，水素ガス側と空気側に流出し続けるので，水素ガスが機外に漏れるのを防止することができる．

水素ガスシール装置の制御方式には真空処理方式，複流方式，連続掃気方式がある．真空処理方式は，空気側をシールするシール油と水素側をシールするシール油をまとめて処理する方式である．複流方式は，空気側のシール油と水素側のシール油をそれぞれ独立の循環系とする方式である．連続掃気方式は，使用後のシール油を真空処理しないでそのままシール部に供給する方式である．

【解答】(1) ハ　(2) ト　(3) ル　(4) ヘ　(5) リ

例題11　　　　　　　　　　　　　　　　　　　　　　　H12　問6

次の文章は，火力発電所の所内補機電源の切替に関する記述である．

火力発電所の補機電源は，①ユニット運転中は発電機から　(1)　変圧器で降圧した電力を受電する，②停止中は外部系統から　(2)　変圧器で降圧した電力を受電する，という二つの系統が設けられるのが一般的である．

この電源の切替方式には次のようなものがある．

通常の起動・停止時に手動で行われる　(3)　切替方式は，いったん二つの系統から受電した後，一方を遮断することにより，補機電源を停電させることなく切り替える方法である．この方式では　(4)　を抑制するため，異系統間の位相差と電圧差を一定値以内とする必要がある．

発電機等の事故時に自動で行われる　(5)　切替方式は，　(1)　変圧器側を停電させた後，　(2)　変圧器側から受電する方法である．この方式では異系統間の問題はないが，補機電動機への機械的衝撃を防止するため，迅速に切替を行う必要がある．

火力発電

【解答群】
(イ) 瞬時　　　　　(ロ) 主要　　　　　(ハ) 起動　　　　　(ニ) 部分
(ホ) 局部配電用　　(ヘ) 直列　　　　　(ト) 異常電圧　　　(チ) 横流
(リ) 限時　　　　　(ヌ) 所内　　　　　(ル) 移相　　　　　(ヲ) 解列
(ワ) 並列　　　　　(カ) 短絡電流　　　(ヨ) 単巻

解 説　本節7項を参照する．

【解答】(1) ヌ　(2) ハ　(3) ワ　(4) チ　(5) イ

例題12　　　　　　　　　　　　　　　　　　　　　　　　　　H30　問2

次の文章は，タービン発電機の励磁方式に関する記述である．

交流励磁機方式は，発電機の界磁巻線へ直流電流を供給する励磁電源供給機器として，交流の励磁用同期発電機（交流励磁機）を使用するものである．交流励磁機の励磁電源には他励方式と分巻方式があるが，他励方式では，主発電機，交流励磁機と同一軸上に設置された　(1)　の出力を整流し，交流励磁機の励磁電源に使用する．

主発電機と同一軸上に回転電機子形発電機と回転整流器を取り付け，スリップリングを設けずに直接発電機の励磁電源に使用する方式を　(2)　励磁方式という．

静止形励磁方式は，励磁用電源供給機器として　(3)　または励磁用変流器を使用するもので，サイリスタを用いた整流器で　(4)　を調整して直流出力電圧を変化させて，発電機の界磁電流を制御する．サイリスタ励磁方式には，サイリスタのみで構成される均一ブリッジ形と，サイリスタと　(5)　とを組み合わせて構成される混合ブリッジ形がある．

【解答群】
(イ) トランジスタ　　(ロ) 直流発電機　　(ハ) 励磁用変圧器
(ニ) 誘導電動機　　　(ホ) 始動用励磁機　(ヘ) ブラシレス
(ト) 副励磁機　　　　(チ) コンデンサ　　(リ) 直接励磁
(ヌ) 角速度　　　　　(ル) パルス幅　　　(ヲ) ダイオード
(ワ) 蓄電池　　　　　(カ) 点弧角　　　　(ヨ) コミュテータレス

解 説　サイリスタ励磁方式には，サイリスタのみで構成される均一ブリッジ形と，サイリスタとダイオードとを組み合わせて構成される混合ブリッジ形とがある．

【解答】(1) ト　(2) ヘ　(3) ハ　(4) カ　(5) ヲ

2-4 タービン発電機と電気設備

例題13 ・・・ H15 問2

次の文章は，火力発電所における所内変圧器のインピーダンス選定に関する記述である．

火力発電所の所内補機動力は所内変圧器から供給される．所内変圧器のインピーダンスの選定に際しては，次のことを配慮する必要がある．

a) 補機電動機群の [(1)] における所内母線の [(2)] を適切な値に制限する必要があり，これが上限値となる．

b) 所内母線の [(3)] を遮断器の [(4)] 以下に制限する必要があり，これが下限値となる．

c) 変圧器の仕様として指定又は保証されたインピーダンスには [(5)] があり，これを考慮して上限値および下限値を満足するインピーダンスとする．

【解答群】
(イ) 短絡電流　　　(ロ) 絶縁耐力　　　(ハ) 遮断電流　　　(ニ) 温度上昇
(ホ) 遮断時間　　　(ヘ) 精度　　　　　(ト) 電圧上昇　　　(チ) 裕度
(リ) 信頼度　　　　(ヌ) 電圧降下　　　(ル) 停止時　　　　(ヲ) 誘導電圧
(ワ) 地絡故障時　　(カ) 接地抵抗　　　(ヨ) 始動時

解 説　所内変圧器のインピーダンス選定に際しては，二つの要素を考慮する．一つ目の要素は，インピーダンスの上限を定めるもので，これは最過酷状態で補機電動機を起動したときの電圧降下で抑えられる．この電圧降下の許容値は通常15〜20%である．一方，二つ目の要素はインピーダンスの下限を制約するものである．つまり，所内変圧器のインピーダンスが小さいと，短絡容量が大きくなり，遮断容量の大きい遮断器を使用しなければならない．したがって，経済性および現存する遮断器の遮断容量の限界からインピーダンスの下限値が定まる．そして，インピーダンスの±7.5%または10%裕度を配慮し，上限および下限の中に納まるよう設計する．

【解答】(1) ヨ　(2) ヌ　(3) イ　(4) ハ　(5) チ

火力発電

例題 14　　　　　　　　　　　　　　　　　　　　　　　　H16　問2

次の文章は，タービン発電機の不平衡負荷運転に関する記述である．

　タービン発電機に接続される負荷や電気回路が三相非対称な状態で運転することを不平衡負荷運転という．このとき，電機子電流には　(1)　が含まれ，正相電流による回転磁界と逆方向の回転磁界を生じ，固定子の電機子巻線には奇数周波数，回転子の界磁巻線には偶数周波数の　(2)　が発生する．これによって電機子巻線の　(3)　や，回転子ではスロットのくさびと保持環に　(4)　による過熱が発生する．そこで，回転子に　(5)　を設けたり，くさびに特殊耐熱材を用いるなどの対策が行われている．

【解答群】
(イ) 電機子反作用　　(ロ) 補償巻線　　(ハ) 過電圧
(ニ) 逆相電流　　　　(ホ) 局部過熱　　(ヘ) 電圧低下
(ト) 渦電流　　　　　(チ) 他励巻線　　(リ) 零相電流
(ヌ) 高調波　　　　　(ル) 振動　　　　(ヲ) 無効電流
(ワ) コロナ放電　　　(カ) 制動巻線　　(ヨ) 漏れ磁束

解説　本節5項を参照する．発電機に不平衡負荷をかけると，電機子電流に逆相電流が含まれ，正相電流による回転磁界と逆方向の回転磁界を生じ，この回転磁界が同期速度で回転している界磁巻線に鎖交すると同巻線に2倍周波数の交流電圧を誘導する．これにより，界磁巻線に2倍周波数の電流が流れ，同周波数の回転磁束を発生し，界磁巻線は同期速度で回転するため，電機子巻線に3倍周波数の電圧を誘導する．以下，同様に，回転子の界磁巻線には偶数周波数，電機子には奇数周波数の高調波が発生する．

【解答】(1) ニ　(2) ヌ　(3) ホ　(4) ト　(5) カ

2-5 火力発電所の制御

攻略のポイント　本節に関して,電験3種では変圧運転が出題される程度であるが,2種では火力発電所の出力制御,変圧運転,所内単独運転いずれも出題されている.

1 火力発電所の出力制御

火力発電所の制御には,ボイラ追従制御方式,タービン追従制御方式,プラント総括制御方式の三つがある.

(1) ボイラ追従制御方式

ボイラ追従制御方式では,図2・30に示すように,負荷指令を受けて最初にタービンの蒸気加減弁の開度を変化させて,タービンに入る蒸気流量を調整する.その結果,ボイラ出口の蒸気圧力が変化するので,ボイラ側ではその圧力変化を検出してボイラ出口の蒸気圧力を一定に保つように燃料供給量・空気量・給水量を制御する.この方式は,負荷追従速度が速いメリットがあるが,ボイラ保有熱量を利用して過渡的な蒸気圧力変化を吸収するため,ドラム型ボイラに適している.

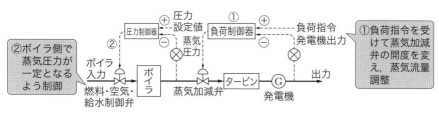

図2・30　ボイラ追従制御方式

(2) タービン追従制御方式

タービン追従制御方式では,図2・31に示すように,負荷指令を受けて最初に燃料供給量・空気量・給水量のボイラへの入力を変化させる.これにより,変化する蒸気圧力を検出して,蒸気加減弁の開度を変化させ,タービンに入る蒸気量を調整することにより,発電機の出力を制御する.この方式は,ボイラ側の制御の安定性には優れるが,負荷追従速度が遅い欠点がある.貫流ボイラに採用される.

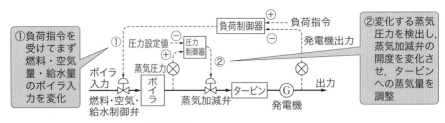

図2・31 タービン追従制御方式

(3) プラント総括制御方式

プラント総括制御方式は，ボイラ追従制御方式とタービン追従制御方式のそれぞれの利点を取り入れた方式である．図2・32に示すように，負荷指令と発電機出力との差をボイラとタービンに並行して与え，ボイラ入力（燃料供給量・空気量・給水量）と蒸気加減弁の開度を同時に協調制御する．この方式は，負荷追従速度が速く，ボイラ側の制御も安定しているため，大容量火力発電所に採用されている．

POINT
貫流ボイラを使用した大容量火力発電所で採用される

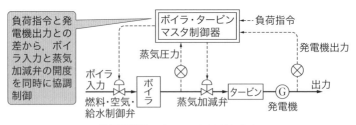

図2・32 プラント総括制御方式

2 変圧運転

(1) 定圧運転

火力発電所の発電機出力は蒸気流量に比例し，蒸気流量は主蒸気圧力とタービン加減弁の開度にほぼ比例する．このため，従来，主蒸気圧力を一定にし，タービン加減弁の開度を制御することにより，発電機出力の制御を行ってきた．これが**定圧運転**である．

(2) 変圧運転

タービン加減弁開度を一定とし（通常全開），主蒸気圧力を変化させることにより，発電機出力を制御する方式を**変圧運転**という．変圧運転の方式としては，

最低負荷から全負荷まで加減弁開度を全開とする**完全変圧運転**と，部分負荷時のみ変圧運転を行う**複合変圧運転**とがある．また，変圧運転を行うボイラには，蒸気流量が減少しても局部加熱や焼損がしにくく，スパイラル水冷壁を用いた**超臨界圧貫流ボイラが多く用いられる**．さらに，変圧運転は次の特徴を有するため，ピーク負荷用，中間負荷用に採用される．

[変圧運転の特徴（定圧運転との比較）]
① **熱効率が向上**する．
② 部分負荷運転で圧力を下げるため，**材料の寿命が長くなる**．
③ 部分負荷で圧力は変わるが，タービン温度が低下しないので，ケーシング温度を高く保ったまま停止でき，**始動時間を短縮できる**．

[定圧運転と比較した変圧運転の熱効率特性]
　変圧運転は，定圧運転と比較して，部分負荷で蒸気圧力を下げるので熱サイクル効率は低下するが，次の①〜④の熱効率向上効果があるため，全体として熱効率が向上する．
① 変圧運転では蒸気流量がほぼ一定なので高圧タービンの調速段が不要となるため，タービン効率が高い．
② 部分負荷でも加減弁開度が全開に保たれるので，絞り損失が減少し，タービン効率が低下しない．
③ 部分負荷では蒸気圧力を下げるため，給水圧力も小さくて済み，給水ポンプの動力が減少するから，熱効率が向上する．
④ 部分負荷でも蒸気温度が低下しないので，熱サイクル効率の低下が少ない．

3 所内単独運転

　所内単独運転とは，送電線故障等によって火力発電機が電力系統から分離された場合，所内負荷をもって運転を継続し，系統電圧の復帰を待って迅速な並列および出力上昇を行えるよう待機状態にしておくことである．所内単独運転を行う場合には次のことに留意する必要がある．

(1) ボイラの安定燃焼

　送電線故障が発生して火力発電機が系統から切り離されると，発電機の負荷は所内負荷だけになるから，これに見合った電気出力となるよう，ボイラ出力を急激に減少させる必要がある．この機能が **FCB（Fast Cut Back）** である．この

FCB機能により，ボイラ入力である給水流量，燃料供給量，空気量，バーナ本数の絞り込みが適正に行われ，ボイラを消火することなく，安定燃焼へと移行させる．また，主蒸気圧力制御によって，ボイラの蒸気をタービンバイパス弁を通して復水器へ逃がしたりすることなどで，主蒸気圧力の上昇を抑制している．これを通じて，ボイラ安全弁の吹出しおよび主蒸気圧力高による燃料供給遮断（MFT）動作に至らないようにしている．

(2) タービンの熱応力緩和

蒸気温度の急変は，タービンロータの熱応力を増大させ，寿命を低下させる要因となる．したがって，所内単独運転中も，蒸気温度をできる限り高く保つようにする．

(3) 所内単独運転中の周波数制御

送電線故障により負荷が遮断されると，タービンの回転速度や周波数は上昇する．タービンの回転速度の上昇により遠心力でタービン動翼が伸びて静翼に接触したり，タービン動翼の共振回転速度に一致して材料に高い繰り返し応力が加わることによる疲労破壊を起こしたりする危険性がある．さらには，所内負荷である補機電動機の運転耐力への影響も考慮する必要がある．このため，速やかに定格周波数で運転するよう制御する必要がある．

例題15 .... H10 問2

次の文章は，火力発電所の制御方式に関する記述である．

ボイラ追従方式は，負荷指令に対応してタービンに流入する [(1)] を制御するために [(2)] の開度を変化させ，主蒸気圧力の変化に応じてボイラを制御する方式で，[(3)] において従来から広く採用されている．一方，タービン追従方式は，負荷指令に対しボイラ入力を変化させ，主蒸気流量に応じてタービン出力を制御する方式で，ボイラ側の制御は安定するが [(4)] が遅いのが欠点である．大容量の火力発電所では，ボイラ制御とタービン制御を協調的に行う [(5)] が採用されている．

【解答群】
(イ) 変圧運転方式　　　(ロ) ドラム形ボイラ　　　(ハ) 冷却水量
(ニ) 主蒸気止め弁　　　(ホ) 速度調定率　　　　　(ヘ) 蒸気加減弁
(ト) 貫流ボイラ　　　　(チ) 蒸気量　　　　　　　(リ) 回転速度

2-5 火力発電所の制御

(ヌ) 超臨界圧ボイラ　(ル) 逆止弁　(ヲ) 負荷追従速度
(ワ) 燃料流量　(カ) プラント総括制御方式　(ヨ) 燃料トリップリレー

解説 本節1項を参照する．

【解答】(1) チ　(2) ヘ　(3) ロ　(4) ヲ　(5) カ

例題16 .... H14 問2

次の文章は，火力発電のボイラの変圧運転に関する記述である．

近年の火力発電ユニットは，電源構成と電力需要形態の変化等から，大容量ユニットにおいても中間負荷火力としての運用が要求され，これに必要な機能を備えたボイラとして変圧運用の超臨界圧　(1)　ボイラが新設プラントには多く見られる．

変圧運転は，部分負荷において，蒸気タービンの　(2)　の開度を大きく保ち，主蒸気圧力を下げて　(3)　を制御し，発電機出力を変える．

主蒸気圧力の低下により　(4)　の動力が減少することおよび　(2)　の開度を大きく保つことから　(5)　が減少することで結果的に熱効率は向上し，また，タービンの熱応力軽減を図ることができる．

【解答群】
(イ) 給水ポンプ　(ロ) 自然循環　(ハ) 主蒸気温度　(ニ) 排気損失
(ホ) 主蒸気流量　(ヘ) 貫流　(ト) 回転速度　(チ) 燃料ポンプ
(リ) 排熱損失　(ヌ) 強制循環　(ル) 主蒸気止め弁　(ヲ) 蒸気加減弁
(ワ) バイパス弁　(カ) 絞り損失　(ヨ) 循環ポンプ

解説 本節2項を参照する．

【解答】(1) ヘ　(2) ヲ　(3) ホ　(4) イ　(5) カ

火力発電

例題17 ··· H11　問2

次の文章は，火力発電所における所内単独運転に関する記述である．

電力系統の事故によって火力機が系統から分離された場合，所内負荷をもって運転を継続し，系統電圧の復帰を待って迅速な並列及び　(1)　を行えるよう準備する．この一連の運転形態を所内単独運転といい，留意事項は次のとおりである．

a. ボイラの　(2)

送電系統事故等が発生した場合，発電機出力を並列運転中の出力から速やかに所内負荷まで絞り込む必要がある．ボイラを消火せずに，所内単独運転に移行するが，バーナ本数制御，燃料量・空気量の絞り込みを適正に行い，ボイラの　(2)　が継続できるよう制御する．また，主蒸気圧力の過上昇を防止するため，ボイラの過剰エネルギーを　(3)　へ逃がしたり，電気式逃がし弁等を一時的に開くなどして制御する．

b. タービンの熱応力

蒸気温度の急変はタービンロータの　(4)　に与える影響も大きいので，所内単独運転中も蒸気温度をできるだけ高く保つことが望ましい．

c. 所内単独運転中の周波数制御

タービン負荷の急減により周波数が上昇するため，タービン翼の共振による折損の回避，補機電動機等の運転耐力への影響を考慮し，速やかに　(5)　で運転するよう制御する必要がある．

【解答群】
(イ) 燃料置換　　　(ロ) 可変速度　　　(ハ) 復水器　　　(ニ) 過熱器
(ホ) 寿命　　　　　(ヘ) 強制冷却　　　(ト) 出力上昇　　(チ) 試送電
(リ) 脱気器　　　　(ヌ) 応力腐食　　　(ル) 安定燃焼　　(ヲ) 出力減少
(ワ) 定格周波数　　(カ) 低減回転速度　(ヨ) 効率向上

解説　本節3項を参照する．

【解答】(1) ト　(2) ル　(3) ハ　(4) ホ　(5) ワ

2-6 ガスタービン, コンバインドサイクル, ディーゼル発電

攻略のポイント

本節に関して, 電験3種ではコンバインドサイクルの特徴の出題が多い. 2種ではガスタービンやコンバインドサイクルの熱サイクル, ガスタービンの部品の材料や劣化等の出題がある. 特に, 熱サイクルは頻出分野である.

1 ガスタービン発電

(1) ガスタービン発電の構成と熱サイクル

　ガスタービンは, 気体 (空気, または空気と燃焼ガスとの混合体) を圧縮し, 加熱した後に膨張させて, 気体の保有する熱エネルギーを機械的エネルギーとして取り出す熱機関である. ガスタービン発電の主要構成機器は, 図2・33に示すように, 空気圧縮機, 燃焼器, ガスタービンであり, シンプルサイクルを示す. また, 利用する熱サイクルは図2・34の**ブレイトンサイクル**である.

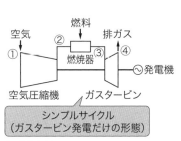

図2・33　ガスタービン発電の構成

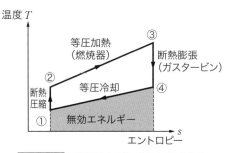

図2・34　理想的なブレイトンサイクル

ブレイトンサイクルのプロセスは次のとおりである.

①→②：**断熱圧縮**（空気を空気圧縮機によって断熱的に圧縮する）
②→③：**等圧加熱**（圧縮空気を燃焼器に導き, 燃料により高温・高圧の燃焼ガスを発生させる）
③→④：**断熱膨張**（燃焼器を出た高温・高圧の燃焼ガスをガスタービンに導き, 膨張させて仕事をする）
④→①：**等圧冷却**（大気中への排気と給気）

(2) 汽力発電と比べたガスタービン発電の特徴

①汽力発電に比較して**設備が簡単**であり, 建設費が安価で建設期間が短い.
②運転操作が簡単で, 運転人員も少なくて対応できる.

③汽力発電のような**大量の冷却水を必要とせず**，水処理は不要である．
④小容量から 240 MW 程度まで作ることができ，汽力と内燃力の中間の出力の発電所として適している．
⑤始動から全負荷まで 10〜30 分程度で可能であり，急速な負荷変化も可能であるため，ピーク負荷用や非常用電源に適している．
⑤ガスタービンの温度が高い（現在は 1 300〜1 500℃ 級）ため，高価な耐高温材料・耐熱材料を必要とする．
⑥シンプルサイクルガスタービンは排ガス温度が 550〜650℃ と高いため，その熱効率は比較的大容量のものでも 30% 前後で，汽力発電所に劣る．
⑦**ガスタービンは吸入する大気温度すなわち空気密度の変化によって出力が変動し，大気温度が上昇すると最大出力が低下する．**（理由は後述）

(3) ガスタービン部品と劣化

　ガスタービンは高温条件で使用されるため，材料の選定や保守には配慮が必要となる．燃焼器の内筒は高温高圧の燃焼ガスにさらされる．タービンは段数が 2〜5 段の衝動形または反動形タービンが用いられ，動翼を植え込んだタービン翼車とタービンケーシング内側に固定した静翼が高温の燃焼ガスにさらされる．このように燃焼器の内筒からタービン翼など高温にさらされる部分には，鉄（Fe），ニッケル（Ni），コバルト（Co）をベースとした**超合金**が使われる．

　ガスタービンの部品の劣化や損傷の形態としては，**クリープ破断**，応力の繰り返しによる材料表面の亀裂の発生がある．クリープ破断は，一定の温度，圧力条件下において組織材料が時間とともに変化して材料固有の破断時間に達すると生ずる．また，材料に繰り返し応力が加わると，材料表面に発生した亀裂が徐々に内部に拡大する疲労が発生する．疲労の発生原因は，外力による機械的応力の変化のほかに，熱的な変動に伴う伸縮による応力の変化から生ずる熱疲労がある．タービンの起動停止が繰り返し行われると，材料に熱的な負荷の増加や減少が加わって，熱疲労により，材料表面の亀裂に発展する．

2 コンバインドサイクル発電

　図 2・33 に示すようなシンプルサイクルのガスタービンでは効率が低いことから，ガスタービンと蒸気タービンを組み合わせた方式が**コンバインドサイクル発電**である．コンバインドサイクル発電には，**排熱回収方式**，**排気再燃方式**，排気

助燃方式，給水加熱方式等がある．排熱回収方式が現在の電気事業用コンバインドサイクル発電の主流である．

(1) 排熱回収方式

ガスタービンの排気ガスを排熱回収ボイラに導き，その熱回収によって蒸気を発生させ，蒸気タービンを駆動する方式である．図 2・35 は排熱回収方式の装置概要，図 2・36 はその理想熱サイクルの $T\text{-}s$ 線図である．

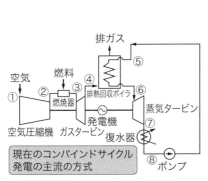
図 2・35　排熱回収方式の装置概要

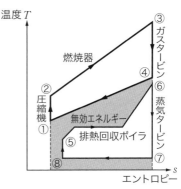
図 2・36　排熱回収方式の理想熱サイクル

[特徴]

① **コンバインドサイクル発電の熱効率は高い．**［1 300℃級で約 55%，最新鋭の 1 500℃級では約 59%］（汽力発電所の熱効率は 40～45% 程度）
② **部分負荷での熱効率の低下が小さい．** 電気事業用コンバインドサイクル発電は小容量の単位機（軸という）を組み合わせて大容量プラント（系列という）を構成するため，**出力の増減をこの軸の運転台数の増減で行うことで，広い出力範囲にわたって定格出力と同等の高い熱効率が得られる．**
③ 従来の汽力発電に比べ，**水の保有量が少ないので，起動時間が短い．**
④ コンバインドサイクル発電における**出力分担は，ガスタービン：蒸気タービン＝2：1 程度**である．ガスタービンで使う冷却水量は蒸気タービンに比べて非常に少ないので，コンバインドサイクル発電では同じ出力の汽力発電に比べて，**温排水量が 5～6 割程度と少ない．**
⑤ **最大出力が大気温度により変化する（気温が上がると最大出力が低下する）．**
　［**理由**：圧縮機が吸入する空気の体積流量はほぼ一定であり，大気温度の上昇

により空気密度が低下するため，空気の質量流量が低下する．そのため，投入できる燃料量が減少し，ガスタービン出力は低下する．また，これにより排ガス量も減少するため，排熱回収ボイラで回収する熱量も減少し，蒸気タービン出力も減少することから，コンバインドサイクル発電の最大出力は低下する］

［**改善策**：圧縮機入口の空気温度を下げるため，吸気に水を噴霧することで水の蒸発潜熱によって吸気温度を下げ，空気の質量流量を増加し，出力低下を改善する方法（フォグ方式）や，エバポレータークーラー方式，チラー方式等のガスタービン吸気冷却装置を設置することがあげられる．また，蒸気タービン出力の低下分を改善するために，排熱回収ボイラに助燃バーナを追設することもある］

⑥排熱回収方式では，蒸気タービンでの単独運転はできない．

(2) 排気再燃方式

ガスタービンの排気ガスを，ボイラ燃焼用空気として利用し，排熱回収を行うとともに，ガス中の残存酸素で再燃焼させる方式である．ガスタービンの排気ガスは高温であるため，ボイラの空気予熱器は設置不要となり，その代わりにボイラ排ガスの熱は給水加熱により回収される．この方式は，**蒸気タービンのみを利用する従来型火力のリパワリングに適用**された．

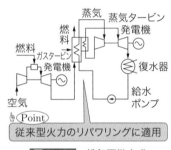

図2・37 排気再燃方式

［排熱回収方式と比べた特徴］

①**蒸気タービンの出力比率が大きい**．このため，**温排水量が多い**．

②**蒸気タービンの単独運転が可能**である．（100％押込通風機がある場合）

③蒸気タービンの出力をガスタービンの排気だけではなくボイラに投入する燃料で調整できる．

④排熱回収方式に比べ，水の保有量が多いので，起動時間が長い．

⑤運転制御が複雑である．

(3) 排気助燃方式

ガスタービンの排気ガスに燃料を追加投入し，排ガス中の残存酸素を使って燃焼さ

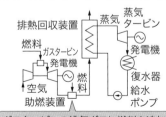

図2・38 排気助燃方式

2-6 ガスタービン，コンバインドサイクル，ディーゼル発電

せ，排ガスの温度を高めて排熱回収ボイラに導き，蒸気タービン出力の増加によるプラント出力の増加を図る（図2·38）．

(4) 給水加熱方式

ガスタービンの排気を蒸気プラントの給水加熱器に導き，排熱回収を行う方式である（図2·39）．

(5) 一軸形と多軸形

一方，コンバインドサイクル発電は，図2·40に示すように，一軸形と多軸形に分けられる．一軸形は，ガスタービン1台に蒸気タービン1台を直結して一軸上に配置し，1台の発電機を駆動する．一方，多軸形は，ガスタービンの軸と蒸気タービンの軸とが別々にあり，それぞれの軸

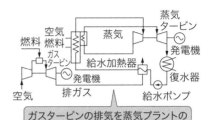

図2·39 給水加熱方式

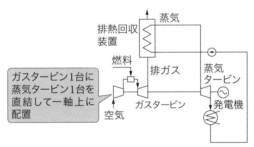

(a) 一軸形コンバインドサイクル

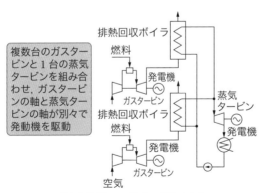

(b) 多軸形コンバインドサイクル

図2·40 一軸形と多軸形のコンバインドサイクル

火力発電

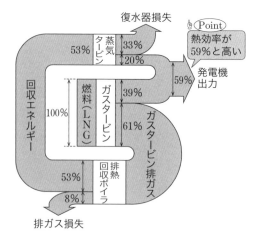

図2・41 1 500℃級コンバインドサイクルの熱精算図

で発電機を駆動する．そして，複数台のガスタービンと蒸気タービン1台を組み合わせることが多い．多軸形では大形の蒸気タービンを使うため，定格負荷における熱効率は一軸形より高くなる．これに対し，一軸形では部分負荷において軸ごとの運用により高い熱効率を実現できる．また，蒸気タービンの熱容量が小さいため，プラントの起動時間が短いうえに，軸ごとの定期点検が可能となる．図2・41に1 500℃級コンバインドサイクル発電の熱精算図の例を示す．これでは，熱効率が59％まで向上している．

3 ディーゼル発電とコジェネレーション

(1) ディーゼル発電

ディーゼル発電は，離島等の常用電源として用いられるほか，発電所，病院等の非常用電源としても用いられる．単機容量は数百kW以下の小容量のものから，18 MW級のものまである．**熱効率は30～40％程度**である．ディーゼル機関は，シリンダ内で燃料油と空気の混合気体が圧縮された状態を作り，これを急激に燃焼させた際の膨張エネルギーを回転運動として取り出し，発電する．

火力発電所の非常用電源としてディーゼル発電機を用いる場合には，外部の交流電源が喪失した場合でも，ユニットを安全に停止するため，**密封油装置油ポンプ**，**ターニング油ポンプ**等の重要な負荷を供給する．密封油装置は，「2-4節2

2-6 ガスタービン，コンバインドサイクル，ディーゼル発電

タービン発電機の冷却方式（2）水素冷却に伴う安全対策」で述べた重要性があることから，密封油装置油ポンプは電源喪失時にも運転を継続しなければならない．また，ターニング油ポンプは，タービン起動・停止時の低速回転領域ではタービン軸に直結されて駆動している主油ポンプの油圧が低下することから，主油ポンプに代わって軸受に潤滑油を供給するポンプである．ターニング油ポンプは，軸受油圧の維持により軸受・タービン軸の接触・焼きつきを防止するために，運転を継続しなければならない．

(2) コジェネレーション

コジェネレーションは，天然ガス，石油，LPG等を燃料とし，ガスタービン，ディーゼルエンジン，ガスエンジン，燃料電池により発電を行うとともに，その際に生じる排熱も同時に回収するシステムである．回収した排熱は，蒸気や温水として，工場の熱源，冷暖房や給湯等に利用でき，熱と電気を無駄なく利用できれば，**約75～80%の高いエネルギー効率**を実現することができる．

例題18 ·· R1 問5

次の文章は，ガスタービン発電の熱サイクルに関する記述である．

燃焼器が1組だけのガスタービン発電における基本熱サイクルを単純 [(1)] といい，基本設備は燃焼器のほかに発電機，[(2)]，ガスタービンで構成される．図は単純 [(1)] の熱サイクル線図で，燃焼器に相当する軌跡は [(3)] である．燃焼器で発生した高温高圧の燃焼ガスをガスタービンで [(4)] させタービン軸を回し仕事をする．受熱量を Q_1，放熱量を Q_2，各点の温度を T_1, T_2, T_3, T_4 とすれば，理論熱効率 η は次式で示される．

$$\eta = 1 - \frac{Q_2}{Q_1} = 1 - \boxed{(5)}$$

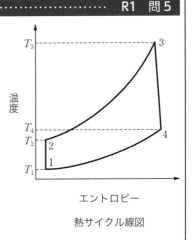

熱サイクル線図

【解答群】
（イ）ブレイトンサイクル　（ロ）1から2　　　　（ハ）排熱回収ボイラ

火力発電

(ニ) カルノーサイクル　　(ホ) 断熱膨張　　(ヘ) $\dfrac{T_1}{T_3}$

(ト) 2から3　　(チ) 4から3　　(リ) 空気圧縮機

(ヌ) 等圧燃焼　　(ル) ランキンサイクル　　(ヲ) 断熱圧縮

(ワ) 脱硝装置　　(カ) $\dfrac{T_2-T_1}{T_3-T_4}$　　(ヨ) $\dfrac{T_4-T_1}{T_3-T_2}$

解説　(5) 理論熱効率 η に関して，受熱量 Q_1 は2から3の等圧加熱過程での受熱量なので，定圧比熱を C として，$Q_1=C(T_3-T_2)$，放熱量 Q_2 は4から1の等圧冷却（放熱）過程での放熱量なので $Q_2=C(T_4-T_1)$ となる．

$$\eta=1-\dfrac{Q_2}{Q_1}=1-\dfrac{C(T_4-T_1)}{C(T_3-T_2)}=1-\dfrac{T_4-T_1}{T_3-T_2}$$

【解答】(1) イ　(2) リ　(3) ト　(4) ホ　(5) ヨ

例題19　　　　　　　　　　　　　　　　　　　　　　　　H24　問1

次の文章は，コンバインドサイクル発電プラントの主要構成設備であるガスタービンに使用される部品の材料及び劣化状況に関する記述である．

コンバインドサイクル発電プラントを構成する設備のうち，ガスタービンは　(1)　条件で使用されるため，材料の選定，保守には様々な配慮が必要となる．

ガスタービン部品のうちタービン翼など　(1)　にさらされ，かつ高い強度が求められる部分には，鉄（Fe），ニッケル（Ni），コバルト（Co）をベースとした　(2)　が用いられる．

ガスタービンの部品の劣化・損傷の形態としては，一定の温度，応力条件下において組織材料が時間とともに変化して材料固有の破断時間に達すると生じる　(3)　破断や，起動停止が繰り返し行われることで材料に熱的な負荷の増加減少が加わり，熱　(4)　が生じることによる材料表面の　(5)　の発生がある．

【解答群】
(イ) 軽合金鋼　　(ロ) 疲労　　(ハ) 伝導　　(ニ) 亀裂
(ホ) 高圧　　(ヘ) 減肉　　(ト) 延性　　(チ) 高温
(リ) 湿り　　(ヌ) 超合金　　(ル) クリープ　　(ヲ) 形状記憶合金
(ワ) 腐食　　(カ) 変形　　(ヨ) 落差

解説　本節「1 ガスタービン発電 (3) ガスタービン部品と劣化」を参照する．

【解答】(1) チ　(2) ヌ　(3) ル　(4) ロ　(5) ニ

2-6 ガスタービン,コンバインドサイクル,ディーゼル発電

例題20 .... H27 問1

次の文章は,コンバインドサイクル発電の熱サイクルに関する記述である.

コンバインドサイクル発電は,ガスタービン発電の基本熱サイクルである ⬚(1)⬚ と汽力発電の基本熱サイクルを組み合わせることにより,プラント熱効率を飛躍的に高めた発電方式である.

コンバインドサイクル発電における主要機器として,空気圧縮機,燃焼器,ガスタービン, ⬚(2)⬚ ,蒸気タービン,発電機などが挙げられる.

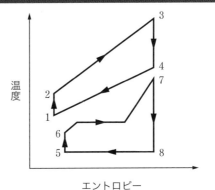

コンバインドサイクル発電の理想熱サイクル線図

図は,あるコンバインドサイクル発電の理想熱サイクルの一例である.この熱サイクル線図で,空気圧縮機に相当する軌跡は ⬚(3)⬚ で, ⬚(2)⬚ に相当する軌跡は ⬚(4)⬚ である.

近年, ⬚(5)⬚ など,コンバインドサイクル発電の熱効率を高める方策により,熱効率は約60%(低位発熱量基準)に達している.

【解答群】
(イ)燃焼用空気の加温 　(ロ)3→4 　(ハ)空気圧縮機の圧力比の低減
(ニ)5→6 　(ホ)2→3 　(ヘ)ブレイトンサイクル
(ト)ガスタービン入口の燃焼ガス温度の高温化
(チ)ランキンサイクル 　(リ)1→2 　(ヌ)復水脱塩装置
(ル)8→5 　(ヲ)脱硫装置 　(ワ)オットーサイクル
(カ)6→7 　(ヨ)排熱回収ボイラ

解 説 　本節1項を参照とする.

【解答】(1)ヘ 　(2)ヨ 　(3)リ 　(4)カ 　(5)ト

2-7 環境対策

攻略のポイント

本節に関して，電験3種では窒素酸化物低減対策，硫黄酸化物低減対策，ばいじん低減対策が出題される．2種でもこれらのいずれも出題される．2種の方が排煙脱硫装置や集じん装置の構造に踏み込んだ出題がされている．

　火力発電所の環境対策としては，大気汚染の防止，水質汚濁の防止，騒音防止という三つの対策が重要である．

　特に，火力発電所では燃料を燃焼して電力を発生しているが，その際，燃焼ガスとともに，窒素酸化物，硫黄酸化物，ばいじんなどを発生し，大気汚染の原因となる．これらを含めた火力発電所の対策の全般を図2・42に示す．

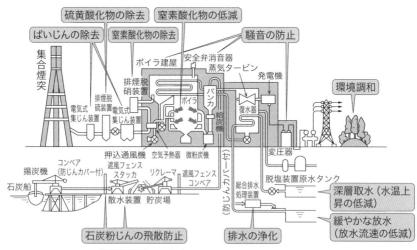

図2・42　石炭火力発電所の環境保全対策の例

1　窒素酸化物低減対策

(1) 窒素酸化物の発生原因

①燃料の燃焼に伴い，燃料中の窒素（N）分が酸素と反応して生成される．

②燃焼用空気中の窒素と酸素が反応して生成される．燃焼温度が高いほど，多く発生する．

(2) 窒素酸化物の発生低減対策

①窒素（N）分の少ない燃料を使用する．
②酸素濃度の低減を図るため，過剰空気率を低減する．
③**二段燃焼法**（バーナの上部に空気孔を設け，燃焼用空気の 10～15% をここから供給し燃焼速度を低下させて NO_x の発生を少なくする方式）を採用する．
④**排ガス混合燃焼法**（燃焼用空気に再循環ガスを混入して酸素の含有率を低くし，燃焼速度を低下させて NO_x の発生を少なくする方式）を採用する．
⑤**低 NO_x バーナ**を採用する．

［解説］燃焼により発生する NO_x の 90～95% は一酸化窒素（NO）である．NO は，燃焼温度が高いほど，高温域での滞留時間が長いほど，そして空気中の酸素濃度が高いほど発生しやすい．そこで，上述の発生防止対策が効果的となる．

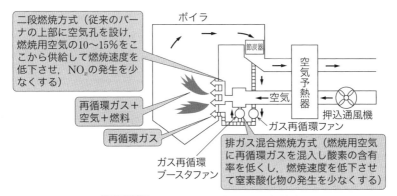

図 2・43 二段燃焼法と排ガス混合燃焼法

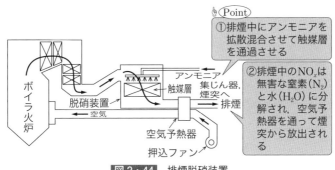

図 2・44 排煙脱硝装置

(3) 窒素酸化物の排出防止対策
①**排煙脱硝装置**の設置

[解説] 排煙脱硝装置には，乾式法と湿式法がある．大型ボイラ・ガスタービン用には，**乾式法**のうちの**アンモニア接触還元法**がほとんど採用される．このアンモニア接触還元法では，通常 200〜400℃ の排ガス中に**還元剤であるアンモニア**を注入し触媒上で NO_x を窒素と水に分解する．反応を促進させるために用いられるのが触媒であり，Al_2O_3，Fe_2O_3，TiO_2 がある．

一方，湿式法には酸化還元法，酸化吸収法，アルカリ吸収法などがあるが，研究開発中である．

2 硫黄酸化物低減対策

(1) 硫黄酸化物（SOx）の発生原因
①燃料中の硫黄分による SO_2（二酸化硫黄，亜硫酸ガス）および SO_3（三酸化硫黄，無水硫酸）

(2) 硫黄酸化物の発生低減対策
①硫黄分の少ない良質の燃料（低硫黄原油・重油，硫黄分がない LNG）を使用する．

(3) 硫黄酸化物の排出防止対策
①**排煙脱硫装置**を設置する．（下記の解説と図 2・45 を参照）
②流動層燃焼ボイラでは，流動媒体に脱硫剤を注入することにより，炉内脱硫が可能である．

[解説] 排煙脱硫装置は，乾式法と湿式法に分けられる．

a. 乾式法

排ガスを高温で処理する方式で，活性炭等の吸収剤によって排ガス中の硫黄酸化物を吸着・除去し，副生品として硫黄または硫酸を回収する．

b. 湿式法

排ガスを吸収液スラリで処理する方式である．最もよく使われているのが**湿式法の石灰－石こう法**である．これは，排ガス中の亜硫酸ガスを石灰または石灰乳液等のアルカリ剤のスラリに吸収させ，亜硫酸カルシウムとして除去し，それを空気で酸化して石こうを副生する方法である．湿式法の石灰－石こう法の脱硫率は一般的に 90〜95% 程度である．副生品の石こうは，建材用石こうボードやセ

メント添加剤として使われる．

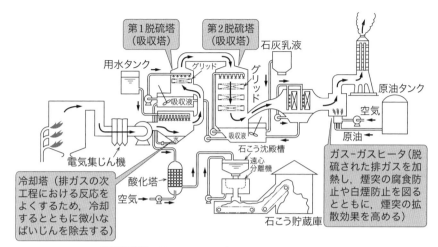

図2・45 排煙脱硫装置（石灰－石こう法）の概要

3 ばいじん低減対策

(1) ばいじんの発生原因
①燃料中の不燃物質および燃焼後の灰やすす

(2) ばいじんの発生低減対策
①良質な燃料を使用する．
②液体燃料の場合，霧化を良くして，噴霧粒径を小さくする．
③火炎が燃焼室壁に接触しないようにする．
④燃焼室の設計に適した空気比を保ち，燃料と空気の適正な混合を行う．
⑤燃焼管理を徹底し，燃料を完全燃焼させる．
⑥自動燃焼制御システムを採用し，出力変動時の汚染物質の発生量を低減する．

(3) ばいじんの排出防止対策
①**集じん装置**を設置する．

[解説] 集じん装置には，遠心式，電気式，ろ過式，湿式があるが，火力発電所で用いられる集じん装置は，排ガス量が多いこと，湿式では多量の水を必要として動力がかさむことから，**遠心式のサイクロン集じん装置**や**電気式集じん装置**が用いられている．近年では，電気式集じん装置が用いられている．

a. 遠心式サイクロン集じん装置

図2·46の構造のもので，煙道内に円筒形のサイクロンを設置し，これに排ガスが入るとガスの灰粒は遠心力で器壁に接触し，速度を失い器壁に沿って落下する．単独のサイクロンではガス量が多くなると排気管径を大きくする必要があるが，これでは細かな粒子が分離できない．このため，多数の小形サイクロンを並列配置した**マルチサイクロン**がよく使われる．この集じん装置が分離可能な微粒子の粒子径は数 μm 程度以上であり，集じん効率は 80～95% である．

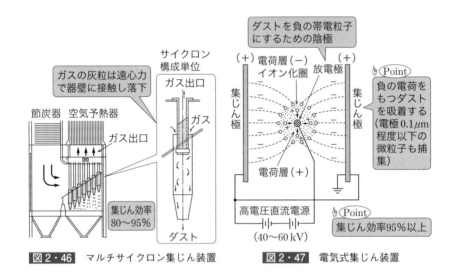

図 2·46 マルチサイクロン集じん装置　　図 2·47 電気式集じん装置

b. 電気式集じん装置

図2·47の構造のもので，排ガス中の微粒子を**静電力（クーロン力）**により捕集する．これは，わが国の火力発電所で主流の方式である．この電気式集じん装置は，集じん電極を正極，放電極を負極とし，両極間に 40～60 kV の直流電圧を印加して**コロナ放電**によって**ガス中の微粒子を負に帯電**させ，**静電力によって集じん電極に捕集**する．この集じん効率は 95% 以上と高く，**0.1 μm 程度以下の微粒子でも捕集**できる．

4 水質汚濁の防止

(1) 温排水対策
　復水器の冷却には海水が用いられるが，取り入れたときよりも温度が6～7℃程度上昇する．この対策として，バイパス混合法，深層取放水法がある．バイパス混合法は，復水器にバイパス路を設けて，取水冷却水の一部を復水器を通さず，直接放水路へ流し，排水と混合させて排水温度を下げる方法である．一方，深層取放水法は，温度の低い深層の海水を利用する観点から，取水を深層から取り込み，表面に放水する方法である．

(2) 排水処理
　火力発電所では，ボイラ用水をつくる純水装置の再生水，空気予熱器等の機器洗浄に伴う排水，定期点検時の機器洗浄水等の排水を生じる．油混入水は，排水溝から油分離装置に導かれ，油と水を分離して油は回収し，清浄水のみを排出する．

5 騒音防止

　火力発電所では，騒音を発生する機器を多数設置しているが，一般的には低騒音設計をし，屋内に収容しているものが大部分であるため，騒音はあまり問題とならない．変圧器騒音，通風機・ポンプ等の補機騒音，安全弁動作時の吹出し音等が対策の対象となる．これらの対策として，低騒音機器の採用，配管端部への消音装置の設置，機器の一方または全面に吸音材を内装した防音へいの設置を行う．

火力発電

例題 21 ... H23 問 1

次の文章は，火力発電所の排煙処理システムの概要に関する記述である．

微粉炭火力発電所及び石油火力発電所の排煙処理システムでは，NO_x を取り除く脱硝装置，SO_x を取り除く (1) ，帯電により粉じんを低減する (2) が用いられる．

脱硝装置の (3) では，現在では接触還元法が最も多く用いられている．この方式は還元剤である (4) を注入し触媒上で分解するものである． (1) では，水と混ぜた (5) と排ガスを反応させる方法や， (5) の代わりに水酸化マグネシウムを用いる方法がある．

【解答群】
(イ) セラミックフィルタ　　(ロ) 石灰石　　　　　　(ハ) 空気予熱器
(ニ) 石こう　　　　　　　　(ホ) 塩化水素　　　　　(ヘ) バグフィルタ
(ト) 分解法　　　　　　　　(チ) 二酸化ケイ素　　　(リ) 脱硫装置
(ヌ) 乾式法　　　　　　　　(ル) サイクロン集じん装置　(ヲ) 電気集じん装置
(ワ) アンモニア　　　　　　(カ) 硫酸　　　　　　　(ヨ) 吸収法

解説 本節1項，2項を参照する．

【解答】 (1) リ　(2) ヲ　(3) ヌ　(4) ワ　(5) ロ

例題 22 ... H29 問 2

次の文章は，火力発電所における硫黄酸化物対策に関する記述である．

排煙脱硫装置は排ガス中に含まれる硫黄酸化物を除去する装置であり，発電用ボイラにおいては， (1) などアルカリ剤のスラリーを排ガス中に噴霧して， (2) を副生品として回収することができる (3) 法が一般的に用いられている．

(4) 塔で脱硫された排ガスは，水分を多く含み冷却されているため，煙道などを腐食させやすく，そのまま大気に放出されると，拡散能力が低く白煙も発生するため， (5) で再加熱してから煙突より放出される．

【解答群】
(イ) アンモニア　　(ロ) 硫黄　　　　(ハ) ガスーガスヒータ　(ニ) 活性炭
(ホ) 還元　　　　　(ヘ) 乾式　　　　(ト) 吸収　　　　　　(チ) 空気予熱器
(リ) 酸化　　　　　(ヌ) 湿式　　　　(ル) 石灰石　　　　　(ヲ) 石こう
(ワ) 脱じん　　　　(カ) 窒素　　　　(ヨ) ミストエリミネータ

解　説　(5) 吸収塔で脱硫された排ガスは，水分を多く含み冷却されているため，煙道などを腐食させやすく，そのまま大気中に放出すると拡散能力が低く白煙も発生する．そこで，ガス－ガスヒータで再加熱したうえで，煙突から放出される．

【解答】(1) ル　(2) ヲ　(3) ヌ　(4) ト　(5) ハ

例題 23　　　　　　　　　　　　　　　　　　　　　　　H26　問 5

次の文章は，火力発電所で用いられる集じん装置に関する記述である．

集じん装置には，　(1)　，電気式，ろ過式，　(2)　がある．

(1) は単純な構造であるが電気式と比較して微粒子の捕集性能は劣る．ろ過式は圧力損失が大きく，(2) は多量の水を必要とすることなどから，近年の火力発電所では，一般的に電気式集じん装置を採用している．

電気式集じん装置では　(3)　を利用して含じんガス中の粒子に電荷を与え，(4) によって粒子を分離・捕集する．電気式集じん装置は粒径　(5)　の微粒子まで捕集が可能である．

【解答群】
(イ) アーク放電　　(ロ) 酸化還元反応　　(ハ) $0.1\,\mu m$ 以下　　(ニ) 格子式
(ホ) 遠心式　　　　(ヘ) 湿式　　　　　　(ト) グロー放電　　　(チ) コロナ放電
(リ) クーロン力　　(ヌ) 吸着式　　　　　(ル) $10\,\mu m$ 程度　　(ヲ) ファンデルワールス力
(ワ) $1\,\mu m$ 程度　　(カ) 接触還元式
(ヨ) 電子線式

解　説　本節 3 項を参照する．

【解答】(1) ホ　(2) ヘ　(3) チ　(4) リ　(5) ハ

火力発電

例題 24 ································ H11 問 6

次の文章は，稼働中の火力発電所の排煙に関わる環境対策の記述である．

硫黄酸化物は燃料中の硫黄分が燃焼により空気中の酸素と反応して発生するものであり，硫黄分を含まない （1） を燃料として使用することも抑制対策の一つである．

窒素酸化物は燃料中に含まれる窒素化合物が燃焼時に酸化され生成するものと，（2） の窒素分が高温条件下で酸素と反応して生成するものがある．抑制対策として，煙道に （3） を設置する方法がある．これは，排ガスに還元剤として （4） を加え，触媒との反応で窒素と水に分解することで，窒素酸化物発生量の低減を図るものである．

煤じんは，石炭のように灰分を多く含む燃料をボイラで燃焼させると多量に排出される．対策としては一般に煙道に （5） を設置する．

【解答群】
(イ) アンモニア　　　(ロ) 蒸気　　(ハ) 排煙脱硫装置　　(ニ) じん埃
(ホ) 水素　　　　　　(ヘ) LNG（液化天然ガス）　　　　(ト) 重油
(チ) 水酸化ナトリウム　(リ) 石炭　(ヌ) 電気集じん装置
(ル) 排水処理装置　　(ヲ) 排煙脱硝装置　　　　　　　　(ワ) 残さ油
(カ) 燃料用空気　　　(ヨ) 亜硫酸ナトリウム

解説 本節 1 項，3 項を参照する．

【解答】(1) ヘ　(2) カ　(3) ヲ　(4) イ　(5) ヌ

章末問題

■1
H18 問1

次の文章は，汽力発電所の運転時における熱効率の維持向上対策に関する記述である．

a) 燃料が完全燃焼するためには，ある程度過剰空気を供給しなければならないが，必要以上に多いと　(1)　の増加，燃焼温度の低下などによって熱効率が低下する．

b) タービン入口エンタルピーは，　(2)　と蒸気圧力によりほぼ決定されるため，熱効率維持のためには，これらの基準値運転に努める必要がある．

c) 復水器の　(3)　の低下は，熱効率を大幅に低下させるため，細管の定期的な逆洗及び清掃によって状態の回復を図ることが肝要である．

d) 送電端効率の向上のためには，所内率の低下が必要であるが，このためにはユニット低負荷運転時における給水ポンプ，冷却水ポンプ，通風機などの補機の　(4)　の検討を行うとともに，運転中における不用な所内雑電力の節減を図る必要がある．

e) 部分負荷運転時での主蒸気圧力を低くすることにより，給水ポンプ軸動力の軽減やタービン効率の向上など，プラント効率の向上とタービン熱応力の軽減を図る運転方式を，ボイラの　(5)　運転という．

【解答群】
(イ) 設置台数　　(ロ) 低圧　　　(ハ) 運転台数　　(ニ) 蒸気流量
(ホ) 変圧　　　　(ヘ) 容量　　　(ト) 中圧　　　　(チ) 復水中酸素含有量
(リ) 給水温度　　(ヌ) 蒸気温度　(ル) 排気温度　　(ヲ) 汚れ度合い
(ワ) 給水流量　　(カ) 真空度　　(ヨ) 排ガス量

■2
H19 問1

次の文章は，コンバインドサイクル発電の熱サイクルに関する記述である．

コンバインドサイクル発電は，ガスタービン発電の基本熱サイクルである　(1)　と汽力発電の基本熱サイクルである　(2)　を組み合わせることにより，プラント熱効率を飛躍的に高めた発電方式である．

図は，排熱回収方式コンバインドサイクル発電の理想熱サイクル線図である．この熱サイクル線図で，ガスタービンの燃焼器に相当する軌跡は　(3)　で，蒸気タービンの復水器に相当する軌跡は　(4)　である．

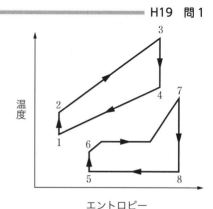

コンバインドサイクル発電の
理想熱サイクル線図

火力発電

ガスタービン発電部分の熱効率を η_G，汽力発電部分の熱効率を η_S とすると，コンバインドサイクル発電の熱効率は， (5) で表すことができる．

【解答群】
(イ) 7 から 8　　(ロ) 6 から 7　　(ハ) 2 から 3　　(ニ) ブレイトンサイクル
(ホ) $\eta_G+(1-\eta_G)\cdot\eta_S$　(ヘ) 1 から 2　　(ト) 4 から 1　　(チ) オットーサイクル
(リ) 3 から 4　　(ヌ) カルノーサイクル　　　　　　　(ル) 8 から 5
(ヲ) $\eta_G\cdot\eta_S$　　　　(ワ) ランキンサイクル　　　　　　　(カ) 5 から 6
(ヨ) $\eta_S+(1-\eta_S)\cdot\eta_G$

■ 3　　　　　　　　　　　　　　　　　　　　　　　　　　　H7　問3

次の文章は，タービン発電機の進相運転に関する記述である．

深夜，軽負荷時などの系統電圧上昇を抑制するため，タービン発電機の進相運転を実施する場合には，発電機の (1) 電流を減少させるので， (2) が低下し，内部 (3) が大きくなるため，必然的に (4) が低下する．このため， (5) の適切な保護装置によってその改善を図らなければならない．

【解答群】
(イ) 安定度　　(ロ) 力率　　(ハ) 相差角　　　　(ニ) 効率
(ホ) 周期角　　(ヘ) 界磁　　(ト) MFT　　　　　(チ) AVR
(リ) AFC　　　(ヌ) 不平衡　(ル) 内部起電力　　(ヲ) 増加
(ワ) 周波数　　(カ) 遅れ　　(ヨ) インピーダンス

■ 4　　　　　　　　　　　　　　　　　　　　　　　　　　　H9　問1

次の文章は，タービン発電機に関する記述である．

タービン発電機が電力系統に並列されていると，線路の非ねん架や不平衡負荷などによる (1) や，サイリスタ変換装置等の非線形負荷による (2) が，常時，固定子電流に含まれることがある．また，不平衡事故時や (3) における再閉路までの欠相時に，短時間ではあるが，過大な (1) が流れることがある．

  (1) や (2) が流れると， (4) の表面に (5) が流れ，温度上昇の原因となる．

【解答群】
(イ) 零相電流　　(ロ) 逆相電流　　(ハ) 高調波電流　　(ニ) 渦電流
(ホ) 故障電流　　(ヘ) 正相電流　　(ト) 回転子　　　　(チ) 固定子
(リ) 充電電流　　(ヌ) ブッシング　(ル) 単相再閉路　　(ヲ) 負荷遮断

(ワ) 瞬時停電　　(カ) 三相再閉路　　(ヨ) 放電電流

■5　　　　　　　　　　　　　　　　　　　　　　　R3　問5

次の文章は，火力発電所に用いられる非常用電源設備に関する記述である．

火力発電所において外部の交流電源が喪失した場合でもユニットを (1) 停止させるための非常用電源として直流，交流電源が設置されている．

直流電源として蓄電池が使用され，その負荷としては，重要な (2) ，及び必要最小限の非常用電動機負荷がある．

蓄電池の容量は停電中に供給する負荷並びに停電の (3) を想定し，更に経年変化，温度変化，電圧降下を勘案して決定される．

交流電源については，主に (4) やガスタービン発電機が設置され，その負荷としては，タービン油ポンプ，ターニングギアモータ，(5) などがある．

【解答群】
(イ) 発電機励磁電源　　(ロ) 瞬時に　　　　　　(ハ) 無停電電源装置
(ニ) ゆっくりと　　　　(ホ) 保護・制御回路　　(ヘ) 頻度
(ト) 復水ポンプ　　　　(チ) 給水ポンプ　　　　(リ) ディーゼル発電機
(ヌ) 安全に　　　　　　(ル) ガスエンジン発電機　(ヲ) 密封油ポンプ
(ワ) 継続時間　　　　　(カ) 時期　　　　　　　(ヨ) 循環水ポンプ

3章 原子力発電

学習のポイント

原子力分野では，原子力発電の原理，PWRとBWRの概要と出力制御，プルサーマルとMOX燃料等が出題され，語句選択式の出題である．電験3種と概ね同レベルの出題であるが，近年出題数自体が極めて少ない．学習としては，原子力の構成材料の役割を理解したうえで，PWRやBWRの図を描きながら，各設備の役割や機能，出力制御を説明できるように勉強する．

3-1 原子力発電の原理

攻略のポイント
本節に関して、電験3種では質量欠損に伴う放出エネルギーの計算等が出題される。2種では平成22年以降、本節を含めて原子力の出題がない。以前は、原子力と火力の違い、原子力の主要構成材の特徴が出題されている。

1 原子力発電の原理

原子の核反応には**核分裂**と**核融合**がある。核分裂は、重い原子核が何らかの刺激でほぼ等しい質量をもつ原子核に分裂することをいい、このときに結合エネルギーの差に相当する多量のエネルギーを放出する。現在の**原子力発電**は、原子炉でこの核分裂により発生した熱エネルギーをタービン発電機で電気エネルギーに変換するものである。

核分裂の反応のうち、原子力発電に多く利用されている**ウラン 235 の核分裂**の反応は次式である。

$$^{235}_{92}\text{U} + ^{1}_{0}\text{n} \longrightarrow ^{94}_{38}\text{Sr} + ^{140}_{54}\text{Xe} + 2^{1}_{0}\text{n} \tag{3・1}$$

つまり、図 3・1 に示すように、ウラン 235 ($^{235}_{92}\text{U}$) に中性子 ($^{1}_{0}\text{n}$) が 1 個衝突することにより、ストロンチウム ($^{94}_{38}\text{Sr}$) とキセノン ($^{140}_{54}\text{Xe}$) に分裂し、中性子 2 個を放出する。このとき、ウラン 235 とストロンチウムおよびキセノンとの質量差（**質量欠損**という）に相当するエネルギーが放出される。質量欠損によって発生するエネルギーは、質量欠損を m〔kg〕、光速を c〔m/s〕($=3\times10^8$ m/s) とすれば

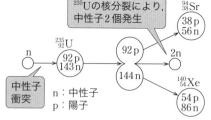

図 3・1 ウラン 235 の核分裂

$$E = mc^2 \text{〔J〕} \tag{3・2}$$

というアインシュタインの式で表される。ウラン原子 1 個当たり約 200 MeV のエネルギーを発生する。このエネルギーの大部分は核分裂片の運動エネルギーであるが、核分裂で生ずる中性子のもつエネルギーは平均 2 MeV 程度である。

原子炉では、中性子によって核分裂が起こり、新たな中性子を生じて核分裂の連鎖反応を起こさせる。核分裂を起こす中性子で運動エネルギーの小さいものを**熱中性子**といい、運動エネルギーの大きい熱中性子を**高速中性子**という。中性子

と原子核との反応つまり衝突の割合は中性子速度が遅い熱中性子ほど高いので，現在実用化されている原子炉は**熱中性子炉**である．一方，高速中性子は核分裂によって再び原子燃料として使用できるプルトニウム（Pu）を生産するのに適しており，将来の原子炉として期待される．

熱中性子炉では，熱中性子がウラン235に吸収されると核分裂反応が生じ，平均2個の高速中性子（平均エネルギー2 MeV）が放出される．これを原子炉の中の減速材を通して減速することにより，常時0.025 eV程度の熱中性子に変えて，再びウラン235に吸収させ核分裂反応を起こさせ，連鎖反応が継続される．

熱中性子炉の主な構成要素は，図3・2のように，核分裂を起こしエネルギーを放出する**原子燃料**，核分裂によって生ずる高速中性子を減速して分裂を起こしやすい熱中性子にする**減速材**，原子燃料を冷却して熱を炉外に取り出すために使う**冷却材**，炉内の中性子量を制御して出力調整を行う**制御棒**，原子炉から漏出する中性子を防いで反射するための**反射材**，原子炉の放射線が外部に漏れるのを防ぐ**遮へい材**がある．また，原子炉を格納する容器が**格納容器**である．

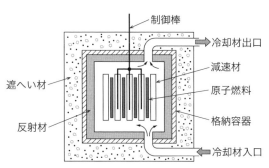

図3・2 熱中性子炉の構成

2 原子炉の構成要素

(1) 原子炉の形式と構成材料

原子炉は種類や形式によって構成材料が異なる．表3・1にその概要を示す．

表3・1 原子炉の形式と主要構成材料

原子炉の形式			原子燃料	減速材	冷却材
熱中性子炉	軽水減速冷却炉（軽水炉）	沸騰水型	低濃縮ウラン	軽水	軽水
		加圧水型			
	ガス冷却炉		天然ウラン	黒鉛	炭酸ガス
	改良型ガス冷却炉		低濃縮ウラン	黒鉛	炭酸ガス
	高温ガス炉		低濃縮ウラン	黒鉛	ヘリウム
	重水減速炉		天然ウラン 低濃縮ウラン	重水	軽水 重水
高速中性子炉	高速増殖炉（FBR）		MOX燃料 プルトニウムとウランの合金	なし	液体ナトリウム

(2) 原子炉の構成材料

①原子燃料

原子燃料には，**天然ウラン**と**低濃縮ウラン**がある．**天然ウランはウラン235を約0.7%含み**，残りはほとんど核分裂しないウラン238である．そこで**低濃縮ウラン**はウラン235の含有率を高くしたウランで**濃縮度を約2〜4%**とし，二酸化ウランの粉末としてペレット状に焼き固めて使用される．軽水炉では，低濃縮ウランが使われる．原子燃料は図3・3のように多くの燃料棒を一体の燃料集合体に組んで使用する．燃料棒や燃料板は，ステンレス鋼，ジルコニウム合金などからなる被覆材で密封されている．

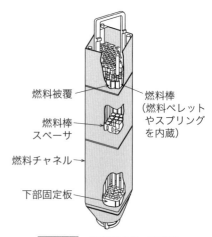

図3・3 燃料集合体（BWR）

軽水炉では，減速材と冷却材を兼ねて軽水が使用されるが，軽水は中性子を吸収する性質も強いため，天然ウランを燃料にする場合には核分裂連鎖反応を継続できない．このため，軽水炉では低濃縮ウランが原子燃料として使われる．

②減速材

減速材には，1回の衝突当たりの中性子エネルギー損失の大きい原子核，すなわち**質量数の小さい原子核**が適し，**軽水，重水，黒鉛**等が用いられる．減速比からすれば重水が優れているものの，高価であることから，**軽水炉では軽水，ガス炉では黒鉛が使用**される．減速材に要求される性質としては，中性子を早く減速させること，無駄な中性子吸収が少ないこと，耐食性・耐熱性・耐放射性に優れていることがあげられる．

③冷却材

冷却材には，**軽水，重水，炭酸ガス，液体ナトリウム**等が用いられる．この中で，軽水が安価で熱伝達係数が大きいことから，最もよく利用される．液体ナトリウムは蒸気圧が低く，熱媒体としての性質も優れており，高速中性子炉で使われる．冷却材に要求される性質は，中性子の吸収が少ないこと，比熱および熱伝導率が大きいこと，放射線照射および動作温度下で安定であること（融点が低く沸点が高いこと），腐食性が低いことなどがあげられる．

④制御棒

制御材には，**ボロン（ほう素；B），カドミウム，ハフニウム**またはこれらの合金が用いられる．軽水炉ではボロンをステンレス鋼で被覆して制御棒として使用する．制御材の性質としては，中性子の吸収が大きいことなどがあげられる．

⑤反射材

反射材は，散乱によって中性子を反射するので減速材と同じ材料を使用する．つまり，軽水，重水，黒鉛等である．

⑥遮へい材

遮へい材は，生体遮へいと熱遮へいをする観点から，**鉄，コンクリート**等がある．

3 火力発電と比べた原子力発電の特徴

(1) エネルギーセキュリティ

原子力発電では，核分裂1回当たりに放出されるエネルギーは，化石燃料の燃焼によって発生するエネルギーに比べて，極めて大きい．したがって，同じエネルギーを得るために必要な燃料は，火力発電に比べ，非常に少ないので，通常，

数年間分の燃料を1基の原子炉に装荷できる．このため，1～2年に一度だけ，一部の燃料を取り換えればよいため，燃料をいったん装荷すれば火力発電での化石燃料を備蓄しているのと同等の効果がある．すなわち，エネルギーセキュリティを高めることができる．

(2) 燃料のリサイクル性

原子燃料の大部分を占める非核分裂性物質の**ウラン238は**，運転中に中性子照射を受け，**核分裂性物質のプルトニウム239に変わる**．使用済燃料にはこのプルトニウム239と燃え残りのウラン235が含まれており，**再処理**を行うことにより，こうした核分裂性物質を回収し，再び燃料として使用できる．新たに生じた核分裂性物質と消費した核分裂性物質の比を**転換比**といい，軽水炉では0.6程度，高速増殖炉（FBR: Fast Breeder Reactor）では1を超えることを目指している．

(3) 設備面

原子力発電は，火力発電に比べ，単位体積当たりの発生エネルギーが極めて大きいから，同一出力の原子力発電所の原子炉と火力発電所のボイラを比較すると，**原子炉の方がはるかに小さい**．一方，原子力発電では火力発電（圧力24 MPa，温度538/566°C級の過熱蒸気）に比べ，燃料被覆材の温度制約から，低温・低圧の蒸気（PWR: 16 MPa, 320°C程度，BWR: 7 MPa, 280°C程度の飽和蒸気）を使用しなければならないため，同一出力であれば原子力のタービンや復水器は大形になる．そして，原子力発電の**熱効率は低い**．さらに，飽和蒸気を使用するので，タービンでは**湿分分離や浸食防止を考慮した設計**にしなければならない．

例題1　　　　　　　　　　　　　　　　　　　　　　H15 問6

次の文章は，原子力発電の特徴に関する記述である．

原子力発電と火力発電を比較して，原子力発電の特徴の一つは，熱源である原子炉圧力容器の容積当たりの　(1)　が大きいことで，火力発電ボイラの百倍近くになることがある．

しかし，燃料集合体の　(2)　によって制限されるため，　(3)　を火力発電の場合のように高くはできない．このため，飽和または飽和に近い蒸気しか得られず，蒸気条件が悪い．したがって，同一出力の火力発電所に比べてタービン，復水器などが著しく　(4)　なり，　(5)　も低くなる．

【解答群】
(イ) 立地面積比　　(ロ) 熱出力　　　(ハ) 体積効率　　(ニ) 許容温度
(ホ) 許容圧力　　　(ヘ) 小さく　　　(ト) 許容濃度　　(チ) 短寿命に
(リ) 大きく　　　　(ヌ) 熱効率　　　(ル) 稼動率　　　(ヲ) 反応度
(ワ) 濃度　　　　　(カ) 蒸気温度　　(ヨ) 運転費

解説　(2) 燃料集合体の被覆材として使用されるジルコニウム合金は，高温になると水と反応し劣化するとともに，水素を発生する．このため，原子炉冷却材温度を高くするうえで制約となる．原子力発電では，飽和または飽和に近い蒸気を使用する．火力プラントでは 600～1 000 MW 級の場合，タービン蒸気圧力 24 MPa，温度 538/566℃の過熱蒸気，原子力プラント（BWR）の場合，7 MPa 程度，280℃ 程度の飽和蒸気である．

【解答】(1) ロ　(2) ニ　(3) カ　(4) リ　(5) ヌ

例題2　　　　　　　　　　　　　　　　　　　　　　　　　H16 問6

次の文章は，原子炉の主要構成材に関する記述である．

原子炉には核分裂によりエネルギーを発生する物質が必要であり，これが原子燃料と呼ばれ，発電用原子炉には主にウラン235の含有率を2～4%とした低濃縮ウランが使用される．

原子燃料の核分裂によって生じた高速中性子を熱中性子にするために使用するのが (1) であり， (2) 原子核を多く含む物質の方が中性子のエネルギー損失が大きく， (1) として有効である．

一方，核分裂により発生したエネルギーを取り出すために使用されるのが冷却材であり，比熱および熱伝導度が大きく中性子の吸収が (3) ことが要求される．発電用原子炉では， (1) としても冷却材としても性能が良好であり，高い安全性，信頼性，経済性が得られることから， (4) が広く使用されている．

また，原子炉を安全に運転するためには，中性子の発生と消滅のバランスを変化させて出力制御を行う必要があり，このために使用されるのが (5) である．

【解答群】
(イ) 中性子を多く含んだ　　(ロ) 重水　　　　　　(ハ) 反射材
(ニ) 減速材　　　　　　　　(ホ) 軽水　　　　　　(ヘ) 制御材
(ト) 黒鉛　　　　　　　　　(チ) 変化する　　　　(リ) 被覆材
(ヌ) 質量の小さい　　　　　(ル) 小さい　　　　　(ヲ) 遮へい材
(ワ) 大きい　　　　　　　　(カ) 質量の大きい　　(ヨ) 構造材

解説　本節1項，2項を参照する．

【解答】(1) ニ　(2) ヌ　(3) ル　(4) ホ　(5) ヘ

3-2 発電用原子炉

攻略のポイント　本節に関して,電験3種ではPWRやBWRの特徴を問う出題がされる.2種では平成22年以降出題はないが,それ以前は,PWRとBWRの特徴比較,PWRの安全機能(一次冷却系の破断対策)に関する出題等がされている.

発電用原子炉として実用または開発されているのは,熱中性子炉と高速中性子炉である.このうち,熱中性子炉では軽水炉が発電用原子炉の主流である.軽水炉は,燃料として低濃縮ウラン,減速材および冷却材として軽水を使用するもので,**加圧水型軽水炉(PWR)**と**沸騰水型軽水炉(BWR)**がある.

1 加圧水型軽水炉(PWR: Pressurized Water Reactor)

(1) 加圧水型軽水炉(PWR)の概要

加圧水型軽水炉(PWR)は,図3・4に示すように,冷却材の水が沸騰しないように炉全体を圧力容器の中に入れ,**炉内を160 kg/cm² (16 MPa)程度に加圧**している.そして,蒸気発生器を経由して,**一次系**(原子炉を直接冷却している冷却系統)と**二次系**(タービン系統)に分けている.

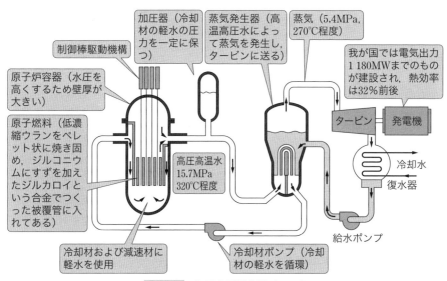

図3・4　加圧水型軽水炉(PWR)

[PWRの特徴]
① 蒸気発生器で高温高圧水を蒸気に変えてタービンに送るため，一次系の放射能が二次系のタービン系統に流入しない．このため，保守点検面で優れる．
② 加圧水を使用するため，出力密度が高く，炉心から取り出す熱出力は大きい．
③ 蒸気発生器をもつ間接サイクルであるため，システムが複雑である．また，加圧水を用いるため，圧力容器や配管の壁厚が厚くなり，高価となる．
④ 炉の反応は大きな負の温度係数を有し，良好な安定性をもつ．
⑤ （汽力発電との比較）蒸気発生器からの発生蒸気は高圧タービンで仕事をすると，この排気は湿り度をもつため，湿分分離器へ送り，蒸気中の水分を除去して再熱し，乾き蒸気として低圧タービンへ送る．

(2) PWRの出力制御

PWRの出力制御は，制御棒，ほう素濃度調整の二つがある．

①制御棒による出力制御

制御棒の中性子吸収材としては，銀－インジウム－カドミウム合金が使われており，この制御棒の位置を変えることにより，出力を制御する．原子炉内に配置された**制御棒を炉の上部から炉心内に挿入または炉心外に引き抜く**ことによって，出力を制御する．**通常運転時には制御棒はすべて引き抜かれており，停止時にはすべて挿入**される．

この方法は，**通常の出力変化や原子炉の緊急停止時**に用いられる．

②ほう素濃度調整による出力制御

ほう素が中性子を吸収する性質を利用して出力制御を行う．一次冷却材中のほう素濃度を上げると，炉心の反応度が低下し，出力は減少する．一方，ほう素濃度を下げると，出力は上昇する．この方法は，**燃料の燃焼**など**長期運転にわたる反応度制御**等に用いられる．

(3) 原子炉一次冷却系の破断対策

一次冷却系統が破断すると，冷却材が多く漏出するので，通常の給水系の能力では原子炉圧力容器内の水位が低下し，燃料が露出する**冷却材喪失事故**に至る．そこで，このような事態になっても，炉心を冷却し，核分裂生成物を外部に放出させないため，**工学的安全施設**が設けられている．

これは，冷却材喪失事故のときに炉心を確実に冷却するための**非常用炉心冷却系（ECCS）**，核分裂生成物の外界放出を防ぐ**原子炉格納容器**，格納容器の圧力

低減を行う**格納容器スプレイ系**，格納容器内の揮発性核分裂生成物の低減を行う**空気浄化系**等で構成される．非常用炉心冷却系に関して，加圧水型軽水炉では，蓄圧注入（注水）系，高圧注入（注水）系，低圧注入（注水）系がある．**蓄圧注入系**は，常時窒素ガスで加圧されたほう酸水が蓄圧タンクに蓄えられており，一次冷却材配管の破断により，外部動力を要さず，ほう酸水を原子炉内に注入する．**高圧注入系**は，燃料取替用水タンクのほう酸水を高圧注入ポンプで炉内に注入して原子炉を冷却する．**低圧注入系**は，一次冷却材配管の大破断時に，燃料取替用の水タンクのほう酸水および格納容器サンプの水を余熱除去ポンプ（原子炉停止時の冷却等に使用）で炉内に注入する（サンプとは水ためを表す）．このように非常用炉心冷却系は多重性を有する．

2 沸騰水型軽水炉（BWR: Boiling Water Reactor）

(1) 沸騰水型軽水炉（BWR）の概要

沸騰水型軽水炉（BWR）は，図 3・5 に示すように，原子燃料から受ける熱によって，冷却材である軽水を沸騰させ，炉心上部の気水分離器によって蒸気と水に分離した後，蒸気を直接タービンに送り出す原子炉である．気水分離器や蒸気乾燥器を原子炉内に設置するため，原子炉は大きくなることから，原子炉圧力をPWRのように高くすることはできない．このため，出力密度は小さくなる．

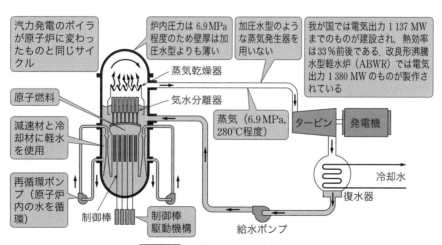

図3・5 沸騰水型軽水炉（BWR）

[BWRの特徴]

① 原子炉の内部蒸気をタービンで直接使用するため，蒸気発生器は不要であるし，熱効率はやや高くなる．さらには，加圧水型のように炉内の水の圧力を高くしないので，圧力容器や配管はPWRほど厚くなくてもよい．

② 放射能を帯びた蒸気がタービンに送られるので，タービンを遮へいする必要があるうえに，保守点検は注意を要する．

③ 循環ポンプとしては給水ポンプだけなので，所内動力が小さい．

④ 出力密度が小さいため，炉心および圧力容器は大きくなる．

(2) BWRの出力制御

BWRの出力制御は，制御棒，再循環流量制御の二つがある．

① 制御棒による出力制御

制御棒は，中性子吸収材として**ボロンカーバイド**を用いるものと**ハフニウム**を用いるものがある．制御棒を**炉の下部**から炉心内に挿入または炉心外に引き出すことにより出力制御を行う．ボロンカーバイドの制御棒は，中性子を吸収し性能が劣化する．一方，ハフニウムの制御棒は寿命が長いものの，コストは高い．

この制御棒による出力制御は，**プラントの起動・停止**，炉心の出力分布の調整，**プラント異常時の緊急停止時**に用いられる．

② 再循環流量制御による出力制御

炉心の流量を**再循環ポンプ**によって変化させて，炉内の**気泡（ボイド）の分布を変え**，出力制御を行う．炉心流量を増加させると，炉心内の気泡の流出が増加し，炉心反応度が増加して出力が増加する．逆に，再循環流量を減少させる場合には，出力は低下する．

この方法は，低出力ではボイドが少ないために用いられず，**高出力領域（60〜100％）の変化**に用いられる．

(3) 原子炉一次冷却系の破断対策

BWRの非常用炉心冷却系は，高圧炉心スプレイ系，低圧炉心スプレイ系，低圧注入（注水）系，自動減圧系から構成される．**高圧炉心スプレイ系**は，配管の中小破断事故時に原子炉圧力の低下が緩慢な場合でも，電動駆動の高圧炉心スプレイポンプにより，炉心上部に設置されたノズルから冷却水をスプレイし，炉心を冷却する．**低圧炉心スプレイ系**は，配管の大破断事故時に原子炉圧力が低くなった時点で，電動駆動の低圧炉心スプレイポンプにより，炉心上部に設置した

ノズルから冷却水をスプレイする．**低圧注水系**は，配管の破断事故時，低圧注水ポンプにより，サプレッションプールの水を炉心に注水し，炉心を水浸けにする．**自動減圧系**は，中小配管事故時に低圧炉心スプレイ系，低圧注水系の注水が可能となるよう圧力容器逃し弁を開き，原子炉圧力を減圧する．

コラム
改良形軽水炉（APWR, ABWR）
---

(1) 改良形加圧水型軽水炉（APWR）の主な特徴
①原子炉
原子炉の炉心は 17×17 燃料集合体257本を装荷した大容量炉心（電気出力1350 MW 級）である．燃料集合体のグリッドに中性子の吸収の少ないジルカロイを採用することなどにより，燃料サイクルコストの低減と長サイクル運転を可能としている．また，原子炉容器と炉内構造物については，中性子反射体の採用によって多数のボイドを削減している．

②蒸気発生器
大形の蒸気発生器を開発し，耐食性の向上を図った特殊合金を伝熱管として採用している．

③タービン
低圧タービン動翼の最終段に52インチ翼を採用し，大容量化と発電効率の向上を図っている．

④安全設計
非常用炉心冷却系（ECCS）の機械系は，従来の2系列構成から4系列構成にし，多重性，独立性を強化している．また，事故時の水源である燃料取換用水ピットを原子炉格納容器内底部に設置することにより，事故時の再循環系統の切換の運転操作を不要としている．2段注入特性を有する蓄圧タンクの採用により高圧注入ポンプと低圧注入ポンプを統合するなどシステムの簡素化と信頼性の向上を図っている．

(2) 改良形沸騰水型軽水炉(ABWR)の主な特徴

①原子炉

原子炉圧力容器内に再循環ポンプを内蔵し,原子炉圧力容器内で原子炉冷却材に直接駆動力を与え,再び炉心に戻す**インターナルポンプ**を採用している.インターナルポンプの採用により圧力容器がコンパクトになって原子炉建屋の縮小が可能になるほか,大口径の再循環配管の破断事故を想定する必要がないから,安全性が向上する.また,制御棒の駆動方式として,従来の水圧駆動方式に加え,電動駆動方式を採用することにより,通常操作時は電動駆動方式,スクラム時は高速で制御棒を挿入する水圧駆動方式を採用している.さらに,従来の鋼製に代えて,原子炉建屋と一体化した円筒形鉄筋コンクリート製原子炉格納容器を採用し,耐震性を向上させている.

②タービン

原子炉圧力を 7.03→7.17 MPa に上昇させ,低圧タービン動翼を従来の 41 インチ翼から 52 インチ翼に大形化するとともに,2 段再熱サイクルを採用することにより,電気出力を 1 350 MW 級まで大容量化している.熱効率は 1% 程度向上し,約 35% になっている.

③安全設計

非常用炉心冷却系(ECCS)の高圧冷却系システムを強化し,高圧系・低圧系を組み合わせた信頼性の高い独立 3 区分構成としている.

例題 3　　　　　　　　　　　　　　　　　　　　　　H21　問5

次の文章は,軽水型原子炉に関する記述である.

わが国の発電用原子炉は,燃料として　(1)　を用い,軽水が冷却材と　(2)　を兼ねる軽水炉が主流であり,加圧水型と沸騰水型の2種類が採用されている.

両者は構造や制御機能などに相違点があり,以下にその例を挙げる.

加圧水型は,水が沸騰しないように炉内を加圧している.この圧力は,沸騰水型のおよそ　(3)　倍程度である.

出力制御は,制御棒の出し入れによるほか,沸騰水型では冷却水の再循環流量を調節するが,加圧水型では　(4)　を行う.

3-2 発電用原子炉

制御棒駆動装置の位置も異なり，加圧水型では (5) に設置される．

【解答群】
(イ) 減速材　　　　　　(ロ) 炉内水位の調節　　(ハ) 低濃縮ウラン
(ニ) 制御材　　　　　　(ホ) 6　　　　　　　　(ヘ) 炉内の気泡分布の調節
(ト) 2　　　　　　　　(チ) 高濃縮ウラン　　　(リ) 4
(ヌ) 天然ウラン　　　　(ル) ほう素濃度の調節　(ヲ) 炉心上部
(ワ) 炉心下部　　　　　(カ) 遮へい材　　　　　(ヨ) 炉心中央部

解説　PWRでは炉水を約16 MPaに加圧しており，BWRでは約7 MPaなので，(3)は2倍となる．

【解答】(1) ハ　(2) イ　(3) ト　(4) ル　(5) ヲ

例題 4　　　　　　　　　　　　　　　　　　　　　　　H9 問2

次の文章は，加圧水型原子炉（PWR）の安全機能に関する記述である．

非常用炉心冷却設備は， (1) 安全施設の一つであって，一次冷却材喪失事故等に際し，ほう酸水を原子炉に注入し，燃料温度の過度の上昇を防止して，燃料の損傷，溶融燃料被覆管のジルコニウム–水反応を防止する機能を有する設備で，外部動力を要さず注入を行う (2) ，冷却材の喪失防止のためにほう酸水を注入する (3) ならびに大容量のほう酸水の注入および (4) サンプ水を再循環して冷却する (5) により構成されている．

【解答群】
(イ) 高圧注入系　　　　(ロ) 蓄圧注入系　　　　(ハ) 炉心スプレー系
(ニ) 低圧注入系　　　　(ホ) 自動減圧系　　　　(ヘ) ほう酸注入装置
(ト) 工学的　　　　　　(チ) 化学的　　　　　　(リ) 耐震的
(ヌ) 制御棒　　　　　　(ル) 格納容器　　　　　(ヲ) 加圧器
(ワ) 残留熱除去系　　　(カ) 科学体積制御系　　(ヨ) サプレションプール

解説　本節1項（3）原子炉一次冷却系の破断対策を参照する．

【解答】(1) ト　(2) ロ　(3) イ　(4) ル　(5) ニ

3-3 原子燃料サイクル

攻略のポイント　本節に関して，電験3種では出題されていないが，2種では平成21年以前に原子燃料サイクルの基礎的な事項やプルサーマルに関する出題がされている．本節に示す基礎的事項だけは学習しよう．

　鉱山で採掘されたウラン鉱石を精錬・転換・濃縮・再転換・成形加工の工程を経て燃料集合体とし，原子力発電所でこれを利用した後，使用済燃料の再処理を行い，燃え残りのウランや生成したプルトニウムを取り出し，燃料として再利用する一連の工程を**原子燃料サイクル**という．図3・6に原子燃料サイクルを示す．

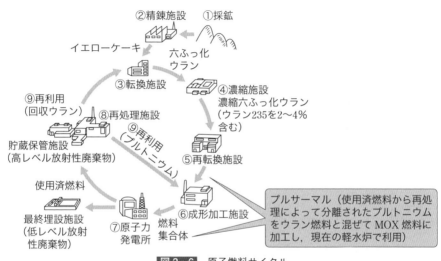

図3・6　原子燃料サイクル

　使用済燃料から再処理によって分離されたプルトニウムをウラン燃料と混ぜて，混合酸化物燃料「**MOX燃料**」に加工し，これを現在の原子力発電所の軽水炉で利用することを**プルサーマル**と呼んでいる．

[原子燃料サイクルの過程]

①**採鉱**

　ウラン鉱山からウラン鉱石を採掘する．

②**精錬**

　ウラン鉱石を化学処理して粉末状のイエローケーキ（酸化ウラン）を取り出す．

③転換

イエローケーキをウラン化合物（六ふっ化ウラン）にする．

④濃縮

六ふっ化ウランを，**ウラン235が2～4%（文献によっては3～5%）程度になるまで濃縮**する．濃縮の方法には，遠心分離法，ガス拡散法，レーザー法等があるが，世界的には遠心分離法が多い．

⑤再転換

濃縮した六ふっ化ウランを加工しやすくするため，再び化学処理をして粉末状の二酸化ウランにする．

⑥成形加工

粉末状の二酸化ウランを高温で焼き固めてペレットを作る．このペレットをジルカロイ製の被覆管に詰め，さらにそれらを束にし，燃料集合体を組み立てる．

⑦発電

燃料集合体を炉心に装荷し，発電を行う．

⑧再処理

発電所の使用済燃料から，再処理施設でウラン，プルトニウム等を回収する．

⑨再利用

回収燃料のうち，ウランは転換施設に，プルトニウムは成形加工施設に送り，それぞれ処理され，発電所で再び使用される．

例題5 ··· H14 問5

次の文章は，軽水型原子力発電所の原子燃料サイクルの概要に関する記述である．

天然ウランは，非核分裂性の ___(1)___ が大部分を占めており，軽水炉の燃料としては，ウラン235の含有率を約 ___(2)___ 〔%〕まで ___(3)___ して使用する．

一方，使用済燃料中には，天然ウランに含まれている以上のウラン235が残っており，さらに，核分裂性物質である ___(4)___ が生成されている．

これらを使用済燃料から分離して取り出し，混合酸化物燃料（MOX燃料）として軽水炉に再使用することにより，ウラン資源を有効に利用することができる．この方式を ___(5)___ という．

【解答群】
（イ）増殖　　　　　　　（ロ）ストロンチウム　　　（ハ）プルトニウム

(ニ) 転換	(ホ) 濃縮	(ヘ) ラジウム
(ト) ワンススルー	(チ) バイナリサイクル	(リ) 3〜5
(ヌ) 8〜10	(ル) 0.7〜1	(ヲ) ウラン233
(ワ) プルサーマル	(カ) ウラン238	(ヨ) ウラン234

解説 本節を参照する．

【解答】(1) カ (2) リ (3) ホ (4) ハ (5) ワ

例題6　　　　　　　　　　　　　　　　　　　　　　　　H20 問5

次の文章は，原子燃料サイクルに関する記述である．

天然ウラン中には，^{235}U は _____(1)_____ 〔%〕程度しか含まれておらず，大部分が ^{238}U である．そのため，燃料としては，^{235}U の濃度を3〜5%まで濃縮し，UO_2 に再転換して使用する．原子炉内に挿入された燃料は，通常の運転状態では平均 _____(2)_____ 年間程度熱エネルギーを放出した後，_____(3)_____ として取り出され，再処理を経て，転換・濃縮・再転換され燃料として使用される．

再処理によって分離されたプルトニウムをウランと混ぜた混合燃料を _____(4)_____ といい，これを現在の原子力発電所の軽水炉で使用することを _____(5)_____ という．

【解答群】

(イ) キャスク	(ロ) ペレット	(ハ) MOX燃料	(ニ) 1〜2
(ホ) 0.1	(ヘ) プルサーマル	(ト) 放射性廃棄物	(チ) 0.7
(リ) ATR	(ヌ) 6〜8	(ル) 濃縮ウラン燃料	(ヲ) 0.4
(ワ) 3〜5	(カ) FBR	(ヨ) 使用済燃料	

解説 (2) 原子力発電所において，原子炉内に挿入された燃料は，平均して3〜5年程度熱エネルギーを放出した後，使用済燃料として取り出される．

【解答】(1) チ (2) ワ (3) ヨ (4) ハ (5) ヘ

章末問題

■1 　　　　　　　　　　　　　　　　　　　　　　　　　　H8 問6

次の表の用語は，原子力発電に関するものである．A欄の語句と最も深い関係があるものをB欄及びC欄の中から選べ．

A	B	C
(1) 軽水炉用燃料	(イ) 原子燃料サイクル	(a) 再循環流量制御
(2) PWR	(ロ) ジルコニウム	(b) ナトリウム
(3) BWR	(ハ) 増殖	(c) 再処理工場
(4) FBR	(ニ) 蒸気発生器	(d) ほう酸濃度制御
(5) 回収ウラン	(ホ) 沸騰	(e) ペレット

■2 　　　　　　　　　　　　　　　　　　　　　　　3種 H25 問4

原子力発電に用いられる軽水炉には，加圧水型（PWR）と沸騰水型（BWR）がある．この軽水炉に関する記述として，誤っているものを次の(1)～(5)のうちから一つ選べ．

(1) 軽水炉では，低濃縮ウランを燃料として使用し，冷却材や減速材に軽水を使用する．

(2) 加圧水型では，構造上，一次冷却材を沸騰させない．また，原子炉の反応度を調整するために，ホウ酸を冷却材に溶かして利用する．

(3) 加圧水型では，高温高圧の一次冷却材を炉心から送り出し，蒸気発生器の二次側で蒸気を発生してタービンに導くので，原則的に炉心の冷却材がタービンに直接入ることはない．

(4) 沸騰水型では，炉心で発生した蒸気と蒸気発生器で発生した蒸気を混合して，タービンに送る．

(5) 沸騰水型では，冷却材の蒸気がタービンに入るので，タービンの放射線防護が必要である．

3

3種　H30　問4

次の文章は，我が国の原子力発電所の蒸気タービンの特徴に関する記述である．

原子力発電所の蒸気タービンは，高圧タービンと低圧タービンから構成され，くし形に配置されている．

原子力発電所においては，原子炉または蒸気発生器によって発生した蒸気が高圧タービンに送られ，高圧タービンにて所定の仕事を行った排気は，　(ア)　分離器に送られて，排気に含まれる　(ア)　を除去した後に低圧タービンに送られる．

高圧タービンの入口蒸気は，　(イ)　であるため，火力発電所の高圧タービンの入口蒸気に比べて，圧力・温度ともに　(ウ)　，そのため，原子力発電所の熱効率は，火力発電所と比べて　(ウ)　なる．また，原子力発電所の高圧タービンに送られる蒸気量は，同じ出力に対する火力発電所と比べて　(エ)　．

低圧タービンの最終段翼は，35〜54インチ（約89 cm〜137 cm）の長大な翼を使用し，　(ア)　による翼の浸食を防ぐため翼先端周速度を減らさなければならないので，タービンの回転速度は　(オ)　としている．

上記の記述中の空白箇所（ア），（イ），（ウ），（エ）および（オ）に当てはまる組合せとして，正しいものを次の(1)〜(5)のうちから一つ選べ．

	(ア)	(イ)	(ウ)	(エ)	(オ)
(1)	空気	過熱蒸気	高く	多い	$1\,500\ \mathrm{min}^{-1}$ または $1\,800\ \mathrm{min}^{-1}$
(2)	湿分	飽和蒸気	低く	多い	$1\,500\ \mathrm{min}^{-1}$ または $1\,800\ \mathrm{min}^{-1}$
(3)	空気	飽和蒸気	低く	多い	$750\ \mathrm{min}^{-1}$ または $900\ \mathrm{min}^{-1}$
(4)	湿分	飽和蒸気	高く	少ない	$750\ \mathrm{min}^{-1}$ または $900\ \mathrm{min}^{-1}$
(5)	空気	過熱蒸気	高く	少ない	$750\ \mathrm{min}^{-1}$ または $900\ \mathrm{min}^{-1}$

4章 再生可能エネルギー

学習のポイント

　原子力の出題が減少した分，再生可能エネルギーの出題が増えている．特に，太陽光発電の原理とシステム構成，風力発電の原理と特徴および風力用発電機の各種方式，太陽光発電や風力発電の系統連系等がよく出題され，語句選択式の出題形式である．このほか，地熱発電，燃料電池，電力貯蔵用電池等が出題される．学習としては，本書の解説を十分に読み込んだうえで，例題や章末問題の空白箇所について選択肢を捜さずに説明できることができるよう，本書を熟読する．

4-1 太陽光発電

攻略のポイント　本節に関して，電験3種では系統連系に伴う課題等が出題されるのに対し，2種では太陽光のエネルギー密度，太陽光発電の種類と効率，太陽光発電システムの構成（PCSを含む），配電線連系時の課題等が出題されている．

1 太陽電池の原理

　太陽光発電は，**太陽電池**を用いて光のエネルギーを電気エネルギーに変換するものである．発電過程において，燃料を必要とせず，排ガスも発生しないので，環境にやさしい発電方法である．地上に降りそそぐ**太陽光のエネルギー密度は約 1 kW/m²** である．

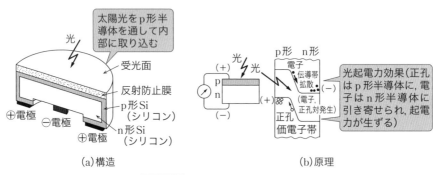

図4・1　太陽電池の構造と原理

　太陽電池の構造は，図4・1（a）のように，n形半導体を覆うようにp形半導体があり，太陽光は上部よりp形半導体を通して入射する．p形半導体の表面は反射防止膜で覆われており，太陽光をできる限り内部に取り込む．そこで，同図（b）のように，太陽光がpn接合半導体に入射すると，**電子と正孔が発生**する．これが内部電界または拡散により，**正孔はp形半導体に，電子はn形半導体に引き寄せられ，起電力が生じる**（これを**光起電力効果**という）．p形半導体，n形半導体に電極を取り付けているので，これらがそれぞれ正極，負極となって，その間に直流電圧を生じる．この起電力は光を当てている間持続し，両電極間に外部電気回路を接続すれば，光エネルギーを電気エネルギーとして取り出すことができる．太陽光発電は曇りや雨では出力が低下するので，わが国では**設備利用率は10～15% 程度**である．

2 太陽電池の種類と特徴

(1) 結晶シリコン太陽電池

太陽電池の中で最も古くから存在するのが**単結晶シリコン太陽電池**である．変換効率は約 15～20% 強（24% 以上が実用化済）で最も高いが，高価である．

多結晶シリコン太陽電池は，単結晶シリコンに比べてウエハー単位での純度が低いため，変換効率は 14～18% 程度（20% 以上が実用化済）であるが，製造コストが安価に抑えられるため，最も広く流通している．

(2) 薄膜シリコン太陽電池

薄膜シリコン太陽電池は，結晶シリコン太陽電池と比べ，薄さが特徴である．厚さ 1 μm 以下のシリコン膜を用いたセルを製造できる．安価なガラス基板の上にプラズマ技術を用いてアモルファスシリコン膜を形成して太陽電池とする．この変換効率は 7～10% 程度と，他のシリコン系セルに比べると劣る．しかし，製造が容易であり，軽量で熱に強い特徴がある．電卓や時計に用いられる．

(3) 化合物半導体系太陽電池

化合物半導体系太陽電池のうち，Ⅲ-Ⅴ族多接合太陽電池は，約 30～40% という発電効率を誇る超高効率太陽電池である．GaAs（ガリウムヒ素）太陽電池が代表的である．ガリウムやインジウムといったレアメタルを使用するため，非常に高価である．しかし，高効率のメリット以外にも耐放射性をもつため，宇宙開発に用いられる．

このほか，化合物半導体系太陽電池は，CdTe 系，CIS 太陽電池や CIGS 太陽電池など，複数の元素を組み合わせた多元素化合物半導体を用いたものが実用化されている．CIS 太陽電池は，銅（Cu），インジウム（In），セレン（Se）を主原料として組み合わせた半導体である．原料が低コストでありながら，発電効率は 12～15% 程度である．一方，CIGS 太陽電池は，上記の 3 元素に加えて，ガリウム（Ga）を加えた太陽電池である．より効率的に電力を生み出すことができる．

3 太陽光発電システムの構成

(1) 太陽電池の構成

太陽電池は，図 4・2 に示すように，セル，モジュール，アレイという三段階で

構成される．

① **セル**

太陽電池の最小単位．結晶シリコン太陽電池のセル1枚が発生する開放電圧は0.5〜0.7 Vである．セルの大きさは約10 cm角である．

② **モジュール**

セルを必要数並べて樹脂や強化ガラスで保護し，屋外使用できるように処理され，1枚のパネルになっている．1枚のモジュールは30〜70セル程度で構成する．動作電圧は18 V程度で，出力は40〜120 W程度である．

③ **アレイ**

モジュールを直並列に組み合わせ，架台に設置して1つにまとめた構成単位である．

このモジュールの日射量と開放電圧・短絡電流の特性を図4・3に示す．同図から，日

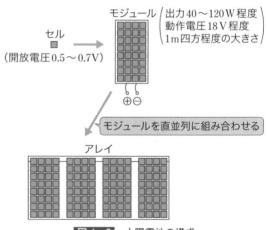

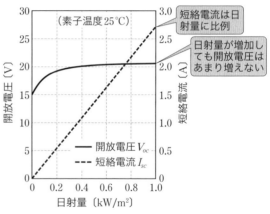

図4・2　太陽電池の構成

図4・3　太陽電池の日射量と電圧・電流特性

射量が増加しても開放電圧はそれほど大きくならないが，**短絡電流は日射量に比例して増加**する．

(2) **太陽光発電システムの構成**

図4・4は太陽光発電システムの構成を示す．必要な電圧を得るために，モジュールを直列接続するが，これを**ストリング**という．そして，電流を多く発生させるために，このストリングを並列に接続する．**太陽電池アレイ**には複数のストリングが存在し，モジュール，バイパス素子，逆流防止素子からなる．太陽電池セルは木の葉等で日陰になると発電しなくなり，高抵抗になる．ここに電流が

流れると発熱しモジュールを破損することがあるので，**バイパス素子**を設けて防止する．また，日陰により，あるストリングの電圧が低下すると他のストリングから電流が流れ込むことがあるので，この逆向きの電流を防止するため，ストリングごとに**逆流防止素子（ダイオード）**を配置する．

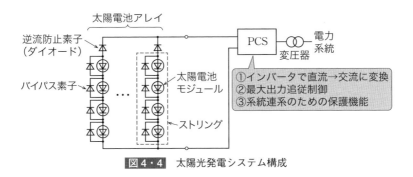

図4・4　太陽光発電システム構成

太陽電池で発生する電力は直流であるから，電力系統に連系するため，**パワーコンディショナ（PCS）でインバータによって直流から交流に変換**する．パワーコンディショナは，この交流変換機能に加えて，太陽電池から最大出力を取り出すための**最大出力追従制御**（MPPT: Maximum Power Point Tracking），電力系統に連系するための系統保護機能を持たせる．最大出力追従制御は，インバータの直流動作電圧を一定時間ごとに少し変えて出力を調べ，出力が増える方向に電圧を変える．

4　系統連系

太陽光発電は，小規模電源（2 MW 程度未満）は配電線に，大規模電源（2 MW 程度以上）は特別高圧系統に連系する．こうした分散型電源の大量の系統連系に伴って，電力系統の品質，保護，保安，安定度等に影響を与える可能性がある．

(1) 太陽光発電の増大が電力需給・送配電設備容量・安定度に与える影響
①電力需給への影響

再生可能エネルギーの発電量は，天候や季節により変動してコントロールが難しいため，調整力が不足すると需給バランスに問題が生じる．特に，太陽光発電は，晴天時に昼間は発電するものの，夕方にかけて発電量が減少し，夜間は発電

しないため，全系の需給バランスを保つ観点から，火力発電で太陽光発電の減少分を補ったり，余剰電力を揚水動力に活用したりして，電力系統の運用を行う．

②送配電設備容量への影響

電力需要が少ないエリアで，太陽光発電をはじめとする再生可能エネルギーが大量に導入されると，既存の一部の送配電線や連系線の設備容量が不足し，送電に問題が生じることがある．

③安定度への影響

非同期電源である太陽光発電等が大量に導入され，火力発電等の同期電源の割合が減少すると，系統全体の慣性力・同期化力が減少し，系統故障時の安定度に問題を生じることが考えられる．

(2) 配電線の電力品質への影響

①電圧変動

配電線に太陽光発電が連系すると，太陽光発電から配電線側への**逆潮流**によって，配電線の潮流が需要家側から配電用変電所の方向になる区間が生じる．これにより，需要家側の**電圧が上昇**し，適正範囲（101±6 V，202±20 V）を逸脱する可能性がある．このため，太陽光発電の**パワーコンディショナ（PCS）に電圧上昇抑制機能を具備**する．太陽光発電は，通常，力率1で運転するが，連系点の電圧が設定値以上になると，インバータの電流位相を系統電圧より進め，電圧上昇を抑制する進相無効電力制御を行う．力率が0.8になるまで行うが，それでも電圧が上昇するときは，有効電力そのものを制限する出力制御に移行する．

一方，配電線側でも，**ステップ式自動電圧調整器（SVR）を設置**することがある．また，比較的大容量の分散型電源を系統連系する場合には専用線にしたり，負荷分割等配電系統側を増強したりすることもある．

②高調波

太陽光発電では，PCSのインバータ動作によって，出力に高調波電流が含まれる．そこで，配電線に流入する高調波電流が増加すると，配電線の電圧歪み率が増大し，需要家の力率改善用コンデンサの異常過熱・焼損や漏電ブレーカの誤動作等の被害が生ずる可能性がある．このため，分散型電源に用いる逆変換装置から流出する高調波電流の限度値は，系統連系規程では，総合電流ひずみ率5%以下，各次電流ひずみ率3%以下に抑えることとしている．需要家側では，必要に応じ，高調波電流の流出を抑制する高調波フィルタを設置することもある．

(3) 配電線の保護と保安への影響

　配電線が故障等により系統から切り離された場合，当該配電線に連系していた太陽光発電が解列しないと，配電線を充電しながら運転を継続する**単独運転**状態となる可能性がある．この場合，故障点への充電継続による公衆保安，再閉路時の非同期連系による機器損傷などの問題が発生する可能性がある．したがって，太陽光発電の単独運転を回避する必要がある．

　一般的には，配電線における発電電力と負荷はアンバランスであるから，この状態で配電線が故障等により系統から切り離されれば，太陽光発電は過電圧リレー（OVR）や不足電圧リレー（UVR），周波数上昇リレー（OFR）や周波数低下リレー（UFR）によって単独運転を検出し，系統から解列する．これらのリレーはPCSに内蔵されている．また，単独運転検出機能を有する装置を設置したり，転送遮断を行って強制的に電源を停止したりすることもある．

　前者の単独運転検出機能には，受動的方式（単独運転発生時の発電出力と負荷の不平衡による電圧位相や周波数の急変等を検出する方式），能動的方式（系統に対して電圧や周波数の変動を与え，単独運転発生時にこの変動がより大きくなることを検出する方式）がある．

(4) FRT機能

　太陽光発電が系統から大規模に解列すると，接続している系統に擾乱を与え，電圧変動や周波数変動が発生し，電力品質の低下を引き起こす可能性がある．これを防止するため，事故時運転継続要件として**FRT（Fault Ride Through）機能**が定められている．例えば，電圧低下に対する要件としては，残電圧20%以上で継続時間が1秒以内といった瞬時電圧低下に対してゲートブロックせず運転継続するなどとされている．また，周波数変動に対しては，ランプ上の±2 Hz/sの変動では運転を継続するなどとされている．

例題1　　　　　　　　　　　　　　　　　　　　　　　　R4　問2

　次の文章は，太陽光発電に関する記述である．
　太陽光発電では，シリコンなどの半導体を用いた太陽電池により，太陽からの放射エネルギーを電力に変換する．
　太陽電池の出力は日射強度等により変化するため，太陽電池の公称システム出力は基準状態（日射強度：　(1)　，モジュール温度：25℃，分光分布：基準太陽光）

再生可能エネルギー

に対し規定される．太陽電池の電流電圧特性についても，____(2)____ が日射強度にほぼ比例して増加するなど，日射強度により変化する．このため日射強度が変動した場合には，電圧・電流を変化させ太陽電池の発電出力を最大化する必要がある．太陽光発電システムには，そのために太陽電池の直流動作電圧を最適化し，発電出力を最大化する ____(3)____ 制御を備えるのが一般的である．

太陽電池はインバータ，系統連系保護装置等から構成される ____(4)____ を介して電力系統に接続することが多い．その際には，電圧，周波数等の保護リレーの設置が義務づけられている．また系統が停電となったときに，低圧・高圧配電線に接続された太陽光発電装置が ____(5)____ により運転を継続すると配電線の保安等の面で支障を来すため，太陽光発電装置を解列させる必要がある．

【解答群】
(イ) $1\,\mathrm{kW/m^2}$　　　(ロ) 形状因子　　　(ハ) 単独運転
(ニ) 最大出力追従　　　(ホ) 入力電圧一定　　　(ヘ) 自立運転
(ト) 独立運転　　　(チ) 整流器　　　(リ) $2\,\mathrm{kW/m^2}$
(ヌ) サイクロコンバータ　　　(ル) $1\,\mathrm{W/cm^2}$　　　(ヲ) パワーコンディショナ
(ワ) 太陽追尾　　　(カ) 開放電圧　　　(ヨ) 短絡電流

解説 本節1項〜4項を参照する．

【解答】(1) イ　(2) ヨ　(3) ニ　(4) ヲ　(5) ハ

例題2　　　　　　　　　　　　　　　　　H30　問5

次の文章は，太陽光発電システムの構成に関する記述である．

発電が可能な太陽電池の最小単位をセルといい，結晶系シリコン太陽電池では1枚の太陽電池セルの出力電圧は約 ____(1)____ である．数十枚のセルを直並列に接続して必要な出力を得るが，これを ____(2)____ といい，製品として流通する単位となる．____(2)____ を直列に接続したものを ____(3)____ といい，これが並列に接続されてインバータへ直流電力を供給する．

一部のセルが木の葉などで日陰になると発電しなくなり高抵抗となる．ここに電流が流れると発熱し ____(2)____ を破損することがあるので，____(4)____ を設けて防止する．パワーコンディショナ（PCS）は太陽光発電システムの運転と制御を行うが，異常発生時の保護リレーとして ____(5)____ などが備えられている．

【解答群】
(イ) $0.5\,\mathrm{V}$　　　(ロ) 距離リレー　　　(ハ) アーム
(ニ) 電流差動リレー　　　(ホ) $1.5\,\mathrm{V}$　　　(ヘ) 逆流防止素子

4-1 太陽光発電

（ト）過電圧リレー	（チ）昇圧チョッパ	（リ）ストリング
（ヌ）モジュール	（ル）バイパス素子	（ヲ）マイクロインバータ
（ワ）ヒューズ	（カ）アレー	（ヨ）12 V

解説 本節3項，4項を参照する．

【解答】(1) イ　(2) ヌ　(3) リ　(4) ル　(5) ト

例題3 .... H17　問5

次の文章は，太陽光発電に関する記述である．

太陽光発電は，半導体界面に太陽光を当てたときに生じる　(1)　を利用して電力を発生させる方式である．太陽光発電に用いられる太陽電池で最も多く使われているのは　(2)　のシリコン系半導体で太陽電池全体の約65%を占めており，そのエネルギー変換効率はバルク状の太陽電池セルで　(3)　〔%〕程度である．太陽電池セルを接続して必要な電圧が得られるように加工したものが太陽電池モジュールで，設置する場合の最小単位となる．

太陽光発電を配電系統と接続する場合，太陽電池で発電した電力は直流なので　(4)　で交流に変換し，連系保護装置を通してから系統に接続する．この発電した電力が系統に送られることを　(5)　という．

【解答群】
（イ）多結晶	（ロ）14から18	（ハ）チョッパ	（ニ）5から10
（ホ）21から25	（ヘ）インバータ	（ト）単結晶	（チ）転送
（リ）光電効果	（ヌ）逆潮流	（ル）熱電効果	（ヲ）圧電効果
（ワ）整流装置	（カ）逆相		（ヨ）アモルファス

解説 光電効果は，物質に光を当てたとき，物質内の電子が光子のエネルギーを吸収して起こる現象である．電子が物質外に放出される外部光電効果と，物質内部で起電力を生じたり，電子が移動して電流が流れたりする内部光電効果（光起電力効果）とがある．

【解答】(1) リ　(2) イ　(3) ロ　(4) ヘ　(5) ヌ

4-2 風力発電

攻略のポイント
本節に関して，電験3種では風車が得るエネルギーは風速の3乗に比例することなどの基本的な出題が多いのに対し，2種では風力発電用発電機の原理や特徴，風力発電が系統に与える影響等が問われている．

1 風力発電の原理と特徴

(1) 風力発電の原理

風力発電は，自然の風を利用して風車を回転し，増速歯車を介して発電機を駆動し，電気エネルギーを得る．質量 m〔kg〕の空気が速度 v〔m/s〕で流れると，運動エネルギーは $mv^2/2$ である．空気の密度を ρ〔kg/m³〕，受風面積を A〔m²〕とすれば，$m = \rho A v$ となるので，この運動エネルギーから風車が得るエネルギー P は，両式から m を消去すれば，次式となる．

$$P = \frac{1}{2} C_P \rho A v^3 = \frac{1}{8} C_P \rho \pi D^2 v^3 \text{〔W〕} \tag{4・1}$$

（ただし，C_P は風車の**出力係数（パワー係数）**，D〔m〕は風車の直径である．$A = \pi(D/2)^2 = \pi D^2/4$）

つまり，**風のもつエネルギー**は，受風面積に比例し，**風速の3乗に比例**する．**出力係数（パワー係数）** C_P は風車によって得られる出力エネルギーと風のもつエネルギーの比であるが，理論的には 16/27（約 0.6）が限界であり，実際の風車は，空気の抵抗や粘性等の影響もあって，0.45以下になる．さらに，風力発電システムにおいては，増速歯車等の機械系伝達効率や発電機効率等が加味されるため，風力エネルギーを電気エネルギーに変換する総合効率はこれらの積となって 30〜40％ 程度となる．他方，陸上に設置される風力発電の設備利用率は，風況にもよるが，一般的には 20〜30％ 程度である．

(2) 風力発電の設備概要と特徴

①風車の構造

風車は，風車回転軸によって水平軸形と垂直軸形に大別される．現在，風力発電として多く用いられているのは，水平軸形風車でロータが**プロペラ形**をしており，ブレード（風車の羽根の部分）が3枚の風車である．図4・5に水平軸プロペラ形風車の構造を示す．

水平軸風車は，回転中心が 60m 以上のタワー上にロータヘッドとナセルが配

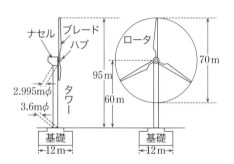 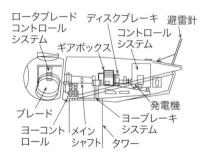

(a) 風車の外形　　　　　　　(b) ナセルの内部構造

図4・5 水平軸プロペラ形風車の構造

置されている．回転部分がロータで，その先端のハブにブレード（翼）が取り付けられている．ブレードの材質は，軽量で耐久性が良いことが要求され，主としてガラス繊維強化プラスチックが用いられる．ナセルの中には，発電機，伝達系等の機器を格納している．

水平軸プロペラ形風車には，ロータの回転面がタワーやナセルの風上側に位置するアップウインド方式と，風下側に位置するダウンウインド方式とがある．アップウインド方式は，ロータがタワーの風上側になるので，タワーによる風の乱れの影響を受けない．一方，ダウンウインド方式はプロペラを風向に合わせるためのヨー駆動装置が不要になる特徴をもつ．

② 出力特性と制御

風力発電システムは，一定風速（カットイン風速；3～5 m/s 程度）以上になると発電を開始し，出力が発電機の定格出力に達する風速（8～16 m/s 程度）以上ではピッチ制御またはストール制御による出力制御を行い，さらに風速が大きくなると（カットアウト風速25 m/s 程度），危険防止のためロータの回転を止めて発電停止する．図4・6はこの運転特性の例を示しているが，こ

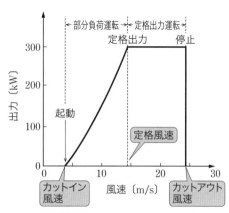

図4・6 風力発電の出力カーブ

れを**出力カーブ（パワーカーブ）**または**性能曲線**という．

風車の制御には，ヨー制御，ピッチ制御，ストール制御がある．まず，**ヨー制御**は，風向きに応じて風車を常に風上に保つための風向制御である．油圧または電動式モータにより，ナセルを回転させ，風車の方向制御を行う．

次に，**ピッチ制御**は，図4·7に示すように，風速や発電機出力を検出し，ブレードのピッチ角を変化

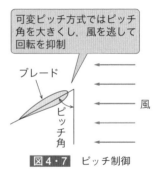

図4·7 ピッチ制御

させることにより，出力を定格値に制御する．また，カットイン風速付近の弱風時にはトルクを最大にしてロータ回転が加速するようにし，一方，台風等の強風時には，ピッチ角を風向きに平行にし，ロータを安全停止させる．

ストール制御は，ピッチ角が固定の場合に行われる．これは，風速が定格以上になると失速（ストール）状態になり回転数の上昇が抑えられるような翼形状とし，これにより発電機出力を一定に保つ．

2 風力発電用発電機

風力発電用発電機の単機容量は数百kWから数MW級であり，その発電機方式は図4·8に示すように四つに分類できる．

風車のロータの回転数は毎分数十回転程度であり，交流発電機（4極機）の回転数は一般的に毎分1 500または1 800回転であるから，両者の回転数を整合させるため，増速歯車（ギヤ）を用いて回転数の増速を行う．

(1) 誘導発電機直結方式

かご形誘導発電機を増速ギヤを介して風車で駆動する方式である．構造が簡単で堅牢という長所がある．しかし，弱い系統に連系すると，**起動時の突入電流，風力の出力変動に伴う電圧変動により電力系統に影響を与える**ため，一般的に，逆並列のサイリスタ等によるソフトスタート回路を設ける．

(2) 誘導発電機の二次抵抗制御方式

巻線形誘導発電機を用い，その二次抵抗の抵抗値を制御することにより，**回転子の回転数を可変とする方式**である．誘導発電機回転子は，増速ギヤを介して風車につながっているため，誘導発電機回転子の回転数を変化させれば風車の回転

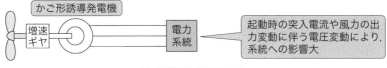
(a) 誘導発電機直結方式

(b) 誘導発電機の二次抵抗制御方式

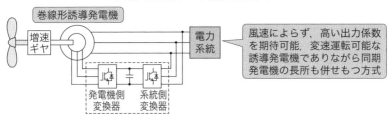
(c) 誘導発電機の二次励磁制御方式（二重給電誘導発電機方式）

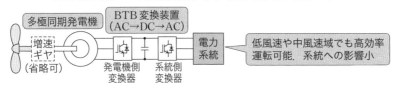
(d) 同期発電機による直流リンク方式

図 4・8　風力発電における発電機の方式

数も変化する．風車の回転数を制御することにより，風力発電の出力変動を抑制することができる．

(3) 誘導発電機の二次励磁制御方式（二重給電誘導発電機方式）

巻線形誘導発電機を用い，その二次巻線を可変周波数制御の三相交流電源で励磁する**超同期セルビウス方式**により，**回転子の回転数を可変**とする方式である．この方式は，風車の回転数を可能な範囲で風速に見合った値に制御できるため，風速によらず，高い出力係数を期待できる．また，発電機での力率調整が可能である．起動時の突入電流も小さい．すなわち，**変速運転可能な誘導発電機でありながら同期発電機の長所も併せもつ発電機方式**である．

(4) 同期発電機による直流リンク方式

多極同期発電機を使用し，コンバータにより直流に変換した後，インバータを用いて交流に変換して電力系統に連系する．このコンバータとインバータの組み合わせを **BTB（Back To Back）変換装置** という．発電機の周波数は系統の周波数と無関係に設定できるため，風車の回転数を変化させることができる．この直流リンク方式は，誘導発電機の二次励磁制御方式（二重給電誘導発電機）とともに，風車の回転数を変化させることができるので **可変速機** と呼ばれる．直流リンク方式の方が二重給電誘導発電機よりも回転数の可変範囲が大きいものの，コストがやや高い．直流リンク方式は，可変速運転によりロータの回転速度を風の強さに応じて最適に設定できるため，**高効率な発電** ができる．また，騒音源となる増速機がないため，**騒音を小さく** することができる．

3 風力発電の系統連系

風力発電は，風という自然条件に左右されるため，出力変動が大きい．また，風況の良い地点で風力発電を開発しても，連系する系統が弱い（短絡容量が小さい）系統ということも多い．さらに，誘導発電機や同期発電機による直流リンク方式の発電機であるから，慣性を有する在来型同期発電機とは異なる．このため，風力発電を系統に連系する場合には，次のことに留意が必要である．

(1) 電力系統の需給バランスへの影響

風力発電の出力は風況により変動するので，大量に導入された場合，需給運用や系統周波数に影響を及ぼす可能性がある．しかし，ウインドファームの出力変動の相関が低い場合，風力発電機を増やした場合の平均出力をみると，出力変動が小さくなる **平滑化効果（ならし効果）** が働く．短周期の変動成分であるほど，平滑化効果は大きい．一方，長周期の変動成分になるほど，平滑化効果は小さくなり，風力の立地地点の分布が重要になる．

(2) 電圧変動への影響

短絡容量の小さい系統に風力発電を連系すると，ローカル的な電圧問題が生じることがある．風力発電からの逆潮流に伴う電圧変動，誘導発電機の起動に伴う電圧変動等が問題になる．このような場合，無効電力を高速で制御することにより電圧変動を抑制するSVC（静止形無効電力補償装置）の設置などの対策が必要になることがある．

4-2 風力発電

例題 4 ·· R1 問6

次の文章は，MW級風力発電装置に関する記述である．

発電事業用の風力発電には水平軸・3枚翼の (1) 風車が広く用いられている．

我が国で現在広く用いられている風力発電には，風車の回転数をほぼ一定とするものと，風車の回転数を大きく変化させるものがある．

前者には，設備構成が簡素で， (2) を電力系統に直接連系するタイプがある．

後者には，風力発電の発電性能向上などを目的とした，次の二つのタイプがある．

① (3) の二次巻線を (4) 方式により励磁するタイプ

②メンテナンスの負担が大きい増速機を省略するために，数十の極を有する発電機に (5) を組み合わせるタイプ

【解答群】
(イ) 超同期セルビウス　　(ロ) 永久磁石発電機　　(ハ) ダリウス形
(ニ) 無効電力補償装置　　(ホ) リラクタンス発電機　(ヘ) 直流発電機
(ト) プロペラ形　　　　　(チ) クレーマ　　　　　(リ) 巻線形誘導発電機
(ヌ) サボニウス形　　　　(ル) かご形誘導発電機　　(ヲ) 同期発電機
(ワ) BTB変換装置　　　　(カ) ワードレオナード　　(ヨ) 移相変圧器

解説 本節1項，2項を参照する．

【解答】(1) ト　(2) ル　(3) リ　(4) イ　(5) ワ

例題 5 ·· H23 問6

次の文章は，風力発電の発電機に関する記述である．

風力発電の発電機は，風速の変動で (1) が変化し，端子電圧の周波数，電圧が変動するため，系統に連系するにはこれを解決する必要がある．このため，周波数に関係なく，電圧調整も容易な直流発電機が用いられたこともあったが，保守性と経済性の問題から，現在はあまり使われていない．現在主に使われているものは， (2) と (3) である． (2) は界磁により端子電圧を確立でき，力率の調整も可能である長所を持つが，構造が若干複雑で， (1) は直接系統と接続する場合，系統の周波数に依存する．このため，主に出力電圧を直流化したのち，交直変換器で系統の周波数と一致させる方法が採られる． (3) は構造が簡単で， (1) が系統の周波数に依存しないため，直接系統と接続可能であるが，端子電圧を単体で確立できないため (4) が困難であり，力率の調整能力もない．なお，最近の大形風力発電機では両者の長所を併せ持ち，運転上 (5) に優れる二重給電誘導発電機が主に用いられている．

再生可能エネルギー

【解答群】
(イ) 保守　　　　　　(ロ) 同期発電機　　　　(ハ) 調速機運転
(ニ) ヨー角　　　　　(ホ) SVC　　　　　　　　(ヘ) 軸の回転速度
(ト) 自立運転　　　　(チ) ピッチ角　　　　　(リ) 電力貯蔵
(ヌ) インバータ　　　(ル) 同期調相機　　　　(ヲ) 誘導発電機
(ワ) 可変速性能　　　(カ) 直巻発電機　　　　(ヨ) 高調波抑制性能

解説 本節2項を参照する．

【解答】(1) ヘ　(2) ロ　(3) ヲ　(4) ト　(5) ワ

例題6 ·· H18 問5

次の文章は，風力発電に関する記述である．

風力発電に用いられる風車のエネルギー変換効率（軸出力エネルギーと風車ロータを通過する空気エネルギーの比）は　(1)　と呼ばれ，理論的には　(2)　（ベッツの限界値）であるが，実際には最適設計されたプロペラ形風車で最大 0.45 程度の値となる．一般に風力発電システムの運転では有効な出力が得られるカットイン風速，定格風速，強風を避けるために停止するカットアウト風速が設定されている．カットイン風速はおおよそ 2〜4 m/s であり，カットアウト風速は 25 m/s 前後が多い．

風力エネルギーは不規則かつ間欠的であることから，風力発電システムの　(3)　は，特殊な場合を除き 20〜30% 台の値となる．また，風力エネルギーの変動はそのまま発電機出力の変動となるため，接続される送電系統の短絡容量が小さい場合には　(4)　が大きくなるおそれがあり，その対策が必要となる．ウインドファームでは数多くの風力発電機を集合設置しており，出力変動の平滑化が期待されているが，　(5)　変動に対しては平滑化が困難なため，さまざまな対策が検討されている．

【解答群】
(イ) 0.593　　　　　(ロ) 0.612　　　　　(ハ) 電圧変動　　　　(ニ) 信頼性
(ホ) 長周期　　　　(ヘ) 誘導障害　　　　(ト) 設備利用率　　　(チ) 成績係数
(リ) ランダム　　　(ヌ) パワー係数　　　(ル) 短周期　　　　　(ヲ) 利用可能率
(ワ) 変換係数　　　(カ) 高調波　　　　　(ヨ) 0.625

解説 風車のエネルギー変換効率は，理論的には $16/27 = 0.593$（ベッツの限界値）であることが証明されている．これは，式（4·1）やベルヌーイの定理，三次関数の微分法によるパワー係数の最大化から求められるが，紙面の都合上省略する．

【解答】(1) ヌ　(2) イ　(3) ト　(4) ハ　(5) ホ

4-3 地熱発電

攻略のポイント　本節に関して，電験3種での出題はほとんどないのに対し，2種では地熱発電の各種方式（フラッシュ方式，バイナリー発電方式等）やその特徴等が出題されている．本節で解説する基本だけおさえておけばよい．

1 地熱発電の原理と方式

　地熱資源は，マグマの熱によって高温になった地下深部（地下1 000～3 000 m程度）に存在する．地表面に降った雨や雪が地下深部まで浸透し，高温の流体すなわち**地熱流体**（蒸気や熱水）となる．これが溜まっているところを**地熱貯留層**という．**地熱発電**は，地熱貯留層より地熱流体を取り出し，タービンを回転させて電力を発生させる．地熱発電の方式は，地熱流体の状態やタービンを回した後の蒸気の処理によって分けられる．図4・9は地熱発電の各方式を示す．フラッシュ方式が一般的であるが，最近，バイナリー発電方式も増えている．

(1) 蒸気利用背圧式（図4・9 (a)）

　地下から取り出した蒸気で直接タービンを回し，そのまま大気中に排気する**背圧方式**を採用している．地熱流体が渇き蒸気なので，気水分離器を使わない．

(2) 蒸気利用復水式（図4・9 (b)）

　地下から取り出した蒸気で直接タービンを回すが，その後，蒸気は**復水器**で温水にし，さらに冷却塔で冷ましてから復水器に循環して蒸気の冷却に使用する．蒸気利用背圧式と異なるのは，復水器を使用することで，背圧を低くし，出力を大きくする点である．

(3) シングルフラッシュ方式（図4・9 (c)）

　地下でフラッシュ（減圧沸騰）した地熱流体（約200～350℃の蒸気と熱水の二相流体）を取り出し，**気水分離器（セパレータ）で蒸気と熱水に1回だけ分離**し，その蒸気でタービンを回して発電する．そして，発電し終わった蒸気は復水器で温水にし，さらに冷却塔で冷ました後，復水器に循環して蒸気の冷却に使用する．一方，汽水分離器で分離された熱水は還元井から地下に戻す．

(4) ダブルフラッシュ方式（図4・9 (d)）

　セパレータで分離した熱水（温度が百数十℃と高い場合）を**フラッシャー（減圧器）**に導入して低圧の蒸気をさらに取り出し，高圧蒸気と低圧蒸気の両方でタービンを回す方式である．この方式は高温高圧の地熱流体の場合に採用され，

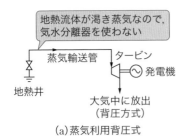
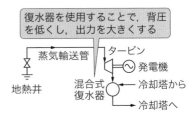

(a) 蒸気利用背圧式　　　　　　(b) 蒸気利用復水式

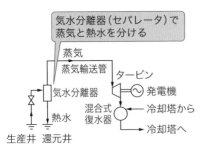
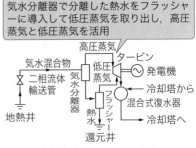

(c) シングルフラッシュ方式　　　(d) ダブルフラッシュ方式

図4・9　地熱発電の各種方式

シングルフラッシュ方式よりも，10〜25％程度出力が増加する．

(5) バイナリー発電方式（図4・10）

　地熱流体の温度が低い（80〜150℃）場合，フラッシュ方式では少量の蒸気しか得られないので，水よりも**沸点の低い二次媒体（ペンタン等）を加熱し，その二次媒体の蒸気でタービンを回して発電**する方式である．生産井から地熱流体を取り出し，これで二次媒体を温めて蒸気化する．二次媒体を温めた後の地熱流体は，還元井から地下に戻す．二次媒体の蒸気でタービンを回して発電する．発電し終わった二次媒体は凝縮器で液体に戻し，循環ポンプで再度熱交換器に送る．このように熱水と二次媒体がそれぞれ独立した二つの熱循環サイクルを用いて発電するため，**バイナリー方式**という．

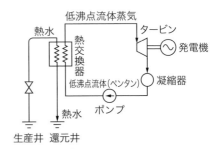

図4・10　バイナリー発電方式

2 地熱発電の特徴

[長所]

① 地中に存在する蒸気や熱水を利用することは，純国産エネルギーであり，エネルギーの有効利用，エネルギーセキュリティの観点から，望ましい．

② 地下の天然蒸気を用いるので，火力発電のようなボイラや給水設備は不要である．

③ 天候や季節・昼夜を問わず安定した発電が可能である．

④ 燃料を使用しないので，二酸化炭素の排出が少なく，また，ばいじんなど大気汚染の心配がない．

⑤ 地熱発電所から排水される熱水を，暖房，浴用，園芸等に有効利用できる．

[短所]

① 地熱発電所の開発において，実際に井戸を掘ってみないと蒸気や熱水が得られるかどうかはわからない．

② 地熱蒸気の圧力や温度が低く，生産井の本数が地熱の場所で制約されるので，単機容量が最大でも 5 万 kW 程度と小さい．このため，建設費が割高になる．

③ 地熱発電に適する地点は国立公園や温泉地等が多く，立地面での制約がある．

④ 蒸気中に非凝縮ガスと不純物を含むので，防食対策やスケール（湯あか）対策が必要である．

例題 7　　　　　　　　　　　　　　　　　　　　　　　R3 問 2

次の文章は，地熱発電に関する記述である．

地熱発電は，地下の　(1)　に向けて生産井を掘削し，そこから得られる二相流体を用いて蒸気タービンを駆動し発電を行う方式である．

生産井から得られた二相流体は気水分離器で蒸気と熱水に分けられるが，熱水の割合が比較的大きい場合が多いため，　(2)　で圧力を下げ熱水から蒸気を得ることにより，出力増加を図る方式が広く用いられている．そこで得られた蒸気は，気水分離器から得られた蒸気とともに，蒸気タービンで膨張し発電機を回す．またタービン排気は混合復水器を用いて凝縮され，その凝縮水は　(3)　で温度を下げ，その一部を復水器の冷却水として用いる方式が広く採用されている．ここに　(3)　を用いるのは，地熱発電所では冷却水を得ることが難しい場合が多いことによる．

　(2)　で分離された熱水は，　(4)　を通して地中に戻す．

再生可能エネルギー

なお地熱発電では，低温の熱水が保有するエネルギーを有効に利用するため，沸点の低い作動媒体を用いてタービンを回す　(5)　発電を採用している例もある．

【解答群】
(イ) 蒸気井　　　　　　(ロ) マグマ溜まり　　　(ハ) 還元井
(ニ) コンデンサ　　　　(ホ) セパレータ　　　　(ヘ) コンバインドサイクル
(ト) エゼクタ　　　　　(チ) トータルフロー　　(リ) フラッシャ
(ヌ) 熱水井　　　　　　(ル) 地熱貯留層　　　　(ヲ) 冷却塔
(ワ) スクラバ　　　　　(カ) バイナリーサイクル　(ヨ) 高温岩体

解説 本節1項，2項を参照する．

【解答】(1) ル　(2) リ　(3) ヲ　(4) ハ　(5) カ

例題 8　　　　　　　　　　　　　　　　　　　　　　　　　H24 問2

次の文章は，地熱発電の発電方式に関する記述である．
　地熱発電の方式は地熱流体の　(1)　によっていくつかの方式に分けられる．地熱流体が加熱蒸気あるいはわずかに熱水を含む場合には，　(2)　器で蒸気のみを取り出し，タービンを回して発電を行う．タービン出口側に関しては，出力を大きくとるためにタービンの出口側に凝縮器を設置して背圧を低くする方式が一般的である．
　地熱流体中の熱水割合が高い場合は，　(2)　後の熱水から再度蒸気を　(3)　し，タービンの中段に送り発電を行うフラッシュ発電方式が採用される．
　熱水の温度は低いが熱水量が十分な場合，熱水の熱エネルギーによって　(4)　の熱媒体を加熱沸騰させ，その蒸気でタービンを回して発電を行う　(5)　方式が採用されることがある．

【解答群】
(イ) 加熱　　　　　　　(ロ) バイナリー　　　　(ハ) 復水
(ニ) トータルフロー発電　(ホ) 濃度比　　　　　　(ヘ) 汽水分離
(ト) 気化　　　　　　　(チ) 熱併給発電　　　　(リ) 高沸点
(ヌ) 抽出　　　　　　　(ル) 汽水比　　　　　　(ヲ) 低沸点
(ワ) 過熱　　　　　　　(カ) 冷却　　　　　　　(ヨ) PH値

解説 汽水比とは，地熱流体における蒸気と熱水の比である．

【解答】(1) ル　(2) ヘ　(3) ヌ　(4) ヲ　(5) ロ

4-4 燃料電池

> **攻略のポイント**
> 本節に関して，電験3種では出題されていないのに対し，2種では各種の燃料電池の種類・原理・特徴，コジェネレーションと燃料電池などが出題されている．

1 燃料電池の原理

燃料電池は，一次燃料を水素に改質し，その水素と酸素の電気化学反応により直接電気エネルギーを発生させるものである．すなわち，水の電気分解を逆に行うものである．図4・11は，りん酸形燃料電池の原理を示す．

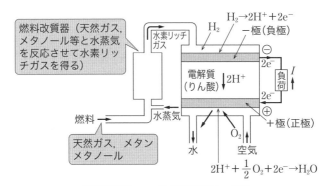

図4・11　りん酸形燃料電池の原理

燃料電池の構造は，正電極，負電極，電解質によって構成される．天然ガスやメタノール等の一次燃料を供給し，**改質器**で水素を取り出すと，負極（燃料極，アノード）では式（4・2）のように，水素が水素イオンと電子に解離する．そして，電子が外部回路，水素イオンは正極（空気極，カソード）に移動するため，両極間に負荷を接続すれば負極側から正極側に電子が流れ，電気エネルギーが供給される．

$$負極（燃料極）：H_2 \longrightarrow 2H^+ + 2e^- \qquad (4・2)$$

$$正極（空気極）：2H^+ + \frac{1}{2}O_2 + 2e^- \longrightarrow H_2O \qquad (4・3)$$

これらの反応を起こさせる一組の電池を**セル**といい，発生する電圧は，通常1V弱である．したがって，大出力を得るためには，セルを何層にも積層して高

電圧を得る**スタック**を構成して用いる．スタックの出力は全体の電圧と電極面積に比例する電流との積によって決まる．

燃料電池の出力は直流であるため，インバータを介して交流系統に接続するのが一般的である．

2 燃料電池の種類

燃料電池は，作動温度によって**低温形**（常温〜200℃程度）と**高温形**（500〜1 000℃程度）に分けることができる．低温形には，**りん酸形燃料電池（PAFC）**と**固体高分子形燃料電池（PEFC）**がある．また，高温形には，**溶融炭酸塩形燃料電池（MCFC）**と**固体酸化物形燃料電池（SOFC）**がある．表4・1は燃料電池の種類と特徴を示す．

表4・1 燃料電池の種類と特徴

	PAFC	PEFC	MCFC	SOFC
電解質	りん酸（H_3PO_4）	パーフルオロスルホン酸膜	炭酸リチウム（Li_2CO_3） 炭酸ナトリウム（Na_2CO_3）	安定化ジルコニア（$ZrO_2+Y_2O_3$）
イオン伝導	H^+（水素イオン）	H^+（水素イオン）	CO_3^{2-}（炭酸イオン）	O^{2-}（酸素イオン）
作動温度	200℃	80℃	600〜700℃	800〜1000℃
使用形態	マトリックスに含浸	膜	マトリックスに含浸	薄膜状
燃料極（負極）	$H_2 \rightarrow 2H^+ + 2e^-$	$H_2 \rightarrow 2H^+ + 2e^-$	$H_2+CO_3^{2-} \rightarrow H_2O+CO_2+2e^-$	$H_2+O^{2-} \rightarrow H_2O+2e^-$ $CO+CO_3^{2-} \rightarrow 2CO_2+2e^-$
空気極（正極）	$\frac{1}{2}O_2+2H^+ +2e^- \rightarrow H_2O$	$\frac{1}{2}O_2+2H^+ +2e^- \rightarrow H_2O$	$\frac{1}{2}O_2+CO_2+2e^- \rightarrow CO_3^{2-}$	$\frac{1}{2}O_2+2e^- \rightarrow O^{2-}$
燃料（反応物質）	水素（炭酸含有は可能）	水素（炭酸含有は可能）	水素，一酸化炭素	水素，一酸化炭素
発電効率	35〜45%	35〜45%	45〜60%	45〜60%

(1) りん酸形燃料電池（PAFC）

りん酸形燃料電池（PAFC）は，電解質として濃りん酸水溶液を使用し，作動温度は200℃程度である．運転実績が多く，最も古くから使われている．排熱を冷暖房や給湯に利用するコジェネレーションシステムを採用することにより，総合効率を高くすること（80%程度）ができる．

(2) 固体高分子形燃料電池（PEFC）

固体高分子形燃料電池（PEFC）の長所は，**作動温度が80°C程度で低く，起動・停止や負荷変動が容易**であることである．このため，家庭用給湯器として実用化されており，燃料電池自動車用としても研究開発されている．また，電解質が高分子膜で固体であることから，電解液の飛散等の問題がなく，小形軽量で高出力である．一方，短所としては，**触媒である白金が高価**であること，白金触媒を不活性化させる原因となる一酸化炭素等の不純物を取り除く必要があることなどである．

(3) 溶融炭酸塩形燃料電池（MCFC）

溶融炭酸塩形燃料電池（MCFC）は，**混合炭酸塩（炭酸リチウムと炭酸ナトリウムの混合物）を溶融させたものを電解質として使用**する．**作動温度が600～700°Cと高い**．MCFCでは，空気極（カソード；正極）に炭酸ガス（CO_2）を供給することが必須条件である．燃料極（アノード；負極）にはニッケルが用いられる．また，一酸化炭素は水蒸気と反応し，水素と炭酸ガスになるので，一酸化炭素も直接燃料として使用できる．このため，石炭ガス化ガス等も直接使用することができる．コジェネレーションを構成して排熱を利用することができる．

(4) 固体酸化物形燃料電池（SOFC）

固体酸化物形燃料電池（SOFC）の電解質には，**セラミックスとしてジルコニアが使われる**．**固体電解質形燃料電池**ともいう．**作動温度は800～1 000°Cと高い**．燃料極（負極）にはニッケルとジルコニアの混合体，空気極（正極）にはランタンマンガナイトが用いられる．SOFCの特徴としては，セラミックスを用いた全固体での電池構成が可能で様々な電池形状のものができること，コジェネレーションを構成して高温の排熱を利用することにより高い総合エネルギー効率（75～85％程度）が期待できること，高価な貴金属触媒を使う必要がないこと，燃料に一酸化炭素を含んでも問題ないために燃料の改質も容易であることなどがあげられる．

再生可能エネルギー

例題 9 ··· H25　問 6

次の文章は，燃料電池に関する記述である．

現在使用されている燃料電池は水素と酸素を反応物（活物質）として外部から連続的に供給し，水の電気分解の逆反応を用いて発電する．低温形の燃料電池には既に多数の実績があるりん酸形燃料電池と (1) 形燃料電池があるが，最近では取り扱いの容易な (1) 形が家庭用として実用化されている．これらの低温形燃料電池は，取り扱いやすく起動時間が短い長所があるが，廃熱利用用途が限られ，発電効率が低いという短所がある．また，触媒に希少かつ高価な (2) が必要となる．これに対し触媒に (2) を必要としない高温動作の燃料電池である固体酸化物形（固体電解質形）燃料電池が実用化され，家庭用に小形化も進んでいる．固体酸化物形は電解質に (3) 系電解質を用い，高効率であり，廃熱温度も高く，廃熱利用用途が広い．

反応物である水素は都市ガスや下水処理場で発生する消化ガス等を用い，(4) で水素に変換して得る．また，燃料電池の出力は直流であるため，(5) を介して交流系統に接続するのが一般的である．

【解答群】
(イ) カーボンナノチューブ　　(ロ) インバータ　　(ハ) 希土類金属
(ニ) 電気分解装置　　(ホ) 水酸化物イオン　　(ヘ) ルビジウム
(ト) 白金　　(チ) 改質器　　(リ) 溶融炭酸塩
(ヌ) 固体高分子　　(ル) 圧縮機　　(ヲ) ブリッジ整流器
(ワ) アルカリ電解質　　(カ) 可飽和リアクトル　　(ヨ) セラミック

解説　本節 1 項，2 項を参照する．

【解答】(1) ヌ　(2) ト　(3) ヨ　(4) チ　(5) ロ

4-4 燃料電池

例題10 ・・・ H29 問5

次の文章は，コージェネレーションに関する記述である．

コージェネレーションとは，ガス・石油などの燃料により原動機（　(1)　・ガスエンジン・ガスタービン等が多い）を駆動して発電機を回転させて発電を行うと同時に，原動機の　(2)　を回収して利用するシステムである．ホテルや病院など比較的熱需要の多い建物において電力需要と熱需要に見合った適切な容量を選定できれば，　(3)　パーセントの総合エネルギー効率が実現できる．しかし，実際にはコージェネレーションによる発電量や供給熱量が需要家側の消費量と一致しない場合が多いので，設備を導入すれば常に大きなエネルギーコスト低減効果と省エネルギー効果があげられるとは限らない．

なお，最近では燃料電池によるコージェネレーションシステムも多い．固体高分子形燃料電池は，作動温度がおよそ　(4)　であり，上述の各種原動機を駆動する方式と比べ可動部が少なく　(5)　である．また，発電時に二酸化炭素排出量が少ないという特徴を有している．

【解答群】
(イ) ガソリンエンジン　　　(ロ) 振動エネルギー　　　(ハ) 長寿命
(ニ) 55～65　　　　　　　　(ホ) 80℃　　　　　　　　(ヘ) 200℃
(ト) 低コスト　　　　　　　(チ) 650℃　　　　　　　　(リ) 低騒音
(ヌ) 使用済み触媒　　　　　(ル) ディーゼルエンジン　(ヲ) ハイドロタービン
(ワ) 排熱　　　　　　　　　(カ) 75～85　　　　　　　(ヨ) 約95

解説　(5)に関して，固体高分子形燃料電池は，可動部が少なく低騒音であり，振動が小さく，燃焼ガスが少ない．このように環境上の制約を受けないので，需要地内の設置が可能である．

【解答】(1) ル　(2) ワ　(3) カ　(4) ホ　(5) リ

再生可能エネルギー

例題11 …………………………………………………………… H19 問5

次の文章は，燃料電池に関する記述である．

燃料電池は反応物（活物質）を外部から連続的に供給する化学電池であり，反応物としては水素と酸素が主として用いられる．燃料電池はその動作条件から (1) と (2) に大別される．(1) の代表例としてはアルカリ形，固体高分子形，りん酸形があり，その主な特徴は燃料電池の中で起動時間の短さと取り扱いの容易さである．また，(2) の代表例としては溶融炭酸塩形，固体電解質形があり，その主な特徴は高い総合エネルギー効率と反応物に一酸化炭素が利用可能なことである．(1) のうち，電力用として用いられる設置形として，現在，リン酸形，固体高分子形が実用化されているが，燃料に都市ガス（天然ガス），下水処理場で発生する (3) 等を用い，(4) で水素に変換して反応物とする．将来，水素が直接供給されるインフラが整えば (4) は不要となる．燃料電池の発電システムでは (5) を用いることで，エネルギー利用の高効率化が図られている．

【解答群】
(イ) 低圧形（$1\,\mathrm{kg/cm^2}$ 未満）　(ロ) 燃料合成装置　(ハ) 低濃度形
(ニ) 高温形（500℃程度以上）　(ホ) 廃熱回収装置
(ヘ) 燃料改質装置　(ト) 低温形（200℃程度以下）
(チ) 反応物発生措置　(リ) エチレンガス
(ヌ) 高圧形（$10\,\mathrm{kg/cm^2}$ 以上）　(ル) 排ガス回収装置　(ヲ) 高濃度形
(ワ) 二酸化炭素回収装置　(カ) プロパンガス　(ヨ) 消化ガス

解説　りん酸形燃料電池は，通常，都市ガスやLPG等の炭化水素系の燃料を用い，燃料改質装置で水素に富んだガスに変換して発電を行うが，メタノール，ナフサ，消化ガス等も対応できる．一方，燃料電池の発電システムは，排熱利用も行うコジェネレーションシステムの排熱回収装置を用いることによりエネルギー利用の効率化を図ることができる．発電効率は40〜45%程度であるが，熱も含めた総合効率は80%程度が可能となる．

【解答】(1) ト　(2) ニ　(3) ヨ　(4) ヘ　(5) ホ

4-5 電力貯蔵用新形電池

攻略のポイント

本節に関して，電験3種では出題されていない．2種ではナトリウム硫黄電池，リチウムイオン電池，Cレート，SOC等の基本事項が出題されている．

電力貯蔵用蓄電池は，工場やビル等の需要側に設置される場合，契約電力の低減によるコスト削減，電気料金の安い深夜電力の活用，非常用電源としての活用，瞬時電圧低下対策等の効果が期待される．一方，系統側から見れば，近年，再生可能エネルギーの大量導入に伴い，再エネの発電が過剰になった場合の再エネ出力抑制を回避する観点や再エネ発電出力の変動を吸収し周波数を安定化する周波数制御の観点からも，電力貯蔵が注目されている．

電力貯蔵用二次電池としては，鉛蓄電池，ナトリウム-硫黄電池，レドックスフロー電池，リチウムイオン電池，ニッケル水素電池等がある．これらの電池の選定に際しては，**エネルギー量（キロワット時，アンペア時で表示），パワー（キロワットで表示）**，充放電効率，寿命，残存容量等が重要である．

電池ではパワーを表す量として，**Cレート**が用いられる．このCレートは，電池の定格容量を1時間で放電あるいは充電し終える電流値を基準としてその倍数で表し，これが大きいことは電池の単位容量当たりのパワーが大きいことを意味する．一方，満充電に対する充電比率を表す**SOC**（State of Charge）や残存容量といった量を把握することは，電池に貯蔵されているエネルギー量を把握する観点から，電池の運用や制御にあたって重要である．

1 ナトリウム-硫黄電池（NaS電池）

ナトリウム-硫黄電池（NaS電池）の構造は，図4·12に示すように，**負極に溶融ナトリウム（Na），正極に溶融硫黄または多硫化ナトリウム，電解質にβ-アルミナを利用した二次電池である．作動温度は約300～350℃**である．

放電においては，負極のナトリウムがアルミナ界面で電子を放出してナトリウムイオンとなり，電解質内を通過して正極に移動する．電子は電池の外に出て負荷を通り正極側に移動する．正極側では，ナトリウムイオ

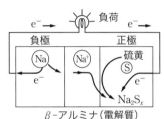

図4·12 NaS電池の原理（放電時）

ン，硫黄，電子が反応して多硫化ナトリウムになる．

$$負極：2Na \xrightarrow{放電} 2Na^+ + 2e^- \qquad (4・4)$$

$$正極：xS + 2Na^+ + 2e^- \xrightarrow{放電} Na_2S_x \qquad (4・5)$$

POINT 起電力は 2.1 V

一方，充電は放電と逆の反応である．すなわち，正極で多硫化ナトリウムが電子を放出しながらナトリウムイオンと硫黄に分かれる．ナトリウムイオンは電解質内を移動して負極のアルミナ界面で電子を受け取ってナトリウムを生成する．電池の充放電反応は次式である．

$$2Na + xS \underset{充電}{\overset{放電}{\rightleftarrows}} Na_2S_x \qquad (4・6)$$

[NaS 電池の特徴]

① 電池単体の開路電圧は約 2.1 V，350℃の理論エネルギー密度は 780 Wh/kg 程度で，鉛蓄電池の約 3〜4 倍の高密度を有する．したがって，コンパクトに多量の電気エネルギーを貯蔵できる．

② 充放電効率は 87% 以上と高く，電解質がセラミックスなので，自己放電がない．

③ 充放電が 2 000〜4 500 サイクル程度可能で，長期耐久性に優れる．

④ 実際の NaS 電池は，多重形円筒構造の単電池を多く集めて断熱容器に収納したモジュール構造としている．断熱容器内には砂が詰められている．メンテナンスフリー構造としているものの，ナトリウムや硫黄といった危険物も扱っているため，取り扱いには注意を要する．

2 レドックスフロー電池

レドックスフロー電池は，正負極での**還元反応**（Reduction）と**酸化反応**（Oxidation）を循環させる（Flow）構造の電池で，名称もこれらの下線からとっている．この電池は，当初，正極に鉄イオン，負極にクロムイオンを使う Fe/Cr 系の開発が中心であったが，その後，正負極ともにバナジウムイオンを使う**バナジウム系レドックスフロー電池**が実用化され，性能が大きく向上した．この電池では，陽イオン交換膜を用い，硫酸酸性でバナジウムを含む水溶液電解質を正極，負極にそれぞれ供給し，放電時に，正極では 5 価のバナジウムが還元，負極では 2 価のバナジウムが酸化される．

$$負極：V^{2+} \underset{充電}{\overset{放電}{\rightleftarrows}} V^{3+}+e^- \quad (4\cdot7)$$

$$正極：V^{5+}+e^- \underset{充電}{\overset{放電}{\rightleftarrows}} V^{4+} \quad (4\cdot8)$$

POINT：放電時，負極で酸化反応が起こり電子を放出し，正極で電子を受け取り還元反応が起こる

一方，充電時は上記と逆の反応となる．

[レドックスフロー電池の特徴]
① 電解液のみが化学変化するため，電極の劣化が少なく，長寿命である．
② 構造が簡単であり，安全性は高い．
③ 単セルでの開路電圧が 1.4 V と小さい．
④ 電解液タンクの大きさで電池容量を決めることができる．
⑤ 出力（kW）に対して電力量（kWh）の大きな長時間の充放電を行う用途に適する．

3 リチウムイオン電池

リチウムイオン電池は，正極にコバルト酸リチウム（$LiCoO_2$）等のリチウム遷移金属酸化物，負極にはカーボン，電解質には有機溶媒電解液を使用し，常温動作である．この電池の電極反応では，式（4・9）や式（4・10）に示すように，リチウム自体は酸化還元せず，+1 価のリチウムとして存在するので，リチウムが価数変化して酸化還元するリチウム二次電池とは区別する．

$$負極：LiC_6 \underset{充電}{\overset{放電}{\rightleftarrows}} C_6+Li^++e^- \quad (4\cdot9)$$

$$正極：CoO_2+Li^++e^- \underset{充電}{\overset{放電}{\rightleftarrows}} LiCoO_2 \quad (4\cdot10)$$

[リチウムイオン電池の特徴]
① 公称電圧が約 3.7 V と高い起電力を得られ，単位体積当たりのエネルギー密度，単位重量当たりのエネルギー密度が高く，鉛蓄電池の数倍程度，ニッケル水素電池の 2 倍以上の電力を貯蔵できる．このため，小形・軽量化を実現できる．
② 充放電時の効率も非常に高く，大電流放電時の電圧低下も少ない．
③ 優れたサイクル性で，毎日充放電する用途でも 10 年以上の長寿命である．
④ 他の二次電池のようなカドミウムや鉛等の有害物質を含まない．

⑤ニッケル系二次電池の短所であるメモリ効果（浅い充放電を繰り返すと容量が減少）がない．

⑥リチウムイオン電池は，ナトリウム硫黄電池に比べ，Cレートを高くとることができるため，比較的小さい電池容量（kWh）で大きな出力（kW）を得ることができる．

4 鉛蓄電池

鉛蓄電池は，負極に金属鉛，正極に二酸化鉛（PbO_2），電解質に硫酸を用いる．電池の反応は次式のとおりで，約 2.0 V の起電力を得る．

$$負極：Pb + SO_4^{2-} \underset{充電}{\overset{放電}{\rightleftarrows}} PbSO_4 + 2e^- \tag{4・11}$$

$$正極：PbO_2 + SO_4^{2-} + 4H^+ + 2e^- \underset{充電}{\overset{放電}{\rightleftarrows}} PbSO_4 + 2H_2O \tag{4・12}$$

鉛蓄電池は，容量が大きく，サイクル寿命が長く，安価であるといった特徴がある．発変電所の予備電源として用いられるほか，自動車のエンジン始動用として使われている．

コラム
その他の電力貯蔵装置

(1) 超電導エネルギー貯蔵装置
①動作原理
交流電力エネルギーを直流に変換し，超電導コイルの磁気エネルギーの形で貯蔵する．
②特徴
a. 超電導コイルを用いるため，コイルでの損失は零となる．
b. 装置の容積当たり貯蔵エネルギー密度は大きく，応答速度は速い．
c. 冷却のための冷凍機と交直変換器が全体の損失となる．
d. 冷凍機の電力等が必要なため，高効率化のためには大容量の装置が

必要となる．

(2) キャパシタ貯蔵
①動作原理
　交流電力エネルギーを直流に変換し，電解コンデンサ，電気2重層キャパシタ等の大容量キャパシタに静電エネルギーとして貯蔵する．
②特徴
a. 応答速度が速く，容積の割に取り扱える電力が大きい．
b. 容積当たりのエネルギー密度は他の方式に比べて小さく，エネルギー貯蔵量は小さめである．
c. キャパシタはエネルギーの授受で端子電圧が大きく変動するため，交直変換器に工夫が必要である．
d. 短周期の負荷変動や発電量の変動吸収に適する．
e. 蓄電池に比べ，サイクル寿命が長い．

(3) フライホイール電力貯蔵
①動作原理
　オフピーク時の交流電力エネルギーでフライホイールを回し，回転エネルギーとして貯蔵する．エネルギー貯蔵量の変化に伴いフライホイールの回転数が変化するため，周波数変換器を用いてエネルギーの授受を行う．
②特徴
a. 容積当たりのエネルギー密度が高く，小形化しやすい．
b. 機械的な制約等から，貯蔵容量は中容量以下となる．
c. 軸受の低損失化のため，超電導磁気軸受が開発されている．

(4) 圧縮空気貯蔵（CAES）
①動作原理
　オフピーク時の交流電力エネルギーで3～6 MPaの圧縮空気を作って貯蔵し，ピーク時にその圧縮空気をガスタービンに供給し，電力を発生させる．
②特徴
a. 圧縮ガスのエネルギー密度はあまり大きくない．
b. 貯蔵場所に地下空洞等を用い，大容量化が可能である．

c．電力に変換するときは，ガスタービンにLNG等の燃料が必要なため，純粋な電力貯蔵とは異なる．

例題 12　　　　　　　　　　　　　　　　　　　　　　　R2　問6

次の文章は，電池電力貯蔵設備に関する記述である．

電池電力貯蔵設備は，需要家の負荷平準化，緊急時のバックアップ電源などに用いられてきたが，近年は再生可能エネルギー発電の出力変動に対応するための送電系統の　(1)　に用いる実証試験等も行われるようになった．そこでは，電極活物質などが異なる様々な二次電池が用いられている．

ナトリウム-硫黄電池は，二次電池の中では比較的，理論エネルギー密度が高いなどの特長を有している．同電池では，円筒形状の単電池を断熱容器に格納し，正極・負極活物質を溶融状態に保つため　(2)　程度に保つ．このためヒータの消費電力量が大きくならないような運用形態で使用することが望ましい．

また，電解質として有機溶媒電解液等を用いた　(3)　は，二次電池の中では充放電効率が比較的高く，常温動作であるなどの特長もあることから，電気自動車用も含めた様々な用途で利用が進んでいる．　(3)　は，ナトリウム-硫黄電池に比べ　(4)　を高くとることができるため，比較的小さい電池容量〔kW·h〕で大きな出力〔kW〕を得ることができる．

これらの二次電池以外に，電解質タンクの大きさを増すことで電池容量〔kW·h〕を増大できるなどの特長を有するレドックスフロー電池も，送電系統用として使用されている．

二次電池を運用するにあたっては，過充電，過放電を避けつつ電池容量を有効に利用するため，満充電時に対する充電状況を比率で表した　(5)　を適切に管理する必要がある．　(5)　の推定方法は電池種別により異なるが，例えば電池の開回路電圧を用いて推定するなどの方法がある．

【解答群】
(イ) Cレート　　　　　　(ロ) OCV　　　　　　　　(ハ) 過渡安定性向上制御
(ニ) SOC　　　　　　　(ホ) 放電終止電圧　　　　(ヘ) SOH
(ト) ランプレート　　　(チ) 100℃　　　　　　　　(リ) 周波数制御
(ヌ) 200℃　　(ル) リチウムイオンキャパシタ　　(ヲ) 鉛蓄電池
(ワ) 高調波抑制制御　　(カ) 300℃　　　　　　　　(ヨ) リチウムイオン電池

解説　Cレートは電池の充放電のスピードを表しており，電池の理論容量を1時間で完全放電または充電させる電流の大きさを1Cと定義している．30分で完全放電できる場合のCレートは2となる．一方，SOCは満充電に対する充電比率を表しているが，開回路電圧OCV（Open Circuit Voltage）を測定し，あらかじめ求めてあるOCVとSOCの関係によりSOCを推定することができる．このほか，放電した電流を積算してSOCを推定する電流積算法がある．20〜80%などメーカが指定するSOCの範囲で使用すれば，電池のサイクル寿命を延ばすことができる．SOH（State of Health）は電池の劣化状況の係数で，初期の満充電容量に対する劣化時の満充電容量である．

【解答】（1）リ　（2）カ　（3）ヨ　（4）イ　（5）ニ

例題13　　　　　　　　　　　　　　　　　　　　　　H28　問5

次の文章は，電力貯蔵装置としての二次電池に関する記述である．

電力系統の負荷平準化のため，以前から揚水発電が用いられている．近年では負荷平準化だけでなく，電力品質の向上や自然エネルギー発電の変動吸収などを目的とした電力貯蔵装置として，二次電池が注目されている．

二次電池には，その酸化剤・還元剤や電極材料などの組合せで数多くの種類があり，代表的な二次電池としては，鉛電池，リチウムイオン電池，ニッケル水素電池，レドックスフロー電池，　(1)　電池がある．

これらの装置を電力貯蔵装置として選定する際には，上記の設置目的に応じてその性能を表す指標を考慮する必要がある．その指標としては，まず，利用可能なエネルギー量があり，その単位は通常　(2)　やアンペア時で表示される．次は入出力時のパワーであり，単位はキロワットである．ただし，電池ではこのパワーを示す量として，　(3)　が用いられることがある．　(3)　は，電池の定格容量を1時間で放電あるいは充電し終える電流値を基準としてその倍数で表し，これが大きいことは電池の単位容量当たりのパワーが大きいことを意味する．

また，電池への入力エネルギーを分母とし出力エネルギーを分子とした総合効率も重要であり，充放電効率とも言われる．この効率では，日間の需給調整に利用するような比較的長時間の待機状態を含む場合には，その間の損失も重要となる．この損失には，　(4)　による損失や，　(1)　電池での300℃程度の高温を保持するための損失などが含まれる．

また，電力の貯蔵放出過程や周囲環境などによって定まる劣化特性と，寿命も重要である．さらに，貯蔵されているエネルギーの量を表す　(5)　や残存容量と言われる量を，正確に把握することは，貯蔵装置の運用や制御に当たって重要である．なお，電池によってはこの量の把握が困難なものもあるので注意が必要である．

再生可能エネルギー

【解答群】
(イ) 自己放電　　(ロ) キロバール時　　(ハ) A レート　　(ニ) SCR
(ホ) ボルタ　　　(ヘ) マンガン　　　　(ト) C レート　　(チ) キロワット時
(リ) 過放電　　　(ヌ) C ルート　　　　(ル) VSC　　　　(ヲ) ナトリウム硫黄
(ワ) 過充電　　　(カ) SOC　　　　　　(ヨ) cos φ

解説　本節の冒頭の説明や1項を参照する．

【解答】(1) ヲ　(2) チ　(3) ト　(4) イ　(5) カ

章末問題

■1 H22 問6

次の文章は，小規模な太陽光発電システムに関する記述である．

太陽光発電は，自然エネルギー源である太陽光のエネルギーを太陽電池によって電力に変換するものであり，化石燃料に代わるエネルギー源として期待されている．太陽光のエネルギー密度は，わが国の標準日射量で (1) とされ，これをシリコン等を原材料とする太陽電池で直流電力に変換する．なお，シリコンを原材料とする太陽電池セルの変換効率は，現状では最高 (2) 程度である．小規模な太陽光発電システムは，太陽電池や配線，それらを支える架台などから構成される太陽電池アレイに加え，次のような装置が必要となる．

- 太陽電池アレイからの直流電力を利用に適した交流電力に変換する (3)
- スイッチ機能，電力系統からの侵入サージのブロック，事故時の保護機能をもつ系統連系装置

上記の (3) と系統連系装置は通常一つにまとめられ， (4) と呼ばれている．太陽光発電は天候によりその出力が大きく変動するため，系統に接続する場合には注意が必要となる．特に容量の小さい配電系統への接続では，配電系統の (5) に注意を払う必要がある．

【解答群】

(イ) パワーコンディショナ　　（ロ）35%　　　　　　　　（ハ）開閉器
(ニ) $1\,\mathrm{kW/m^2}$　　　　　　　　　（ホ）周波数変動　　　　　（ヘ）$3\,\mathrm{kW/m^2}$
(ト) 整流器　　　　　　　　　（チ）BTB（Back to Back）（リ）20%
(ヌ) 避雷器　　　　　　　　　（ル）インバータ　　　　　（ヲ）$6\,\mathrm{kW/m^2}$
(ワ) 電圧変動　　　　　　　　（カ）5%　　　　　　　　　（ヨ）系統安定度

■2 H14 問4

次の文章は，風力発電システムに関する記述である．

風力発電システムの出力は風の流速の (1) 乗に比例する．

代表的な機種であるプロペラ形風力発電設備の場合の運転モードは，無風から風速が次第に大きくなって，カットイン風速に達すると発電を開始する．ここから定格風速までは， (2) 制御により，風車のブレードに最大の揚力が生じる状態で運転を行うとともに，不規則な風速の変化に対して，出力の変動の少ない平滑な運転を行う．

定格風速を超えると，発電機の定格値を保つように (2) 制御により，風車のブレードの揚力の増加を抑制した (3) 運転を行う．風速が風車の運転設計強度に達するカットアウト風速まで増大すると，風車は停止する．

再生可能エネルギー

　交流電力系統との連系については，大形の風力発電設備では，励磁装置を有する □(4)□ 発電機を設置する場合が多く，その出力が系統周波数と異なるため，その交流出力をいったん直流に変換したうえで，再度，交流に変換して，交流電力系統に連系する □(5)□ と称される方式にすることが多い．

【解答群】
(イ) 2　　　(ロ) ストール　　　(ハ) 同期　　　(ニ) インタロック
(ホ) 3　　　(ヘ) AC リンク　　 (ト) ピッチ　　(チ) 減速
(リ) ヨー　 (ヌ) 直流　　　　　(ル) 定速　　　(ヲ) 変速
(ワ) 誘導　 (カ) 3/2　　　　　 (ヨ) DC リンク

■3　　　　　　　　　　　　　　　　　　　　　　　　　　H27　問6

　次の文章は，再生可能エネルギー電源に関する記述である．

　太陽光発電は，自然エネルギー源である太陽光のエネルギーを太陽電池によって電力に変換するものである．住宅用 □(1)□ 太陽光発電モジュールの変換効率の最高値は20％程度（2014年）である．また，その設備利用率は，夜間は発電できず，また曇りや雨では出力が低下するので，我が国では平均すると □(2)□ ％程度である．

　一方，風力発電は，風力によって風車をとおして発電機を回し電力を発生するものである．風のエネルギーは，風速の □(3)□ 乗に比例し，定格出力までは風力発電の出力もほぼ風速の □(3)□ 乗に比例した出力が得られる．我が国の風力発電の設備利用率は，風況によっても異なるが陸上風力の平均は20％程度である．

　太陽光発電や風力発電は，自然条件によってその出力が変動するが，広い地域にわたってその出力を合計すれば， □(4)□ によって，変動周期の短い成分は小さくなる．

　これに対し，地熱発電では，地中に貯留されている □(5)□ を用いるので，自然条件による大きな出力の変動はみられない．このため，設備利用率は太陽光発電や風力発電に比べ高くなる．

【解答群】
(イ) 熱水や蒸気　　　(ロ) 色素増感　　　　　　(ハ) 20～30
(ニ) 微分効果　　　　(ホ) ならし効果（平滑化効果）(ヘ) 5～10
(ト) 2　　　　　　　 (チ) メタンハイドレート　 (リ) 4
(ヌ) 積分効果　　　　(ル) マグマ　　　　　　　 (ヲ) 10～15
(ワ) 3　　　　　　　 (カ) 結晶シリコン　　　　 (ヨ) 薄膜シリコン

5章 電力系統

学習のポイント

　電力系統分野は，一次試験でも出題数が多く，二次試験では出題数が最も多い．一次試験は語句選択式，二次試験は計算問題と論説問題と両方出題される．一次試験では，送電電圧と送電電力，単位法等に関する計算問題はあるものの，短絡容量増大対策，定態安定度と過渡安定度，電圧安定度に関する語句選択式が非常に多い．3種に比べ，2種の系統分野のレベルは高い．系統分野は，変電・送電・配電分野とも関連し，二次試験でも要になる．二次試験の論説問題でも対応できるよう詳述しているので，徹底的に学習する．

5-1 交流送電と短絡容量

攻略のポイント　本節に関しては，電験3種では基礎的な単位法・故障計算等が出題される．2種一次試験では，交流送電の送電電圧と送電電力との関係，単位法の定義と利点，短絡容量増大対策等が出題される．二次試験では単位法による本格的な故障計算，有効・無効電力計算，短絡容量増大対策等が出題される．

1　交流送電

送電方式には交流送電方式と直流送電方式があり，一般的には交流送電方式が採用されている．下記に交流送電方式のメリットとデメリットを示す．

[交流送電のメリット]
① 高い送電効率を得るためには高電圧が必要で，交流送電方式は変圧器によって電圧の昇降を容易に行うことができること
② 電流値が零点を通過するため，電流の遮断が容易であること
③ 直流発電機のように整流子が必要なく，大容量の交流同期発電機（回転界磁形とし，電力を発生する電機子巻線を固定子側に設けて，遠心力の影響を逃れ高電圧に耐える絶縁が可能）の製作が可能であること
④ 構造が簡単・堅ろうで安価なかご形などの誘導電動機を動力負荷として利用可能であること
⑤ 多端子系統を構成できること

[交流送電のデメリット]
① 系統規模が大きくなると，故障電流が増大し，遮断が難しくなること
② 長距離大容量送電では，系統安定度から決まる送電限界があること
③ 電圧を適正に保つ観点から，受電端には負荷に応じて無効電力を調整する調相設備（電力用コンデンサ，分路リアクトル等）が必要になること
④ 海底ケーブルの場合は充電電流が大きくなり，送電容量が低下すること

交流送電では，三相3線式が電線1条当たりの送電電力が最も大きく効率的であるため，送電線路では三相3線式送電が一般的に用いられる．なお，電灯や家庭用電気器具等に電気を供給する低圧配電線には，単相2線式，単相3線式，三相4線式も使われる．

2 単位法とパーセント法

電力系統の安定度を議論する前に，短絡・地絡故障計算や安定度計算の基本となる単位法やパーセント法について説明する．電力系統は，定格の異なる多数の機器や線路から構成される．そこで，系統に適した量を基準としてこれに対する割合で表すと，無次元の正規化された簡単な数値となり，計算が容易になる．例えば，系統電圧が 77 kV の場合，基準電圧として 77 kV を採用すれば，この系統の電圧は 1 p.u.（per unit の頭文字）で表される．この表示を**単位法**という．

(1) 三相交流回路における pu 値とパーセント値

基準値として，線間電圧 $V_B=\sqrt{3}E_B$〔V〕（E_B は相電圧），三相電力 $P_B=3P_{1\phi B}$〔VA〕（$P_{1\phi B}$ は 1 相分容量）とすれば，基準相電流 I_B〔A〕および基準インピーダンス Z_B〔Ω〕は

$$I_B = \frac{P_{1\phi B}}{E_B} = \frac{P_B/3}{V_B/\sqrt{3}} = \frac{P_B}{\sqrt{3}V_B} \quad \text{〔A〕} \tag{5・1}$$

$$Z_B = \frac{E_B}{I_B} = \frac{E_B^2}{P_{1\phi B}} = \frac{(\sqrt{3}E_B)^2}{3P_{1\phi B}} = \frac{V_B^2}{P_B} \quad \text{〔Ω〕} \tag{5・2}$$

となる．この基準値を用いて Z〔Ω〕を単位法で表現すれば次式となる．

$$\boldsymbol{Z_{\mathrm{pu}} = \frac{Z}{Z_B} = Z\frac{P_B}{V_B^2}} \quad \text{〔p.u.〕} \tag{5・3}$$

パーセント法は，基準値に対する比をパーセントで表したものである．インピーダンス Z〔Ω〕を％インピーダンスで表すと

$$\boldsymbol{\%Z = \frac{ZI_B}{E_B} \times 100 = \frac{ZP_B}{V_B^2} \times 100} \quad \text{〔％〕} \tag{5・4}$$

I_B：基準電流（$=P_B/(\sqrt{3}V_B)$）〔A〕，E_B：基準相電圧，V_B：基準線間電圧〔V〕，P_B：三相基準容量〔VA〕

さて，V_B と P_B の単位をそれぞれ〔kV〕，〔kVA〕で表せば，式 (5・4) は

$$\%Z = \frac{ZP_B \times 10^3}{(V_B \times 10^3)^2} \times 100 = \frac{ZP_B}{10V_B^2} \quad \text{〔％〕} \tag{5・5}$$

となる．また，P_B における $\%Z_B$ を基準容量 P_B' に換算するには，式 (5・4) で $\%Z$ が容量 P_B に比例していることから

$$\%Z' = \%Z \times \frac{P_B{}'}{P_B} \ [\%] \tag{5・6}$$

とすればよい．

(2) 基準値の変換

電力機器のインピーダンスは，機器の定格電圧，定格容量を基準とした％インピーダンスが与えられているので，この％インピーダンスから，P_B，V_B を基準とする pu ベースのインピーダンスを求める．機器の定格容量，定格電圧，定格電流がそれぞれ P_R，V_R，I_R である場合の ％Z_R は

$$\%Z_R = Z_{Rpu} \times 100 = Z \frac{P_R}{V_R{}^2} \times 100 \ [\%] \tag{5・7}$$

と定義されるから，Z〔Ω〕は次式となる．

$$Z = Z_{Rpu} \frac{V_R{}^2}{P_R} \ [\Omega] \tag{5・8}$$

そこで，基準容量 P_B，基準電圧 V_B ベースのインピーダンス Z_{Bpu} は

$$Z_{Bpu} = \frac{Z}{Z_B} = Z_{Rpu} \frac{V_R{}^2}{V_B{}^2} \cdot \frac{P_B}{P_R} = \frac{\%Z_R}{100} \cdot \frac{V_R{}^2}{V_B{}^2} \cdot \frac{P_B}{P_R} \ [\text{p.u.}] \tag{5・9}$$

となる．機器の定格ベースの ％Z_R を任意の基準ベースの P_B，V_B に換算するには式（5・9）に基づいて算出する．ここで，任意の基準電圧 V_B ＝機器の定格電圧 V_R とすれば，式（5・9）は基準容量に比例するため，よく使われる．

(3) 変圧器を含む回路の基準値

変圧器を含む回路の基準値に関して，容量 P_B は一次側，二次側共通とし，電圧は一次側で定格一次電圧 V_{R1}，二次側で定格二次電圧 V_{R2} が用いられる．このように基準値を選べば，変圧器の一次・二次換算が不要になる．これは，図 5・1 の変圧器の等価回路で，一次側 P_{1B}，V_{R1}，二次側 P_{2B}，V_{R2} を基準とした等価回路は図 5・1 (b) となる．一方，図 5・1 (a) を二次側に換算した等価回路は図 5・1 (c) となり，これを二次側の基準値をベースとした pu 法で表すと図 5・1 (d) となる．この図 5・1 (b)，(d) の回路で $V_{R1}/V_{R2}=n$，$P_{1B}=P_{2B}=P_B$ とすれば，二つの回路は同じ回路となり，変圧器の一次・二次換算は不要になる．

5-1 交流送電と短絡容量

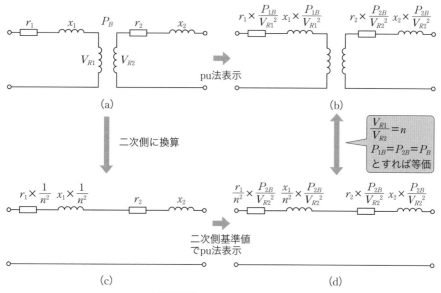

図 5・1 変圧器の等価回路

3 短絡容量の増大に伴う課題と対策

電力需要の増加にあわせた電源の拡充や送変電設備の拡充により，電力系統において，ある点から見た電源側の背後インピーダンスは小さくなり，短絡容量は増大する．短絡容量，その増大に伴う問題点と対策について説明する．

(1) 短絡容量

まず，オーム法に基づいて，三相短絡故障計算および短絡容量の算出を行う．いま，短絡点の故障前の線間電圧を V〔kV〕，短絡点から電源側をみた背後インピーダンスを Z_s〔Ω〕とすれば，故障点の短絡電流 I_s〔kA〕および短絡容量 P_s〔MVA〕は次式となる．

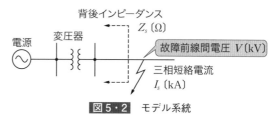

図 5・2 モデル系統

$$I_s = \frac{V/\sqrt{3}}{Z_s} \ [\text{kA}] \tag{5・10}$$

$$\boldsymbol{P_s} = \sqrt{3}\,\boldsymbol{V} \times \boldsymbol{I_s}\ [\text{MVA}] \tag{5・11}$$

次に，単位法による三相短絡故障計算および短絡容量の算出を行う．故障点から電源側をみたインピーダンスを Z_{spu} [p.u.] とすれば，故障点の三相短絡電流 I_s [A] はテブナンの定理から次式となる．

$$I_s = \frac{1}{Z_{spu}} I_B \ [\text{A}] \tag{5・12}$$

> **POINT**
> 背後電源電圧 1 p.u., $\frac{1}{Z_{spu}}$ が三相短絡電流の pu 値

（ただし，I_B：基準電流（$=P_B/(\sqrt{3}\,V_B)$）[A]，P_B：基準容量 [VA]，V_B：基準線間電圧 [V]）

短絡容量 P_s は次式で表される．

$$\boldsymbol{P_s} = \sqrt{3}\,V_B I_s = \sqrt{3}\,V_B \frac{1}{Z_{spu}} I_B = \frac{\boldsymbol{P_B}}{\boldsymbol{Z_{spu}}}\ [\text{VA}] \tag{5・13}$$

> **POINT**
> 電圧 1 p.u., 三相短絡電流が $\frac{1}{Z_{spu}}$ p.u., 短絡容量 $\frac{1}{Z_{spu}}$ p.u. で基準容量 P_B を乗じて，VA 単位に換算したもの

なお，p.u. 値で表現した Z_{spu} ではなく％インピーダンスの $\%Z_s$ [%] を用いる場合には，式 (5・12)，式 (5・13) で Z_{spu} を $\%Z_s$ で置き換え，分子を 100 倍すればよい．

(2) 短絡容量の増大に伴う課題

① 遮断器の遮断容量が増加する．遮断容量を超過する場合には，遮断器を取り替える（500 kV 系統では 50 kA の遮断容量をもつ遮断器が標準であるが，短絡容量の増加により一部で 63 kA の遮断容量をもつ遮断器としている）．

② 遮断器，断路器，母線，送電線路など短絡・地絡電流による電磁機械的強度を確保するとともに，架空地線，接地線など地絡電流による熱的強度を確保する必要がある．

③ 過大な短絡電流により，故障設備の損傷が拡大する．

④ 中性点直接接地系統においては，短絡容量の増大に伴って地絡電流も増加するので，近傍の通信線への電磁誘導障害が増大する．

(3) 短絡容量の増大に対する対策

① 上位電圧階級の導入による下位系統の分割

図 5・3 のように，500 kV 系統を導入して，既存の 275 kV 系統を分割する．

5-1 交流送電と短絡容量

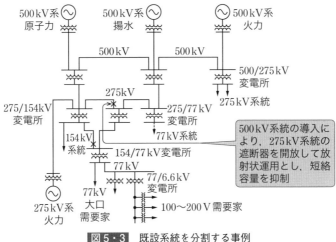

図5・3 既設系統を分割する事例

②発電機や変圧器に高インピーダンス機器を採用

高インピーダンス機器により短絡電流を抑制する．なお，発電機や変圧器のインピーダンスを大きくすると，負荷損や電圧変動率が大きくなるとともに安定度が低下するので，総合的に考慮する必要がある．

③限流リアクトルを採用

送電線や母線間に限流リアクトル（図5・4）を挿入し，短絡電流を減少させる方式である．

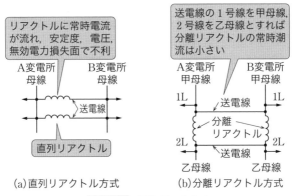

図5・4 限流リアクトル

④発変電所の母線分割運用や故障時母線分離方式の採用

系統運用を行うとき，系統を適切に分割して，短絡電流の流れる経路をループ形態から放射状形態に変更することにより，短絡容量を抑制する．図5・5のように，変電所の高圧母線と低圧母線を母線のセクション遮断器を常時開放して，系統Aと系統Bに分割する運用がある．また，図5・6のように，常時は母線を併用して運用するが，故障時に母線を分離する系統分離方式がある．

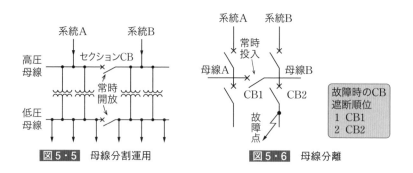

図5・5 母線分割運用　　図5・6 母線分離

⑤直流設備（BTB設備）による連系

既設の交流系統を適正な規模に分割し，直流設備［BTB設備（Back To Back）；同一構内に順・逆変換装置を設置し，直流送電線なしに両変換装置を接続］で連系し，短絡容量を抑制する方式である．なお，交直変換装置は高価であるので，一般送配電事業者をまたがる場合に採用されることがある．

例題1 ・・ H15 問4

次の文章は，送電電圧と送電電力に関する記述である．
三相3線式送電線路で，線間電圧をV，線路電流をI，力率を$\cos\phi$，送電電力をP，送電損失率（小数）をλ，電線1条の抵抗をRとすると次式が成立する．

$$P = \boxed{(1)}$$

$$\lambda = \frac{\boxed{(2)}}{V \cos\phi}$$

$$R = \frac{\boxed{(3)}}{P}$$

いま，送電距離をL，電線の断面積をA，体積抵抗率をρとすれば，

5-1 交流送電と短絡容量

$$R = \frac{\rho L}{A}$$

であるから，電線の質量密度を σ とすれば，必要な電線質量 G は次式で表される．

$$G = \frac{3\rho\sigma L^2 P}{\boxed{(3)}}$$

この式から，

$$P = \frac{\boxed{(4)}}{\rho L}$$

となり，一定の送電距離，送電損失率，力率に対して同一の電線を使用すれば，送電電力は線間電圧の $\boxed{(5)}$ 乗に比例して増加することがわかる．これが，送電電力が増大し，送電距離が長くなるに従って，送電電圧を上昇させる理由である．

【解答群】

(イ) $\frac{\sqrt{3}}{2} VI \cos\phi$ (ロ) 1   (ハ) $3\lambda V^3 \cos^3\phi$

(ニ) $\lambda A V \cos\phi$ (ホ) $\frac{\sqrt{3}}{2} IR$ (ヘ) 2

(ト) $\lambda A V^2 \cos^2\phi$ (チ) $\sqrt{3} IR$ (リ) $3\lambda A V^3 \cos^3\phi$

(ヌ) $3VI\cos\phi$ (ル) 3   (ヲ) $3IR$

(ワ) $\sqrt{3} VI \cos\phi$ (カ) $\lambda V \cos\phi$ (ヨ) $\lambda V^2 \cos^2\phi$

解説　(1) 線間電圧が V であるから，相電圧は $V/\sqrt{3}$ であり，線路電流 I，力率 $\cos\phi$ なので

$$\text{送電電力 } P = 3\left(\frac{V}{\sqrt{3}}\right) I \cos\phi = \sqrt{3} VI \cos\phi \quad \cdots\cdots ①$$

(2) 送電損失率 λ は，送電損失 $3I^2R$ と送電電力 P との比であるから

$$\lambda = \frac{3I^2R}{P} = \frac{3I^2R}{\sqrt{3}VI\cos\phi} = \frac{\sqrt{3}IR}{V\cos\phi} \quad \cdots\cdots ②$$

(3) 式②の $\lambda = \frac{3I^2R}{P}$ を変形すれば，$R = \frac{P\lambda}{3I^2}$ となり，この分母・分子に $V^2\cos^2\phi$ をそれぞれ乗じた上で，式①を代入すれば

$$R = \frac{P\lambda}{3I^2} = \frac{\lambda P}{3I^2} \cdot \frac{V^2\cos^2\phi}{V^2\cos^2\phi} = \frac{\lambda P V^2\cos^2\phi}{P^2} = \frac{\lambda V^2\cos^2\phi}{P} \quad \cdots\cdots ③$$

(4) (5) 題意より $R = \frac{\rho L}{A}$ であるから，$A = \frac{\rho L}{R}$ となり，これに式③を代入すれば

$A = \dfrac{\rho L}{R} = \dfrac{\rho L P}{\lambda V^2 \cos^2\phi}$ となる．題意より $G = 3\sigma LA$ であるから

$$G = 3\sigma LA = 3\sigma L \cdot \dfrac{\rho L P}{\lambda V^2 \cos^2\phi} = \dfrac{3\rho\sigma L^2 P}{\lambda V^2 \cos^2\phi} \quad \cdots\cdots ④$$

式④を変形すれば

$$P = \dfrac{G\lambda V^2 \cos^2\phi}{3\rho\sigma L^2} = \dfrac{(3\sigma LA)\cdot \lambda V^2 \cos^2\phi}{3\rho\sigma L^2} = \dfrac{\lambda A V^2 \cos^2\phi}{\rho L}$$

この式から，一定の送電距離，送電損失率，力率に対して同一の電線を使用すれば，送電電力は線間電圧の2乗に比例して増加する．

【解答】(1) ワ　(2) チ　(3) ヨ　(4) ト　(5) ヘ

例題2 ・・・ H13 問4

次の文章は，交流送電に関する記述である．

交流送電では，電流値が零点を通過するので事故電流や負荷電流を [(1)] することが容易である．他方，送電線に接続された同期発電機はすべて [(2)] で運転されなければならず，それが満足されないと安定度の問題が発生する．また，[(3)] によって送電容量に限界が生じる．この送電容量限界内でも，受電端で負荷に応じて無効電力を補償して電圧を維持する [(4)] 設備が必要である．

交流送電では多相交流が用いられるが，各種方式について最大線間電圧実効値を等しくした場合，[(5)] が電線1条当たりの送電電力が最も大きく効率的である．

【解答群】
(イ) 限流　　　　　　(ロ) 同期速度　　　　(ハ) 線路抵抗
(ニ) 三相3線式　　　(ホ) 最大効率　　　　(ヘ) 調相
(ト) 線路対地静電容量 (チ) 三相4線式　　　(リ) 潮流制御
(ヌ) 遮断　　　　　　(ル) 一定力率　　　　(ヲ) 二相4線式
(ワ) 充電　　　　　　(カ) 転流　　　　　　(ヨ) 線路リアクタンス

解説　各種方式について最大線間電圧実効値を V，線電流を I，力率を $\cos\phi$ とする．まず，三相3線式は送電電力が $\sqrt{3}VI\cos\phi$ なので，電線1条当たりの送電電力は $\sqrt{3}VI\cos\phi/3$ となる．次に，三相4線式は送電電力が $\sqrt{3}VI\cos\phi$ で電線を4条使うから，電線1条当たりの送電電

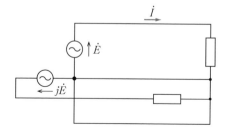

解説図　二相4線式

力は $\sqrt{3}VI\cos\phi/4$ となる．一方，二相4線式は解説図の回路となる．最大線間電圧 V は相電圧 E の $\sqrt{2}$ 倍である．この方式の送電電力は $2EI\cos\phi=\sqrt{2}VI\cos\phi$ であり，電線を4条使うので，電線1条当たりの送電電力は $\sqrt{2}VI\cos\phi/4$ となる．したがって

$$\frac{\sqrt{3}VI\cos\phi}{3} > \frac{\sqrt{3}VI\cos\phi}{4} > \frac{\sqrt{2}VI\cos\phi}{4}$$

となり，三相3線式が電線1条当たりの送電電力は最も大きく効率的である．

【解答】(1) ヌ　(2) ロ　(3) ヨ　(4) ヘ　(5) ニ

例題3　H29　問6

次の文章は，単位法に関する記述である．

電力系統では定格の異なる多くの機器や線路が接続されている．単位法では，これらの機器などの定数が統一的に記述されるので，取扱いが容易となる．三相回路の場合には，線間電圧 V_B〔V〕と三相容量 P_B〔V・A〕を基準にとると，基準相電流 I_B〔A〕と基準インピーダンス Z_B〔Ω〕は次式となり，インピーダンス Z〔Ω〕の単位法での値 Z_{Bpu}〔p.u.〕は式①のように表される．

$I_B =$ 　(1)　〔A〕

$Z_B =$ 　(2)　〔Ω〕

$Z_{Bpu} = \dfrac{Z}{Z_B}$〔p.u.〕 ……………………………………………………①

多くの電力機器の単位法でのインピーダンスは，機器の定格電圧と定格容量を基準として与えられる．この基準でのインピーダンスは，発電機や変圧器では定格容量や定格電圧によらず，ほぼ一定値となるので，定数の入力間違いなどの確認に便利である．たとえば，タービン発電機では，直軸過渡リアクタンスはほぼ　(3)　p.u. の間になる．

また，変圧器で接続された系統では，2次側のオーム値で表現されたインピーダンス Z_2〔Ω〕を1次側に換算したインピーダンス $Z_{2(1)}$〔Ω〕にするには，変圧比（1次側 n_1，2次側 n_2）に応じた換算が式②のように必要である．

$Z_{2(1)} =$ 　(4)　Z_2〔Ω〕 …………………………………………………②

一方，単位法では，一般に基準電圧として定格電圧が選ばれるので，基準容量が同じであればインピーダンスの換算は必要ではない．ただし，異なった容量を基準とした単位法では，容量に応じた換算が必要であり，容量 P_B〔V・A〕を基準とした単位法でのインピーダンス Z_{Bpu}〔p.u.〕は，容量 P_R〔V・A〕を基準とした単位法でのインピーダンス Z_{Rpu}〔p.u.〕を用いて式③により求められる．

$Z_{Bpu} =$ 　(5)　Z_{Rpu}〔p.u.〕 ………………………………………………③

【解答群】

(イ) $\dfrac{V_B{}^2}{\sqrt{3}P_B}$ (ロ) $\dfrac{P_B}{V_B}$ (ハ) $\dfrac{P_B}{\sqrt{3}V_B}$ (ニ) $0.2 \sim 0.4$

(ホ) $\dfrac{\sqrt{3}V_B{}^2}{P_B}$ (ヘ) $\dfrac{V_B{}^2}{P_B}$ (ト) $\left(\dfrac{P_B}{P_R}\right)^2$ (チ) $\dfrac{\sqrt{3}P_B}{V_B}$

(リ) $\dfrac{P_R}{P_B}$ (ヌ) $\left(\dfrac{n_1}{n_2}\right)^2$ (ル) $\dfrac{P_B}{P_R}$ (ヲ) $1.5 \sim 2.0$

(ワ) $0.05 \sim 0.15$ (カ) $\left(\dfrac{n_2}{n_1}\right)^2$ (ヨ) $\dfrac{n_2}{n_1}$

解 説　(1) (2) 本節の「2　単位法とパーセント法」の式 (5・1), 式 (5・2) に示す. そして

$$Z_{Bpu} = \dfrac{Z}{Z_B} = \dfrac{Z}{\dfrac{V_B{}^2}{P_B}} = \dfrac{ZP_B}{V_B{}^2} \quad \cdots\cdots ④$$

(3) タービン発電機の直軸過渡リアクタンスは 0.2〜0.4 p.u. 程度である.

(4) 本節の図 5・1 では二次側に換算した等価回路を示しているが, 本問は 1 次側に換算したインピーダンスを問うている. 変圧器の二次側のインピーダンス Z_2〔Ω〕を一次側に換算するには変圧比の 2 乗をかければよいから

$$Z_{2(1)} = \left(\dfrac{n_1}{n_2}\right)^2 Z_2 \ 〔Ω〕$$

変圧器の定格一次電圧を V_{n1}〔V〕, 定格二次電圧を V_{n2}〔V〕とすれば, $V_{n1}/V_{n2} = n_1/n_2$ より

$$Z_{2(1)} = \left(\dfrac{V_{n1}}{V_{n2}}\right)^2 Z_2 \ 〔Ω〕$$

変圧器の二次側インピーダンス Z_2〔Ω〕の単位法表示 Z_{2Bpu} は基準電圧として変圧器の二次側定格電圧とすれば, 式④より $Z_{2Bpu} = \dfrac{Z_2 P_B}{V_{n2}{}^2}$〔p.u.〕

一方, 同じ基準容量を P_B〔V・A〕とし, インピーダンスの一次側換算値 $Z_{2(1)}$〔Ω〕の単位法表示 $Z_{2(1)pu}$ を求めると

$$Z_{2(1)pu} = \dfrac{Z_{2(1)} P_B}{V_{n1}{}^2} = \dfrac{\left(\dfrac{V_{n1}}{V_{n2}}\right)^2 Z_2 P_B}{V_{n1}{}^2} = \dfrac{Z_2 P_B}{V_{n2}{}^2} = Z_{2Bpu} \ 〔p.u.〕$$

すなわち, 単位法表示のインピーダンスは, 基準容量 P_B〔V・A〕さえ統一すれば二

次側インピーダンス Z_2〔Ω〕から求めても，一次側換算値 $Z_{2(1)}$〔Ω〕から求めても同じ値になることを示す．

(5) 解説の式④から，インピーダンスの単位法表示 Z_{Bpu} は基準容量 P_B に比例するため，$Z_{Bpu} = \dfrac{P_B}{P_R} Z_{Rpu}$〔p.u.〕となる．

【解答】(1) ハ　(2) ヘ　(3) ニ　(4) ヌ　(5) ル

例題4　　　　　　　　　　　　　　　　　　　　　　　H25　問4

次の文章は，電力系統の短絡容量に関する記述である．

電力系統の短絡容量は $3 \times$ [(1)] $\times$ 三相短絡電流によって計算する．短絡容量は系統容量の増大に伴い大きくなり，また系統連系が密になるほど大きくなる．短絡容量が遮断器の [(2)] を上回ると，事故電流を遮断できず，機器の損壊や広範囲・長時間の停電を引き起こすおそれがある．このため，短絡容量抑制対策として，系統分割をせずに実施する対策（①，②）あるいは，系統分割をする対策（③，④，⑤）が必要に応じて実施される．

① 発電機や変圧器などに高インピーダンス機器を採用する．
② 送電線に直列に [(3)] を設置する．
③ 変電所の母線分離運用を行う．
④ 短絡電流を流さない [(4)] を設置する．
⑤ 現在採用されているよりも上位の [(5)] を導入し，既存の系統を分割する．

【解答群】
(イ) 電圧階級　　　　　(ロ) 遮断容量　　　　　(ハ) 過負荷耐量
(ニ) 大容量機器　　　　(ホ) 基準電圧（相電圧）　(ヘ) 絶縁変圧器
(ト) 直列コンデンサ　　(チ) ヒューズ　　　　　(リ) 熱容量
(ヌ) 限流リアクトル　　(ル) BTB（Back to Back）(ヲ) SVC
(ワ) 短絡事故後の相電圧　(カ) 基準電圧（線間電圧）(ヨ) 保護リレー

解説　式(5·11)で短絡容量 $P_s = \sqrt{3} V \times I_s$ としているが，この V は線間電圧である．本問の(1)は係数が $\sqrt{3}$ ではなく3としているので，線間電圧ではなく，基準電圧（相電圧）となることに注意する．

【解答】(1) ホ　(2) ロ　(3) ヌ　(4) ル　(5) イ

5-2 定態安定度と過渡安定度

攻略のポイント 本節に関しては，電験3種では出題されない．2種一次・二次試験では，過渡安定度，P-δ曲線の考え方，過渡安定度維持対策がよく出題されるので，詳しく解説する．十分に学習しよう．

1 定態安定度

電力系統に連系する同期発電機は，系統周波数で決まる同期速度で回転し，出力に応じて一定の相差角を保って同期運転されている．同期発電機は，他の同期発電機との間の相差角がある範囲を逸脱しないことが安定運転に必要である．

定態安定度は，電力系統が平衡運転状態にあって，極めて微小な擾乱（負荷の常時変動や変圧器のタップ動作等）が加わったときに動揺が収まって元の安定状態に戻る度合いをいう．

さて，図5・7(a)の電力系統（発電機1機が送電線を介して無限大母線に連系）において，同期発電機の内部誘起電圧を$E\angle\delta$，発電機の同期リアクタンスをX_d，変圧器や送電線のリアクタンスをそれぞれX_t, X_lとする（すべて単位法表示とし，$X=X_d+X_t+X_l$とする）．この場合，この電力系統の等価回路は図5・7(b)，ベクトル図は図5・7(c)で表すことができる．

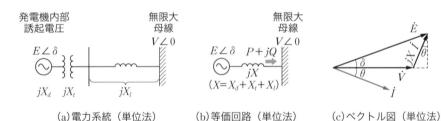

(a)電力系統（単位法）　(b)等価回路（単位法）　(c)ベクトル図（単位法）

図5・7 1機無限大母線の電力系統・等価回路・ベクトル図

無限大母線での電力$P+jQ$は，無限大母線の電圧を位相基準，遅れ無効電力を正として

$$P+jQ=\dot{V}\overline{\dot{I}}=V\overline{\left(\frac{Ee^{j\delta}-V}{jX}\right)}=V\cdot\frac{Ee^{-j\delta}-V}{-jX}=V\cdot\frac{E\cos\delta-jE\sin\delta-V}{-jX}$$

$$=\frac{EV}{X}\sin\delta+j\frac{EV\cos\delta-V^2}{X} \qquad (5\cdot14)$$

POINT 二次試験計算問題でよく使う計算方法

となる．つまり，有効電力は次式となる．

$$P = \frac{EV}{X}\sin\delta \tag{5・15}$$

式（5・15）を送受電端電圧の相差角 δ を横軸にとって書けば，図5・8のとおりとなる．これを **P-δ 曲線** または **電力相差角曲線** という．発電機から無限大母線に送電できる電力には限界があって，$\delta = \pi/2$ のときに最大となり，送電電力 $P = EV/X$ を **定態安定極限電力** という．微小な擾乱があった場合，元の状態に戻して同期運転を継続させる復元力は，図5・8の動作点における $dP/d\delta$ が大きいほど強くなる．この意味で $dP/d\delta$ の値を **同期化力**（または **同期化力係数**）という．

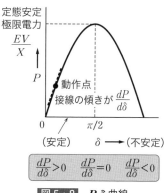

図5・8　P-δ 曲線

$$\frac{dP}{d\delta} = \frac{EV}{X}\cos\delta \tag{5・16}$$

同期化力が正のときは安定で，負のときには不安定となる．それでは，送電系統は定態安定極限電力まで送電できるかというと，そうではない．実際には，発電機への機械的入力の変化，負荷の変化，送電線の故障等で送電電力が変化する場合等の様々な動揺が起きても，安定に同期運転を続けるためには，常時の送電電力を定態安定極限電力よりも小さく抑えておく必要がある．

2　過渡安定度

過渡安定度 では，電力系統に地絡故障や短絡故障等の大きな擾乱が発生した場合に，同期発電機が安定して運転できるかどうかを扱う．過渡安定度が維持されている場合，系統に故障があっても，発電機の動揺が収まって新しい平衡状態に落ち着く．逆に，過渡安定度が維持されない場合，動揺が増大し，同期発電機相互間の位相角が拡大し，**脱調** に至ることになる．過渡安定度が問題になるのは，故障が発生して数秒程度の範囲である．

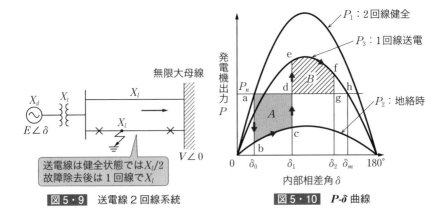

図 5・9　送電線2回線系統

図 5・10　P-δ 曲線

さて，図5·9の送電線2回線系統において，送電線の1回線に地絡故障が発生し，故障除去後に送電線は1回線になると仮定する．発電機の同期リアクタンスを X_d，変圧器のリアクタンスを X_t，送電線1回線のリアクタンスを X_l とすれば，送電線が2回線健全時のリアクタンスは $X_1 = X_d + X_t + X_l/2$ であるから，送電電力は $P_1 = EV \sin \delta / X_1$ となる．また，故障中は，発電機の初期過渡リアクタンスを X_d''，地絡発生時の送電線全体のリアクタンスを X_l' とすれば，全体のリアクタンスが $X_2 = X_d'' + X_t + X_l'$ なので，送電電力は $P_2 = EV \sin \delta / X_2$ となる．さらに，故障除去後の送電線1回線状態では $X_3 = X_d' + X_t + X_l$ であるから，送電電力は $P_3 = EV \sin \delta / X_3$ となる．これらを示したのが，図5·10である〔補足：同期機の等価的なリアクタンスは時間の経過に伴って変化する．過渡現象の時定数が数サイクル以下で十分短い場合には初期過渡リアクタンス X_d'' を，その時定数が数サイクル～1秒程度では過渡リアクタンス X_d' を適用する〕．

図5·10において，発電機が相差角 δ_0，出力 P_n で運転中に，送電線に地絡故障が発生すると，動作点aは点bに移動する．故障直後は，発電機の機械的入力が変わらず，電気出力が低下しているので，発電機は加速し，相差角 δ は拡大し，点bから点cに移動する．ここで故障が除去されて故障回線が遮断され健全回線1回線状態になると，動作点eに移動し，機械的入力＜電気出力になるので，発電機は減速に転じる．その後，相差角 δ は拡大するものの，加速エネルギー（面積abcd）と減速エネルギー（面積defg）が等しくなる動作点fで相差角 δ の拡大は止まり，今度は相差角 δ が減少していき，δ_1 を中心に動揺しなが

ら落ち着く．このような考え方を**等面積法**という．図5・10では，面積abcdと面積defhgが等しいときが過渡安定性を維持できる限界（つまり，減速エネルギーを発揮しうる限界の相差角は$δ_m$）であり，面積defhg＜面積abcdになると過渡安定性は維持できない．つまり，発電機は脱調状態となって，不安定になる．

この等面積法や式（5・15）を用いれば，次の各種の過渡安定度向上対策が理解できる．

(1) 送電系統側の対策
①電力系統における次期最高電圧の採用と送変電設備の新設・増設・増強
系統拡充は安定度対策の基本である．新しい最高電圧の採用や送変電設備の新設・増設・増強は，式（5・15）において，E, Vを大きくし，Xを低減することに相当するので，送電電力を大幅に増加することができる．

②低インダクタンス送電線の採用や変圧器インピーダンスの低減
送電線を多導体化し，主に等価半径を大きくすることでインダクタンスを減少させて初期相差角を小さくすることができる．そして，許容最大相差角までの相差角変動の裕度が増加し減速エネルギーも増加することができるので，過渡安定度が向上する．留意点は，送電線の多導体化による静電容量の増加，荷重の増加，ギャロッピングやサブスパン振動および多導体のねじれへの対応である．

変圧器インピーダンスの低減も同様に，初期位相角を小さくするため，過渡安定度が向上する．

③高速遮断と高速度再閉路方式
高速度の保護リレーと遮断器を用いることにより，送電線に故障が発生したときにできる限り早く故障を検出して遮断することは，図5・10では相差角$δ_1$は小さくなることに相当するから，加速エネルギー（面積abcd）に対して減速エネルギー（面積defhg）に余裕ができるため，過渡安定性の余裕が増大する．また，高速度再閉路により，故障除去後，速やかに線路を2回線に復旧すれば，図5・10の故障除去後の出力は故障発生前の出力曲線に戻るから，相差角の変動を小さく抑えることができ，過渡安定度が向上する．なお，再閉路時間は消アークイオン時間を考慮するとともに，タービンと発電機間の軸が固有のねじれ振動数で振動することに留意する必要がある．

④中間調相機（同期調相機，SVC, STATCOM の採用）
長距離大電力送電系統の中間点に，同期調相機，SVC（静止形無効電力補償

装置), STATCOM (自励式SVC) を設置して中間点の電圧維持能力を大幅に高めることにより, 送電電力を増加させる対策である.

⑤発電機の電源制限

発電機の脱調を防止して安定度を維持するために, 系統故障発生後に一部の発電機を系統から強制的かつ高速に解列 (**電源制限**または**電制**という) させる. 系統故障により加速する発電機群に対して一部の発電機を電制することは, 発電機群としての機械的エネルギーを減じるため, 過渡安定度の改善効果がある. 系統状態をオンラインで取り込んで安定判別や制御条件 (制御量や対象発電機) の演算を故障発生前に行う事前演算方式などがある. 留意点は, 電制を行うと需給バランスが崩れ, 場合によっては周波数低下や電圧上昇・低下等の別の問題を生じる可能性があることである.

⑥直列コンデンサ

コンデンサを線路に直列に挿入して送電線のリアクタンスを補償することにより, 初期位相角を小さくすることができるので, 過渡安定度が向上する. 留意点は, 発電機・タービン系との軸ねじれ共振, 故障電流によるコンデンサ両端での異常電圧の発生, 無負荷または軽負荷の変圧器を励磁する場合の直列共振等である.

(2) 発電機側の向上対策

①励磁方式の応答性と発電機のシーリング電圧 (頂上電圧) の改善

励磁系の応答を速くするとともに, 励磁の頂上電圧を大きくした**超速応励磁制御**装置により, 故障時の発電機端子電圧の低下を迅速に検出し, 急速に界磁電流を増やして発電機の内部誘起電圧を上昇させ, 電気出力を回復させる. これにより, 発電機の加速エネルギーを抑制し, 減速エネルギーを増加させるため, 過渡安定度が向上する. このようにAVR (自動電圧調整装置) や励磁系の応答時間を速くすると過渡安定度は向上するが, 故障後第2波以

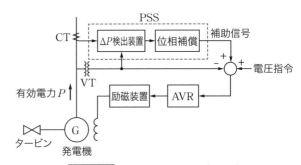

図5・11　PSS装置の概要 ($\it{\Delta P}$形)

降では逆に動揺の減衰を弱め，動揺持続または発散することがある．そこで，AVRと組み合わせて第2波以降の動揺の減衰を高める目的で設置するのが**PSS** (Power System Stabilizer；系統安定化装置) である．これは，図5・11のように，電力動揺 (ΔP)，発電機回転数偏差 ($\Delta \omega$)，周波数変化 (Δf) のいずれかあるいはその組み合わせを入力信号とし，これに適切な利得および位相補償を施したものをAVRの電圧偏差回路の補助信号として加え，励磁回路を介して内部誘起電圧を制御する．留意点は，発電機のシーリング電圧の高電圧化による発電機励磁巻線の絶縁である．

②タービン高速バルブ制御

送電線故障時の発電機の加速を抑制するため，通常はインターセプト弁のみを高速に閉鎖するが，同時にタービン入口の蒸気加減弁を高速に閉鎖し，バイパス通路のバルブを開放して蒸気を逃がすことによりタービンの蒸気流入量（機械的入力）を高速度で抑制し，発電機の加速エネルギーを小さくして過渡安定度の向上を図る．留意点は，蒸気弁の閉鎖により蒸気圧力が上昇しすぎないこと，タービン出力の急変に対してPSSが正常に動作することを確認することである．

③発電機の定数改善や制動巻線・はずみ車効果

a. **発電機の短絡比を大きくし，リアクタンス**（同期リアクタンス X_d，過渡リアクタンス X_d'，初期過渡リアクタンス X_d''）**を小さくする**．リアクタンスを小さくすれば，式 (5・15) の分母が小さくなり，送電電力を大きくできる．発電機のリアクタンスを小さくするには，固定子巻線のスロット幅を広くし，深さを浅くして漏れ磁束を少なくすればよい．

b. **発電機の回転子に制動巻線を設ける**．回転子に制動巻線を設けることにより過渡リアクタンスが小さくなり，同期化力を増加することができる．

c. **回転子のはずみ車効果（GD^2）を大きくする**．はずみ車効果を大きくすれば送電線故障時における発電機の動揺変化を緩和することができる．

電力系統

······· コラム ·······
発電機の動揺方程式

電力系統の安定度解析の基礎となる動揺方程式を導出しておく．簡単のため，同期機は2極機とし，損失はすべて無視する．

角速度 ω 〔rad/s〕で回転している回転子（慣性モーメント I 〔kg・m²〕）は次の運動エネルギーをもつ．

$$W = \frac{1}{2}I\omega^2 \quad \text{〔kW・s〕} \tag{5・17}$$

このエネルギーの一部を放出または吸収することにより，発電機の機械的入力エネルギーと電気出力エネルギーとの間の相対的な過不足を補い，平衡状態を維持しようとする．

機械的入力 P_M〔kW〕と電気出力 P_E〔kW〕との間に $\Delta P = P_M - P_E$ を生じたとき，単位時間当たりに発電機回転子が吸収または放出するエネルギーは

$$\frac{dW}{dt} = I\omega\frac{d\omega}{dt} = I\omega\frac{d^2\delta}{dt^2} = \Delta P \quad \text{〔kW〕} \tag{5・18}$$

となる．ここで，δ〔rad〕は回転子の角変位で $d\delta = \omega dt$ の関係にある．定常状態では $P_M = P_E$，すなわち $\Delta P = 0$ であり，$d^2\delta/dt^2 = d\omega/dt = 0$ である．つまり $\omega = \omega_0 =$ 一定となり，回転子は同期角速度 ω_0〔rad/s〕で回転する．そこで，ω_0 で回転する基準座標軸と発電機内部誘起電圧との相差角を θ〔rad〕とすると，$\delta = \omega_0 t + \theta$〔rad〕であるから，式 (5・18) は

$$I\omega\frac{d^2\theta}{dt^2} = \Delta P \tag{5・19}$$

となる．$\omega = d\delta/dt = \omega_0 + (d\theta/dt)$ であるが，ここで，極端な同期外れを行わない限り $\omega \fallingdotseq \omega_0$ とおけるから，式 (5・19) は次式のように変形できる（ただし，$M = I\omega_0^2$〔kW・s〕：慣性定数）．

$$\frac{d^2\theta}{dt^2} = \frac{\Delta P}{I\omega} \fallingdotseq \frac{\omega_0}{M}\Delta P = \frac{\omega_0}{M}(P_M - P_E) \ [\mathrm{rad/s^2}] \qquad (5\cdot 20)$$

したがって，故障前後の P_M の値を P_0 とし，式 (5・15) から伝送電力 $P_E = 3\dfrac{EV}{X}\sin\theta = P_m \sin\theta$ （E, V は相電圧表示．単位法表現ではないため，係数の 3 が必要）とすれば，動揺方程式は次式となる．

$$\frac{d^2\theta}{dt^2} = \frac{\omega_0}{M}(P_0 - P_m \sin\theta) \ [\mathrm{rad/s^2}] \qquad (5\cdot 21)$$

例題 5　　　　　　　　　　　　　　　　　　　　　　H25 問 3

次の文章は，電力系統に生じる電力動揺に関する記述である．ただし，発電機の AVR の効果は考慮しないものとする．

遠隔地電源から無限大母線へ遅れ力率で送電している超高圧並行 2 回線送電線において，その片回線が開放され，生じた電力動揺が収まった後に投入された．片回線開放直後，発電端電圧は急に (1) し，その後ある周期で振動する．投入時もやはり発電端電圧は投入に伴って急変した後，ある周期で振動する．通常，開放後の動揺周期と投入後の動揺周期を比べると (2) が，これは以下の理由による．

超高圧架空送電系統では送電線の抵抗，静電容量成分はリアクタンス成分に比べて小さいので，送電電力 P は発電機内部電圧および無限大母線電圧の大きさ V_1, V_2 とそれらの位相差 δ ならびに発電機から送電線にかけてのリアクタンスの総和 X を用いて近似的に (3) と表すことができる．両電圧およびリアクタンスをパラメータとし，δ を横軸，P を縦軸として表した曲線を P-δ カーブとも呼んでいる．片回線開放後は X の値が大きくなるので，定常状態で比較すると，投入時に対して開放後の δ の値の方が (4) ．

このため，開放後ならびに投入後の定常状態における P-δ カーブの接線の傾きを比較すると開放後の方が小さい．これは電力動揺によって δ が変化しても，それを戻そうとする作用が弱い，すなわち (5) が小さいことを意味し，このため電力動揺周期を開放後と投入後で比べると (2) ．

【解答群】
(イ) 後者の方が長い　　　(ロ) 同期化力係数　　　(ハ) 系統定数
(ニ) $P = \dfrac{V_1 \cos\delta - V_2}{X}V_2$　　(ホ) $P = \dfrac{V_1 \sin\delta - V_2}{X}V_2$　　(ヘ) $P = \dfrac{V_1 V_2}{X}\cos\delta$

電力系統

(ト) 上昇	(チ) $P = \dfrac{V_1 V_2}{X} \sin \delta$	(リ) 小さい
(ヌ) 大きい	(ル) 低下	(ヲ) 消失
(ワ) 制動力係数	(カ) 慣性定数	(ヨ) 前者の方が長い

解説 (1) 2回線送電状態から片回線を開放する場合，送電電力を一定とすると発電機電圧は急に上昇し，その後，ある周期で振動する．

(3) 式（5・15）より $P = \dfrac{V_1 V_2}{X} \sin \delta$ となる．

(4) に関して，リアクタンスの合計 X は2回線送電時に比べて片回線開放後の1回線送電時の方が大きくなるので，$P = \dfrac{V_1 V_2}{X} \sin \delta$ において P を一定とすれば，δ は開放後の方が大きくならなければならない（解説図）．

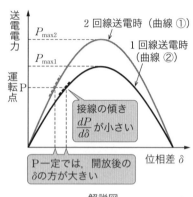

解説図

(2) (5) 解説図に示すように，ある運転点Pにおける2回線送電時（曲線①）の接線の傾き $dP/d\delta$ と，1回線送電時（曲線②）の接線の傾き $dP/d\delta$ とを比べれば，後者の方が小さい．すなわち，同期化力（または同期化力係数）が小さいことになる（式（5・16）参照）．したがって，1回線送電時（開放後）の方が2回線時（投入後）よりも電力動揺の周期は長くなる．さらに補足すれば，式（5・16）のように同期化力 $\dfrac{dP}{d\delta} = \dfrac{V_1 V_2}{X} \cos \delta$ となるので，X と δ の値は2回線送電時に比べて1回線送電時の方が大きいから，1回線送電時の同期化力は小さくなっている．

【解答】(1) ト (2) ヨ (3) チ (4) ヌ (5) ロ

例題6 ··· H21 問3

次の文章は，電力系統の安定度に関する記述である．

図1(a)で示される一機無限大母線2回線送電系統で図1(b)のように1回線に三相地絡事故が発生すると，約1サイクルで事故点を検出して，約3サイクルで事故を除去するものと仮定する．その過程で，それぞれに次のような現象が起こる．

①事故中は図1(b)の状態となり，事故点に向かって多量の ◯(1)◯ が流れ，母線の電圧が大幅に低下する．このため，有効送電電力が急減して発電機は

(2) となり，発電機の位相角（δ）は増加する．
② 事故を除去すると，図１(c) の状態となり，事故を起こした送電線はしばらく使えない．このため，送電線のインピーダンスは増加し，発電機の (3) 力が低下する．

以上の現象について，発電機出力（P_G）と発電機の機械入力（P_m）との差を δ で積分することで，発電機の加速エネルギー，減速エネルギーは図２で示すように図面上の面積から得ることができる．

図２で，加速エネルギー（E_1）より減速エネルギー（E_2）が (4) と発電機の位相角の増加は止まることができず，発電機の同期はとれなくなり (5) 安定度は不安定となる．このように電力相差角曲線の加速・減速エネルギーの面積を用いて比較する手法を等面積法とよぶ．

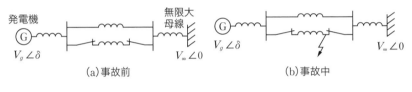

図１

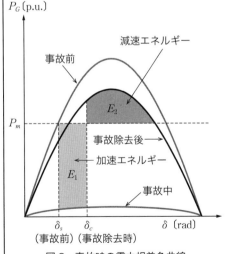

図２　事故時の電力相差角曲線

【解答群】
（イ）励振　　　　（ロ）大きい
（ハ）有効電力　　（ニ）定態
（ホ）過渡　　　　（ヘ）同期化
（ト）小さい　　　（チ）電圧
（リ）平衡状態　　（ヌ）無効電力
（ル）加速状態　　（ヲ）機械入力
（ワ）等しい　　　（カ）制動
（ヨ）減速状態

電力系統

> **解説** （1）故障電流の力率は非常に悪いので，事故点に向かって多量の無効電力が流れる．

【解答】（1）ヌ　（2）ル　（3）ヘ　（4）ト　（5）ホ

例題 7 .... H18　問 3

次の文章は，電力系統の安定度に関する記述である．
電力系統の安定度を一機無限大母線系統の動揺方程式である次式で考える．

$$M\frac{d^2\delta}{dt^2}=P_M-\frac{V_0 V_G}{X}\sin\delta$$

上式の V_0, V_G はそれぞれ無限大母線電圧および発電機内部電圧の大きさ，δ は両者の相差角，M は発電機の慣性定数であり，右辺第1項の P_M は発電機への機械入力，第2項は ___(1)___ 出力である．過渡安定度解析で用いられる最も簡略な発電機モデルは ___(2)___ リアクタンス背後電圧一定モデルであるが，その場合，上式の X は送電線，変圧器などのリアクタンスと発電機の ___(2)___ リアクタンスの和である．

上式で考えると，___(3)___ 安定極限電力は $\frac{V_0 V_G}{X}$ であり，そのとき $\delta=\frac{\pi}{2}$〔rad〕である．機械入力 P_M が ___(3)___ 安定極限電力より小さいとき，発電機の入出力が等しくなる δ は2点あり，$\delta<\frac{\pi}{2}$〔rad〕の点は ___(1)___ 出力を δ で微分した ___(4)___ 係数が正で安定平衡点，$\delta>\frac{\pi}{2}$〔rad〕の点は ___(4)___ 係数が負で不安定平衡点と呼ばれる．後者の運転状態では ___(3)___ 安定度が不安定となる．安定平衡点にあった発電機が何らかの外乱で加速され，δ が不安定平衡点より少しでも大きくなると発電機は ___(5)___ する．

【解答群】
（イ）電圧　　（ロ）同期化力　（ハ）電気　　（ニ）減速
（ホ）機械　　（ヘ）過渡　　　（ト）無効　　（チ）漏れ
（リ）定態　　（ヌ）脱調　　　（ル）出力　　（ヲ）動的
（ワ）制動力　（カ）同期　　　（ヨ）安定化

> **解説** 本問で示す一機無限大系統は解説図1のように考えればよい．このときの発電機の動揺方程式は

$$M\frac{d^2\delta}{dt^2}=P_M-\frac{V_0 V_G}{X}\sin\delta$$

となる．この第1項が機械入力，第2項が電気出力である．$P\text{-}\delta$ 曲線を描くと解説図2となる．ここで，A 点は安定，B 点は不安定である．A 点では内部相差角 δ_A で運転中に微小な擾乱が発生して回転子が加速し，内部相差角が $\Delta\delta$ 増加すれば電気出力は ΔP だけ増加するが，機械入力は一定なので，回転子には減速力＝電気出力－機械入力＝$(P_M + \Delta P) - P_M = \Delta P > 0$ が働く．したがって，A' 点→A 点へ戻そうとする．逆に，微小擾乱によって，A 点→A'' 点に減速すれば電気出力が ΔP だけ減少して加速力が働き，A'' 点→A 点へ戻そうとする．すなわち，A 点は安定である．他方，B 点では回転子が加速し，相差角が $\Delta\delta$ 増加して B' 点に移れば，電気出力は減少して $\Delta P < 0$ となるため回転子には負の減速力すなわ

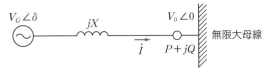

解説図1　1機無限大母線系統

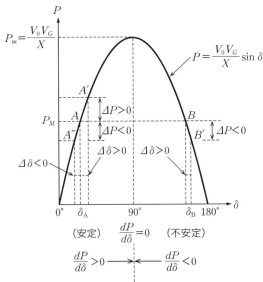

解説図2　電力 P－相差角 δ 曲線

ち加速力が働き，ますます加速するので，安定に運転できない．さて，同期化力（同期化力係数）は $\dfrac{dP}{d\delta} = \dfrac{d}{d\delta}\left(\dfrac{V_0 V_G}{X}\sin\delta\right) = \dfrac{V_0 V_G}{X}\cos\delta$ となり，$0 < \delta < \dfrac{\pi}{2}$ では $\dfrac{dP}{d\delta} > 0$ で安定，$\dfrac{\pi}{2} < \delta < \pi$ では $\dfrac{dP}{d\delta} < 0$ で不安定となる．

【解答】(1) ハ　(2) ヘ　(3) リ　(4) ロ　(5) ヌ

例題 8 .... H13　問 1

次の文章は，タービン発電機の励磁制御装置に関する記述である．

タービン発電機の励磁装置に付属している自動電圧調整装置は，発電機の [(1)] を常時一定に保持するものである．これにより発電機出力が変化するときも一定電圧が維持される．また，発電機の運転範囲を [(2)] の領域から逸脱しないように制御する機能も付加される．

系統事故などにより電圧が急変したとき，速やかに電圧を回復することによって過渡安定度を向上させることができるが，この目的のためには，励磁系が十分な [(3)] を持っている必要がある．

また，大容量の発電機には系統安定化装置を設けることがある．これは発電機出力変化，発電機回転速度変化，[(4)] 変化のいずれかを補助信号入力とし，これを自動電圧調整装置の出力信号に加えることによって [(5)] を増し，電力系統の動揺を速やかに抑制する．

【解答群】
(イ) 可能出力曲線　　　(ロ) 電圧安定性　　　(ハ) 力率
(ニ) 発電機電機子電流　(ホ) 発電機周波数　　(ヘ) 逆相電流耐力
(ト) 同期化力　　　　　(チ) 端子電圧　　　　(リ) 内部相差角
(ヌ) 低周波数運転限度　(ル) 発電機界磁磁束　(ヲ) 速応度
(ワ) 制動効果　　　　　(カ) 無効電力　　　　(ヨ) 出力

解 説　本節 2 項 (2)「①励磁方式の応答性と発電機のシーリング電圧（頂上電圧）の改善」を参照する．同期発電機の可能出力曲線は 2-4 節 4 項で詳述している．

【解答】(1) チ　(2) イ　(3) ヲ　(4) ホ　(5) ワ

5-3 電圧安定度

攻略のポイント　本節に関しては，電験3種では出題されないが，2種では，負荷の電圧特性が電圧安定度に及ぼす影響，P-Vカーブと安定運用点などが出題されているので，詳しく解説する．

　送電線や発電機の故障停止または負荷の急激な増加があった場合でも，系統電圧が大幅に低下することなく，安定に運転できる能力を，**電圧安定度**という．

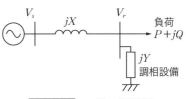

図5・12　一機一負荷系統

　図5・12の一機一負荷系統で，負荷に供給される有効電力と無効電力（$P+jQ$）は，線路リアクタンス X，調相アドミタンス Y，送電端電圧 V_s，受電端電圧 V_r，送受電端位相角 θ（単位はすべて単位法，受電端電圧 V_r を位相基準）として，式（5・14）と同様に計算すれば

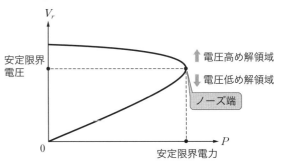

図5・13　P-Vカーブ

$$P = \frac{V_s V_r \sin\theta}{X} \tag{5・22}$$

$$Q = \frac{V_s V_r \cos\theta}{X} - \left(\frac{1}{X} - Y\right)V_r^2 \tag{5・23}$$

POINT　調相設備からの無効電力 YV_r^2 を式（5・14）の Q に加え合わせる

となる．ここで，$\sin^2\theta + \cos^2\theta = 1$ より θ を消去すると

$$P^2 + \left\{Q + \left(\frac{1}{X} - Y\right)V_r^2\right\}^2 = \left(\frac{V_s V_r}{X}\right)^2 \tag{5・24}$$

となる．ここで，$\alpha = Q/P$ とし，上式を V_r について整理すれば

$$\left(\frac{1}{X} - Y\right)^2 V_r^4 + \left\{2P\left(\frac{1}{X} - Y\right)\alpha - \frac{V_s^2}{X^2}\right\}V_r^2 + (1+\alpha^2)P^2 = 0 \tag{5・25}$$

となり，V_r についての4次方程式となる．これを解けば

$$V_r = \sqrt{\frac{\dfrac{V_s^2}{X^2} - 2P\left(\dfrac{1}{X} - Y\right)\alpha \pm \sqrt{\dfrac{V_s^4}{X^4} - 4P\left(\dfrac{1}{X} - Y\right)\alpha \dfrac{V_s^2}{X^2} - 4P^2\left(\dfrac{1}{X} - Y\right)^2}}{2\left(\dfrac{1}{X} - Y\right)^2}}$$

(5・26)

となる．式（5・26）の P を変化させると，図5・13の曲線が得られる．これを **P-Vカーブ** または **ノーズカーブ** という．同図で，送電可能電力には限界があり，そのときの電力を **安定限界電力**，電圧を **安定限界電圧** と呼ぶ．そして，電圧が安定限界電圧よりも高い領域を **電圧高め解領域**，低い領域を **電圧低め解領域** といい，式（5・26）の複号が正の場合が **電圧高め解**，負の場合が **電圧低め解** に対応する．式（5・26）から，受電端電圧 V_r は送電線インピーダンス X，調相設備投

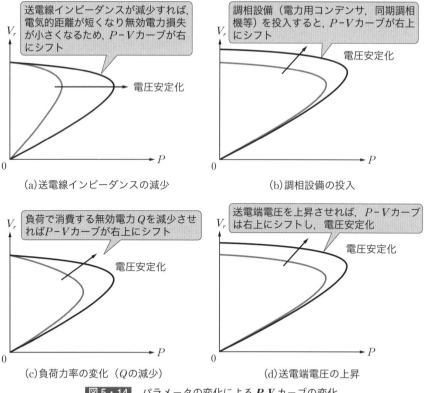

図5・14　パラメータの変化による **P-V** カーブの変化

5-3 電圧安定度

入量 Y，無効電力消費割合 α（力率に関連），送電端電圧 V_s の関数であり，これらの変化により，$P\text{-}V$ カーブは図 5・14 のように変化する．

さらに，電圧安定度は負荷の電圧特性に大きく依存する．負荷の電圧特性は，その有効電力を P_r，無効電力を Q_r，受電端電圧を V_r とすれば

$$P_r = P_0 \left(\frac{V_r}{V_0}\right)^{\alpha}, \quad Q_r = Q_0 \left(\frac{V_r}{V_0}\right)^{\beta} \tag{5・27}$$

と表現できる（受電端の基準電圧 V_0 のときの負荷の有効電力，無効電力をそれぞれ P_0，Q_0 とする）．特に，$\alpha=\beta=0$ のときは**定電力特性**（インバータエアコン等の負荷），$\alpha=\beta=1$ のときは**定電流特性**，$\alpha=\beta=2$ のときは**定インピーダンス特性**（白熱灯や電熱器等の負荷）となる．図 5・15 は負荷の電圧特性を示す．

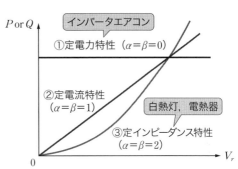

図 5・15　負荷の電圧特性

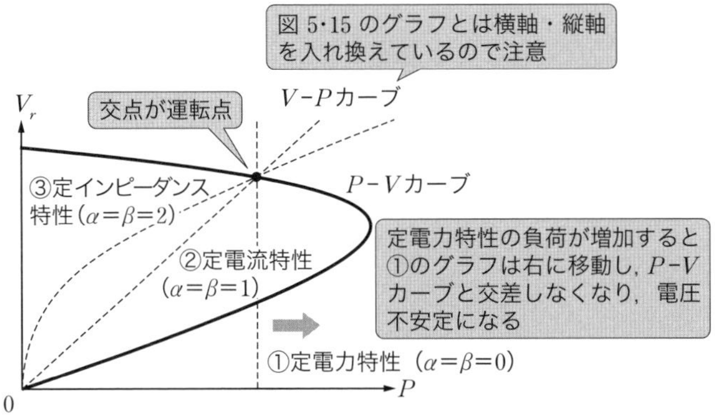

図 5・15 のグラフとは横軸・縦軸を入れ換えているので注意

交点が運転点

$V\text{-}P$ カーブ

③定インピーダンス特性（$\alpha=\beta=2$）

$P\text{-}V$ カーブ

②定電流特性（$\alpha=\beta=1$）

定電力特性の負荷が増加すると①のグラフは右に移動し，$P\text{-}V$ カーブと交差しなくなり，電圧不安定になる

①定電力特性（$\alpha=\beta=0$）

図 5・16　系統電圧の運転点

受電端電圧は，図 5・13 の送電特性を示す $P\text{-}V$ カーブと図 5・15 の負荷の電圧特性によって決まる．すなわち，図 5・16 に示すように，これらの交点が系統電圧の運転点となる．図 5・16 において，**定電力負荷の増加は①の直線が右側に移**

電力系統

行することを意味するが，安定限界電力以上の負荷に対しては交点が存在せず，**電圧不安定**になる．一方，定電流負荷や定インピーダンス負荷の増加は，②や③のカーブの傾きが減少することになるものの，P-Vカーブとの交点は存在する．つまり，電圧は低下するが，運転点は存在する．しかし，運転点が電圧低め解領域では，変圧器の負荷時タップ切換制御によって，電圧を上げようとすると実際には電圧が下がってしまう逆動作によって，電圧不安定になる．

例題9　　　　　　　　　　　　　　　　　H22　問4

次の文章は，電力系統の有効電力と電圧の特性に関する記述である．

図2の実線は図1の受電端の母線における有効電力 P_r と母線電圧 V_r との関係を表した P-V 曲線と呼ばれるものである．これに対して，図2の点線（A），（B）及び（C）は受電端母線から下位系につながる負荷の3種類の負荷特性を表しており，P-V 曲線と負荷特性が交差する X 点がこの系統の $\boxed{(1)}$ となる．一般に，負荷の電圧特性は次の式により表される（受電端の基準電圧 V_0 のときの負荷の有効電力，無効電力をそれぞれ P_0，Q_0 とする）．

$$P_r = P_0 \left(\frac{V_r}{V_0} \right)^\alpha, \quad Q_r = Q_0 \left(\frac{V_r}{V_0} \right)^\beta$$

V_r：受電端の母線電圧
P_r：受電端の有効電力
Q_r：受電端の無効電力

図1

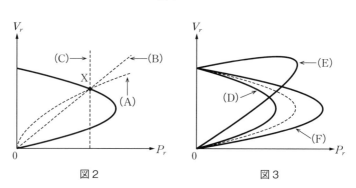

図2　　　　図3

5-3 電圧安定度

ここで，$\alpha=\beta=$ (2) のとき，この負荷の持つ電圧特性は定電力特性と呼ばれ，その特性は図2中の (3) で表される．図2において定電力特性の負荷が増加すると，(3) は (4) するため，負荷の増加が大きいとP-V曲線と交差しなくなり，電圧不安定要因の一つとなる．

また，図3の点線を力率が1の場合のP-V曲線とし，負荷力率を変化させていった場合，実線（D），（E）および（F）のうち負荷力率が遅れであるものは (5) である．

【解答群】
(イ) 点線（B）　　　　　(ロ) 1　　　　　　　　(ハ) 2
(ニ) 点線（C）　　　　　(ホ) 傾きが増加　　　　(ヘ) 傾きが減少
(ト) 右側へ移動　　　　　(チ) 電圧安定限界点　　(リ) 送電限界点
(ヌ) 運転点　　　　　　　(ル) 実線（D）　　　　(ヲ) 点線（A）
(ワ) 0　　　　　　　　　(カ) 実線（F）　　　　　(ヨ) 実線（E）

解説 本節を参照する．

【解答】(1) ヌ　(2) ワ　(3) ニ　(4) ト　(5) ル

例題 10　　　　　　　　　　　　　　　　　　　　H29　問7

次の文章は，電圧安定性と負荷の電圧特性に関する記述である．

電圧安定性は負荷の様相に大きく依存する．電圧に対する負荷特性は，定電力特性，定電流特性，定インピーダンス特性の三つに分類され，白熱灯や電熱器の負荷は　(1)　特性を示す．電圧安定性は，負荷全体に対する定電力負荷の割合が　(2)　場合に厳しくなる．

電圧安定性を表す特性として負荷の有効電力 P と負荷端の電圧 V の関係を表した P-V 曲線が一般に用いられ，その形からノーズカーブともいわれる．下図は，負荷が定電力特性である場合の電圧安定性を示したものであり，安定な運用点は　(3)　である．

電力需要が増加していくと電圧安定性が低下するおそれがあるが，負荷端に　(4)　を投入することで，P-V 曲線の限界点が　(5)　方向に移動し，電圧の安定性を維持できる．

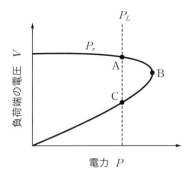

P_L：負荷の消費する電力
P_r：負荷端に伝達される電力

【解答群】
(イ) 定インピーダンス　　(ロ) C点　　(ハ) 右上　　(ニ) コンデンサ
(ホ) 大きい　　　　　　　(ヘ) 右　　　(ト) A点　　(チ) B点
(リ) 定電力　　　　　　　(ヌ) 小さい　(ル) リアクトル　(ヲ) 左下
(ワ) ゼロの　　　　　　　(カ) 定電流　(ヨ) 左

解説　本節を参照する．

【解答】(1) イ　(2) ホ　(3) ト　(4) ニ　(5) ハ

章末問題

■ 1 　　　　　　　　　　　　　　　　　　　　　　　　　　　H20 問6

次の文章は，交流送電の特徴に関する記述である．

現在の電力系統は交流送電が主体で直流送電が補完的に適用されている．これは交流送電の次に述べる利点による．

- 大電力を効率よく送電できる高電圧送電が，静止器である　(1)　により容易に，かつ，効率的に実現できる．
- 半周期ごとに電流が零 (0) となるため，　(2)　による系統構成の変更や系統事故除去が容易にできる．
- 多端子のネットワークを構成でき，効率的，経済的な電力輸送が可能となる．
- 直流発電機と異なり　(3)　を必要としない同期発電機が主な電源として利用される．
- 構造が簡単で堅ろうで安価なかご形などの　(4)　を動力負荷として利用可能である．

反面，系統内の発電機をほぼ一定の回転速度で運転し，発電機間の電圧位相差をある範囲に収める　(5)　運転が必要となることから，送電線の安定度による送電限界や事故時の発電機脱調等，直流送電にない問題がある．

【解答群】
(イ) 整流子　　　　(ロ) 保護リレー　　(ハ) 可変速　　　　(ニ) 直流機
(ホ) 分路リアクトル (ヘ) 誘導機　　　　(ト) 軸受　　　　　(チ) 同期
(リ) 変流器　　　　(ヌ) 変圧器　　　　(ル) スリップリング (ヲ) 遮断器
(ワ) 非同期　　　　(カ) 調相機　　　　(ヨ) 分巻機

■ 2 　　　　　　　　　　　　　　　　　　　　　　　　　　　H30 問7

次の文章は，送電電圧と送電電力に関する記述である．

三相3線式送電線路で，高い電圧が採用される理由を考察する．送電線は単導体一回線とし，送電端線間電圧を V，線路電流を I，送電端力率を $\cos\phi$，送電端送電電力を P，P に対する線路の電力損失の割合である送電損失率を λ，送電距離を L，電線1条の抵抗と断面積を R と A，全電線合計の質量を G，その質量密度を σ，その体積抵抗率を ρ とする．また，線路は抵抗とリアクタンスのみで表現され，三相が平衡しており，表皮効果を無視すると次式が成立する．なお，単位系はすべてSI単位系で表示されているものとする．

$$P = \boxed{(1)} \cdots\cdots\cdots\cdots\cdots\cdots\cdots\cdots\cdots\cdots\cdots\cdots\cdots\cdots\cdots\cdots ①$$

221

電力系統

$$\lambda = \frac{3RI^2}{P} \quad \cdots\cdots\cdots\cdots\cdots\cdots\cdots\cdots\cdots\cdots\cdots\cdots\cdots\cdots\cdots\cdots\cdots\cdots② $$

$R = \boxed{}$ ・・・③

$G = \boxed{}$ ・・・④

式①と④より，

$$\frac{P}{G} = \frac{VI\cos\phi}{\sqrt{3}\sigma AL} \quad \cdots\cdots\cdots\cdots\cdots\cdots\cdots\cdots\cdots⑤$$

であるから，式⑤を二乗し，式②，③を代入すると，

$$\frac{P^2}{G^2} = \frac{V^2 \lambda P \cos^2\phi}{\boxed{(4)}} \quad \cdots\cdots\cdots\cdots\cdots⑥$$

さらに，式⑥に式④を代入すると，式⑦が得られる．

$$P = V^2 G\lambda \boxed{(5)} \quad \cdots\cdots\cdots\cdots\cdots\cdots\cdots\cdots\cdots⑦$$

よって，距離，質量および電力損失率が同じ送電線を利用すると，送電電力は線間電圧の二乗に比例することになる．

【解答群】

(イ) $\dfrac{\cos\phi}{3\sigma\rho L}$　　(ロ) $\sqrt{3}\sigma AL$　　(ハ) $\dfrac{\rho L}{A}$　　(ニ) $3VI\cos\phi$

(ホ) $\sqrt{3}\sigma AL^2$　　(ヘ) $\dfrac{\cos\phi}{3\sigma\rho L^{3/2}}$　　(ト) $3\sigma\rho AL^3$　　(チ) $3\sigma AL$

(リ) $3\sigma\rho AL^2$　　(ヌ) $\dfrac{\rho L^2}{A}$　　(ル) ρAL　　(ヲ) $\sqrt{3}VI\cos\phi$

(ワ) $VI\cos\phi$　　(カ) $\dfrac{\cos^2\phi}{3\sigma\rho L^2}$　　(ヨ) $9\sigma^2\rho AL^3$

3　R2　問3

次の文章は，電力系統の短絡電流に関する記述である．

同期発電機の増加や送電線の新増設等により，$\boxed{(1)}$ の増大や系統連系が密になることによって，系統事故発生時の短絡電流が大きくなる．短絡電流の増加により，送変電機器の損傷増大や，周辺通信線への $\boxed{(2)}$ が考えられるため，以下のような短絡電流抑制対策を施す必要がある．

a) 現在採用されている電圧より上位の電圧の系統を作り，既設系統を分割する．
b) 発電機や変圧器の $\boxed{(3)}$ を大きくする．
c) 送電線や母線間に $\boxed{(4)}$ を設置する．
d) 系統間を直流設備で連系する．
e) 変電所の $\boxed{(5)}$ 運用を行う．

【解答群】
（イ）熱容量　　　　　　（ロ）直列コンデンサ　　（ハ）インピーダンス
（ニ）系統慣性定数　　　（ホ）静電誘導障害　　　（ヘ）母線分離
（ト）系統容量　　　　　（チ）遮断電流　　　　　（リ）保護リレー
（ヌ）電磁誘導障害　　　（ル）接続障害　　　　　（ヲ）母線併用
（ワ）定格容量　　　　　（カ）複母線　　　　　　（ヨ）限流リアクトル

■ 4　　　　　　　　　　　　　　　　　　　　　　　　　　　　H10　問6

次の文章は，電力系統に接続された三相変圧器の単位法を用いた対称分等価回路に関する記述である．

対称座標法における零相電圧が存在することは，もとの三相回路の各相に同じ大きさの　(1)　電圧成分が存在することを意味する．したがって，三相変圧器の零相等価回路は結線方式によって異なるものとなる．

変圧器が一次側中性点，二次側中性点ともインピーダンス $\dot{Z}_N$ を通して接地されているY-Y結線の場合の零相等価回路は，正相等価回路における漏れインピーダンス $\dot{Z}_1$ に $\dot{Z}_N$ の6倍のインピーダンスを直列接続したものになる．一次側中性点がインピーダンス $\dot{Z}_N$ で接地されているY-Δ結線の場合の零相等価回路は，一次側は漏れインピーダンス $\dot{Z}_1$ に $\dot{Z}_N$ の　(2)　倍のインピーダンスを直列接続したものを通して短絡され，二次側は　(3)　されたものになる．これは，Δ結線の中を零相電流が　(4)　ことによって説明できる．また，これらの逆相等価回路は　(5)　相等価回路と同じものになる．

【解答群】
（イ）そのまま短絡　　　　　　（ロ）流れない　　　　（ハ）正
（ニ）同じ位相の交流　　　　　（ホ）開放　　　　　　（ヘ）120°ずつ位相差をもつ交流
（ト）6　　　　　　　　　　　　（チ）零　　　　　　　（リ）循環する
（ヌ）$\dot{Z}_1$ を通して短絡　　　（ル）直流　　　　　　（ヲ）3
（ワ）各相120°ずつずれている　　　　（カ）1　　　　　　（ヨ）$\sqrt{3}$

5 R4 問7

次の文章は，電力系統の過渡安定度の判別法の一つの等面積法に関する記述である．

電力系統における過渡安定度の基本的な説明には，図の等面積法が多く用いられる．この図で，地絡等の故障中は発電機の機械入力 P_m が電気出力 P_e より大きいため，この発電機の [(1)] し，相差角 δ は [(2)] ．

次いで，一定時間後（相差角 δ_c）で故障が除去されると，以降，電気出力 P_e が機械入力 P_m を上回り，発電機の [(3)] し始める．

この間も δ は増加するが，図の面積 $V_k < V_p$ であれば，δ が δ_u に達する前にその最大値に達し，以降，δ はその最大値 [(4)] ．すなわち，安定と判定される．

一方，$V_k > V_p$ であれば δ は δ_u を越え，以降，δ は増大して [(5)] ．この場合は，不安定（脱調）と判定される．

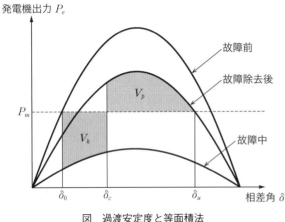

図 過渡安定度と等面積法

【解答群】
（イ）回転数は振動
（ロ）大きく振動する
（ハ）180度まで進み止まる
（ニ）増大する
（ホ）電流は振動
（ヘ）回転数は減少
（ト）乱調する
（チ）から減少する
（リ）電流は減少
（ヌ）発散する
（ル）電圧は振動
（ヲ）脈動する
（ワ）回転数は増大
（カ）に留まる
（ヨ）から δ_c まで移行する

■6 　　　　　　　　　　　　　　　　　　　　　　　R3　問3

次の文章は，電力系統安定化装置（PSS）に関する記述である．

電力系統安定化装置は，発電機の動揺を検出して，発電機 (1) への補助信号を生成し，動揺を減衰させることを目的とした装置である．

補助信号の入力としては，電力系統の特性に応じて，発電機出力変化，(2) ，周波数変化のいずれか，あるいは，これらの内の2種の組み合わせが用いられている．補助信号は，フィルタと (3) 補償回路などを介して， (1) に入力される．

電力系統安定化装置は (4) の向上に寄与するため， (5) 等に採用されている．

【解答群】
(イ) 電圧変化　　　　　(ロ) LFC　　　　　　　(ハ) 相差角変化
(ニ) 同期安定性　　　　(ホ) 位相　　　　　　　(ヘ) 小水力発電機
(ト) 太陽光発電　　　　(チ) 力率　　　　　　　(リ) 軸回転速度変化
(ヌ) リアクトル　　　　(ル) 調速機　　　　　　(ヲ) 火力発電機
(ワ) AVR　　　　　　　 (カ) 周波数安定性　　　(ヨ) 電圧安定性

■7 　　　　　　　　　　　　　　　　　　　　　　　H8　問4

次の文章は，送電線路に設置される直列コンデンサに関する記述である．

送電線路に直列コンデンサを設置することは，線路の (1) を減少させることにより，等価的に線路の長さを短縮することになる．このため， (2) 送電線に適用するとより効果的である．また，直列コンデンサを設置することにより， (3) の低減および (4) の向上に役立つ．しかし，同期機における (5) や負制動現象の原因になることがある．

【解答群】
(イ) 高調波の発生　　　(ロ) 軸ねじれ現象　　　(ハ) 電圧降下
(ニ) 電圧変動率　　　　(ホ) 高電圧　　　　　　(ヘ) 低電圧
(ト) 長距離　　　　　　(チ) 短距離　　　　　　(リ) 安定度
(ヌ) 誘導リアクタンス　(ル) 並列キャパシタンス(ヲ) 軽負荷
(ワ) 重負荷　　　　　　(カ) 共振　　　　　　　(ヨ) フェランチ効果

6章 変電

学習のポイント

　変電分野では，変圧器の結線方式・励磁突入電流・損失，負荷時タップ切換装置，中性点接地方式，開閉過電圧，送電線・変圧器・母線保護リレー，絶縁設計と避雷器，各種調相設備の機能等がよく出題され，一次試験では語句選択式が非常に多い．3種に比べ，出題領域も広いし，保護リレー分野は高度な出題となっている．本分野も，一次試験のキーワードだけでなく，二次試験の論説問題も視野に入れて解説を詳述しているので，何度も読み返していただき，頭に叩き込んでほしい．

6-1 変電所と変圧器

攻略のポイント

本節に関して,電験3種では変電所の各機器の役割,変圧器の結線等が出題される.2種では,変圧器の結線,損失,励磁突入電流,負荷時タップ切換装置の構成,変圧器の平行運転条件,低騒音化,中性点接地方式等,幅広く出題されている.

1 用途による分類

電気事業用の変電所を電力用変電所といい,**送電用変電所**,**配電用変電所**,**周波数変換所**がある.送電用変電所は,特別高圧で受電した電気を他の特別高圧に変成して送電する変電所であり,昇圧用変電所と降圧用変電所がある.また,配電用変電所は,特別高圧で受電した電気を高圧に降圧して配電する変電所である.

2 電圧の変圧段階による分類

一般的には,変電所の高圧側の電圧によって,500 kV 変電所,超高圧変電所などと呼ぶ.図 6・1 は電圧の変圧段階による変電所の分類を示す.

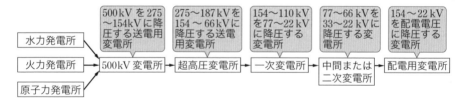

図 6・1 電圧の変圧段階による変電所の分類

3 変電所の機能と主な設備

変電所の機能は,下記のとおりである.

(1) 電圧の変成

発電所や他の変電所から送られた電気の電圧を昇圧または降圧し,電線路で他の変電所や需要家に送る.電圧を変成するのが**主変圧器**である.主変圧器には,製作技術の進歩によって信頼性が向上したため,一般に,経済的な**三相変圧器**が使用され,鉄心構造は**内鉄形**と**外鉄形**に分けられる.巻線方式としては,二巻線,三巻線,単巻線があり,一般に送電用変電所では**三巻線**,配電用変電所では**二巻線**が多く使われ,500 kV 変圧器や直接接地系間の連系用変圧器として**単巻**

変圧器（500 kV 単巻変圧器は単相器の構造）が用いられる．500 kV 変圧器から配電用変電所の変圧器に至るまで**負荷時タップ切換器付き変圧器（負荷時タップ切換変圧器）**が広く採用されている．

(2) 交直変換・周波数変換
交流と直流の変換をしたり，異なる周波数の交流に変換したりして送る．

(3) 電力潮流の制御
母線と開閉設備により，送電，停止，切替を行う．送配電線の電気を集中，分配するために**母線**がある．そして，**遮断器**は，常時の電力の送電，停止，切替に使用され，送配電線や機器の故障時に回路を自動遮断する．**断路器**は，送配電線，変圧器，遮断器の保守・点検時にこれらを回路から切り離す機能に加えて，母線のループ切替用として用いられる．

(4) 電圧と無効電力の調整
負荷時タップ切換器や**調相設備（電力用コンデンサ，分路リアクトル，同期調相機等）**により，電圧や無効電力を調整する．

(5) 制御と保護
制御装置により運転員が機器の状態を監視し，機器の操作を行うとともに，変成器と組み合わせて電圧・電流・電力等の計測を行う．

また，故障時には**保護リレー（継電器）**によって自動的に遮断器を動作させ，故障部分を系統から切り離して設備を保護する．

4 変圧器の結線方式

(1) Y-Y-△結線
① 一次，二次間の位相変位がない．
② 一次，二次の両巻線の中性点を接地することができるため，巻線の絶縁低減が可能となる．故障検出のために十分な地絡電流が流れて保護しやすい．

[三次巻線の△巻線による効果]（③～⑤）
③ 三次巻線として△巻線を設けることにより，第 3 調波を三次巻線に環流させ，各相電圧の歪みを小さくして正弦波とすることができる．
④ 一線地絡時の零相電流を循環させ，変圧器の零相インピーダンスを減少させる．
⑤ 三次巻線を，調相設備の接続や所内回路の供給のために利用できる．なお，△巻線から負荷をとらない場合，この△巻線を外部に出さずに埋め込み，これを

安定巻線という．

⑥用途は，500 kV 変電所，超高圧変電所など高電圧送電用変電所で用いられる．

(2) Y-△結線（または△-Y結線）

①一次側と二次側の位相が30°変位する

②Y-△結線または△-Y結線は，△結線が励磁電流中の第3調波の環流回路として働いて電圧の歪みが小さくなるとともに，Y結線側では中性点接地ができる．高電圧側をY結線とすれば，絶縁の面でも有利である．

③△結線側では，非接地系で運用する場合を除いて，地絡保護のために，接地変圧器を別に設置する必要がある．

④Y-△結線は降圧用変圧器（高圧側がY結線）に，△-Y結線は発電機昇圧用（発電機側が△結線，高圧側がY結線）に用いられる．

(3) △-△結線

①△-△結線は，第3調波の還流ができる．

②一次側，二次側間に位相変位がない．

③単相変圧器3台で△結線にする場合，1台故障したときにV-V結線で運転できる．

④中性点が接地できないので異常電圧が発生しやすく，地絡保護のために別に接地変圧器を設置する必要がある．

⑤負荷時タップ切換器が線間電圧となる欠点があるため，用途は，77 kV 以下の小容量の変圧器に用いられる．

5 変圧器のインピーダンスと損失

(1) 変圧器のインピーダンス

変圧器には，鉄心内に存在する主磁束のほかに，巻線とは鎖交しない漏れ磁束がある．漏れ磁束は一次側，二次側のそれぞれの巻線に存在し，各巻線の自己インダクタンスと考えることができる．この自己インダクタンスと巻線抵抗の合成が変圧器のインピーダンスとなる．変圧器のインピーダンスは，通常，**パーセント（百分率）インピーダンス降下**として表される．変圧器の全抵抗の二次換算値を R〔Ω〕，全漏れリアクタンスの二次換算値を X〔Ω〕として変圧器の一相当たりの全インピーダンス（二次換算値）を $Z\ (=\sqrt{R^2+X^2})$〔Ω〕，定格二次電流を I_{2n}〔A〕，定格二次電圧（相電圧）を E_{2n}〔V〕とすれば，定格電流が流れてい

るときのインピーダンス降下の定格相電圧に対する百分率を**パーセントインピーダンス降下**（**％インピーダンス降下**，**百分率短絡インピーダンス**，**％インピーダンス電圧**）という．

$$\%Z = \frac{ZI_{2n}}{E_{2n}} \times 100 \ [\%] \tag{6・1}$$

同様に，**％抵抗降下**（p），**％リアクタンス降下**（q）も定義でき，次式となる．

$$p = \frac{RI_{2n}}{E_{2n}} \times 100 \ [\%], \quad q = \frac{XI_{2n}}{E_{2n}} \times 100 \ [\%] \tag{6・2}$$

したがって，$\%Z$ と式（6・2）の p, q との関係は次式となる．

$$\%Z = \sqrt{p^2 + q^2} \tag{6・3}$$

変圧器のインピーダンスは，電圧変動率の減少，電力系統の安定度の向上を図るために小さいほうが良い．しかし，この場合，短絡電流が増加し，遮断器の遮断容量を大きくしなければならない．変圧器のインピーダンスすなわち漏れリアクタンスを小さくするには，巻線間の空隙を小さくして漏れ磁束に対する磁気抵抗を大きくしたり，主磁束を大きくして巻数を減らしたりする必要がある．主磁束を増やすためには鉄心断面積を大きくしなければならないので，鉄心重量が大きい鉄機械となる．これは大型で重量が増し，高価となる．これらを考慮し，変圧器を経済的な設計とするインピーダンスにする必要がある．

(2) 変圧器の損失
①無負荷損

鉄損（**ヒステリシス損とうず電流損**）が大部分であり，このほかに励磁電流による巻線の抵抗損，絶縁物における誘電損がある．ヒステリシス損は，鉄心内を通る磁束の向きの変化に追従し，鉄心内のたくさんの微小磁石（微小電流ループの磁気モーメント）が向きを変えるときに生じる摩擦損失である．これは，ヒステリシスループに比例した損失を生じる．

単位重量当たりのヒステリシス損は次の実験式で表される．

$$W_h = K_h f B_m^2 \ [\mathrm{W/kg}] \tag{6・4}$$

（ただし，K_h：鉄板の材質と加工によって決まる定数，f：周波数，B_m：最大磁束密度）

うず電流損（渦電流損）は，鉄心中を通る磁束を打ち消そうとして，鉄心内に流れるうず電流によって鉄心の抵抗で生じる損失である．単位重量当たりのうず

電流損は次式で表される.

$$W_c = \frac{K_c(tfB_m)^2}{\rho} \qquad (6・5)$$

(ただし, K_c:鉄板の材質によって決まる定数, t:鉄板の厚さ, ρ:鉄心の抵抗率)

ヒステリシス損を小さくするため, けい素鋼板を用い, うず電流損を小さくするために厚さを薄くする必要があり, 通常 0.35 mm の鋼板を積層して鉄心を作る.

②**負荷損**

負荷電流による**巻線の抵抗損（銅損）**と漏れ磁束による**漂遊負荷損**の和である. **変圧器の効率**は入力に対する出力の比であり, 次式で定義される.

$$効率 = \frac{出力〔kW〕}{出力〔kW〕+無負荷損〔kW〕+負荷損〔kW〕} \times 100 〔\%〕 \qquad (6・6)$$

また, 変圧器の日間における総合効率を**全日効率** η_d〔%〕といい, 次式となる.

$$\eta_d = \frac{1\text{日間の負荷電力量}}{1\text{日間の負荷電力量}+1\text{日間の鉄損電力量}+1\text{日間の銅損電力量}} \times 100$$

$$= \frac{\sum_{i=1}^{n} P_i t_i \cos \theta_i}{\sum_{i=1}^{n} P_i t_i \cos \theta_i + 24 P_{ii} + \sum_{i=1}^{n} n_i^2 P_{ci} t_i} \times 100 〔\%〕 \qquad (6・7)$$

[ただし, P_i:負荷, t_i:P_i の継続時間〔h〕, $\cos \theta_i =$ 負荷力率, P_{ii}:鉄損, P_{ci}:負荷銅損, $n_i = P_i/P$ (P:定格容量〔kVA〕)]

6 変圧器の励磁突入電流

(1) 励磁突入電流の発生

変圧器巻線の誘導起電力 E は, 巻数を n, 鉄心の磁束を ϕ とすると, ファラデーの法則より $E = n\dfrac{d\phi}{dt}$ となるので, Φ_r を残留磁束 $\Phi_r = n\phi_r = \int_{-\infty}^{0} E dt$ として

$$\Phi = n\phi = \int_{-\infty}^{t} E dt = \Phi_r + \int_0^t E dt \qquad (6・8)$$

となる. つまり, 鉄心内の磁束 Φ は印加電圧の積分で表されるので, 電圧 $E = E_m \sin \omega t$ を変圧器に印加すると, 最初の1サイクルの間に磁束は定常状態の磁

束最大値 Φ_m の 2 倍と残留磁束を加えた（$2\Phi_m + \Phi_r$）となって飽和磁束を超えるので，過渡的に大きな電流が流れる．これを**励磁突入電流**という．この励磁突入電流を図 6・2 に示す．そして，シフトした磁束は徐々に定常状態に戻っていき，それとともに励磁電流も落ち着く．また，この継続時間は回路のインダクタンスと抵抗によって決まり，大容量器ほど長く，数十秒以上に及ぶことがある．

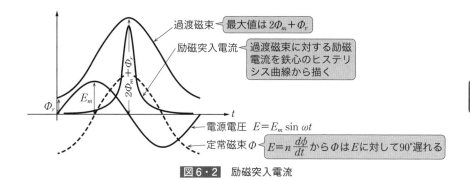

図 6・2 励磁突入電流

励磁突入電流は，例えば変圧器容量が 10 MVA クラスでは定格電流の 6〜8 倍程度に達することもある．励磁突入電流の大きさや継続時間は，変圧器の鉄心の飽和特性，投入位相，連系する系統の短絡容量等によって変わる．

(2) 励磁突入電流に伴う各種現象への対策
① 変圧器の保護リレー（比率差動リレー）の誤動作防止対策

変圧器の保護には，「6-3 保護継電器（リレー）」に示すように，比率差動リレーを適用する．しかし，変圧器の励磁突入電流は加圧端子からの流入のみで流出がなく，定格電流を大幅に上回るので，誤動作する可能性がある．この対策として，励磁突入電流には第 2 調波が多く含まれていることを利用して，**第 2 調波ロック方式**（第 2 調波含有率が一定以上の場合には励磁突入電流とみなしてロックする方式）が採用される．また，**変圧器投入後一定時間リレーをロックする方式**がとられることもある．

② 励磁突入電流に伴う電圧変動抑制対策

励磁突入電流による電圧変動を抑制するため，**変圧器投入時の抵抗投入や投入位相の制御**などを行うことがある．

a. 変圧器投入時の抵抗投入 変圧器に電圧を印加する寸前に，直列に抵抗を投

入し,半サイクル程度経過後に主接点を閉路して短絡することにより励磁突入電流を抑制する.抵抗により励磁突入電流の第1波の電流を制限する.そして,直流分が抵抗を通して流れるため減衰が早く,第2波以降においても磁気飽和が起こりにくくなる.

b. **投入位相の制御**　変圧器の励磁突入電流が残留磁束と印加電圧の位相によって影響を受けるため,変圧器を停止したときの残留磁束を測定または演算し,その残留磁束に対して励磁突入電流が発生しない(または発生が非常に小さくなる)印加電圧の位相をあらかじめ演算し,投入時間を考慮しタイミングを見計らって遮断器を投入する.この投入位相制御を行うことにより,励磁突入電流を抑制する.

7 負荷時タップ切換装置

負荷時タップ切換装置は,電力系統の電圧を適正に調整するために設置される.この装置には,**負荷時電圧調整器(LRA)**と,変圧器に**負荷時タップ切換器**を組み込んだ**負荷時タップ切換変圧器(LRT)**がある.近年では,LRTが主に用いられる.

負荷時タップ切換器は,図6・3のように直接式と間接式がある.**直接式**は,図6・3(a)のように,外部回路に接続された巻線の電流が直接負荷時タップ切換器に流れる結線である.一方,間接式は,図6・3(b)のように,直列変圧器の励磁巻線に流れる電流が負荷時タップ切換器に流れる結線である.近年,直接式が採用されている.

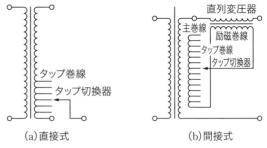

図6・3　タップ切換器と変圧器結線方式

負荷時タップ切換器は,タップ選択器,切換開閉器,限流インピーダンス(抵抗またはリアクトル)からなる.近年,限流インピーダンスとして抵抗を用いた**抵抗式負荷時タップ切換器**(図6・4)が採用されている.タップ選択器は,通電中のタップから次のタップに切り換えるのに無通電状態で切り換える.同図で,切換開閉器が時計回りに移動する過程つまりタップ切換の途中で,2個の異なる

タップと限流抵抗により一時的に**循環電流を適当な値に限流**しながら流し，次に元のタップ側を開放し，次のタップに切り換える（例題4で動作を詳説）．

切換開閉器の電流開閉素子は，油中接点と真空バルブが用いられる．油中変圧器では一般的に油中接点が用いられる．タップ切換のときにアークを発生し，切換開閉器室内の油を汚損するが，このために活線浄油機が設けられる．一方，ガス絶縁変圧器などでは，真空バルブによる切換開閉器が用いられる．

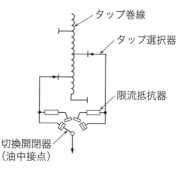

図6・4　抵抗式負荷時タップ切換器

通常，負荷時タップ切換開閉装置の耐用切換回数としては，電気的には20万回，機械的には80万回と決められている．

8 変圧器の運用

(1) 変圧器の並行運転

変圧器を2台以上並行運転する場合，各変圧器がその容量に比例した電流を分担し，循環電流が実用上支障のない程度に小さくすることが必要である．このために，次の条件を満足しなければならない．

［変圧器の並行運転条件］
① 一次，二次の定格電圧および極性が等しいこと
② 巻数比（変圧比）が等しいこと
③ 各変圧器の自己容量ベースの％インピーダンス降下が等しいこと［漏れインピーダンス（オーム値）が変圧器定格容量に逆比例すること（式(6・9)を参照）］
④ 抵抗とリアクタンスの比が等しいこと
⑤ 三相の場合は角変位と相回転が等しいこと

(2) 容量が異なる場合の負荷分担

図6・5のように，変圧器容量および％インピーダンス（自己容量ベース）が，それぞれ P_1〔kVA〕, $\dot{Z}_1$〔％〕および P_2〔kVA〕, $\dot{Z}_2$〔％〕の2台の変圧器 A, B

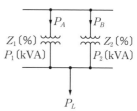

図6・5　変圧器の並行運転

が並行運転して負荷 P_L [kVA] を供給している場合，変圧器 A, B にかかる負荷 P_A, P_B を求める．A 変圧器の容量 P_1 を基準容量とすれば，B 変圧器の％インピーダンス $\dot{Z}_2'$ は $\dot{Z}_2' = \dot{Z}_2 \times (P_1/P_2)$ となるから，負荷 P_A, P_B は次式となる．

$$\left.\begin{aligned}P_A &= P_L \times \frac{\dot{Z}_2'}{\dot{Z}_1 + \dot{Z}_2'} = P_L \times \frac{\dot{Z}_2(P_1/P_2)}{\dot{Z}_1 + \dot{Z}_2(P_1/P_2)} \\ &= \frac{\dot{Z}_2 P_1}{\dot{Z}_1 P_2 + \dot{Z}_2 P_1} P_L \text{ [kVA]} \\ P_B &= P_L - P_A = \frac{\dot{Z}_1 P_2}{\dot{Z}_1 P_2 + \dot{Z}_2 P_1} P_L \text{ [kVA]}\end{aligned}\right\} \quad (6 \cdot 9)$$

式 (6・9) において，自己容量ベースの $\dot{Z}_1$ [％] と $\dot{Z}_2$ [％] が等しければ，負荷 P_A, P_B は定格容量 P_1, P_2 に比例する．これが変圧器の並行運転条件③を表す．

(3) 変圧器の騒音と対策

変圧器の騒音の発生原因としては，①鉄心の磁気ひずみによる振動，②鉄心のつなぎ目および成層間に働く磁気吸引力による振動，③巻線導体間または巻線間に働く電磁力による振動，④強制冷却の場合，ポンプ，ファン等の補機が発生する振動などがある．これらを軽減するための対策は，次のとおりである．

[変圧器の低騒音化のための対策]

①鉄心の磁束密度を小さくする．また，磁気ひずみの少ない冷間圧延けい素鋼板を使用する．

②鉄心底部とタンク底部の間にクッションを置き，タンクに伝わる振動を少なくする．

③タンク底部に防振ゴムを敷設し，タンクの振動を抑制する．

④屋外式では，変圧器の周囲に遮音壁を設ける．

⑤屋内式に変更する．

9 中性点接地方式

中性点接地の目的は次のとおりである．

[中性点接地の目的]

①送変電設備および配電設備の地絡故障時の健全相電位上昇の抑制

②電線路および電力機器の絶縁破壊の防止

③地絡保護リレーの動作性能の確保

6-1 変電所と変圧器

表6・1 各種の中性点接地方式の比較

項　目	直接接地	抵抗接地	補償リアクトル接地	消弧リアクトル接地	非接地
一線地絡電流	最　大	中 (抵抗値によるが 100〜500A程度)	中 (地中ケーブル の充電電流)	最　小	小 (ほとんど対地 充電電流のみ)
地絡継電器 の動作	最も容易	容　易	容　易	自然消弧 永久故障時に並列 抵抗を入れて遮断	困　難
機械の絶縁 レベル	最低 (低減絶縁・ 段絶縁可能)	非接地より小	非接地より小	非接地より小	最　高
一線地絡時 健全相電圧	小	中 ($\sqrt{3}$倍の線間 電圧値まで上昇)	中	中	大 間欠アーク地絡による異常 電圧の発生の可能性あり
誘導障害	最大 (高速遮断により 故障継続時間小)	中 (抵抗値が大きくなる につれて小さくなる)	中	小 (直列共振に 注意を要する)	異常電圧や2重故 障がなければ小
遮断器の 遮断容量	短絡より地絡時 の電流が大きく なる場合がある	普　通	普　通	普　通	普　通
適用	187kV以上	154〜22kV	154〜66kV地中	66〜77kV架空	33kV以下

④地絡故障電流の抑制と電磁誘導障害の抑制
⑤消弧リアクトル接地方式では一線地絡時のアーク地絡を消滅させること

　中性点接地方式は，直接接地方式，抵抗接地方式，リアクトル接地方式，非接地方式に分けられる．そして，1線地絡故障時に健全相の電圧が常時の1.3倍を超えない範囲に中性点インピーダンスをおさえる接地を**有効接地**という．直接接地方式は有効接地となっている．

　表6・1は，各種の中性点接地方式を比較している．

(1) 直接接地方式

　変圧器の中性点を導体によって直接接地する方式である（図6・6）．直接接地方式は，わが国では**電圧187kV以上の系統**で採用されている．

[直接接地方式のメリット]
① 1線地絡故障時の健全相電圧上昇を小さく抑制することができるので，送電線路のがいし個数を少なくし，機器の絶縁レ

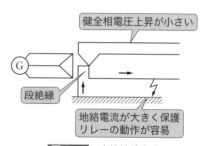

図6・6　直接接地方式

ベルを低減できる．
② 1線地絡故障時の地絡電流が大きいので，保護リレーの動作が迅速・確実となる．
③ 変圧器の中性点端子は故障時でも零電位近くに保たれるから，変圧器の**段絶縁**（変圧器の巻線内の各コイルの対地絶縁は線路端から中性点に近づくにつれて次第に低減）が可能となり，変圧器の寸法・重量を縮小できる．

[直接接地方式のデメリット]
① 一線地絡故障時の地絡電流が大きいため，通信線に対する電磁誘導障害が大きくなる．この対策として，故障の高速除去，遮へい線の採用，通信ケーブルの隔離等を行う．

(2) 抵抗接地方式

抵抗接地方式（図 6·7）には，高抵抗接地方式と低抵抗接地方式とがある．わが国では，**抵抗器（100～1 000 Ω 程度）を通じて中性点を接地し，地絡電流を100～500 A 程度に抑制する高抵抗接地方式が 154～22 kV 系統で採用**されている．

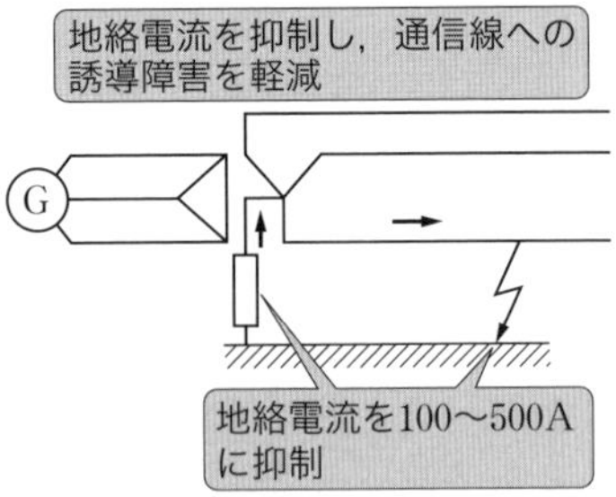

[抵抗接地方式のメリット]
① 地絡電流を抑制し，通信線への電磁誘導障害を軽減する．
② 適当な地絡電流を流し，保護リレーの動作の信頼性を高める．
③ アーク地絡による異常電圧を軽減する．

図 6·7 抵抗接地方式

(3) 補償リアクトル接地方式

補償リアクトル接地方式（図 6·8）は，154～66 kV 地中ケーブル系統で採用される．図 6·8 のように，故障電流の進み位相角による保護リレーの適用が難しくなることやフェランチ効果を解決するため，ケーブルの充電電流を補償する補償リアクトルを中性点抵抗と並列に設置する方式である．

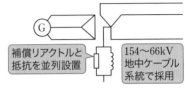

図 6·8 補償リアクトル接地方式

(4) 消弧リアクトル接地方式（ペテルゼンコイル接地方式）

中性点を式 (6・10) の条件式を満たすインダクタンス L_e をもって接地する方式である．わが国では，66, 77 kV 架空系統で採用されている．図6・9で，故障点から大地を通って，右の三つの対地静電容量 C_s に流れ込む電流の和は $j3\omega C_s V/\sqrt{3}$ となり，左の消弧リアクトルに流れ込む電流は $jV/(\sqrt{3}\omega L_e)$ で表

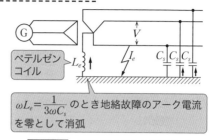

$\omega L_e = \dfrac{1}{3\omega C_s}$ のとき地絡故障のアーク電流を零として消弧

図6・9　消弧リアクトル接地方式

される．したがって，これらの二つの電流は，**式 (6・10) を満たすインダクタンスをもつ消弧リアクトルを設置すれば**，大きさは等しく位相が反対となる．すなわち，**地絡故障時のアーク電流を零として消弧し，線路にはそのまま電力供給を継続**できる．

$$\omega L_e = \frac{1}{3\omega C_s} \tag{6・10}$$

しかし，消弧リアクトルを $\omega L_e > 1/(3\omega C_s)$ となるような L_e を使う場合を**不足補償**といい，異常電圧発生の危険があるため，系統変更する場合には留意が必要である．また，各相電線の対地静電容量が不均衡の場合，中性点に残留電圧が残り，線路の C と中性点の L が直列共振を起こすおそれがある．このため，この直列共振を防止し，補償度を100%近くにして消弧能力の向上を図る常時中性点抵抗併用消弧リアクトル方式が採用される．

(5) 非接地方式

この方式は 33 kV 以下の系統（主に 6.6 kV 配電系統）で採用されている．図6・10のように，変圧器を△結線することができるので，単相変圧器3台で△結線にする場合，変圧器の故障や点検のときにV結線で電力供給ができる．地絡故障時には故障電流を小さく抑えることができるが，健全相の対地電圧は常時の $\sqrt{3}$ 倍に上昇する．

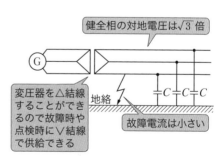

図6・10　非接地方式

変 電

コラム
移動用変電設備 [77/6 kV, 66/6 kV]

(1) 所要機能
①機動性
　移動用変電設備は，変電所機器が故障等により損傷した場合や，変電所機器の点検・修理等で長期間停止する場合に使用されることから，トレーラやトラック上に必要な機器類を搭載し，機動性を発揮させることが必要である．この場合，一般道路を走行する際に特別な申請や許可を要しないような全装備高さ，横幅，車両も含めた総重量としなければならない．また，移動時の振動に耐えることも必要である．

②汎用性
　複数の変電所の共通予備として使用できるよう，変圧器，ケーブル，キュービクル，ブッシングなど，既存設備との組合せが可能なように，定格電圧，定格容量，接続方法等の仕様を選定する．

(2) 設備概要
　トレーラまたはトラック上に移動用変圧器，移動用ケーブル，移動用キュービクル等を必要に応じて組み合わせて，故障時や設備更新時に用いる．また，負荷時タップ切換変圧器，制御電源変圧器，接地形計器用変圧器，避雷器，屋外用制御箱，各種保護装置，開閉器を積み込んだものもある．

例題 1　　　　　　　　　　　　　　　　　　　　　　　H21　問 1

　次の文章は，大容量火力発電所の発電機で発生する電圧を系統電圧に昇圧する主変圧器に関する記述である．
　低圧側電圧を発電機端子電圧にほぼ等しくすることから，低圧部には大電流が流れる．そのため，巻線漏れ磁束や巻線リードの磁界による構造部材の　(1)　への配慮が必要である．また，発電機端子電圧から系統電圧へ直接昇圧するため，

(2) が大きい．

　巻線の結線方法は，(3) を循環させることが可能であること，低圧側の中性点が発電機で接地できることから，(4) が適用される．

　わが国の大容量火力発電所は，海上輸送が可能な沿岸地域に立地することが多く，重量や寸法などの輸送制約が少ないこと，また，高圧側引き出しにエレファント形接続方式を採用することが多く，絶縁距離による配置制約がないことから，(5) として製作されることが多い．

【解答群】
(イ) タップ間隔　　　(ロ) 特別三相器　　　(ハ) 第 5 次高調波
(ニ) 三相器　　　　　(ホ) 低圧側△形—高圧側△形　(ヘ) 単相器
(ト) 第 3 次高調波　　(チ) 低圧側△形—高圧側Y形　(リ) 変圧比
(ヌ) 局部過熱　　　　(ル) 部分放電　　　(ヲ) 容量
(ワ) 第 2 次高調波　　(カ) 低圧側Y形—高圧側△形　(ヨ) 騒音発生

解説　(1) 発電機の昇圧用変圧器では低圧側の電流が大きいため，巻線や巻線リード部からの漏れ磁束によるタンク等の構造部材の局部加熱への対策が必要になる．具体的には，①タンクの内側に短冊状の鉄材を内張りし，タンクを通る漏れ磁束を軽減，②リード部とタンクとの間の十分な離隔距離の確保，③タンクと近接するブッシング部分を非磁性材のステンレスで覆う対策等を実施する．一方，(5)に関して，エレファント形変圧器は解説図のように，ケーブルを直接変圧器のタンク中に挿入して油中で変圧器の巻線と接続し，気中ブッシングを省略したものである．ケーブルとの接続部分が象の鼻に似ているので，このように呼ばれる．そして，火力発電所の場合は輸送の制約がないため，単相変圧器3台を結線して3相分とする特別三相器ではなく，三相一体で製作される三相器が採用される．

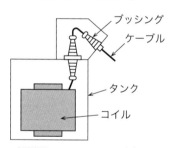

解説図　エレファント形変圧器

【解答】(1) ヌ　(2) リ　(3) ト　(4) チ　(5) ニ

変 電

例題 2 ·· H28 問 3

次の文章は，電力用変圧器の運転時に発生する損失に関する記述である．

変圧器の損失は無負荷損と負荷損からなる．この内，負荷損は一方の巻線を短絡した状態で他方の巻線へ定格周波数の電圧を加え，定格電流を流したときに生じる損失であるが，その値は巻線の抵抗損（電流の2乗×直流抵抗）よりも大きくなる．これは，漏れ磁束が巻線やタンクなどへ鎖交して渦電流が流れることによって　(1)　を生じるためである．この損失は　(2)　ほど大きくなるため，変圧器に設計に当たり配慮が必要である．

漏れ磁束によって巻線内に発生する損失は，漏れ磁束と　(3)　の巻線導体幅の2乗におおむね比例することから，これを低減するためには導体の細分化が有効である．導体を複数の絶縁素線に分割し，途中で素線の　(4)　を変える電線を転位電線といい，定格電流が大きい巻線などに適用されている．

また，漏れ磁束によってタンクなどで発生する損失は局部過熱の原因ともなる．タンクへ鎖交する漏れ磁束への対策として，けい素鋼板やアルミニウムなどのシールドを設置することが行われている．この内，アルミニウムなどの良電導性のシールドは，シールドに渦電流が流れタンクへ向かう漏れ磁束を　(5)　ことで損失・局部過熱を防止するものである．

【解答群】
(イ) 太さ　　　　　　　(ロ) 漂遊負荷損　　　　(ハ) 吸収する
(ニ) 相互位置　　　　　(ホ) 透過する　　　　　(ヘ) 高インピーダンス器
(ト) 打ち消す　　　　　(チ) 低インピーダンス器　(リ) 直交する方向
(ヌ) 45 度の方向　　　　(ル) 銅損　　　　　　　(ヲ) 平行な方向
(ワ) 硬さ　　　　　　　(カ) 高電圧器　　　　　(ヨ) ヒステリシス損

解 説　(1) (2) 漂遊負荷損は，巻線に負荷電流が流れると，巻線内およびその周囲に漏れ磁束が生じ，巻線およびタンクなど周辺の構造物に鎖交して渦電流が流れ，渦電流損が発生することによって生じる．この漂遊負荷損は，巻線抵抗による抵抗損の5～50%に及び，大容量・高インピーダンス器ほど大きくなるため，適切な対策を講じて減少させることが重要である．

(3) 式 (6・5) の渦電流損 $W_c = K_c(tfB_m)^2/\rho$ の t は鉄板の厚さであり，漏れ磁束と直交する方向の巻線導体幅に相当する．

(4) 巻線は絶縁を施した多数の素導体を並列にして使用するが，並列導体間に漏れ磁束による誘導電圧があると，この電圧により素導体間に循環電流が流れて漂遊負荷損が増

加する．このため，巻線の途中で素導体の相互位置を入れ換え，鎖交磁束による誘導電圧を打ち消して循環電流を生じないようにする転位を行う．

【解答】(1) ロ　(2) ヘ　(3) リ　(4) ニ　(5) ト

例題 3　　　　　　　　　　　　　　　　　　　　　　H27 問 2

次の文章は，変圧器の励磁突入電流に関する記述である．

変圧器充電時における鉄心内の磁束は印加電圧の　(1)　で表されるので，例えば電圧零の時点で電源が投入されると，最初の 1 サイクルの間に磁束は定常状態の磁束最大値の 2 倍に達し，飽和磁束密度を超えるので，過渡的に大きな電流が流入する．この電流を励磁突入電流という．変圧器投入時に鉄心内に　(2)　があり，それが印加電圧による磁束の変化と同一方向の場合には，両者が加算されるため更に大きな励磁突入電流となる．

このようにシフトした磁束は徐々に定常状態に戻っていき，それとともに励磁突入電流も落ち着くが，この継続時間は回路のインダクタンスと抵抗によって決まり，　(3)　ほど長く，数十秒以上に及ぶことがある．

このように大きな突入電流による比率差動リレーの誤動作を防止するため，変圧器投入後，一定時間リレーをロックする方法や，突入電流に　(4)　が多く含まれているので　(4)　抑制機能付比率差動リレーを用いる方法がとられる．

また，励磁突入電流による電圧変動を抑制するため，変圧器投入時の抵抗投入や　(5)　の制御などを行うことがある．

【解答群】
(イ) 系統電圧　　　　(ロ) 残留磁束　　　　(ハ) 躯体が小さくなる
(ニ) 振動　　　　　　(ホ) 積分　　　　　　(ヘ) 容量が大きくなる
(ト) 渦電流　　　　　(チ) 第三高調波　　　(リ) 投入位相
(ヌ) 微分　　　　　　(ル) 鉄心が小さくなる　(ヲ) 負荷力率
(ワ) 第二高調波　　　(カ) 平均　　　　　　(ヨ) 第五高調波

解　説　本節 6 項を参照する．

【解答】(1) ホ　(2) ロ　(3) ヘ　(4) ワ　(5) リ

変 電

例題 4 ・・・ H25 問 2

次の文章は，変圧器の負荷時タップ切換装置に関する記述である．

負荷時タップ切換装置における負荷時タップ切換器は，無電流状態でタップを選択する ⎡(1)⎦ と，選択された回路の電流を開閉する切換開閉器と，タップ切換の際，タップ間が橋絡されたときに流れる ⎡(2)⎦ を制御する ⎡(3)⎦ とから構成される．

切換開閉器は，タップ切換の際，アークを発生し，切換開閉器室内の油を汚損したり，接点の摩耗が避けられない．このため，最近では，切換開閉器の長寿命化や切換開閉器室の浄油のための保守の省力化の観点から， ⎡(4)⎦ を使った切換開閉器も使用されている．

通常，負荷時タップ切換装置の耐用切換回数としては，電気的には 20 万回，機械的には ⎡(5)⎦ 回と決められ，形式試験で確認されている．

【解答群】

(イ) 負荷電流　　　　(ロ) 80 万　　　　　(ハ) 限流インピーダンス
(ニ) 循環電流　　　　(ホ) コンデンサ　　　(ヘ) 分路巻線
(ト) 40 万　　　　　(チ) タップ選択器　　(リ) 調整器
(ヌ) 励磁電流　　　　(ル) 変換器　　　　　(ヲ) SF₆ ガス
(ワ) 真空バルブ　　　(カ) 60 万　　　　　(ヨ) 窒素

解 説　解説図は，タップ選択器や切換開閉器の動作を示している．(a) のタップ 2 で通電中の状態から，(b) のタップ 2, 3 の両方で通電している状態を経て，(c) のタップ 3 で通電中の状態へ遷移する．

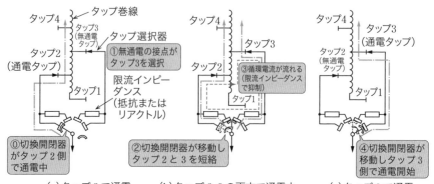

解説図

【解答】(1) チ　(2) ニ　(3) ハ　(4) ワ　(5) ロ

6-1 変電所と変圧器

例題 5 .... H30 問 6

次の文章は，変圧器の並行運転に関する記述である．

変電所の負荷の増大などに対応するため，複数台の変圧器を並行運転することが必要となる．変圧器の並行運転に必要な条件は，各変圧器がその (1) に比例した電流を分担し（条件①），変圧器間の (2) が実用上問題ないレベルとなる（条件②）ことである．

条件①を満足するためには，各変圧器の自己容量ベースの (3) が等しくなければならない．各変圧器を流れる電流の分担率は (3) に反比例する．

条件②を満足するためには， (4) の差が小さいことが必要である． (4) はタップにより変化するため，定格タップ以外の値についても確認する必要がある．また，結線（星形結線，三角結線など）により二次側電圧に (5) の差が生じるため，これによる (2) が生じないような結線・接続とする必要がある．

【解答群】
(イ) 短絡インピーダンス　　(ロ) 静電容量　　　　　　(ハ) 損失
(ニ) 励磁インピーダンス　　(ホ) 励磁突入電流　　　　(ヘ) 変圧比
(ト) 容量　　　　　　　　　(チ) 循環電流　　　　　　(リ) 力率
(ヌ) 移行電圧　　　　　　　(ル) 銅鉄比　　　　　　　(ヲ) 電圧変動
(ワ) コンダクタンス　　　　(カ) 位相　　　　　　　　(ヨ) 電圧歪

解説　(3) 変圧器の場合，二次巻線を短絡し，一次巻線から定格電流が流れるような試験電圧を印加する短絡試験によってインピーダンスを求めることができるので，短絡インピーダンスともいう．

【解答】(1) ト　(2) チ　(3) イ　(4) ヘ　(5) カ

変 電

例題6 ・・ H22 問2

次の文章は，変圧器の低騒音化に関する記述である．

変圧器騒音の発生原因の主なものとして次のようなものがある．①鉄心の (1) による振動，②鉄心のつなぎ目および成層間に働く (2) による振動，③巻線導体間または巻線間に働く (3) による振動，④ (4) の場合，ポンプ，ファンなどの補機が発生する振動などがある．

これらの原因のうち，鉄心の (1) による振動が変圧器の振動発生の主な原因と考えられている．鉄心から発生する騒音を低減するためには， (1) を小さくし，経時変化の少ない材料を使用したり，鉄心の磁束密度の値を下げたりする方法が考えられる．磁束密度の低減は，変圧器の大きさ，重量などに影響を与えるため，通常の設計値に比べ，大容量器では磁束密度の低減は (5) 程度．中容量器では20％程度が限度であり，それ以上は鉄板やコンクリート製の防音壁で変圧器本体の周囲を覆い，騒音を低減する方法を併用する．

【解答群】
(イ) 50%　　　(ロ) 電磁力　　　(ハ) 慣性力　　　(ニ) 30%
(ホ) 熱ひずみ　(ヘ) ローレンツ力　(ト) 直接冷却　(チ) 静電力
(リ) 磁気ひずみ　(ヌ) 自然冷却　(ル) 強制冷却　(ヲ) 応力ひずみ
(ワ) クーロン力　(カ) 10%　　　(ヨ) 磁気吸引力

解 説　(5) 変圧器の低騒音化のために鉄心の磁束密度を低減するが，これは変圧器の本体，価格等に影響を与えるため，大容量器では10％程度，中容量器では20％程度が限度である．これ以上は，鉄板やコンクリート製の防音壁で変圧器本体の周囲を覆い，変圧器本体からの騒音を低減する方式を併用する．

【解答】(1) リ　(2) ヨ　(3) ロ　(4) ル　(5) カ

例題7 ・・ H18 問7

次の文章は，電力系統の中性点接地方式に関する記述である．
中性点接地の目的には，
①送配電変電設備における地絡事故発生時の (1) 電位上昇の抑制
②地絡保護リレーの所要性能の確保
③地絡事故時の故障電流の抑制と (2) 対策の確立
④地絡過渡電圧電流の抑制，鉄共振・アーク間欠などの不安定現象の抑制
が挙げられるが，系統設計の基本方針に応じて，これらの優先順位は異なってくるため，具体的な条件に基づいて，方式の選定と詳細設計を決定する必要がある．

6-1 変電所と変圧器

　　(3) 方式は，わが国の 187 kV 以上の系統に適用されているが，1線地絡事故時の (1) 電位上昇を小さく抑制することができ，絶縁設計，設備形成の合理化に優れている．ただし，地絡事故時の故障電流が三相短絡電流と同様に非常に大きくなる場合があるため (2) の検討が必要である．

　抵抗接地方式は，中性点を百アンペアから数百アンペアの電流が流れる抵抗器で系統の要所で接地し，地絡事故時の故障電流を抑制しつつ保護リレーの動作を確実にするとともに，事故時の (1) 電位上昇を通常時の (4) 倍程度以下に抑える方式である．

　　(5) 方式は，地絡事故時の故障電流が小さいなどの利点があるが，保護リレーの事故点選別能力が低く，また， (1) 電位上昇も大きくなりやすいことから，30 kV 程度以下の小規模系統に適している．

【解答群】
(イ) 電磁誘導障害　　　(ロ) 非接地　　　　　　(ハ) 周波数異常
(ニ) 進み相　　　　　　(ホ) 1.30　　　　　　 (ヘ) 事故相
(ト) 遅れ相　　　　　　(チ) インピーダンス接地　(リ) 直接接地
(ヌ) 系統脱調現象　　　(ル) 消弧リアクトル接地　(ヲ) 2.95
(ワ) 健全相　　　　　　(カ) 1.92　　　　　　 (ヨ) 補償リアクトル接地

解 説　送電線で1線（a相）地絡故障が生じたときの健全相（b相，c相）の電圧は，対称座標法を用いて計算すると次式になる．

$$\dot{V}_b = \frac{\{(a^2-1)\dot{Z}_0 + (a^2-a)\dot{Z}_2\}\dot{E}_a}{\dot{Z}_0 + \dot{Z}_1 + \dot{Z}_2}, \quad \dot{V}_c = \frac{\{(a-1)\dot{Z}_0 + (a-a^2)\dot{Z}_2\}\dot{E}_a}{\dot{Z}_0 + \dot{Z}_1 + \dot{Z}_2}$$

（ただし，$\dot{E}_a$ は a 相の相電圧，$\dot{Z}_0, \dot{Z}_1, \dot{Z}_2$ は故障点からみた系統の零相，正相，逆相インピーダンス）

抵抗接地系では $\dot{Z}_0 \gg \dot{Z}_1 = \dot{Z}_2$ であるから，上式は

$$\dot{V}_b \fallingdotseq (a^2-1)\dot{E}_a = \left(-\frac{3}{2} - j\frac{\sqrt{3}}{2}\right)\dot{E}_a$$

$$\therefore |\dot{V}_b| = \left|-\frac{3}{2} - j\frac{\sqrt{3}}{2}\right||\dot{E}_a| = \sqrt{3}|\dot{E}_a|$$

すなわち，抵抗接地系の健全相電圧上昇は平常時の $\sqrt{3}$ 倍になる．

【解答】(1) ワ　(2) イ　(3) リ　(4) カ　(5) ロ

6-2 開閉設備と母線

攻略のポイント
本節に関して，電験3種では遮断器や断路器の役割の違い，SF₆ガス絶縁開閉設備の特徴等が出題される．2種では，遮断器と断路器の基本的な役割や開閉過電圧に関する出題がされている．なお，出題数は少ない．

開閉設備には，遮断器，断路器，負荷開閉器がある．

1 遮断器

遮断器は，常時の回路の開閉操作に加えて，短絡・地絡等の故障電流を安全に遮断するために用いられる．

(1) 遮断器の種類と特徴
①ガス遮断器

優れた消弧能力，絶縁性能を有する **SF₆（六ふっ化硫黄）ガス** を消弧媒体として利用する遮断器である．ガス遮断器は遮断性能が優れるため，500～22 kV の遮断器まで幅広く利用される．SF₆ ガスを圧縮機で圧縮して吹き付ける二重圧力式と，ピストンとシリンダで遮断時に高圧ガスにして吹き付ける **単圧式（パッファ式）** とがあるが，最近の大容量遮断器は後者のパッファ式が使われる．パッファ式のガス遮断器の構造を図6・11に示す．

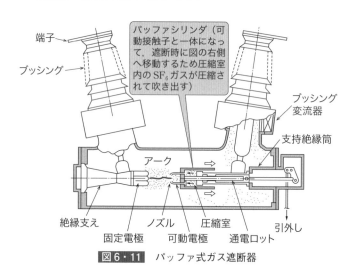

図6・11 パッファ式ガス遮断器

[ガス遮断器の特徴]
a. 多重切りの場合，空気遮断器に比べて，遮断点数が1/2～1/3となるので，小形になる．
b. 消弧性能が優れているので，小電流遮断時の異常電圧が小さい．
c. タンク形は耐震性に優れ，またブッシング変流器を使用できるため，据付面積が小さい．
d. 不燃性で安全性が高く，開閉時の騒音も小さい．

② 空気遮断器

アークに直角あるいは軸方向に圧縮空気を吹き付けて，冷却作用等によって消弧する他力形遮断器である．500～22 kV 級の遮断器が製作された．絶縁油を用いないため火災の危険がなく，保守も容易であるが，開閉時の騒音が大きく，地震に弱いため，近年，採用されていない．

③ 油遮断器

消弧媒質に絶縁油を用いるもので，77 kV 以下の系統で使われている．遮断原理は大電流遮断を自己消弧で行い，小電流遮断をピストン作用で行う他力消弧である．特徴は，空気遮断器に比べ，がいし部分が少なく，汚損に強く，圧縮配管系統は不要で，騒音は少ない．しかし，油の使用による火災発生，保守の大変さなどの欠点がある．

④ 真空遮断器

遮断原理は真空状態におけるアークの拡散作用を利用する自力消弧である．真空遮断器は主に配電線用遮断器に広く使われており，77 kV 以下の系統で使われる．特徴は，遮断性能が優れ小形軽量であること，絶縁油を用いないため火災の危険がないこと，多頻度開閉に適していること，保守点検が容易であることなどがあげられる．

(2) 遮断器の性能

① 遮断性能

遮断器の遮断性能は**遮断容量**で表され，遮断容量を保証するものとして定格遮断電流がある．使用する回路の最大故障電流を計算し，それを上回る定格遮断電流の遮断器を選定する．

② 通電性能

通電性能は，遮断器に電流が流れるとき導体よりジュール熱が発生するが，そ

の熱による温度上昇に耐えることができる性能である．

これは遮断器の定格電流として選定される．

③機械的強度

遮断器の各部は，短絡時の電磁力，操作時の衝撃荷重等に十分耐える機械的強度をもつことが必要である．

④絶縁耐力

遮断器の絶縁耐力は，変圧器等と同様に，商用周波数に対するものと，衝撃電圧に対するものとがある．定格電圧は，公称電圧の 1.2/1.1 倍とする．

⑤回復電圧（再起電圧）の許容能力

遮断器がどの程度まで回復電圧を許容できるかの尺度に，定格過渡回復電圧がある．後述する進み小電流遮断，遅れ小電流遮断，近距離線路故障遮断は過渡回復電圧が大きくなるので注意する．

⑥高速度再閉路の機能

電圧階級の高い送電線の遮断器には，高速度再閉路の性能が求められる．高速度再閉路は，消イオンと系統安定度を考慮し，20〜50 サイクルの無電圧時間とするが，275 kV 系統では 21 サイクル，500 kV 系統では 50 サイクル程度としている．

2 断路器と負荷開閉器

(1) 断路器

断路器は，無電流またはこれに近い状態で開閉することを原則としており，負荷電流の開閉は行わない．断路器は，変電所機器や送配電線の点検のために機器を回路から切り離したり，系統運用上の接続変更のために使用されたりする．断路器は負荷電流を開閉できないため，遮断器とインタロックを施し，遮断器が開放状態でなければ断路器の開閉操作ができないようになっている．66 kV 以上の断路器としては，水平一点切，水平二点切，垂直一点切が多い．

(2) 負荷開閉器

負荷開閉器は，負荷電流の開閉に用いられ，故障電流の遮断能力はない．つまり，定格電流までの負荷電流やループ電流の開閉能力をもつ．電力用コンデンサや分路リアクトルの開閉用として用いられる．また，遮断容量の大きい電力ヒューズと組み合わせて，遮断器と同様の機能を期待することもある．

3 SF₆ ガス絶縁開閉設備

優れた消弧能力，絶縁性能を有する SF_6 ガスを金属容器に密閉し，この中に母線，遮断器，断路器，接地装置等を収納して一体構成とする．500〜66 kV 系統まで幅広く用いられる．特徴としては，変電所の敷地面積を大幅に縮小できること，信頼性や安全性に優れること，保守の省力化が図れること，雷や天候の影響を受けにくいことなどがあげられる．

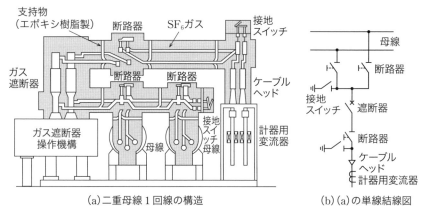

図6・12　SF_6 ガス絶縁開閉設備

4 開閉過電圧

開閉過電圧は，遮断器や断路器等の開閉操作によって発生する過電圧をいう．開閉過電圧の継続時間としては $100\,\mu s$〜数 ms 程度である．代表的な開閉過電圧としては，遮断器による送電線投入および高速度再閉路時の過電圧，遮断器による地絡故障遮断時の過電圧，小電流遮断時の過電圧がある．

(1) 送電線投入時の過電圧

遮断器を投入することは，投入前の遮断器の極間電圧と同じ大きさで，かつ逆位相の電圧を遮断器極間に急激に印加することと等価である．無負荷送電線を充電する場合，または故障時に高速度再閉路を行う場合には，この過渡現象によって大きな過電圧が生じる．この過電圧の大きさは，回路条件のほかに，遮断器投入時の位相によって大きく影響される．さらに，無負荷送電線の充電投入よりも高速度再閉路の方が線路残留電荷の影響によって大きくなり，単相投入時よりも

多相投入時の方が他相からの誘導を受けるために大きくなる．

送電線の高速度再閉路時に生ずる開閉過電圧抑制対策としては，**抵抗投入・抵抗遮断方式の遮断器**とすることがあげられる．これは，主回路の投入に先行して遮断器に付設する抵抗を直列に挿入する方式である．

(2) 地絡故障遮断時の過電圧

地絡電流を遮断することは，故障電流と同じ大きさの電流を急激にかつ逆向きに遮断器を通して系統へ注入することと等価である．このため，遮断器の電源側の系統に過渡過電圧が発生する．これは事故遮断サージともいう．系統条件によっては 1.9 倍程度の大きさとなることがある．

(3) 小電流遮断時の過電圧

① 進み小電流遮断時の過電圧

電力用コンデンサまたは無負荷送電線の進み小電流を遮断するとき，再点弧が原因となり，開閉過電圧を生じることがある．電力用コンデンサや無負荷送電線の回路では，図 6·13 に示すように，進み小電流が流れているため，回路を遮断するとコンデンサ回路の残留電圧と電源電圧によって遮断器極間に回復電圧が生じる．そこで，極間の電圧は遮断してから 1/2 サイクル後には電源電圧 E_m の 2 倍に達する．遮断器がこの極間電圧に耐えられなければ再点弧し，最過酷ケースとして，消弧から 1/2 サイクル後に再点弧すると，$3E_m$ の過電圧が発生する．

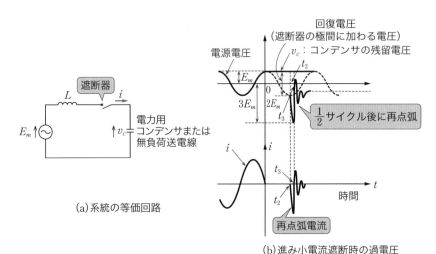

図 6・13 進み小電流遮断時の等価回路と過電圧（1/2 サイクル後に再点弧）

この再点弧は高いサージ電圧を発生させるので，高電圧遮断器は再点弧を起こさないよう作られる．

②遅れ小電流遮断時の過電圧

分路リアクトル回路，変圧器の励磁電流等の遅れ小電流を消弧力の強い空気遮断器や真空遮断器で遮断すると，電流が零になる前に強制的に遮断する**電流さい断現象**が発生し，負荷側に過電圧を発生することがある．図6·14はこの等価回路を示し

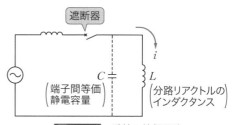

図6·14 系統の等価回路

ている．電流 i が瞬時値 i_0 のときに遮断されると，遮断直前の L に蓄えられたエネルギー $Li_0^2/2$ は，等価的に並列に入っている静電容量 C を通して振動電流を生じる．この過電圧は常規対地電圧の3〜5倍になることがあって機器の絶縁を脅かすため，電流さい断現象の過電圧抑制対策として，①**抵抗投入・抵抗遮断方式の遮断器の採用**，②**消弧力の軽減**，③**サージアブソーバの挿入**，を行う．さらに，進み小電流遮断時や遅れ小電流遮断時の過電圧を抑制する観点から，遮断器極間電圧を最小とする位相で投入する**開閉極位相制御方式**が調相設備の開閉制御に用いられている．

5 変電所の母線

(1) 変電所の母線選定時の考慮事項

①平常時の設備運用・系統運用における容易性・柔軟性

通常の設備点検のための停止，系統構成変更，系統運用操作，工事に伴う臨時運用等に柔軟に対応できること．

②供給信頼度の確保

送電線故障や母線故障が発生しても，系統間の連系や負荷供給ルートの停止等を最小限にでき，送電容量，安定度等への影響を少なくできること．故障設備の切り離しと停電の復旧および供給信頼度確保操作が迅速に実施できること．

③経済性

工事費が安いこと．そして，設備投資に見合った当該変電所の重要性や系統運用面に応じた費用対効果があること．

④設備拡充・改良工事への適応性

用地や地域環境等の制約に配慮し，将来の設備拡充・改良工事に対応しやすいこと．

(2) 各種母線方式の特徴
①単母線方式

本方式は，所要機器およびスペースが少なく，経済的に有利である．しかし，母線および母線側断路器の故障時には全停となる．また，母線あるいは送電線や変圧器の母線側断路器の点検作業のために母線の停電を要するため，停止の時期や時間帯の制約が厳しくなるし，負荷を他系統に切り替えるなど系統構成面の対応が必要になる．このため，高い信頼度を要求されない変電所に使用される．

②二重母線方式

本方式は，単母線に比べ，断路器，鉄構，所要母線は増加するが，機器の点検が容易になり，系統運用の柔軟性が高まる．1甲2乙運用（送電線1号線と奇数バンクを甲母線，送電線2号線と偶数バンクを乙母線に接続）すれば，単一母線故障時に供給支障は生じない．片母線の作業停止時に変圧器や送電線をもう一方の母線に寄せれば，変圧器や送電線の停止を伴わない．さらに，ブスタイ遮断器を常時開放して運用すれば，異系統分離運用も可能になる．上位系統で高い信頼度を必要とする変電所で採用される．

他方，基幹系統では，一層の信頼度向上を図るため，**二重母線4ブスタイ方式**や $1\frac{1}{2}$ **CB方式** が採用される．二重母線4ブスタイ方式のメリットは，母線故障時に1/4母線の停止となり，系統への影響が極めて小さいこと，系統構成の変更にあわせて段階的に対応できること，系統運用の柔軟性を確保できることなどがある．

③ $1\frac{1}{2}$ CB方式

本方式の特徴は，母線故障による系統への影響がほとんどなく，遮断器の点検の際に当該線路の停止を必要としないことである．500kV系統で採用されることがある．

6-2 開閉設備と母線

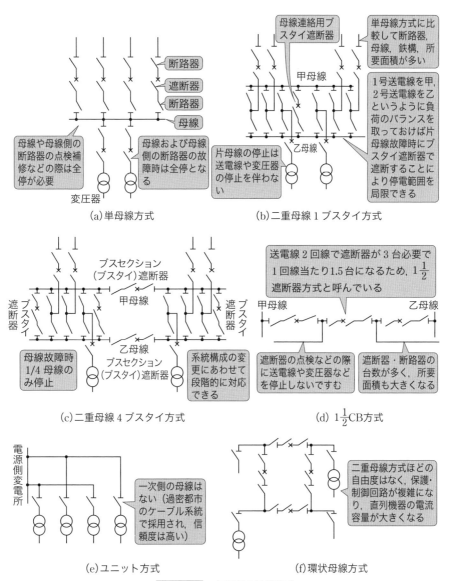

図 6・15 変電所の母線構成

変電

④ユニット方式

過密都市地区の変電所は地下式または屋内式が多いうえに重要負荷を供給している．こうした変電所の結線方式には，一次側の母線をもたないユニット方式が広く採用される．過密都市地区に対してはケーブル系統で供給されるので，ユニット方式は信頼度が高く，送電容量面でも変圧器との協調がとりやすい．供給上も，2バンク以上の同時停止をなくし，事故波及を防止でき，構成が単純で運転・保守が容易である．

⑤環状母線方式

環状母線は，所要面積が少なく，母線の部分停止，遮断器の点検には便利である．しかし，系統運用上，二重母線方式ほどの自由度はなく，保護・制御回路が複雑となるうえに，直列機器の電流容量が大きくなる短所もある．大容量火力発電所の高圧母線に採用されることはあるが，一般の変電所には採用されない．

例題8 .... R2 問7

次の文章は，発変電所に設置する開閉設備に関する記述である．

遮断器は，平常時は電力の送電および停止の際に (1) 電流を開閉するために用いられており，送配電線や発変電所内の機器に短絡・地絡が発生した際は (2) 電流を遮断するために用いられる．

(3) は，発変電所内の回路の保守作業を行う際に安全のために作業箇所を電圧のある回路から切り離すことなどに用いられる．一般的に (3) は，単に電圧が加わっている回路で電流が流れていないときに開閉できるが，変圧器の (4) 電流や送電線の充電電流，複母線の場合において甲母線から乙母線に運転を切り替えるときに流れる (5) 電流などの開閉ならば行うことができる．

【解答群】
(イ) 短時間耐　　(ロ) 励磁　　(ハ) サージ　　(ニ) MCCB
(ホ) インラッシュ　(ヘ) 誘導　　(ト) 断路器　　(チ) 故障
(リ) タップ　　　(ヌ) ループ　　(ル) 負荷　　(ヲ) 逆相
(ワ) 接地開閉器　　(カ) 零相　　(ヨ) スイッチング

解説 本節1項，2項を参照する．

【解答】(1) ル　(2) チ　(3) ト　(4) ロ　(5) ヌ

6-2 開閉設備と母線

例題 9 　　　　　　　　　　　　　　　　　　　　　　　　H26 問 6

次の文章は，開閉過電圧に関する記述である．

開閉過電圧とは，遮断器や断路器などの開閉操作によって発生する過電圧をいう．送電線の絶縁に影響を与える代表的なものとして，遮断器による送電線投入時の過電圧と，遮断器による　(1)　遮断時の過電圧がある．開閉過電圧の波形や波高値は，線路長，系統構成，電源容量，中性点の接地方式など多くの要因に影響されるが，その継続時間は百マイクロ秒程度から　(2)　程度である．

遮断器を投入することは，投入前の遮断器の　(3)　電圧と同じ大きさで，かつ逆位相の電圧を遮断器　(3)　に急激に印加することと等価である．無負荷送電線を充電する場合，または事故時に高速度再閉路を行う場合にはこの過渡現象によって大きな過電圧が生じる．この過電圧の大きさは，前述の回路条件のほかに，遮断器投入時の　(4)　によって大きく影響される．さらに，無負荷送電線の充電投入よりも高速度再閉路の方が　(5)　の影響によって大きくなり，単相投入時よりも三相投入時の方が他相からの誘導を受けるために大きくなる．

【解答群】
(イ) 位相　　　　　　　(ロ) 数ミリ秒　　　　　(ハ) 相間
(ニ) 線路残留電荷　　　(ホ) 数百ミリ秒　　　　(ヘ) 極間
(ト) 負荷電流　　　　　(チ) 高速　　　　　　　(リ) 高調波電流
(ヌ) 電流値　　　　　　(ル) 無負荷送電線　　　(ヲ) 数百マイクロ秒
(ワ) 地絡電流　　　　　(カ) 内部導体　　　　　(ヨ) 周囲温度

解 説　本節4項を参照する．

【解答】(1) ワ　(2) ロ　(3) ヘ　(4) イ　(5) ニ

6-3 保護継電器（リレー）

攻略のポイント

本節に関して，電験3種では保護リレーの基本的な役割が出題される程度である．2種では，変圧器保護，母線保護，送電線保護（電流差動リレー，距離リレー，回線選択リレー）の原理と動作，リレーの保守・運用，ディジタルリレーの自動監視など出題数は多いので，十分に学習しよう．

1 保護リレーシステムの役割と基本的な考え方

(1) 保護リレーの役割と具備すべき条件

保護リレーは，電力系統で短絡や地絡といった故障が発生したとき，その異常状態を検出し，その部分を直ちに系統から切り離す指令を出す働きを持っている．これにより，公衆保安の確保，電気設備の損傷拡大の防止，誘導障害の防止等の保安の確保を図る．この役目は，1個の保護リレーで実行する場合もあれば，多数の保護リレーを組み合わせて行う場合もある．保護リレーが具備すべき条件は次のとおりである．

[保護リレーが具備すべき条件]

①選択性

故障発生時に遮断区間が最小限となるように，故障区間のみを的確に遮断し，不必要な範囲まで停止させない．

②信頼性

保護リレーが平常時あるいは保護対象区間以外の故障時に不要に動作することを**誤動作**という．誤動作は不要な停電を招くので防止する必要がある．一方，保護対象区間の故障が発生したにもかかわらず保護リレーが動作しないことを**誤不動作**という．誤不動作になると，その他の保護リレーの補完動作により故障除去して停電範囲が拡大するため，防止する必要がある．したがって，誤動作または誤不動作の発生を極力抑えると同時に，これらが発生した場合も決定的な悪い結果を招かないような対策が必要になる．すなわち，こうした誤動作や誤不動作の確率をシステム的に減少させる観点から，保護リレーの**多重化**を行う．

③感度

系統の運用状況等により故障電流の大きさは変化するが，その大小によって保護性能に影響を受けないような感度とする．

④速度

設備の損傷拡大を防止する観点から，高速に故障を除去する必要がある．また，基幹系統では安定度を維持し，系統の異常状態の連鎖的な影響拡大を防止するよう動作速度や制御を考える必要がある．

(2) 保護リレーの種類

保護リレーの主な種類は下記の通りである．

①過電流リレー（OCR）

整定値以上の電流が流れると動作するもので，過負荷や短絡保護に用いられる．

②不足電圧リレー（UVR）

整定値以下の電圧になると動作するもので，短絡故障や停電の検出に用いられる．

③過電圧リレー（OVR）

整定値以上の電圧になると動作するもので，過電圧の検出に用いられる．

④地絡過電圧リレー（OVGR）

零相電圧を入力とする過電圧リレーで，地絡故障の検出に用いられる．

⑤短絡方向リレー（DSR）

所定の方向の短絡故障で動作する．

⑥地絡方向リレー（DGR）

所定の方向の地絡故障で動作する．

⑦差動リレー（DfR），比率差動リレー（RDfR）

保護区間に流入する電流と保護区間から流出する電流に差があると動作する．CTの特性の不一致に基づく誤動作をなくすように特性を改善したものが比率差動リレーである．

⑧距離リレー（DZR）

故障点までのインピーダンスが整定値以下のときに動作する．

(3) 主保護と後備保護

保護リレーシステムは，変流器（CT）や計器用変圧器（VT）により電流や電圧要素を取り込み，故障の発生を検出している．そして，保護リレーシステムは，**主保護リレー**と**後備保護リレー**で構成することが多い．主保護は，保護対象区間を限定し，その区間内部の故障だけを選別して高速に故障を除去する．後備保護は，主保護不動作や遮断器不良等により故障が継続する場合に備え，最終的

に故障除去する補完保護である．

(4) 保護範囲設定の考え方

保護リレーシステムが保護する範囲は，図6·16のように，無保護区間（盲点）が生じないよう，設定されている．

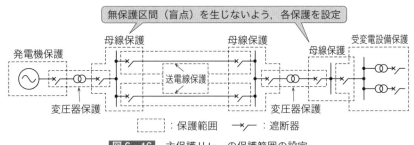

図6·16　主保護リレーの保護範囲の設定

この保護範囲は，CTの設置位置によって決まる．図6·17 (a) の事例では送電線保護の観点から盲点があるので，図6·17 (b) のように遮断器を含んで保護区間が重複するようにCTを配置し，盲点をなくすようにしている．

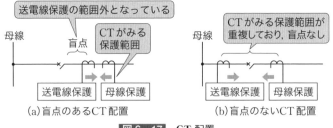

図6·17　CT配置

(5) 保護協調

系統または電力設備に故障が発生したとき，故障点を早期に検出して迅速に除去し，故障の波及・拡大を防ぎ，健全回線の不必要な遮断を避けるためには，保護装置相互間に協調が図られていなければならない．これを**保護協調**という．過電流保護においては，負荷側から電源側に向かって段階的に時限を長くし，故障を選択遮断させる．例えば，高圧配電系統において，高圧需要家構内の短絡故障の際には，需要家のOCリレーと遮断器が配電線のOCリレーと遮断器よりも先

に動作するような**時限協調**を図る．また，地絡保護協調については，配電用変電所の保護方式に対して需要家側で時限協調と感度（地絡電流）協調を図る必要がある．

(6) 保護リレーの運用・保守の省力化

保護リレーの点検時，電力供給停止範囲を最小限とするため，運用中の他の設備に影響を与えず，安全に点検作業を行う必要がある．このため，設備単位に個別の保護リレーとするほか，保護リレーの2系列化を図って，主回路設備の停止をできる限り回避する．

保護リレーは，従来の電磁形やアナログ静止形に代わって，近年，マイクロプロセッサを用いたディジタルリレーが採用されている．保護リレーはその責務から高い信頼度が要求される．このため，機器そのものの信頼度を向上させるとともに，**自動監視機能**が備えられている．自動監視は**常時監視**と**自動点検**に大別される．アナログ静止形リレーでは，常時監視は誤動作となる不良の発見を目的としており，自動点検は誤不動作となる不良の発見を目的としていた．一方，ディジタルリレーでは，ほとんどの不良は常時監視で発見が可能であり，不良の早期発見・修復による稼働信頼度の向上，定期点検周期の延長，点検時間の短縮など保守業務の省力化が図られている．

2 送電線保護

送電線保護には，自端子の情報（電流，電圧）だけを用いて故障を検出する方式と，相手端子の情報も伝送系を介して集めて総合的に内部故障を検出する方式があり，後者を**パイロットリレー方式**という．パイロットリレー方式の伝送回路には，電力線搬送，通信線搬送，マイクロ波搬送，表示線が用いられる．そして，リレー方式としては，電流差動リレー方式（PCM方式，FM方式），方向比較リレー方式，位相比較リレー方式，表示線（パイロットワイヤ）リレー方式がある．ここでは，基幹系統や154 kV系統で採用される電流差動リレー方式，77 kV系統で採用される回線選択リレー方式，後備保護として重要な距離リレー方式について詳しく説明する．

(1) 電流差動リレー方式

本方式は，光ファイバ通信回線，マイクロ波通信回線等を使用し，送電線両端子の電流瞬時値を電気角30°の間隔でサンプリングし，ディジタル値に変換した

変 電

データを送受し合い，電流差動演算を行って故障判別を行う方式である．図6・18に外部故障時と内部故障時の動作原理を示す．**電流差動リレーは**，図6・18に示すように，**保護区間に電流が流入するベクトル和を判別して動作**する．図6・18（a）のように，外部故障時または常時負荷状態のときには，差動回路に電流は流れない（$\dot{I}_d = \dot{I}_a + \dot{I}_b = 0$）．しかし，図6・18（b）のように，内部故障時には差動回路に電流が流れ（$\dot{I}_d = \dot{I}_a + \dot{I}_b \neq 0$），リレーが動作する．近年，PCM（Pulse Code Modulation；符号化変調）伝送方式が使われる（PCM方式が導入される前は，FM方式が使われていた）．

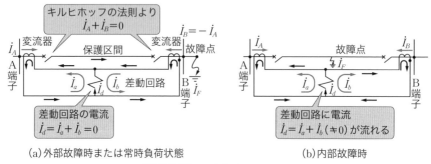

図6・18　電流差動リレー方式

(2) 回線選択リレー方式（SS方式）

本方式は，図6・19に示すように，平行2回線送電線を保護対象とする方式で，健全回線と故障回線の電流が異なるため，故障選択ができる．66～77 kV系統の送電線主保護として用いられる．

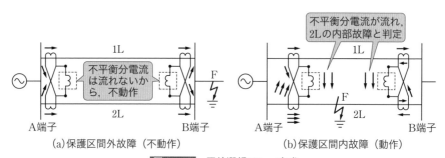

図6・19　回線選択リレー方式

図 6·19 に示すように，保護区間外故障時または平常時には 1L（号線）と 2L（号線）の電流は平衡しているが，保護区間内故障時には 1, 2L で不平衡になる．回線選択リレーは，この区間内故障時のみ電流が不平衡になることに着目し，同一電気所の 1, 2L の計器用変流器二次回路の交差接続により，不平衡分電流（交差電流）を作って内部故障の判別と故障回線の選別を行う．1L 故障時と 2L 故障時とでは交差電流の向きが逆になるので，故障回線を選択遮断できる．

(3) 距離リレー方式（DZ 方式）

本方式は，図 6·20 のように，リレー設置点の電圧 $\dot{V}$ と電流 $\dot{I}$ から，故障点 F の方向と故障点 F までの電気的距離（**測距インピーダンス** $\dot{Z}=\dot{V}/\dot{I}$）を求め，それが整定値以内のときに動作する．距離リレーは，インピーダンスにより，第一段，第二段，第三段と設け，後備保護として広く採用されているほか，1 回線送電線の主保護に適用されている．図 6·21 が距離リレーによる保護例である．

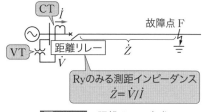

図 6·20　距離リレー方式

図 6·21 において，距離リレーの第一段 $A_1, B_1, \cdots, F_1$ は，変流器やリレーによる検出誤差を考慮し，保護すべき当該送電線リアクタンスの 80〜85% 程度に整

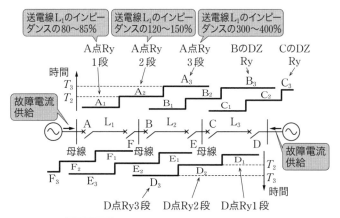

図 6·21　距離リレー方式による送電線保護

定される．次に，距離リレーの第二段 $A_2, B_2, \cdots, F_2$ は，対向する電気所の母線の後備保護となるよう，当該送電線のインピーダンスの 120～150% 程度に整定される．第二段は，次区間（対向する電気所母線に接続される区間）の至近故障時に次区間の第一段と競合しないよう，T_2 の時間遅れで遮断器をトリップさせる．第三段は，第二段の保護範囲以遠の故障の後備保護であり，当該送電線のインピーダンスの 300～400% 程度で整定され，T_3 の時間遅れで遮断器をトリップさせる．この第一段，第二段，第三段は 1 個のリレーの中に内蔵されている．

3 変圧器保護

変圧器の故障には，巻線間短絡（ターン間短絡，層間短絡），巻線と鉄心間の絶縁破壊による地絡，高圧巻線と低圧巻線の混触，巻線の断線があるが，このうち巻線間短絡が最も発生頻度が高い．こうした故障に対して，電気式リレー（比率差動リレー）や機械式リレー（ブッフホルツ継電器，衝撃圧力継電器，温度継電器）により保護する．変圧器内部で短絡故障が発生すると，比率差動リレーが動作し，遮断器をトリップさせると同時に，ブッフホルツ継電器や衝撃圧力継電器が動作して警報を発し，数種類のリレーが故障を検出する．

(1) 比率差動リレー

変圧器の保護に最も一般的に使われる電気式リレーは**差動リレー**である．これは，変圧器の一次側と二次側の電流の差から故障を検出するものである．変圧器故障で発生頻度が高い巻線間短絡は大きな短絡電流や地絡電流が発生しないので，過電流リレーや地絡リレーでの検出は難しい．

図 6･22 のように，変圧器の一次側と二次側に変流器（CT）を設置し，それぞれの電流を差動リレーに導いて動作させる．この差動リレーは動作コイルと抑制コイルからなる．変圧器が Y-△ 結線されている場合は，Y 巻線には △ 結線の，△ 巻線には Y 結線の CT

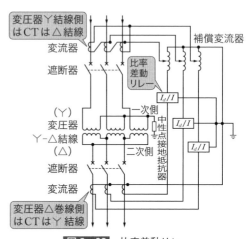

図 6･22 比率差動リレー

6-3 保護継電器（リレー）

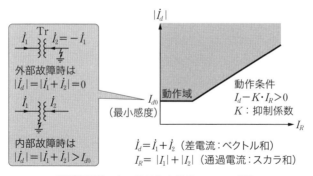

図6・23　変圧器用比率差動リレーの特性

を設置し，位相のずれを調整のうえ差動リレーに接続する．そこで，変圧器の内部故障時には，差動リレーの動作コイルに電流が流れて動作する．さらに，CTの特性差による不平衡電流や負荷時タップ切換変圧器のタップ切換による変圧比の変化に伴う誤差電流が，変圧器故障でない場合にも，動作コイルに電流が流れる．そこで，この電流による誤動作を防ぐため，通過電流で抑制力を発生させる抑制コイルを付加したリレーを**比率差動リレー**という．図6・23の動作力は差電流（ベクトル和），抑制力は通過電流（スカラ和）に抑制係数を乗じたものを表す．

一方，変圧器を投入したときの励磁突入電流が差動電流となってリレーを誤動作させるので，それを防止するため，高電圧・大容量変圧器では第二調波ロック（抑制）付リレーとするほか，低電圧・小容量器では投入後一定時間トリップ回路をロックしたり，リレーの感度を低下させたりする方法をとる．

(2) 衝撃圧力継電器，ブッフホルツ継電器

衝撃圧力継電器は，油，ガス等の圧力が規定値以上になったことを検出し，油流の不足などを防ぐために用いられる．ブッフホルツ継電器は，変圧器の内部故障により二次的に発生する油の分解ガス，蒸気または油流により検出する．

(3) 温度継電器

変圧器巻線にサーチコイルを設置し，変圧器の温度が設定温度に達したら，警報を発生させる．

4 母線保護

変電所の母線保護方式としては，一般的に故障区間弁別性能が最も優れる**電流差動方式**が用いられる．この差動回路のインピーダンスの大きさによって，**高インピーダンス差動方式**と**低インピーダンス差動方式**に分けられる．

(1) 高インピーダンス差動方式（電圧差動方式）

高インピーダンス差動方式は，図 6·24 のように，当該母線に接続される全回線の変流器二次回路を並列に接続し，その差動回路に高インピーダンスの過電圧リレーを接続する方式である．外部故障時の差電流は 0 であり，二次電流が変流器間を環流し，差動回路の電圧も 0 である．しかし，内部故障時には変流器二次側の飽和電圧相当の高い電圧が生じ，過電圧リレーを動作させる．

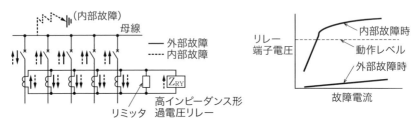

図 6·24 高インピーダンス形差動方式

(2) 低インピーダンス形差動方式

低インピーダンス形差動方式は，母線に流入する各回線の変流器二次回路電流の総和をみて，低インピーダンスの過電流リレーを動作させ母線故障を検出する方式である．変流器の誤差による外部故障時の誤動作を防止するため，母線通過電流の大小により抑制力を機能させる比率差動特性としている．

母線構成が切り替わる二重母線では，変流器の切替が必要ない両母線を一括して保護する高インピーダンス形差動リレーの一括保護（外部故障時の変流器の磁気飽和による誤動作防止，母線構成の切替中の誤動作防止）と，母線単位に接続される回線の変流器二次電流を切り替えて取り入れる低インピーダンス形差動リレーによる分割保護（母線ごとに故障の発生を検出）を組み合わせて適用する．なお，近年のディジタル形母線保護リレーでは，変流器磁気飽和対策を施し，一

括保護にも低インピーダンス形差動方式を用いることが多くなっている．

5 送電線の再閉路

　架空送電線では，雷による逆フラッシオーバやアーキングホーンを介した気中フラッシオーバ故障が多い．このため，保護リレーと遮断器で故障区間を速やかに遮断し，アークの消滅した後に遮断器を再投入することができる．このように故障遮断を行った遮断器をある一定時間後に自動的に再投入する機能を**再閉路**という．再閉路方式は再閉路を行う相数により次のように分けられる．**基幹系統では，過渡安定度維持の観点から，多相再閉路と高速度再閉路を組み合わせて適用する．**

(1) 三相再閉路
　送電線の故障に対して，三相を遮断し，再閉路を行う方式．

(2) 単相再閉路
　1線地絡故障に限定して故障相のみ遮断し，再閉路する方式．平行2回線送電線では，各回線で同時に1線地絡が生じたとき，故障相のみ遮断して再閉路を行う．

(3) 多相再閉路
　平行2回線送電線において，健全な2相が残っていること（同期連系）を条件とし，故障相のみを遮断して再閉路する方式．

　また，再閉路までの時間により，次のように分類できる．高速度再閉路は，一般的に500・275 kV基幹系統や154 kV系統で採用される．中速度再閉路は基幹系統，低速度再閉路はすべての電圧階級の送電線で採用される．

(1) 高速度再閉路
　故障発生から再閉路までの時間が1秒以下．

(2) 中速度再閉路
　故障発生から再閉路までの時間が1〜20秒程度．

(3) 低速度再閉路
　故障発生から再閉路までの時間が60秒程度．

変電

例題 10 .... H23 問4

次の文章は，保護リレーに関する記述である．

図のような系統に，通常時において図中の一点鎖線で示した保護範囲を持つ保護リレーが設置されている場合について考える．三相短絡事故が発生する位置を変化させていった場合，変電所 A に設置されている保護リレーがみる電圧 V〔V〕の変化のグラフは [(1)] のようになり，電流 I〔A〕の変化は [(2)] のようになる．グラフの横軸の X, Y, Z は図の母線 X, Y, Z の位置を表している．このように事故点により，保護リレーがみる電圧 V〔V〕，電流 I〔A〕は変化するため，送電線保護リレーの設置者は保護リレーに入力される電圧，電流を計算したうえで，適切な保護範囲となるようにする必要がある．

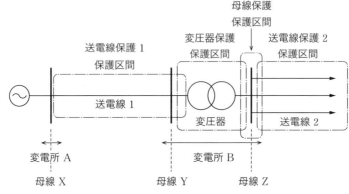

(送電線保護 1)	CT：送電線 1（変電所 A 構内），VT：母線 X
(変圧器保護)	CT：変圧器の一次側と二次側
(母線保護)	CT：変圧器の二次側および送電線 2 の各線路（変電所 B 構内） VT：母線 Z
(送電線保護 2)	CT：送電線 2 の各線路（変電所 B 構内），VT：母線 Z

また，図の変圧器保護リレーを試験等により装置ロックした状態で送電を継続する場合，可搬型のリレーの設置や，[(3)] の [(4)] を変更するなどの措置によりロックされた変圧器保護リレーの保護範囲が無保護にならないようにする必要がある．その際には保護リレーの [(5)] をチェックすることが重要である．ただし，変圧器のインピーダンスは送電線のインピーダンスに比べて大きいものとし，各保護範囲のリレーのCT, VT の設置点は以下のとおりとし，遮断点はCT に隣接する遮断器とする．

6-3 保護継電器（リレー）

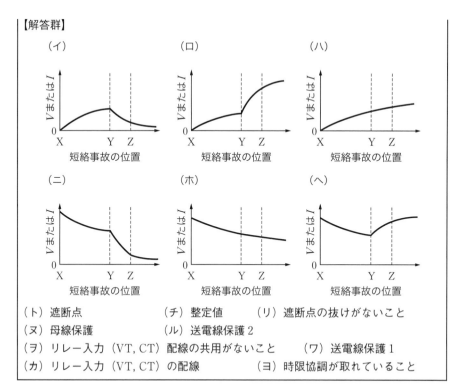

【解答群】

(イ) 短絡事故の位置
(ロ) 短絡事故の位置
(ハ) 短絡事故の位置
(ニ) 短絡事故の位置
(ホ) 短絡事故の位置
(ヘ) 短絡事故の位置

(ト) 遮断点　　　　　　　(チ) 整定値　　　　　　(リ) 遮断点の抜けがないこと
(ヌ) 母線保護　　　　　　(ル) 送電線保護 2
(ヲ) リレー入力（VT, CT）配線の共用がないこと　　(ワ) 送電線保護 1
(カ) リレー入力（VT, CT）の配線　　　　　　　　(ヨ) 時限協調が取れていること

解説　（1）（2）設問図において，母線 X から電源側をみた背後リアクタンスを x_s，電源を E_0，事故点から電源側をみたリアクタンスを $x(l)$，送電線 1，変圧器，送電線 2 のリアクタンスをそれぞれ x_{L1}, x_t, x_{L2} とすれば，$x(l)$ は次の通りとなる．まず，母線 X で事故が発生する場合には $x(l) = x_s$，送電線 1～母線 Y では $x(l) = x_s$～$x_s + x_{L1}$ を直線的に増加（傾きは小），変圧器～母線 Z では $x(l) = x_s + x_{L1}$～$x_s + x_{L1} + x_t$ を直線的に増加（傾きは変圧器インピーダンスを通るため大），送電線 2 以遠では $x(l) = x_s + x_{L1} + x_t$～$x_s + x_{L1} + x_t + x_{L2}$

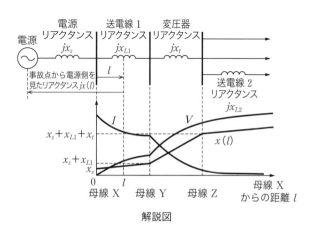

解説図

変 電

を直線的に増加（傾きは小）となる．そこで，三相短絡時の保護リレーに入力される電流は $I=E_0/x(l)$ であるから，解説図の通りとなる．すなわち，三相短絡電流 I は，母線 X の故障時が最大で $I=E_0/x_s$，系統末端の故障ほどリアクタンス $x(l)$ が増加するのでこれに反比例して減少する．特に，変圧器区間では，変圧器のリアクタンスが送電線 1・2 区間のリアクタンスよりも大きいから，電流 I の減少も大きい．したがって，(2) は（ニ）となる．

一方，保護リレーに入力される電圧 V は，$V=E_0-x_sI=E_0-x_s\cdot\dfrac{E_0}{x(l)}=\left\{1-\dfrac{x_s}{x(l)}\right\}E_0$ となる．母線 X の三相短絡時は $x(l)=x_s$ なので $V=0$ となる．そして，系統末端にいくほど電流 I は減少するので，背後リアクタンスの電圧降下 x_sI が減少し，V は増加するグラフとなる．したがって，(1) は（ロ）となる．

(3)(4) 変圧器保護をリレーロックする場合，故障電流を供給する電源を背後にもつ送電線 1 の方向距離リレー（DZ）の整定値を変更して保護範囲を拡大すればよい．送電線 2 の DZ では，変圧器が背後（電源側）にあるため，保護できない．

(5) 変圧器保護リレーが機能喪失しているので送電線保護 1 で臨時保護するが，それ以外の故障で送電線保護 1 が不要動作して停電範囲が広がることを避けるため，時限協調が取れていることをチェックする．

【解答】(1) ロ　(2) ニ　(3) ワ　(4) チ　(5) ヨ

例題 11　　　　　　　　　　　　　　　　　　　　　　H22　問 3

次の文章は，保護リレーシステムに関する記述である．

保護リレーシステムにおける最も重要な機能は，系統や設備に発生した故障を高速に除去することである．このために保護リレーには ____(1)____ や方向距離判別の基本検出機能を有することが重要となる．

上記の機能を実現するために保護リレーシステムでは，変流器と計器用変圧器とにより電流および電圧要素を取り込み，故障の発生を検出している．リレー方式により使用する電流要素，電圧要素が異なっており，図の●にリレーが設置されているとき，距離リレー方式では ____(2)____ の演算式により，回線選択リレー方式では ____(3)____ の演算式により，電流差動リレー方式では ____(4)____ の演算式により短絡故障の発生を検出している．この 3 方式のリレーにおいて最も確実に ____(1)____ を行えるのは ____(5)____ 方式である．

6-3 保護継電器（リレー）

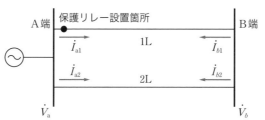

$\dot{I}_{a1}, \dot{I}_{a2}$：A端1L, 2Lのリレー入力電流
$\dot{I}_{b1}, \dot{I}_{b2}$：B端1L, 2Lのリレー入力電流
$\dot{V}_a, \dot{V}_b$：A端, B端の母線のリレー入力電圧

【解答群】

(イ) 電流差動リレー　　(ロ) 距離リレー　　(ハ) $\dfrac{\dot{V}_a}{\dot{I}_{a1}+\dot{I}_{b1}}$

(ニ) 過渡現象判別　　(ホ) $\dot{V}_a$　　(ヘ) $\dfrac{\dot{V}_a}{\dot{I}_{a1}-\dot{I}_{a2}}$

(ト) $\dfrac{\dot{V}_a}{\dot{I}_{a1}+\dot{I}_{a2}}$　　(チ) 電流変化判別　　(リ) $\dot{I}_{a1}$

(ヌ) $\dot{I}_{a1}+\dot{I}_{b1}$　　(ル) $\dot{I}_{a1}+\dot{I}_{a2}$　　(ヲ) 回線選択リレー

(ワ) 区間判別　　(カ) $\dfrac{\dot{V}_a}{\dot{I}_{a1}}$　　(ヨ) $\dfrac{\dot{V}_a-\dot{V}_b}{\dot{I}_{a1}+\dot{I}_{b1}}$

解説　本節1項, 2項を参照する.

【解答】(1) ワ　(2) カ　(3) ヘ　(4) ヌ　(5) イ

例題12 ……………………………………………… H30 問3

次の文章は，送電線保護リレーに関する記述である．

　(1)　は，平行2回線送電線路の保護リレー方式として，66〜77 kV級送電線路を主体に広く採用されている．この方式は，保護対象区間の範囲内の1回線事故の場合に，電源端では事故回線に流れる事故電流が健全回線に流れる事故電流と比べて　(2)　こと，および，非電源端では両回線で事故電流の方向が反対になることを利用して事故回線を検出する．

　送電線の短絡保護にこの保護リレー方式を適用した，両端が電源端である図の平行2回線送電線路において，A端からの距離の比率が a の地点（A端とB端の間の保護範囲内に限る）で短絡事故が発生し，A端，B端から短絡電流 I_A, I_B が流入した場合を想定する．また，A端における各送電線の電流 I_{A1}, I_{A2} に対する変流器の2

次電流を i_{A1}, i_{A2} とすると，A 端のリレーに流れる電流 i_{AR} は $i_{AR}=i_{A1}-i_{A2}$ と表されるものとする．ここで，同じ変流比で I_A, I_B を変換したものを i_A, i_B と表すとき，A 端のリレーに流れる電流 i_{AR} は i_A, i_B を用いて (3) と表される．事故点が A 端近傍，B 端近傍，および中間付近の場合で i_{AR} を比較すると，(4) の場合に i_{AR} が最も小さくなり，これがある一定値を下回ると A 端のリレーは (5) ．

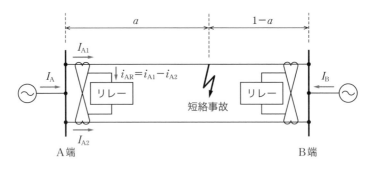

【解答群】

(イ) B 端近傍　　(ロ) $\left(1-\dfrac{a}{2}\right)\times i_A + \dfrac{1-a}{2}\times i_B$　　(ハ) 方向比較リレー方式

(ニ) 回線選択リレー方式　　(ホ) 動作しない　　(ヘ) 大きくなる

(ト) $(1-a)\times(i_A+i_B)$　　(チ) 電流差動リレー方式　　(リ) 誤動作する

(ヌ) A 端近傍　　(ル) 小さくなる　　(ヲ) 動作する

(ワ) $\dfrac{a}{2}\times i_A - \dfrac{1-a}{2}\times i_B$　　(カ) 等しくなる　　(ヨ) 中間付近

解説　(2) 平行 2 回線送電線で内部故障が発生すると，電源端では，故障回線の故障点までの距離は，健全回線が非電源端母線経由でみる故障点までの距離と比較して短い．したがって，故障回線の故障電流は，健全回線の故障電流と比べて大きくなる．

(3) 短絡電流 I_A は故障回線 (1L) と健全回線 (2L) に分流する．A 端〜B 端の距離を 1 とすれば，A 端から故障点までの距離が a，A 端から健全回線を介して回り込む故障点までの距離が $1+(1-a)=(2-a)$ となるから，A 端の故障回線 (1L) の電流 I_{A1A}，A 端の健全回線 (2L) の電流 I_{A2A} は

$$I_{A1A}=\dfrac{2-a}{a+2-a}I_A=\left(1-\dfrac{a}{2}\right)I_A,\quad I_{A2A}=I_A-I_{A1A}=\dfrac{a}{2}I_A$$

一方，B 端からの短絡電流も同様に分流する．故障回線 (1L) 側で B 端から故障点までの距離は $(1-a)$ であり，B 端から健全回線 (2L) を介して回り込む故障点まで

の距離は $(1+a)$ であるから，故障回線（1L）側の電流 I_{B1B}，健全回線（2L）側の電流 I_{B2B} は

$$I_{B1B} = \frac{1+a}{1-a+1+a}I_B = \frac{1+a}{2}I_B, \quad I_{B2B} = \frac{1-a}{1-a+1+a}I_B = \frac{1-a}{2}I_B$$

A端電流 I_{A1} は，重ね合わせの定理から，I_A の 1L 側流入分（I_{A1A}）と I_B の 2L 側流入分（回り込み分 I_{B2B}）との和となる．一方，A 端電流 I_{A2} は，I_A の 2L 側流入分（I_{A2A}）と I_B の 2L 側流入分（I_{B2B}）の差となる．したがって，A 端リレーの電流 i_{AR} は

$$i_{AR} = i_{A1} - i_{A2} = \left\{\left(1-\frac{a}{2}\right)i_A + \frac{1-a}{2}i_B\right\} - \left\{\frac{a}{2}i_A - \frac{1-a}{2}i_B\right\} = (1-a) \times (i_A + i_B)$$

(4)(5) $i_{AR} = (1-a) \times (i_A + i_B)$ より，i_{AR} は a が 1 に近いほど小さくなる．すなわち，B 端近傍で最も小さくなる．i_{AR} が一定値以下になると，A 端のリレーは動作しない．この場合，B 端側の回線選択リレーがまず動作する．そして，短絡電流は 1L の A 端側だけに流れ，2L には流れなくなる（回り込みしなくなる）ので，1L と 2L の電流が不平衡になり，A 端のリレーが動作する．つまり，回線選択リレーは非電源端近傍の故障では非電源端のリレーが動作した後に電源端のリレーが動作するシリーズトリップとなる．

【解答】(1) ニ　(2) ヘ　(3) ト　(4) イ　(5) ホ

例題13 ・・・ **H29　問3**

次の文章は，送電用変電所の主要変圧器および母線の電気的保護に用いられるリレーに関する記述である．

主要変圧器の保護には　(1)　リレーが用いられる．　(1)　リレーは変圧器内部事故を検出するもので，　(2)　事故などの事故電流が負荷電流よりも小さい事故でも検出することが可能である．なお，　(3)　による誤動作を防止するため，　(3)　に第二調波成分が多く含有することを利用した誤動作防止機能が付加されている．

母線の保護には電流差動方式による母線保護リレーが用いられ，外部事故時に変流器が　(4)　しても誤動作しない高インピーダンス形差動方式による一括保護，または一括保護と母線切替え時の変流器切替えが容易な　(5)　形差動方式による分割保護の組み合わせが適用される．なお，近年のディジタルリレーでは，変流器　(4)　対策を施し一括保護にも　(5)　形差動方式を用いることが多くなっている．

変 電

【解答群】
(イ) 巻線間短絡　　　(ロ) 電磁誘導電流　　　(ハ) 過電流
(ニ) 低インピーダンス　(ホ) 不足電圧　　　　(ヘ) 電流平衡
(ト) 断線　　　　　　(チ) 外部短絡電流　　　(リ) 共振
(ヌ) 電圧平衡　　　　(ル) 相間短絡　　　　　(ヲ) ブッシング
(ワ) 比率差動　　　　(カ) 励磁突入電流　　　(ヨ) 磁気飽和

解説 本節3項, 4項を参照する.

【解答】(1) ワ　(2) イ　(3) カ　(4) ヨ　(5) ニ

例題14　　　　　　　　　　　　　　　　　　　　　H19　問6

次の文章は, 変圧器の保護に用いられる差動保護リレー方式に関する記述である.

変圧器の保護に一般的に用いられる電気式リレー方式として差動リレー方式が挙げられる. 差動リレー方式を適用する理由は, 事故電流の小さい ____(1)____ を検出できることである.

変圧器の一次, 二次の結線がY-Δ結線の場合, 変圧器一次, 二次の電流の位相が異なる. そのため, 差動リレー方式を適用する際, 内部のソフトウェアで補正しない場合には, 変圧器一次側のCT二次結線には ____(2)____ 接続, 変圧器二次側のCT二次結線には ____(3)____ 接続を用いて電流位相の整合をとらなければならない. CT二次結線を, 変圧器一次側 ____(3)____ 接続, 二次側 ____(2)____ 接続とした場合でも電流位相を合わせることができるが, 変圧器一次側の中性点が接地してあると, 外部地絡事故が発生した場合, 変圧器一次側のCT二次回路にのみ ____(4)____ 電流が流れることで, リレーの誤動作につながる.

また, 差動リレー方式のように複数のCTの差電流で事故を検出する場合, CT間の特性差により誤差電流が発生することが考えられる. このようなことから, 差動リレーの誤動作を防ぐため, リレーに入力された電流のスカラー和で ____(5)____ を作り, リレーの感度を調整する比率差動リレーが一般に採用されている.

【解答群】
(イ) 極間短絡　　　　(ロ) 零相　　　　　　(ハ) 渦
(ニ) Y　　　　　　　(ホ) 抑制量　　　　　(ヘ) 正相
(ト) 逆相　　　　　　(チ) 循環　　　　　　(リ) 差動量
(ヌ) 直接　　　　　　(ル) 相間短絡　　　　(ヲ) 間接
(ワ) 比率差動量　　　(カ) 巻線間短絡　　　(ヨ) Δ

6-3 保護継電器（リレー）

解説 本節3項を参照する．

【解答】(1) カ　(2) ヨ　(3) ニ　(4) ロ　(5) ホ

例題 15 .... H14　問3

次の文章は，保護リレー装置の運用保守技術に関する記述である．

近年，系統規模の拡大，変電所の無人化にともない，保護リレー装置の運用業務の省力化に対するニーズが高まっている．

保護リレー装置は，マイクロプロセッサなど新技術を活用した　(1)　により高機能化され，常時監視や　(2)　点検といった機能が付加され，信頼度が向上している．

制御所から通信回線を活用した無人変電所に対する遠隔運用保守の効果として，次のような項目が挙げられる．

① 保護リレー装置の異常時における緊急対応性の向上，すなわち，リレー　(3)　変更の早期対応，例えば，送電線保護リレーに不良が発生した場合の相手端の　(4)　保護リレーの時限整定の短縮化

② 設備事故時の　(5)　内容に関する詳細情報の遠隔地からの早期収集

【解答群】
(イ) 遮断器動作　　(ロ) アルゴリズム　　(ハ) 母線分離
(ニ) ディジタル化　(ホ) 整定　　　　　　(ヘ) 方式
(ト) 臨時　　　　　(チ) アナログ化　　　(リ) 変圧器
(ヌ) 手動　　　　　(ル) 過負荷　　　　　(ヲ) 自動
(ワ) 安定化　　　　(カ) リレー動作　　　(ヨ) 開閉器動作

解説 (4) 解説図は，送電線保護リレーが不良になった例である．当該送電線を停止するのが基本であるが，需要によっては停止できないことがある．この場合，当該送電線を甲母線で専用にし，他の負荷は乙母線に切り替え，母線分離保護リレーの時限を短縮する．設問では，相手端の母線分離保護リレー

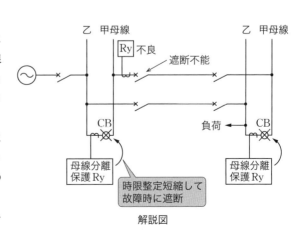

解説図

変 電

の時限短縮の例を取り上げている．

【解答】（1）ニ　（2）ヲ　（3）ホ　（4）ハ　（5）カ

例題 16　　　　　　　　　　　　　　　　　　　　　　　　　H28　問 6

次の文章は，架空送電線の再閉路に関する記述である．

架空送電線では，雷による逆フラッシオーバやアーキングホーンを介した　(1)　事故が多い．　(1)　事故は長い時間放置しておけば，がいし損傷などの機器故障に至るが，保護リレーで速やかに事故区間を遮断すればがいしは損傷を受けないで再使用できることが多い．したがって，一旦事故電流を遮断すればアークイオンが消滅し絶縁は回復するため，再閉路の成功率が高い．

架空送電線では，再閉路を高速に行う場合が多い．この高速度再閉路は，電力系統の　(2)　に対して極めて重要な役割を担っており，消アークイオン時間などを考慮し，一般的に　(3)　以下で再閉路する．

高速度再閉路方式のうち，　(4)　は，2回線の両回線同時の各1線地絡事故においては，事故相だけを遮断後に再閉路を実施し，再閉路が成功する限り系統の連系が維持できる．また，多相再閉路方式は，両回線同時の多重事故に対しても両回線合計で　(5)　の系統連系が保たれていれば高速に再閉路しようとする方式である．

【解答群】
（イ）設備損傷防止　　　　　（ロ）樹木接触　　　　　　（ハ）微地絡
（ニ）10 秒　　　　　　　　　（ホ）三相再閉路方式　　　（ヘ）電圧安定性向上
（ト）過渡安定度向上　　　　（チ）2 相以下　　　　　　（リ）1 相以上
（ヌ）単相再閉路方式　　　　（ル）2 相以上
（ヲ）単相再閉路方式および三相再閉路方式　　　　　　　（ワ）気中フラッシオーバ
（カ）1 分　　　　　　　　　（ヨ）1 秒

解 説　本節5項を参照する．

【解答】（1）ワ　（2）ト　（3）ヨ　（4）ヌ　（5）ル

6-4 変電所の絶縁設計と塩害対策

攻略のポイント
本節に関して，電験3種ではZnOアレスタの特徴や基本的な雷害・塩害対策等が出題される．2種では，過電圧の種類と抑制対策，ZnOアレスタの特性と試験，GIS変電所の絶縁協調，変電所の塩害対策など幅広く出題される．

1 電力系統に発生する過電圧

電力系統に発生する過電圧は，**雷過電圧**，**開閉過電圧**，**短時間過電圧（持続性過電圧）**に分けられる．そして，雷過電圧は外部より侵入するので，**外部異常電圧**または**外雷**ともいい，開閉過電圧および短時間過電圧は**内部異常電圧**または**内雷**ともいう．

(1) 雷過電圧

雷過電圧は落雷時に発生する過電圧であり，電力設備への雷撃（直撃雷），逆フラッシオーバ，電力設備近傍への落雷（誘導雷）によって発生する．

(2) 開閉過電圧

開閉過電圧は，遮断器などの開閉操作によって発生する．無負荷の送電線の充電電流，故障電流，変圧器の励磁電流を遮断したときなどに生じる．これは，波頭長が数百～数千 μs 程度のサージ性過電圧である．開閉過電圧の倍率は，有効接地系では常規対地電圧の 2.8 倍，非有効接地の抵抗接地系やリアクトル接地系では 3.3 倍，非接地系では 4 倍を標準にしている．

(3) 短時間過電圧（持続性過電圧）

短時間過電圧は，送電線の1線地絡時の健全相対地電圧上昇，負荷遮断時の過電圧，軽負荷時のフェランチ効果，発電機の自己励磁現象等がある．

***** コラム *****

雷インパルス電圧

雷に対してどの程度の耐圧があるかは**雷インパルス電圧**によって調べる．雷インパルス電圧は，正の 1.2/50 μs の標準波におけるもので，50％のフラッシオーバ電圧は，この標準波形のインパルス電圧を5回

以上加えて，その半数がフラッシオーバをし，残り半数はフラッシオーバをしない電圧である．なお，1.2/50 μsの雷インパルス電圧は図6・25のように**1.2 μs（波頭長）**で波高値Eに達し，**50 μs（波尾長）**で波高値の1/2に低下する波形を有する電圧で，雷過電圧を代表している．

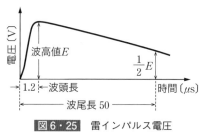

図6・25 雷インパルス電圧

2 絶縁協調

電力系統では1で述べた各種の過電圧が発生するが，特に，雷は電力機器の絶縁を破壊させうる非常に高い電圧に達するので，避雷装置によって機器絶縁を保護する必要がある．この避雷装置によって，過電圧の波高値を各機器の雷インパルス電圧に対する絶縁強度以下に低減する電圧値を**保護レベル**という．

したがって，電力系統の過電圧に対する絶縁設計は，発生する過電圧，保護レベル，機器の絶縁強度を考慮し，系統内の電力機器や送配電線の絶縁強度を保護レベルより高くとり，最も経済的で信頼性ある合理的な状態になるよう協調を図る．これを**絶縁協調**という．この絶縁協調の基本的な考え方は，地絡故障や線路の開閉に伴う内部異常電圧に対しては，系統各部の絶縁はこれに十分耐えるように設計し，外部異常電圧の雷に対しては，避雷装置によって機器絶縁を安全に保護することを前提としている．具体的には下記のとおりである．

(1) 雷過電圧の抑制

送電線および変電所構内には，架空地線によって電線への直撃雷を防止し，がいし連が逆フラッシオーバを起こさないように，鉄塔の塔脚接地抵抗を低減し，さらに架空地線と電線間の必要な距離を定める．また，設備の絶縁耐力の低減を目的として，送電線と直結する変圧器の中性点を直接接地する方式が採用されて経済性を発揮している．そして，避雷器や避雷針を適切に配置する．

(2) 開閉過電圧の抑制

酸化亜鉛形避雷器（または，さらに保護性能が優れた高性能避雷器）は，雷電圧だけでなく，開閉過電圧や持続性過電圧の抑制にも効果的である．こうした避

雷器に加えて，遮断器への抵抗投入・抵抗遮断方式の採用などがある．

(3) 短時間過電圧の抑制

　酸化亜鉛形避雷器（または高性能避雷器）の設置，分路リアクトルの設置などがある．分路リアクトルは遅れ無効電力を消費して電圧を低下させる装置であるが，線路の充電容量を補償することでフェランチ効果による電圧上昇や負荷遮断時の過電圧を抑制するのに効果がある．

3 避雷器

　避雷器は，外部異常電圧または内部異常電圧によって過電圧の波高値が一定の値を超えたとき，放電により過電圧を制限し，電気機器の絶縁を保護する．そして，放電が実質的に終了した後は，引き続き電力系統から供給されて避雷器に流れる電流（**続流**）を短時間のうちに遮断し，系統の正常の状態を乱すことなく，元の状態に自復する機能をもつ装置である．避雷器には，従来使われていた**直列ギャップ付避雷器**と，近年広く適用されている**酸化亜鉛形避雷器（ギャップレスアレスタ**ともいう）がある．避雷器の構成を図6・26に示す．

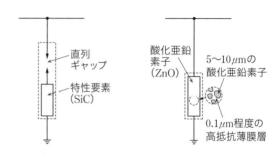

(a) 直列ギャップ付避雷器　　(b) 酸化亜鉛形避雷器

図6・26 避雷器の構成

[避雷器の種類と特徴]

(1) 直列ギャップ付避雷器

　直列ギャップと特性要素からなり，侵入した異常電圧は直列ギャップで放電し，特性要素によって**制限電圧**以下に抑えられる．なお，被保護機器の耐圧値はこの制限電圧よりも高くとることが必要である．特性要素は，非直線特性をもつ抵抗体が使われ，従来，**炭化けい素（SiC）**を主材にした高温焼成素子がよく使われていた．**非直線抵抗形避雷器（弁抵抗形避雷器）**ともいう．

(2) 酸化亜鉛形避雷器

　特性要素は**酸化亜鉛（ZnO）素子**でできており，ZnO素子はZnOの結晶の周りに酸化ビスマス等による高抵抗薄膜層が立体的に密着した状態にして作られ

る．ZnO の特性は，図 6・27 のように理想的な特性に近く，SiC に比べて非線形性が優れている．このため，定格電圧を印加しても電流は 1 mA 以下とわずかであるため，直列ギャップを省略でき，**ギャップレスアレスタ**とも呼ばれる．近年，発変電所，送配電線に幅広く使われる．

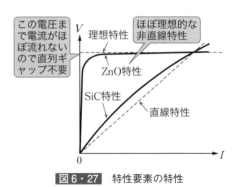

図 6・27　特性要素の特性

[酸化亜鉛形避雷器の特徴]

① 直列ギャップがないため，**放電遅れがない**．また，放電による電圧変動が少ないため並列使用が可能となり，吸収エネルギーの増加が図れ，**制限電圧を下げる**ことができる．

② 微小電流から大電流サージ領域まで，**ほぼ理想的な非直線抵抗特性**をもつ．繰り返し動作に強く，多重雷責務に優れる．

③ 直列ギャップがないうえに，**素子の単位体積当たりの処理エネルギーが大きいため，構造が簡単で小形にできる**．

④ **耐汚損性能に優れる**．直列ギャップ付避雷器では，直列ギャップに加わる電圧が汚損により変化するため，放電電圧のばらつき，低下がみられるが，ギャップレスアレスタでは直列ギャップがないため，こうしたことはない．

⑤ SF_6 ガス絶縁機器に組み込まれる場合，ギャップ中のアークによる分解ガスの生成がない．

次に，避雷器の動作を図 6・28 に示す．

避雷器に関する重要なキーワードをまとめておく．

① **定格電圧**

避雷器の定格電圧とは，その電圧を両端子間に印加した状態で，所定の動作責務を所定の回数反復遂行できる，商用周波数の電圧の最高限度（実効値）をいう．

② **制限電圧**

避雷器の放電中に，過電圧が制限されて，避雷器と大地との両端子間に残留する電圧である．制限電圧は，保護される機器の絶縁破壊強度よりも低くしなければならない．

6-4 変電所の絶縁設計と塩害対策

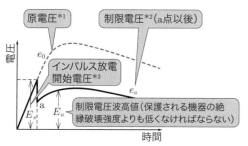
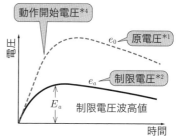

(a) 直列ギャップ付避雷器

(b) 直列ギャップを用いない酸化亜鉛形避雷器

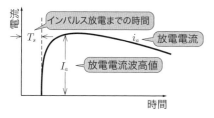
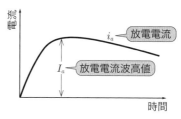

*1 避雷器が放電しない場合の端子間電圧
*2 避雷器の放電中，過電圧が制限されて，避雷器と大地との両端子間に残留するインパルス電圧
*3 避雷器と大地との両端子間にインパルス電圧が印加され，避雷器が放電する場合，その初期において放電前に達し得る端子間電圧の最高値
*4 直列ギャップを使用しない酸化亜鉛形避雷器では放電開始電圧がないので，小電流域の所定の電流に対する避雷器の端子電圧波高値

図 6・28 直列ギャップ付避雷器と酸化亜鉛形避雷器の動作特性

③動作開始電圧
ギャップレス避雷器の V-I 特性において，小電流域の所定の電流（1～3 mA）に対する避雷器の端子電圧波高値をいう．

④放電開始電圧
ギャップ付避雷器が放電を開始する電圧をいう．

⑤漏れ電流
酸化亜鉛形避雷器に，定格電圧，運転電圧など所定の電圧が印加された状態で流れる電流をいう．この電流は抵抗分と容量分に分けられる．

⑥単位動作責務
商用電源につながれた避雷器が，雷または開閉過電圧により放電し，所定の放電電流を流した後，原状に復帰する一連の動作をいう．

⑦放圧装置
万一の内部破損により内部圧力が上昇した際に内部ガスを放出し，容器の爆発

的飛散を防止する装置をいう．

⑧安定性評価
　酸化亜鉛形避雷器が長年の運転中に所定の雷過電圧・開閉過電圧・短時間過電圧のストレスを受けた後に，開閉サージ等の熱トリガを受けても熱暴走を生じず，実使用に耐えることを確認することをいう．この熱暴走とは，酸化亜鉛形避雷器が所定の周囲温度と電圧印加のもとで，避雷器の熱発生が放熱を上回り，漏れ電流が増大し，破壊に至る現象である．

4 絶縁協調のための変電所設計の考え方

　変電所の耐雷設計上問題となる雷は，変電所の遠方に落雷し，その進行波が送電線路上を進行してくる**遠方雷**と，変電所近傍の鉄塔への落雷による逆フラッシオーバによって進入してくる**近接雷**に区別できる．遠方雷は線路上を進行する間にがいしを通して大地に放電していくため，耐雷設計上大きな問題とならないが，**近接雷では波高値および波頭しゅん度が大きいサージが変電所に進入**するため，機器の保護も困難となる．変電所の絶縁設計では，変電所近傍における送電線の第1鉄塔で逆フラッシオーバが発生したことを想定し，急しゅん波サージに対して十分な絶縁強度を確保する．

(1) 気中絶縁変電所
　変電所では変圧器が主な被保護機器であるから，この近傍に避雷器を設置することにより母線全域を保護する．従来のギャップ付避雷器の場合，避雷器と被保護機器との離隔距離は50m以内となるよう設置台数および設置位置を考慮するよう推奨されており，酸化亜鉛形避雷器も同様の考え方で適用されている．

(2) GIS変電所の絶縁協調
　GIS変電所の絶縁協調は，気中絶縁変電所と比較し，次の点で異なる．
① ガス絶縁機器の V-t 特性は，気中絶縁機器よりも平たんであり（コラム参照），急しゅん波領域での協調がとりにくい．
② ガス絶縁母線のサージインピーダンスは架空線の約1/5であり，電力ケーブルの2～3倍である．また，GIS変電所の母線の亘長は気中絶縁変電所に比べて短い．
③ 気中絶縁変電所の絶縁協調は変圧器の保護を中心に考えてきたが，GISは内部に有機絶縁物等で作られたスペーサ等があるので，GISを変圧器と同等の保護

対象とする必要がある.

以上を踏まえ,一般的にGIS変電所は避雷器を線路引込口に設置し,変電所全体としての保護を図る.そして,**500 kV変電所**のように母線の広がりが大きい場合には,**線路引込口とあわせて変圧器端子に避雷器を設置**するのが一般的である.

コラム

電圧－時間特性（V-t 特性）

放電現象には放電遅れがあるため,図6·29のように,時間が短いほど高いフラッシュオーバ電圧になる.このような放電特性をV-t特性という.V-t特性は,電極形状によって大きく左右され,一般に左上がりの特性をもつ.

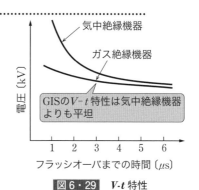

図6·29　V-t 特性

---

(3) 低圧制御回路の絶縁設計

外部からのサージ侵入防止対策として,次のことがあげられる.

①サージ発生源における対策

金属シース付きケーブルを採用し,シースの両端を接地する.低圧制御ケーブルを高電圧主回路の起誘導線から離すなど配置を工夫する.リレーコイル等に並列にキャパシタやダイオードを接続して直流回路開閉時のみサージ電圧を抑制する.

②配電盤側における対策

避雷器またはキャパシタ等のサージ吸収装置を盤側端子に接続し,盤内へのサージ侵入を阻止する.絶縁変圧器,中和コイル等によって,盤側へのサージ侵入を防止する.

5 変電所の塩害対策

がいしやがい管の表面に塩分が付着し，霧や小雨により湿潤して溶解すると，がいし表面の漏れ電流が増加する．この漏れ電流により，がいし表面が部分的に乾燥すると，この部分に電界が集中して部分放電が発生し，フラッシオーバに至ることもある．このような故障を防止するために，適切な塩害対策を講じる必要がある．特に，臨海地区に設置されている大容量火力発電所，原子力発電所，送電用変電所は極めて過酷な塩害条件下にある．変電所の塩害対策は次の対策があげられる．

(1) がいしの絶縁強化や耐塩がいしの採用（軽汚損地域に適用）

屋外変電所を設計するときに考慮すべき事項としてのがいし選定に際しては，
① がいし汚損マップやパイロットがいしによる実測等を基にして，その地点の塩分付着密度を決定
② 変電所の汚損耐電圧の目標値を決定
③ これらとがいし表面の漏れ距離を考慮し，使用がいしの選定
を考慮する．

がいしの汚損状態における霧中耐電圧特性は，がいしの表面漏れ距離に比例する．このため，**表面漏れ距離を大きくした耐塩がいしは，汚損時の耐電圧性に優れる．長幹がいし**は，円筒形中実の長い磁器の表面にひだをつくり両端に金具を取り付けたもので，経年劣化が少なく，表面漏れ距離が長く，塩じんによるがいし汚損が少ない．そして，雨洗効果が大きいので，塩害地域の耐塩がいしとして適切である．

(2) 設備の屋内収容（重汚損地域に適用）

臨海地区などの汚損が過酷な地域では，機器全体を建屋内に収納する．

(3) GISの採用（重汚損地域に適用）

GISの採用によって充電部の露出をなくす．

(4) 活線洗浄（重汚損地域に適用）

活線洗浄には水幕方式と注水方式がある．

① 水幕方式

変電所の海側にノズルを設置し，台風襲来時等に垂直方向に噴水し，海水の遮断と飛散水による雨洗効果をねらう．

②注水方式

　台風が予想されるときや汚損度が所定のレベルに達したときに，手動または自動にて噴水装置を起動し，注水洗浄する．

(5) はっ水性物質の塗布（耐汚損向上として適用）

　シリコンコンパウンド等のはっ水性物質をがいし表面に塗布すると，表面に降りかかる水分をはじき返し，アメーバ効果により付着塩分を包み込む効果により，耐塩性の向上を図る．

例題17 ·· R1　問2

次の文章は，電力系統に発生する過電圧に関する記述である．

電力系統の過電圧には，雷撃により発生する雷過電圧，遮断器の開閉操作に伴い発生する開閉過電圧，一線地絡事故や　(1)　により発生する短時間交流過電圧がある．

これら三つの過電圧を比べると，一般的に，過電圧の電圧値の大きさの関係は　(2)　であり，過電圧の継続時間の長さの関係は　(3)　である．

過電圧の発生を防止または過電圧の大きさを抑制するために，以下の対策が行われている．

・雷過電圧に対しては，避雷器や　(4)　を設置する．
・開閉過電圧に対しては，遮断器に抵抗投入・抵抗遮断方式を採用する．
・短時間交流過電圧に対しては，　(5)　を設置して対地充電電流を補償する．

【解答群】
(イ) 電力用コンデンサ　　　(ロ) 残留電荷
(ハ) 塔脚接地抵抗がより大きな鉄塔
(ニ) 架空地線　　　　　　　(ホ) 同期遮断器　　　　　(ヘ) 逆フラッシオーバ
(ト) 分路リアクトル　　　　(チ) 負荷遮断　　　　　　(リ) 負荷時タップ切換装置
(ヌ) 雷過電圧＜開閉過電圧＜短時間交流過電圧
(ル) 雷過電圧＜短時間交流過電圧＜開閉過電圧
(ヲ) 開閉過電圧＜雷過電圧＜短時間交流過電圧
(ワ) 開閉過電圧＜短時間交流過電圧＜雷過電圧
(カ) 短時間交流過電圧＜雷過電圧＜開閉過電圧
(ヨ) 短時間交流過電圧＜開閉過電圧＜雷過電圧

変 電

解 説　(2)(3) 過電圧の大きさは，雷過電圧が最も大きい．次に開閉過電圧のうち遮断器の投入過電圧が大きく，この大きさは線路長，系統構成，中性点接地方式，遮断器の投入位相や残留電荷によって影響されるが，対地電圧で2～3.5倍，相間電圧で3～5.5倍である．また，遮断器の遮断過電圧は，無負荷送電線の充電電流，故障電流，変圧器の励磁電流を遮断するときに発生するが，この大きさは2倍程度である．一方，短時間交流過電圧のうち，1線地絡時の健全相に現れる過電圧は中性点接地方式に依存し，非接地または抵抗接地系では平常時の$\sqrt{3}$倍，有効接地系では1.3倍以下である．また，負荷遮断に伴う過電圧は，送電線の線路電圧降下がなくなり，フェランチ効果も重なって，大きさが1.5倍程度になる．したがって，過電圧の大きさは，短時間過電圧＜開閉過電圧＜雷過電圧となる．他方，過電圧の継続時間の長さに関して，雷過電圧は数十μs程度，開閉過電圧は数百μs～数ms，短時間過電圧は系統保護方式に依存して数ms～数sである．したがって，継続時間では，雷過電圧＜開閉過電圧＜短時間過電圧となる．

【解答】(1) チ　(2) ヨ　(3) ヌ　(4) ニ　(5) ト

例題18　　　　　　　　　　　　　　　　　　　　　　　H13　問5

次の文章は，電力系統に使用される酸化亜鉛形避雷器の特性と試験に関する記述である．

a) 酸化亜鉛形避雷器は，従来の非直線抵抗形（弁抵抗形）避雷器にあるような直列ギャップを必要としないので　(1)　がなく，構造的に簡単，かつ小形である．避雷器に定格電圧，運転電圧などが印加された状態で流れる電流を　(2)　電流といい，この電流は　(3)　と容量分とに分けられる．

b) 酸化亜鉛形避雷器は，エネルギー吸収後の　(4)　安定性を検証することが重要である．避雷器が「実系統で課せられる責務を果たした後，なお使用できること」を確認するために行う試験を　(5)　試験といい，試験用避雷器を所定の試験条件で試験し，試験中に貫通，破壊，外面フラッシオーバ，熱暴走等がない場合に「合格」としている．

【解答群】
(イ) 熱的破壊　　(ロ) 放電　　　　(ハ) 漏れ　　　　(ニ) 吸収
(ホ) 劣化　　　　(ヘ) 動作責務　　(ト) 抵抗分　　　(チ) 誘導分
(リ) 熱的　　　　(ヌ) 直流分　　　(ル) 放電遅れ　　(ヲ) 機械的
(ワ) 安定性評価　(カ) 電気的　　　(ヨ) 特性変化

解 説 本節3項を参照する.

【解答】（1）ル （2）ハ （3）ト （4）リ （5）ワ

例題19 ･･ H19 問2

次の文章は，酸化亜鉛形避雷器の試験に関する記述である．

避雷器の試験には，一般的な構造検査や絶縁抵抗測定試験のほか，代表的な次のような試験が挙げられる．

① 漏れ電流試験は，定格電圧の90％および連続使用電圧に相当する商用周波電圧を印加して測定する．この場合，全漏れ電流のほか， (1) 漏れ電流も測定する．

② 保護特性試験は， (2) ，雷インパルス及び開閉インパルスの三種類の電流波形について，所定の電流値における (3) を測定する．

③ 耐久性については，30年間の使用期間中の連続運転電圧の課電，雷サージ（公称放電電流）15回，開閉サージ（遮断器の正常動作で発生するレベル）50回， (4) 50回の四つの電気的ストレスを等価模擬した安定性評価試験を行う．

④ 放圧試験は，避雷器の内部地絡をヒューズ発弧で模擬し，所定の放電電流を通電した場合，放圧装置が確実に動作し， (5) しないことを確認する試験である．

【解答群】
（イ）容量分　　　　　　　（ロ）抵抗分　　　　　　　（ハ）方形波
（ニ）急しゅん雷インパルス　（ホ）熱暴走　　　　　　　（ヘ）制限電圧
（ト）爆発飛散　　　　　　（チ）裁断波　　　　　　　（リ）共振過電圧
（ヌ）動作開始電圧　　　　（ル）直流分　　　　　　　（ヲ）短絡
（ワ）短時間過電圧　　　　（カ）負荷遮断時の過電圧　（ヨ）放電開始電圧

解 説 （1）避雷器には常時，容量分漏れ電流と抵抗分漏れ電流を合成した全漏れ電流が流れており，ZnO素子が劣化すると全漏れ電流が増加する．特に，漏れ電流の変化は抵抗分漏れ電流に顕著に現れる．
（2）急しゅん雷インパルス，雷インパルス，開閉インパルスの三種類の電流波形について，所定の電流値における制限電圧を測定する．
（4）過電圧の種類から正答にたどりつけるであろう．

【解答】（1）ロ （2）ニ （3）ヘ （4）ワ （5）ト

変 電

例題20 .... H11 問3

次の文章は，変電所の耐雷設計に関する記述である．

変電所の耐雷設計上問題となる雷は，変電所の遠方に落雷し，その進行波が送電線路上を進行してくる遠方雷と，変電所周辺の鉄塔への落雷による　(1)　によって侵入してくる近接雷に区別できる．

遠方雷は線路上を進行するうちにがいしを通して大地に放電していくため，耐雷設計上大きな問題とはならないが，近接雷では波高値および　(2)　が大きいサージが変電所に侵入するため，機器の保護も困難となる．

直撃雷を防止するために変電所内および送電線では架空地線を設けている．しかし，送電線を架空地線で遮へいしても，サージの侵入を皆無にすることは困難であるため，　(3)　と被保護機器との距離および　(4)　サージに対する機器の絶縁強度を考慮する必要がある．

一般にガス絶縁変電所では，気中絶縁変電所に比べ　(5)　が小さいこと等からガス絶縁開閉装置と変圧器を一体で保護ができ，効果的な絶縁協調が図れる．

【解答群】
(イ) 波頭しゅん度　　　(ロ) 正フラッシオーバ　　　(ハ) 静電容量
(ニ) 放電時間遅れ　　　(ホ) コンダクタンス　　　　(ヘ) 避雷器
(ト) 逆フラッシオーバ　(チ) 機械的強度　　　　　　(リ) $V\text{-}t$特性
(ヌ) 接地線　　　　　　(ル) サージインピーダンス　(ヲ) 波尾長
(ワ) 商用周波数　　　　(カ) 開閉　　　　　　　　　(ヨ) 急しゅん波

解 説　本節4項を参照する．

【解答】(1) ト　(2) イ　(3) ヘ　(4) ヨ　(5) ル

6-4 変電所の絶縁設計と塩害対策

例題 21　　　　　　　　　　　　　　　　　　　　　　　　　　H21　問 2

次の文章は，GIS 変電所の絶縁協調に関する記述である．

絶縁協調に関して，GIS 変電所を気中絶縁変電所と比較した場合の相違点として，主に以下の点が挙げられる．

- ガス絶縁機器の V-t 特性は気中絶縁機器よりも平たんであり，急しゅん波領域での協調がとりにくい．
- ガス絶縁母線の　(1)　は架空線の約 1/5 であり，電力ケーブルの 2～3 倍である．また，GIS 変電所の母線のこう長は気中絶縁変電所に比べて短い．
- 気中絶縁変電所の雷サージに対する絶縁協調は　(2)　の保護を中心に考えてきたが，GIS は内部に　(3)　で作られた　(4)　などがあるので GIS を　(2)　と同等の保護対象とする必要がある．以上のことから，特に高電圧の大規模変電所を除き，一般的に GIS 変電所では避雷器を　(5)　に設置し，変電所全体としての保護が図られることが多い．

【解答群】
(イ) 絶縁紙　　　　　(ロ) スペーサ　　　　　(ハ) 有機絶縁物
(ニ) 線路引込口　　　(ホ) 調相設備　　　　　(ヘ) SF_6 ガス
(ト) 導体　　　　　　(チ) 変圧器近傍　　　　(リ) 相間距離
(ヌ) プレスボード　　(ル) サージインピーダンス　(ヲ) 遮断器
(ワ) LIWV　　　　　　(カ) 変圧器　　　　　　(ヨ) 母線

解説　本節 4 項を参照する．

【解答】(1) ル　(2) カ　(3) ハ　(4) ロ　(5) ニ

変　電

例題 22 ……………………………………………………………… H18　問6

次の文章は，変電所のがいし（がい管なども含む.）の塩害対策に関する記述である.

塩分ががいし表面に付着すると，霧や小雨により湿潤して溶解し，導電性があがり，がいし表面の　(1)　が増加する．これにより，がいし表面が乾燥して部分放電が発生したり，さらに，フラッシオーバに移行して事故にいたる懸念があることから，塩害対策を行っている．

塩害対策としては，隠ぺい化などもあるが，屋外変電所では汚損マップやパイロットがいしによる実測等をもとに，がいしの　(2)　を決定し，これとは別に耐塩対策設計の重要な項目であるがいしの　(3)　の目標値を決定しておく．これらとがいし表面の　(4)　を考慮して，使用するがいしを選定することになる．このほか，がいしを洗浄するのも対策の一つであるが，この場合，洗浄水の圧力や洗浄水の　(5)　とがいし洗浄耐電圧の関係をよく把握しておく必要がある．

【解答群】
(イ) 降雨量　　　　(ロ) 漏れ距離　　　　(ハ) 電位傾度
(ニ) 透明度　　　　(ホ) 換算係数　　　　(ヘ) 塩分付着密度
(ト) 耐電圧　　　　(チ) 漏れ電流　　　　(リ) 暴露期間
(ヌ) 絶縁　　　　　(ル) 抵抗率　　　　　(ヲ) 累積頻度
(ワ) 平均直径　　　(カ) pH値　　　　　　(ヨ) 試験方法

解説　(5) がいしの洗浄を活線で行う場合，使用する洗浄水の圧力や抵抗率，離隔距離とがいし洗浄耐電圧の関係を十分に把握しておく必要がある．

【解答】(1) チ　(2) ヘ　(3) ト　(4) ロ　(5) ル

6-5 調相設備

攻略のポイント

本節に関して、電験3種では調相設備の役割と特徴等が出題される。2種でも、調相設備の役割や特徴、SVCや同期調相機について出題されている。一次試験では計算を要しない基本的な出題となっている。

1 調相設備の目的

調相設備は、系統電圧の調整と系統の安定度向上、送電線路の力率改善による電力損失の軽減のために設置される。

(1) 電圧調整

電力系統は、送受電端電圧を一定に維持する定電圧送電方式となっている。重負荷時には大きな遅れ電流が流れ、送配電線の電圧降下は大きくなる。一方、軽負荷時には、長距離送電線では充電電流（進み電流）による**フェランチ効果**によって受電端電圧が送電端電圧よりも高くなることがある。このため、受電端に調相設備を設置し、電圧を適正範囲に維持する必要がある。

(2) 電力損失の軽減

送配電線は抵抗に比べリアクタンスが大きいため、電源からみた力率は、負荷の力率よりは悪く、大きな遅れ電流が流れる。この力率を改善するために、調相設備が用いられる。調相設備に進み電流をとらせることで負荷の遅れ電流を吸収させ、送配電線に流れる無効電流を小さくさせる。これにより、力率が改善され、線路電流は減少し、電力損失が減少する。

2 調相設備の種類と役割

調相設備には、静止器と回転機がある。静止器には、電力用コンデンサ、分路リアクトル、他励式SVC（Static Var Compensator；静止形無効電力補償装置）、STATCOM（Static Synchronous Compensator；自励式SVCまたはSVG）、回転機には同期調相機がある。調相設備は、電力系統に並列に接続され、変圧器の三次側や母線に設置される。

(1) 電力用コンデンサ

昼間の重負荷時に投入することにより、遅れ無効電力を供給（進み無効電力を消費）して系統電圧を上げる。電力用コンデンサの構造は、アルミニウムはく電極と誘電体を交互に重ねたものである。電力用コンデンサには、この投入に伴う

突入電流の抑制，コンデンサ使用による回路の電圧電流波形の歪み軽減，過大な高調波電流の流入防止，電力用コンデンサ開放時の遮断器の再点弧の防止といった観点から，直列にリアクトルが接続される．この直列リアクトルのリアクタンスはコンデンサのリアクタンスの 6%（5～7% 程度）である．

(2) 分路リアクトル

深夜や休日等の軽負荷時に投入して遅れ無効電力を消費（進み無効電力を供給）して系統電圧を下げる．分路リアクトルの構造には変圧器と同様に鉄心とコイルからなるものと，空心のものがある．

(3) 他励式 SVC

他励式 SVC は **TCR（Thyristor Controlled Reactor）方式** と **TSC（Thyristor Switched Capacitor）方式** がある．

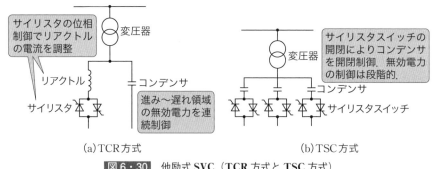

(a) TCR 方式   (b) TSC 方式

図 6・30 他励式 SVC（TCR 方式と TSC 方式）

① **TCR（Thyristor Controlled Reactor）方式**

サイリスタの位相制御により，リアクトルに流れる電流を調整するとともに，これと並列に進相コンデンサを接続して使用する．無効電力を進み領域から遅れ領域まで連続的に制御する．

② **TSC（Thyristor Switched Capacitor）方式**

サイリスタスイッチの開閉により，複数のコンデンサを段階的に開閉する．この方式では，無効電力の制御は段階的なものとなる．

(4) STATCOM（自励式 SVC）

図 6・31 のように，変圧器を介して直流電圧源と自励式インバータを電力系統に接続したものである．これは，自励式インバータにより，系統電圧に同期した

6-5 調相設備

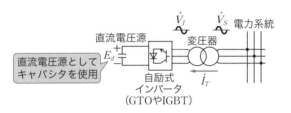

動作	電流遅れ （リアクトル動作）	電流進み （コンデンサ動作）
電圧電流	$\dot{V}_S$, $\dot{V}_I$, $\dot{I}_T$ V_S（系統電圧）$>$ V_I（インバータ出力電圧）	$\dot{V}_S$, $\dot{V}_I$, $\dot{I}_T$ V_S（系統電圧）$<$ V_I（インバータ出力電圧）
ベクトル図	$\dot{V}_S$, $jX_T\dot{I}_T$, $\dot{V}_I$, $\dot{I}_T$	$\dot{I}_T$, $\dot{V}_S$, $jX_T\dot{I}_T$, $\dot{V}_I$

図6・31 STATCOM の構成と動作原理

同位相の交流電圧 $\dot{V}_I$ を発生し，$\dot{V}_I$ の振幅を制御することにより，インバータ電圧 $\dot{V}_I$ と系統電圧 $\dot{V}_S$ との差電圧を調整し，無効電力を制御する．STATCOM は，無効電力を進相領域から遅相領域まで高速かつ連続的に制御することができる．STATCOM は，他励式 SVC よりも系統電圧維持能力が高く，電圧安定性を高めることができる．

(5) 同期調相機

無負荷の同期電動機であり，界磁電流を増加すれば進み電流，減少させれば遅れ電流が系統から電機子巻線に流れ込むのを利用して無効電力を制御することができる．同期調相機は進相，遅相領域を連続的に制御できる．界磁電流が大きいため，界磁巻線が大きい．回転機であるから，電力用コンデンサや分路リアクトルに比べて，保守が

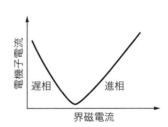

図6・32 同期調相機の V 曲線

煩雑である．電力損失は，静止器の 0.5% 以下に比べ，約 1.5〜2.5% と大きい．過負荷耐量があるため，無効電力の連続制御とあわせて，電圧維持能力は高い．

··········· コ ラ ム ···········

電圧降下や電圧変動に関する計算

図 6・33 の系統の 1 相分等価回路において，電圧降下 e は

$$e = E_s - E_r \fallingdotseq I(R\cos\theta + X\sin\theta)$$

$$= \frac{(E_r I \cos\theta)R + (E_r I \sin\theta)X}{E_r} = \frac{PR + QX}{E_r} \quad (6・11)$$

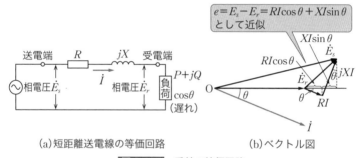

(a) 短距離送電線の等価回路　　(b) ベクトル図

図 6・33　系統の等価回路

ここで，基準容量を P_B，基準電圧を E_B とおけば

$$\frac{e}{E_B} = \frac{\dfrac{P}{P_B} \cdot \left(\dfrac{RP_B}{E_B{}^2}\right) + \dfrac{Q}{P_B} \cdot \left(\dfrac{XP_B}{E_B{}^2}\right)}{\dfrac{E_r}{E_B}}$$

したがって，$E_r/E_B = 1$ より，単位法で表す場合の電圧降下の式は次式となる．

$$e_{\mathrm{pu}} = P_{\mathrm{pu}} \cdot R_{\mathrm{pu}} + Q_{\mathrm{pu}} \cdot X_{\mathrm{pu}} \quad (6・12)$$

ただし，

$$e_{pu} = \frac{e}{E_B} \text{〔p.u.〕}, \quad R_{pu} = \frac{RP_B}{E_B^2} \text{〔p.u.〕}, \quad X_{pu} = \frac{XP_B}{E_B^2} \text{〔p.u.〕}$$

　一般に，送電系統では，Rに比べてXが格段に大きいので，電圧降下に関しては無効電力Qの影響が大きい．これに基づいて，調相設備は無効電力を制御して電圧を上げたり下げたりする．さらに，$R_{pu} \ll X_{pu}$の関係より

$$e_{pu} \fallingdotseq Q_{pu} X_{pu} \text{〔p.u.〕} \tag{6・13}$$

となる．

　さらに，図6・33 (a) の等価回路に関して，電源を背後系統の電源（電圧1 p.u.），$R_{pu} + jX_{pu}$（$R_{pu} \ll X_{pu}$）を背後インピーダンスと考えれば，受電端の短絡容量P_sは$P_s = P_B/X_{pu}$〔kVA〕であるから

$$e_{pu} = Q_{pu} \cdot \frac{P_B}{P_S} = \frac{Q}{P_S} \text{〔p.u.〕} \tag{6・14}$$

となる．したがって，受電端でコンデンサ容量Q_C〔kVA〕を投入したときの電圧変動Δe_{pu}は次式のように計算できる．

$$\Delta e_{pu} = \frac{\Delta Q}{P_s} = \frac{Q_C}{P_s} \text{〔p.u.〕} \tag{6・15}$$

　これらの考え方は，二次試験の計算問題でよく出題されるので，理解しておく．

変電

例題23 ································· H7 問6

次の文章は，調相設備に関する記述である．
a) 調相設備を設置する目的は，　(1)　の調整と送電系統の　(2)　向上，ならびに送電線路の　(3)　による電力損失の軽減である．
b) 電力用コンデンサには，直列リアクトルを挿入している．この直列リアクトルを設置する目的は，電力用コンデンサ投入時の　(4)　の制限，電力用コンデンサ開放時の遮断器の再点弧の防止，系統における　(5)　による電圧・電流の歪みの軽減である．

【解答群】
(イ) 自己励磁　　(ロ) 絶縁強度　　(ハ) 進相分　　(ニ) 遅相分
(ホ) 有効分　　(ヘ) 漏れ電流　　(ト) 電圧　　(チ) 有効電力
(リ) 力率改善　　(ヌ) 電磁波　　(ル) 安定度　　(ヲ) 負荷
(ワ) 突入電流　　(カ) 残留電圧　　(ヨ) 高調波電流

解説　本節1項，2項 (1) 電力用コンデンサを参照する．

【解答】(1) ト　(2) ル　(3) リ　(4) ワ　(5) ヨ

例題24 ································· R3 問6

次の文章は，変電所の調相設備に関する記述である．
　電力用コンデンサは　(1)　相分の無効電力を供給し，　(2)　相分の無効電力を消費するために使用される．その構造はアルミニウムはく電極と誘電体を交互に重ねたものである．分路リアクトルは　(2)　相分の無効電力を供給し，　(1)　相分の無効電力を消費するために使用される．その構造には変圧器と同様に鉄心とコイルからなるものと，空心のものがある．
　分路リアクトルや電力用コンデンサは専用の開閉器により開閉するが，その開閉する頻度を変圧器用の開閉器と比べると　(3)　である．
　同期調相機は，同期電動機を　(4)　負荷で運転し，界磁電流を調整して電機子電流を　(1)　相にも　(2)　相にもすることができる．
　これらの調相設備は送電回路に　(5)　に接続され，変圧器の三次側や母線に設置される．

6-5 調相設備

【解答群】
(イ) 同　　　　　(ロ) 無　　　　　(ハ) 零　　　　　(ニ) 進
(ホ) 直・並列　　(ヘ) 軽　　　　　(ト) 正　　　　　(チ) 並列
(リ) 稀頻度　　　(ヌ) 逆　　　　　(ル) 定格　　　　(ヲ) 多頻度
(ワ) 同程度　　　(カ) 直列　　　　(ヨ) 遅

解説 本節2項を参照する．

【解答】(1) ヨ　(2) ニ　(3) ヲ　(4) ロ　(5) チ

例題 25 ……………………………………………… H20 問7

次の文章は，送電線の電圧制御に関する記述である．

送電線の送電端および受電端の電圧を一定範囲に保つためには，送受電端において適切に無効電力の授受を行わなければならず，このために用いられるのが　(1)　設備であり，電力用コンデンサ，分路リアクトル，ロータリーコンデンサ，SVCなどが用いられている．　(1)　設備を適切に用いることによって，受電端の電圧が高いとき　(2)　を消費して電圧を下げ，逆に電圧が低いとき　(2)　を供給して電圧を上げる．ロータリーコンデンサは　(3)　を制御することによって，また，SVCは，サイリスタの　(4)　を変えて　(5)　を流れる電流を制御することによって，発生あるいは消費する無効電力を自由にしかも連続的に変えることができ，端子電圧を一定に保つことができる．

【解答群】
(イ) 開閉　　　　(ロ) 送電線　　　(ハ) 重なり角　　(ニ) 界磁電流
(ホ) 力率角　　　(ヘ) リアクトル　(ト) 進み無効電力 (チ) 制御角
(リ) 蓄電池　　　(ヌ) 有効電力　　(ル) 回転速度　　(ヲ) 受電
(ワ) トルク　　　(カ) 調相　　　　(ヨ) 遅れ無効電力

解説 本節2項を参照する．

【解答】(1) カ　(2) ヨ　(3) ニ　(4) チ　(5) ヘ

章末問題

■1　　　　　　　　　　　　　　　　　　　　　　　　　　　　　H12　問2

次の文章は，発電所に設置される主変圧器と送電用変電所に設置される主変圧器の結線に関する記述である．

火力発電所の主変圧器の結線は，一般に一次（発電機）側と二次（系統）側とを (1) 結線としている．この理由としては，変圧比を大きくとれること，変圧器で発生する (2) を循環させることができること，一次側は発電機の中性点で (3) できることなどが挙げられる．

これに対して，送電用変電所の主変圧器の結線は，一般に系統の位相を合わせたり，中性点を引き出すために一次側と二次側とを (4) 結線としており，発生する (2) を循環させるよう変圧器に三次巻線または (5) を設けている．

【解答群】
(イ) Y-Y　　　　　(ロ) タップ巻線　　(ハ) 避雷器　　　　(ニ) 充電電流
(ホ) 第3調波電流　(ヘ) 接地　　　　　(ト) 均等絶縁　　　(チ) Δ-Y
(リ) 渦電流　　　　(ヌ) 短絡　　　　　(ル) 段絶縁　　　　(ヲ) 地路電流
(ワ) 安定巻線　　　(カ) Δ-Δ　　　　 (ヨ) Y-Δ

■2　　　　　　　　　　　　　　　　　　　　　　　　　　　　　H9　問3

次の文章は，変圧器に関する記述である．

変圧器の磁束は，各巻線間に完全には鎖交せず (1) 磁束を生じ，これがリアクタンスとして作用する．このリアクタンスと巻線抵抗との合成が変圧器の (2) である．変圧器の (2) が小さい場合には (3) 変動率も小さく系統の安定度もよくなるが，系統の短絡容量が (4) するほか，変圧器が (5) 機械となるため重量が増す傾向にある．

【解答群】
(イ) パラメーター　(ロ) 電流　　　　　(ハ) 平衡　　　　　(ニ) 抵抗
(ホ) 電圧　　　　　(ヘ) 錫　　　　　　(ト) 交さ　　　　　(チ) 増加
(リ) 減少　　　　　(ヌ) 漏れ　　　　　(ル) 銅　　　　　　(ヲ) 交番
(ワ) サセプタンス　(カ) 鉄　　　　　　(ヨ) インピーダンス

■3 　　　　　　　　　　　　　　　　　　　　　　　　　　　　H20　問2

次の文章は，変圧器の負荷時タップ切換装置に関する記述である．

負荷時タップ切換装置は，負荷時タップ切換器とその駆動装置および保護などの付属装置から構成される．そのうち，負荷時タップ切換器は，無電流状態でタップを選択するタップ選択器と，選択された回路の電流を開閉する (1) のほか，タップ切換動作の際，(2) が橋絡されたときに流れる (3) を制限する (4) とから構成される．なお，変圧器の巻線がY結線の場合には，負荷時タップ切換器は，通常，(5) が容易な巻線の中性点側に設置される．

【解答群】
(イ) コンデンサ　　　　　　(ロ) 循環電流　　　　　　(ハ) 調整器
(ニ) 切換開閉器　　　　　　(ホ) 相間　　　　　　　　(ヘ) 開閉
(ト) 一次・二次間　　　　　(チ) 励磁電流　　　　　　(リ) 絶縁
(ヌ) 限流インピーダンス　　(ル) 変換器　　　　　　　(ヲ) 分路巻線
(ワ) 負荷電流　　　　　　　(カ) タップ間　　　　　　(ヨ) 調整

■4 　　　　　　　　　　　　　　　　　　　　　　　　　　　　R3　問4

次の文章は，電力系統の中性点接地による異常電圧抑制に関する記述である．

電力系統に1線地絡故障のような不平衡故障が起こると変圧器や回転機の三相巻線の (1) の中性点接地を経由して大地を帰路とする地絡電流が流れる．中性点と大地との接地インピーダンスを小さくすると，地絡電流を検出する保護リレーの動作が確実となり，(2) の電位上昇を抑えることができて，機器の絶縁レベルを軽減できる．その反面，近辺での通信線路に発生する (3) が大きくなる．

一方で，接地インピーダンスを大きくすると，1線地絡故障の場合には，(2) の対地電圧は相電圧の (4) 倍まで上昇するとともに，長距離線路では対地静電容量が大きいために (5) が発生して機器の絶縁を脅かす過渡的異常電圧が生じることがある．

【解答群】
(イ) $\sqrt{2}$　　　　　　　　　(ロ) 系統脱調　　　　　　(ハ) 2
(ニ) 電磁誘導電圧　　　　　(ホ) 間欠アーク地路　　　　(ヘ) 健全相
(ト) 第三調波電圧　　　　　(チ) 進み相　　　　　　　　(リ) △結線
(ヌ) Y結線　　　　　　　　　(ル) 故障相　　　　　　　　(ヲ) $\sqrt{3}$
(ワ) フェランチ効果　　　　(カ) 雷電圧　　　　　　　　(ヨ) V結線

変　電

■5　　　　　　　　　　　　　　　　　　　　　　　　　　　　　　　H13　問3

次の文章は，直接接地系統に適用される送電線保護リレー方式に関する記述である．

送電線保護リレーに要求される性能には事故区間に高速，確実な選択検出があり，送電線主保護には，次のような動作原理のリレー方式が適用されている．

①送電線各端子の　(1)　を比較し，保護区間内の事故か否かを判別する位相比較リレー方式

②保護区間にキルヒホッフの法則を適用し，各端子の　(2)　が零でないときに内部事故と判別する　(3)

これらの方式に対してアナログリレーに代わり，ディジタルリレーシステムを採用することによって，端子数に制限を受けない高性能の送電線保護が可能になった．

ディジタルリレーは，電圧・電流の交流入力信号の瞬時値を一般に電気角　(4)　の間隔でサンプリングし，ディジタル値に変換したデータをソフトウエアで演算処理するため，多種類のリレー特性が実現可能である．また，装置の小型化，標準化および　(5)　の自己診断機能等により保護リレーの運用保守の効率化が図られている．

【解答群】
(イ) 30度　　　　　　　(ロ) 電圧位相　　　　　　(ハ) 電流ベクトル差
(ニ) 電圧ベクトル差　　(ホ) 非常時監視　　　　　(ヘ) 電流差動リレー方式
(ト) 定期点検　　　　　(チ) 60度　　　　　　　　(リ) 電流ベクトル和
(ヌ) 電流位相　　　　　(ル) 電圧ベクトル和　　　(ヲ) 90度
(ワ) 距離リレー方式　　(カ) 自動監視　　　　　　(ヨ) 平衡リレー方式

■6　　　　　　　　　　　　　　　　　　　　　　　　　　　　　　　R4　問3

次の文章は，距離リレーに関する記述である．

距離リレーは，　(1)　の電圧・電流入力により事故検出ができることから保護リレー装置としての構成が比較的簡単で信頼度が高く，系統保護における主保護リレーまたは　(2)　リレーとして広く使用されている．

また，距離リレーは事故区間の選択が比較的確実で，保護区間に応じた各段距離リレーの　(3)　により時間協調がとりやすいことから，送電線や変圧器・発電機などの電力機器の　(2)　リレーとして，あるいは系統分離リレーとして幅広く使用されている．

距離リレーは入力電圧の　(4)　に対する比，すなわち　(5)　インピーダンスに応動し，　(5)　インピーダンスが動作特性範囲内であれば動作する．

【解答群】
(イ) 母線電圧　　　　　　(ロ) 後備保護　　　　　　(ハ) 不足電圧保護

300

(ニ) 隣回線　　　　　　(ホ) 負荷　　　　　　　(ヘ) 事故点
(ト) インピーダンス　　(チ) 測距　　　　　　　(リ) 時限遮断
(ヌ) 欠相保護　　　　　(ル) 自端　　　　　　　(ヲ) 相手端
(ワ) 入力電流　　　　　(カ) リーチ　　　　　　(ヨ) 零相電流

7　　　　　　　　　　　　　　　　　　　　　　　　　　　　H8　問3

次の文章は，変電所の塩害対策に関する記述である．

がいしの汚損状態における霧中耐電圧特性は，一般にがいしの (1) にほぼ比例する．したがって，耐塩がいしは (1) を大きくとった形状としている．

その他の対策として，機器全体を (2) の中に施設する方式と充電部を直接外気に露出させない (3) などの採用もある．(3) は塩害対策ばかりでなく，設備全体の小形化が図れる．

一方，変電所の海に面した側にノズルを設置し，(4) 時に，垂直方向に噴水し，海水の塩分の遮断と飛散水による雨洗効果をねらった (5) 方式や，(4) の予想される場合や，汚損度が所定のレベルに達したとき，充電状態のまま手動または自動噴水装置によって注水洗浄を行う方式がある．これらの方式は，がいしを一定の汚損度以下に維持しようとするものである．

【解答群】
(イ) 表面漏れ距離　　(ロ) 洗浄　　　　(ハ) 雷雨　　　　　　(ニ) GIS
(ホ) 積雪　　　　　　(ヘ) 注水　　　　(ト) ガス遮断器　　　(チ) 建屋
(リ) GTO　　　　　　(ヌ) 大きさ　　　(ル) ピット　　　　　(ヲ) 台風
(ワ) 金属箱　　　　　(カ) 水幕　　　　(ヨ) 強度

変 電

■8　H17 問3

次の文章は，発変電所などに使用される高信頼度の直流電源に関する記述である．

直流電源は，系統に事故が発生したときも含めて，開閉器や保護制御装置を動作させる電源であり，蓄電池が多く採用されている．

蓄電池としては，充・放電を繰り返すことができる鉛電池や　(1)　電池が使用されている．蓄電池の容量は，充電された状態から，ある一定の電流で放電されたとき，規定の　(2)　電圧になるまで出し得る電気量をいう．蓄電池の容量を決めるときには，放電電流の大きさとそれに対応する　(3)　を想定する必要がある．

蓄電池の容量などの決定に当たって考慮すべきこととして，以下のことが挙げられる．

a. 停電のため蓄電池の充電が不可能になっても，想定した最長の停電時間の間，直流電源として負荷に供給できる十分な容量を持っていること．

b. 放電終期に瞬間最大放電電流が流れた場合に　(4)　による電圧降下を考えても，蓄電池端子電圧が十分であることを確認しておくこと．

c. 容量が経年劣化で減少するが，この分として　(5)　程度余裕を見込むことが必要であること．

【解答群】
(イ) 充電時間　　(ロ) 放電開始　　(ハ) マンガン　　(ニ) アルカリ
(ホ) 5%　　　　(ヘ) 遮断時間　　(ト) 照明器具　　(チ) 充電装置
(リ) 50%　　　 (ヌ) 放電終止　　(ル) 放電時間　　(ヲ) 制御ケーブル
(ワ) リチウム　 (カ) 20%　　　　(ヨ) 過放電

7章

送　電

学習のポイント

　送電分野では，計算問題は非常に少なく，ほとんどが語句選択式の出題となっている．架空送電では雷害・振動・塩害対策の出題数が多く，地中送電ではCVケーブルの特徴，ケーブルの特性や設計上の配慮事項に関する出題が多い．3種に比べ，四端子定数や分布定数回路の出題，直流送電線の主回路方式，地中送電線の故障点探査法など，やや高度な出題がある．このほか，架空送電線路と特性，誘導障害とコロナ障害も出題される．本文中の太字のキーワードを中心に図でイメージしながら，学習するのが効果的である．

7-1 架空送電線路と特性

攻略のポイント
本節に関して，電験3種では送電線路の構成，電線のたるみ計算等が出題されるが，2種では架空電線路の構成要素の役割，送電鉄塔の荷重設計，複合がいしの特徴，長距離送電系統の四端子定数等が出題されている．

1 架空送電線路

架空送電線路は，電力の輸送路としての電気的性能と，厳しい自然条件にも耐える機械的性能とを兼ね備えて，電力の安全・効率的な輸送を行っている．

(1) 架空送電用電線（架空電線）

架空送電線路の電線は，次の条件を具備することが望ましい．

> ①導電率が高いこと，②引張り強さが大きいこと，③伸びが大きいこと，④耐久性があること，⑤密度が小さいこと，⑥価格が安いこと，⑥架線の容易性

以上の条件を具備している電線がアルミ線や銅線であり，架空電線には**鋼心アルミより線**と**硬銅より線**が最も多く使用されている．そして，大容量送電が必要となり，許容電流の大きな**鋼心耐熱アルミ合金より線**が広く使われている．

①鋼心アルミより線（ACSR）

アルミ線の導電率は銅線の約60%のため，単位長当たりの抵抗値を同じにするには等価的に銅線の約1.3倍の直径（断面積で約1.6倍）が必要であるが，単位体積当たりの重量が約1/3のため，それだけ太くなっても同等の銅線よりまだ軽く（重量は1/2程度），しかも補強の鋼線による引張り強さが大きいので，支持物径間を銅線の場合より長くとれる．さらに，電線外径が

図7・1 鋼心アルミより線

大きくなるので，コロナが発生しにくく，コロナ雑音防止という観点でも高い電圧階級に適している．しかし，アルミ線は，銅線に比べて軟らかいので，工事の際に傷つきやすく，取り扱いに注意が必要である．

②鋼心耐熱アルミ合金より線（TACSR）

鋼心アルミより線や硬銅より線の許容電流は，連続使用温度90℃を限界として決めているが，耐熱性を高めるためにアルミに微量のジルコニウムを添加した

耐熱アルミ合金線を用いた電線である．鋼心耐熱アルミ合金より線は，長時間連続使用には 130～150℃，短時間使用には 150～180℃ が用いられるので，許容電流も 40～50% 増しとなる．このため，近年，鋼心耐熱アルミ合金より線が最もよく使われている．

[基幹系統における多導体方式の架空電線の特徴]

架空送電線の導体方式は，500 kV，275 kV 送電線では 1 相分の導体として 2 条以上用いる**多導体方式**を採用している．次の特徴がある．

・送電線のインダクタンスが減少し，静電容量が増し，**安定度向上による送電容量増加の面で有利**である．
・電線の等価直径の増加により電線表面の電位傾度が小さくなり，コロナ臨界電圧が上昇するので，**コロナ雑音による電波障害やコロナ損の軽減**を図ることができる．
・電線の熱放散面積が大きくなり，電流容量を大きくとれる．

③**硬銅より線（HDCC）**

導電率が 97% と高く，引張り強さも大きく，耐食性にも優れているので，かつては 77 kV 以下送電線に使われてきた．しかし，近年，経済性および重量面から，アルミ系電線が使われてきている．

(2) 架空地線用電線

架空地線は，架空電線に対する直撃雷を防止するとともに，送電線の地絡電流による通信線への誘導障害を軽減する遮へい線として，電線上部に 1～3 条張られている．架空地線には，亜鉛めっき鋼より線が一般的に使用されてきたが，近年，通信線への電磁誘導障害軽減対策として，導電率の良い鋼心イ号アルミ合金より線やアルミ被鋼より線（AS 線）などが使用される．そして，通信用の光ファイバを内蔵した**光ファイバ複合架空地線（OPGW）**が多く用いられている．

(3) 架空送電用支持物

支持物は，電線の支持を目的とする工作物で，電気設備技術基準により，木柱，鉄柱，鉄筋コンクリート柱，鉄塔を使用することになっている．22 kV 以上の送電線はほとんど鉄塔である．

支持物に加わる荷重は，図 7・2 のように，垂直荷重，水平横荷重，水平縦荷重に分けられる．各荷重の要素は次のとおりである．

① **垂直荷重**

鉄塔荷重，電線・がいし・金具その他付属物の重量，電線等に付着する氷雪の重量，電線張力の垂直分力

② **水平横荷重（電線路方向と直角で水平に働く荷重）**

鉄塔風圧，電線・がいし等に加わる風圧，電線張力の水平分力，断線によるねじり力

③ **水平縦荷重（電線路方向に水平に働く荷重）**

図7・2 支持物に加わる荷重

鉄塔風圧，架渉線の不平均張力による荷重，断線による不平均張力とねじり力

このように，断線は支持物にとって極めて過酷な荷重条件になるので，鉄塔は，**常時想定荷重**（断線を考慮しない正常な状態における荷重）または，**異常時想定荷重**（断線時に作用する不平均張力およびねじり力が加わった荷重）の2/3倍の荷重のいずれか大きいほうに耐える設計とする．

送電鉄塔の荷重設計で支配的なのは，通常，強風または着氷雪であり，一般的な建築物が地震荷重である点と異なる．これは，鉄塔がトラス構造で建築物に比べて軽いことに加えて，架渉線を有していることによる．

風荷重の基本となる設計風速は，10分間平均風速を用いる場合と瞬間風速を用いる場合がある．前者の値は，夏から秋にかけての台風を想定した高温季では40 m/s，冬から春にかけての季節風を想定した低温季では，氷雪の付着を考慮し，高温季の荷重の1/2となる風速値としている．

着氷雪荷重には，風荷重と重畳する湿形着雪を対象とした着雪荷重，標高の高い山岳地で発生する着氷荷重，降雪が多い地域で対策が必要な積雪荷重があり，それぞれ過去の観測記録や設計実績に基づいて適切な値を設定する．

(4) がいし

がいしは，架空電線を支持物から絶縁するために十分な機械的強度を有し，電気的な絶縁の機能を果たす必要がある．

① **がいしの具備条件**

a. 平常時の電圧や地絡故障時等の内部異常電圧に耐えること

b. 十分な機械的強度を有すること
c. 長年にわたって電気的・機械的劣化が少ないこと
d. 温度の変化に耐え，吸湿しないこと
e. 価格が安いこと

これらの具備条件を考慮し，がいしには主として**硬質磁器**が用いられる．

②がいしの種類

送電線路用がいしには，懸垂がいし，長幹がいし，ラインポストがいし，ピンがいしなどがある．

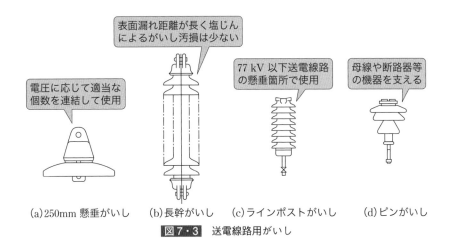

(a) 250 mm 懸垂がいし　(b) 長幹がいし　(c) ラインポストがいし　(d) ピンがいし

図7・3 送電線路用がいし

a. 懸垂がいし

使用電圧に応じて適当な個数を連結して使用でき，連結したがいしが同時に不良となることが少ないので，信頼度が高く，最も多く採用されている．わが国では，直径 250 mm のものが一般的で，500 kV 送電線では電線サイズが大きくなるとともに強度が必要なことから，直径 280 mm，320 mm の大形懸垂がいしが用いられている．

b. 長幹がいし

中実の磁器体の両端に連結金具を取り付けたもので，使用電圧により長さが異なってくる．長幹がいしは，塩害地域の発変電所母線引留用や 154〜66 kV 送電線路に用いられている．長幹がいしは，経年劣化がなく，表面漏れ距離が長く，ひだがないので，塩じんによるがいし汚損は少ない．また，雨洗効果が大きいの

で，耐霧性に優れている．このため，塩害地域の耐霧がいしとして適当である．
ただし，機械的強度が弱いので，架線工事のときには丁寧に扱う必要がある．さ
らには，図7・4のように使用すれば，V吊りとして横振れを防止でき，水平間
距離の短縮が可能で，鉄塔用地を少なくすることができる．

c．ラインポストがいし，ピンがいし

　ラインポストがいしは，鉄構や床面に直立固定する構造になっている．長幹が
いし同様の長所があり，77 kV 以下送電線路の懸垂箇所に用いられる．ピンがい
しは発変電所の母線，断路器そのほかの機器を支えるのに用いられる．

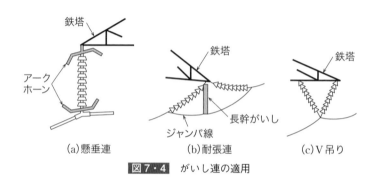

図7・4　がいし連の適用

d．複合がい管・がいし（ポリマーがいし）

　図7・5に示すように，FRP（ガラス繊維強化プラスチック）製の筒にシリコーンゴムを被覆したものである．**ポリマーがい管・がいし，有機がいし**ともいう．この長所は，軽量であること，はっ水性があるために耐汚損性能が良好であることである．一方，寿命性能を十分に確認する必要がある．

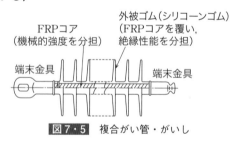

図7・5　複合がい管・がいし

　複合がい管・がいしは，軽量なので，66～77 kV 送電線用がいしや相間スペーサに適用されている．変電所では，ガス遮断器のブッシングや避雷器などの変電機器にも適用が拡大している．

2 電線のたるみと荷重

(1) 電線のたるみ

電線は，夏季には日射と高温にさらされ，台風の暴風も受ける．また，冬季には低温にさらされるうえに，地域によっては氷雪が付着する．こうした条件に適応するよう，電線には適当なたるみを必要とする．つまり，**電線は温度によって伸びるため，夏季の高温季に電線が伸びても最低地上高が不足しないようにするとともに，冬季の低温季には電線の縮みで張力が増加して断線に至らないよう，適当なたるみをとる．**

電線のたるみは，電線の材質が一様でたわみ性があるものとみなせば理論的には**カテナリ曲線となるが，一般にたるみが径間長の10％以内のときは放物線とみなしてさしつかえない**．すなわち，電線支持点に高低差のない径間の場合，図7·6のように点Oを原点とするカテナリ曲線は次式で表される．

$$y = a \cosh \frac{x}{a} = a\left(1 + \frac{x^2}{2!a^2} + \frac{x^4}{4!a^4} + \frac{x^6}{6!a^6} + \cdots \right) \qquad (7 \cdot 1)$$

実際の送電線路では，たるみ $D[\mathrm{m}]$ が径間 $S[\mathrm{m}]$ に比べて十分に小さいため，式 (7·1) の第3項以下を無視することができ，次式となる．

$$y = a + \frac{x^2}{2a} \qquad (7 \cdot 2)$$

これは放物線の式であり，原点を点Oから点Nに移せば，次式となる．

$$y = \frac{x^2}{2a} \qquad (7 \cdot 3)$$

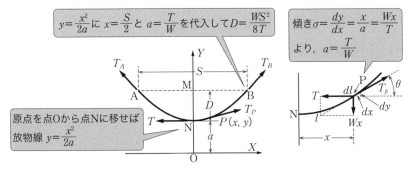

図7·6 電線のたるみ（電線支持点に高低差のない径間）

図7・6において，電線の水平張力を T〔kg〕，電線単位長当たりの重量を W〔kg/m〕，径間の長さを S〔m〕とすると，任意の点Pにおける電線の傾き σ は式 (7・3) を微分し，次式となる．

$$\sigma = \frac{dy}{dx} = \frac{x}{a} \tag{7・4}$$

一方，図7・6のように，点Pでは，横軸方向に T〔kg〕，縦軸方向には点Nから点Pまでの電線重量分が働く．ここで，径間に比べてたるみが十分に小さければ，電線実長は径間長 x〔m〕にほぼ等しいので，NP間の電線重量は Wx〔kg〕となり，電線水平張力 T と Wx の合成が電線の張力に等しくなる．

$$\sigma = \frac{x}{a} = \frac{Wx}{T}$$

$$\therefore \quad a = T/W \tag{7・5}$$

たるみ D は，$x = S/2$ における y の値で，式 (7・5) を代入し，次式となる．

$$\boldsymbol{D = \frac{1}{2a}\left(\frac{S}{2}\right)^2 = \frac{W}{2T} \cdot \frac{S^2}{4} = \frac{WS^2}{8T}} \tag{7・6}$$

つまり，**近似的には，電線のたるみは，荷重に比例し，径間長の二乗に比例し，水平張力に反比例する．**

他方，電線の実長を L とすると，次の関係がある．$[(Wx/T)^2 \ll 1]$

$$L = \int_{-S/2}^{S/2} \sqrt{1 + \left(\frac{dy}{dx}\right)^2} dx = 2\int_0^{S/2} \sqrt{1 + \left(\frac{Wx}{T}\right)^2} dx$$

$$\fallingdotseq 2\int_0^{S/2} \left\{1 + \frac{1}{2}\left(\frac{Wx}{T}\right)^2\right\} dx = S + \frac{1}{24}\left(\frac{W}{T}\right)^2 S^3 = S + \frac{1}{24}\left(\frac{8D}{S^2}\right)^2 S^3$$

$$\therefore \quad \boldsymbol{L = S + \frac{8D^2}{3S}} \ \text{〔m〕} \tag{7・7}$$

つまり，電線実長は径間長より $8D^2/(3S)$ だけ大きくなるが，これは S に対し 0.2〜0.3% 程度である．図7・6において，電線の支持点 A，B における張力を T_A，T_B とすれば，これらは $T_A = T_B =$ 最大張力で，最低点における水平張力に電線重量とたるみとの積を加えたものに等しいから，次式となる．

$$T_A = T_B = T + WD \tag{7・8}$$

式 (7・8) の WD は，通常 T の 1% 程度であるから，$T_A = T_B \fallingdotseq T$，すなわち，電線の各点の張力はすべて水平張力と同一とみなすことができる．

次に，図7·7のように，図7·6と径間長Sは同じであるが，支持点AB間に高低差H〔m〕がある場合，支持点Aに対する電線水平たるみD_0〔m〕を求める．最下点Oの支持点A側およびB側について式（7·6）より次式が成立する．

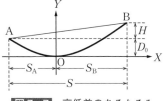

図7·7　高低差のあるたるみ

$$D_0 = \frac{W(2S_A)^2}{8T} \tag{7·9}$$

$$D_0 + H = \frac{W(2S_B)^2}{8T} \tag{7·10}$$

また，径間長はSであるから

$$S_A + S_B = S \tag{7·11}$$

となる．支持点AB間の高低差Hは，式（7·9），式（7·10），式（7·11）より

$$H = \frac{W(2S_B)^2}{8T} - \frac{W(2S_A)^2}{8T} = \frac{W(S_B - S_A)(S_B + S_A)}{2T}$$

$$= \frac{W(S - 2S_A) \cdot S}{2T} \tag{7·12}$$

となり，これを変形すれば

$$S_A = \frac{S}{2} - \frac{TH}{WS} \text{〔m〕} \tag{7·13}$$

となる．したがって，支持点Aに対する電線水平たるみD_0は次式となる．

$$D_0 = \frac{WS_A^2}{2T} = \frac{W}{2T}\left(\frac{S}{2} - \frac{TH}{WS}\right)^2 = \frac{WS^2}{8T}\left(1 - \frac{2TH}{WS^2}\right)^2$$

$$= D\left(1 - \frac{H}{4D}\right)^2 \text{〔m〕} \tag{7·14}$$

(2) 電線荷重

電線にかかる荷重は，夏季において電線の自重と台風のような風速40 m/sを想定した風圧荷重の合成荷重を想定する．冬季においては，電線に氷雪が付着した状態での氷雪荷重と断面積が大きくなることによる風圧荷重の増加を考慮する．電線に加わる荷重としては，夏季の高温季荷重と冬季の低温季荷重の二つに分けて，いずれか大きい方を電線に加わる最大荷重としている．

送 電

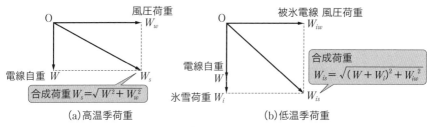

図7・8 電線の荷重

①高温季荷重

年平均気温において，電線自重 W と電線投影面積 $1\,\mathrm{m}^2$ につき 980 N（多導体では 880 N）の風圧荷重 W_w との合成荷重 $W_s = \sqrt{W^2 + W_w^2}$ をとる．

②低温季荷重

最低気温において，電線自重 W と電線投影面積 $1\,\mathrm{m}^2$ につき 490 N（多導体では 440 N）の風圧荷重 W_w をとる．氷雪の多い地方で，付着する氷雪を考えるときは，電線の周囲に厚さ 6 mm で比重 0.9 の氷雪が付着したものとして，氷雪荷重 W_i および電線風圧荷重 W_{iw} をあわせ，合成荷重 W_{is} は $W_{is} = \sqrt{(W+W_i)^2 + W_{iw}^2}$ となる．

3 四端子定数と分布定数回路

図7・9に示すように，四つの端子が出ている回路を**四端子回路**という．

入力電圧を $\dot{E}_s$，入力電流を $\dot{I}_s$，出力電圧を $\dot{E}_r$，出力電流を $\dot{I}_r$ とすれば，$\dot{A} \sim \dot{D}$ の四端子定数（一般的には複素数）により

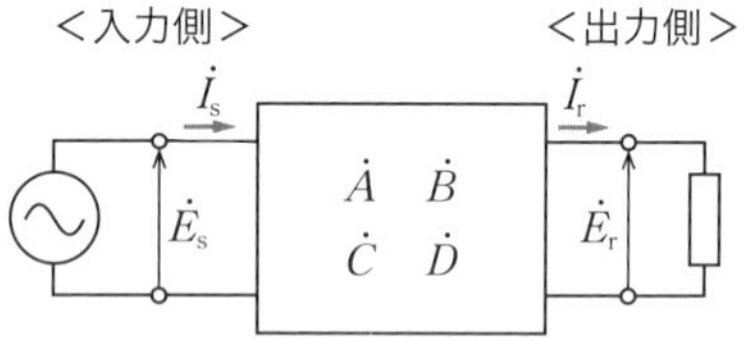

$$\dot{E}_s = \dot{A}\dot{E}_r + \dot{B}\dot{I}_r \tag{7・15}$$

$$\dot{I}_s = \dot{C}\dot{E}_r + \dot{D}\dot{I}_r \tag{7・16}$$

図7・9 四端子回路

で表すことができる．上式は，行列を使って

$$\begin{pmatrix} \dot{E}_s \\ \dot{I}_s \end{pmatrix} = \begin{pmatrix} \dot{A} & \dot{B} \\ \dot{C} & \dot{D} \end{pmatrix} \begin{pmatrix} \dot{E}_r \\ \dot{I}_r \end{pmatrix} \tag{7・17}$$

のように書くことも多い．

四端子回路は

$$\dot{A}\dot{D}-\dot{B}\dot{C}=1 \tag{7・18}$$

となる性質がある．また，対称回路（入力側からみた回路と出力側からみた回路が等しい回路）では，$\dot{A}=\dot{D}$ となる．

送電線路は，抵抗 R，インダクタンス L，静電容量 C，漏れコンダクタンス g といった線路定数が線路に沿って一様に分布している分布定数回路である．しかし，線路亘長が短い場合には，線路定数が1箇所または数箇所に集中した集中定数回路として取り扱っても誤差は小さい．

(1) 短距離送電線路

電線路の亘長が数十 km 程度以下で短い場合には，図 6・33 のような等価回路で扱えばよい．

(2) 中距離送電線路

送電線路の亘長がやや長くなると，静電容量の影響を考慮する必要があるが，50～100 km 程度の中距離送電線路ではこれを集中定数回路として扱ってよい．ここで，$\dot{E}_s$＝送電端相電圧，$\dot{E}_r$＝受電端相電圧，f＝周波数〔Hz〕，l＝送電線路の亘長〔km〕，r＝電線1条1kmの抵抗〔Ω〕，L＝電線1条1kmのインダクタンス〔H〕，$x=2\pi fL$ で電線1条1kmのリアクタンス〔Ω〕，$R=rl$ で電線1条の全抵抗〔Ω〕，$X=xl$ で電線1条の全リアクタンス〔Ω〕，$\dot{z}=R+jX$ で電線1条の全インピーダンス〔Ω〕，g＝電線1条1kmの漏れコンダクタンス〔S〕，c＝電線1条1kmの静電容量〔F〕，$b=2\pi fc$ で電線1条1kmのサセプタンス〔S〕，$\dot{y}=g+jb$ で電線1条1kmの並列アドミタンス〔S〕，$\dot{Y}=(g+jb)l\fallingdotseq jbl=jB$（∵ $g=0$）で電線1条の全並列アドミタンス〔S〕とする．この $\dot{Y}$ を全部中央に集中したものとして扱う **T形回路**，二分して両端に $\dot{Y}/2$ ずつ集中したものとして扱う **π形回路** がある．

① **T形回路**

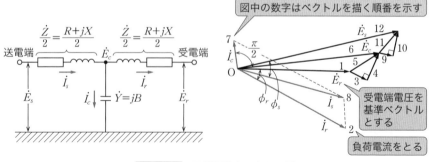

図7・10 T形回路とベクトル図

図7・10より，各部の電圧，電流の関係は

$$\dot{E}_c = \dot{E}_r + \frac{\dot{Z}}{2}\dot{I}_r, \quad \dot{I}_c = \dot{Y}\dot{E}_c$$

となるから，送電端の電圧と電流は次式となる．

$$\left.\begin{aligned}\dot{I}_s &= \dot{I}_r + \dot{I}_c = \dot{Y}\dot{E}_r + \left(1 + \frac{\dot{Z}\dot{Y}}{2}\right)\dot{I}_r \\ \dot{E}_s &= \dot{E}_c + \frac{\dot{Z}}{2}\dot{I}_s = \left(1 + \frac{\dot{Z}\dot{Y}}{2}\right)\dot{E}_r + \dot{Z}\left(1 + \frac{\dot{Z}\dot{Y}}{4}\right)\dot{I}_r\end{aligned}\right\} \quad (7 \cdot 19)$$

② **π形回路**

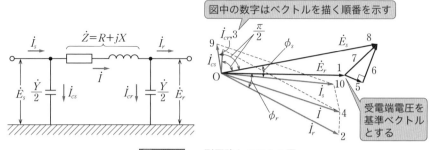

図7・11 π形回路とベクトル図

図7・11より，各部の電圧，電流の関係は

$$\dot{I}_{cr}=\frac{\dot{Y}}{2}\dot{E}_r, \quad \dot{I}=\dot{I}_{cr}+\dot{I}_r=\frac{\dot{Y}}{2}\dot{E}_r+\dot{I}_r$$

$$\dot{E}_s=\dot{E}_r+\dot{Z}\dot{I}, \quad \dot{I}_{cs}=\frac{\dot{Y}}{2}\dot{E}_s, \quad \dot{I}_s=\dot{I}+\dot{I}_{cs}$$

となるから，送電端の電圧，電流は次式となる．

$$\left. \begin{array}{l} \dot{E}_s=\left(1+\dfrac{\dot{Z}\dot{Y}}{2}\right)\dot{E}_r+\dot{Z}\dot{I}_r \\[2mm] \dot{I}_s=\left(1+\dfrac{\dot{Z}\dot{Y}}{2}\right)\dot{I}_r+\dot{Y}\left(1+\dfrac{\dot{Z}\dot{Y}}{4}\right)\dot{E}_r \end{array} \right\} \qquad (7\cdot20)$$

(3) 長距離線路

送電線の亘長が 100～150 km 程度以上になると，集中定数回路として扱うと誤差が大きくなるため，線路定数が線路に沿って一様に分布した分布定数回路として考えなければならない．

いま，送電線路単位長ごとの直列インピーダンス $\dot{z}$，並列アドミタンス $\dot{y}$ を
$$\dot{z}=r+j2\pi fL=r+jx \ [\Omega/\mathrm{km}], \quad \dot{y}=g+j2\pi fc=g+jb \ [\mathrm{S/km}]$$
とすれば，この $\dot{z}$ と $\dot{y}$ は送電線路の全亘長 l [km] を通じて分布しており，送電線路の微小部分をとれば図 7·12 (a) の等価回路であり，長距離送電線全体としては図 7·12 (b) のように表すことができる．そこで，送電端と受電端の電圧・電流には次式の関係がある（これは微分方程式を立てて解けば求まるが，ここでは説明を省略する）．

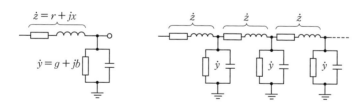

(a) 微小部分 　　　　　　(b) 長距離送電線全体

図 7·12 微小部分の等価回路と長距離送電線路の等価回路

送 電

$$\left.\begin{array}{l}\dot{E}_s = \dot{E}_r \cosh \dot{\gamma} l + \dot{I}_r \dot{Z}_0 \sinh \dot{\gamma} l \\ \dot{I}_s = \dot{E}_r \dfrac{1}{\dot{Z}_0} \sinh \dot{\gamma} l + \dot{I}_r \cosh \dot{\gamma} l\end{array}\right\} \quad (7 \cdot 21)$$

上式は**伝搬方程式**と呼ばれるもので，$\dot{Z}_0 = \sqrt{\dfrac{\dot{z}}{\dot{y}}}\,[\Omega]$，$\dot{\gamma} = \sqrt{\dot{z}\dot{y}}\,[\mathrm{rad}]$ をそれぞれ送電線の**特性インピーダンス**，**伝搬定数**という．

> **POINT**
> $\cosh x = \cosh(-x) = \dfrac{e^x + e^{-x}}{2}, \quad \sinh x = -\sinh(-x) = \dfrac{e^x - e^{-x}}{2}$

例題 1 ・・・・・・・・・・・・・・・・・・・・・・・・・・・・ H17 問6

次の文章は，架空送電線路に関する記述である．

架空送電線路は発電所で発生した電力を効率よく，安定に，しかも経済的に需要地域まで輸送する役割を担っている．そのため架空送電線路に使用する電線の電気的性能としては (1) が高いものが望ましく，機械的性能としては (2) が大きいものが望ましい．

一般的に (2) は不純物の含有量が増加するにしたがって増大する傾向があるが， (1) は逆に減少する．

架空送電用の電線として，鋼より線の周囲にアルミ線をより合わせた鋼心アルミより線が広く使われている．アルミ線の導電率は銅線の約60%のため，単位長当たりの抵抗値を同じにするには等価的に銅線の約 (3) 倍の直径が必要であるが，単位体積当たりの重量が約3分の1のため，それだけ太くなっても同等の銅線よりまだ軽く，しかも補強の鋼線による引張強さが大きいので，支持物径間を銅線の場合より長くとれる．

架空送電線路は電線のほか，支持物， (4) ，架空地線などで構成されている． (4) は支持物と電線をつなぎ，同時に電線を大地から絶縁する役割をしている．架空地線は架空送電線を (5) から守る目的で設置されている．

【解答群】
(イ) がいし　　　　　(ロ) 開閉サージ　　　(ハ) 引張強さ
(ニ) 直撃雷　　　　　(ホ) 引留クランプ　　(ヘ) 導電率
(ト) 1.3　　　　　　 (チ) 透磁率　　　　　(リ) 2.7
(ヌ) 膨張率　　　　　(ル) コロナ発生　　　(ヲ) 硬度
(ワ) アークホーン　　(カ) 抵抗率　　　　　(ヨ) 1.6

解　説　本節 1 項を参照する．

【解答】(1) ヘ　(2) ハ　(3) ト　(4) イ　(5) ニ

例題 2　　　　　　　　　　　　　　　　　　　　　　　　　　H24　問 4

　次の文章は，複合がい管・がいし（有機，ポリマーがい管・がいしともいう）の特性と適用に関する記述である．

　送電線や変電機器のがい管，がいしには，従来から磁器製のものが広く採用されているが，近年，これに加えて (1) 製の筒に (2) を被覆した複合がい管・がいしが採用されてきている．

　複合がい管・がいしの長所は，軽量であること，(3) があるため耐汚損性能が良好であることなどである．一方，複合がい管・がいしは上記のような長所をもつ反面，寿命特性を十分確認することが必要である．

　複合がい管・がいしは，軽量であることから，66 kV，77 kV 送電線では (4) に多く適用されている．変電所ではガス遮断器のブッシングや (5) にも一部適用されている．

【解答群】
(イ) 分路リアクトル　　(ロ) ポリエステル　　(ハ) ジャンパ装置
(ニ) 懸垂がいし　　　　(ホ) 避雷器　　　　　(ヘ) 相間スペーサ
(ト) アクリル　　　　　(チ) シリコーンゴム　(リ) 親水性
(ヌ) FRP　　　　　　　 (ル) 耐熱性　　　　　(ヲ) ウレタンゴム
(ワ) 接地装置　　　　　(カ) クロロプレンゴム (ヨ) はっ水性

解　説　本節 1 項 (4) を参照する．

【解答】(1) ヌ　(2) チ　(3) ヨ　(4) ヘ　(5) ホ

例題3　H26　問3

次の文章は，図に示す長距離送電線と変圧器が直列に接続された送電系統の四端子定数に関する記述である．

長距離送電線の四端子定数は　(1)　モデルから求められる．長距離送電線の　(2)　を$\dot{Z}_c$，(3)　を$\dot{\gamma}$，送電線路の長さをlとし，変圧器は変圧比を$1:n$，励磁インピーダンスを$\dot{Z}_0$，漏れインピーダンスを$\dot{Z}_1$とする．また，$\dot{E}_S$および$\dot{I}_S$，$\dot{E}_m$および$\dot{I}_m$，$\dot{E}_r$および$\dot{I}_r$はそれぞれ端子s, m, rの相電圧および電流であり

$$\begin{bmatrix}\dot{E}_S\\ \dot{I}_S\end{bmatrix}=\begin{bmatrix}\dot{A}_1 & \dot{B}_1\\ \dot{C}_1 & \dot{D}_1\end{bmatrix}\begin{bmatrix}\dot{E}_m\\ \dot{I}_m\end{bmatrix},\quad \begin{bmatrix}\dot{E}_m\\ \dot{I}_m\end{bmatrix}=\begin{bmatrix}\dot{A}_2 & \dot{B}_2\\ \dot{C}_2 & \dot{D}_2\end{bmatrix}\begin{bmatrix}\dot{E}_r\\ \dot{I}_r\end{bmatrix},$$

$$\begin{bmatrix}\dot{E}_S\\ \dot{I}_S\end{bmatrix}=\begin{bmatrix}\dot{A} & \dot{B}\\ \dot{C} & \dot{D}\end{bmatrix}\begin{bmatrix}\dot{E}_r\\ \dot{I}_r\end{bmatrix}$$

である．

長距離送電線の四端子定数のうち$\dot{A}_1, \dot{B}_1$は

$$\dot{A}_1=\cosh \dot{\gamma}l,\quad \dot{B}_1=\boxed{(4)}$$

となる．次に変圧器の四端子定数のうち$\dot{B}_2, \dot{D}_2$は

$$\dot{B}_2=\frac{\dot{Z}_1}{n},\quad \dot{D}_2=\boxed{(5)}$$

となる．次に送電系統全体の四端子定数のうち$\dot{C}$は

$$\dot{C}=\frac{\sinh \dot{\gamma}l}{n\times \dot{Z}_c}+\frac{n\times \cosh \dot{\gamma}l}{\dot{Z}_0}$$

となる．

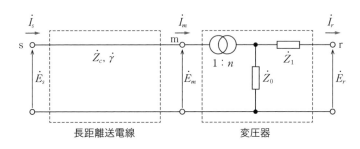

【解答群】

(イ)　$\dfrac{1}{n}\left(1+\dfrac{\dot{Z}_0}{\dot{Z}_1}\right)$　　　(ロ)　分布定数　　　(ハ)　$-\dot{Z}_c \cosh \dot{\gamma}l$

(ニ)　$n\left(1+\dfrac{\dot{Z}_1}{\dot{Z}_0}\right)$　　　(ホ)　線路インピーダンス　　(ヘ)　伝搬定数

(ト）特性インピーダンス　（チ）$\dot{Z}_c \sinh \dot{\gamma} l$　（リ）$n\left(1+\dfrac{\dot{Z}_0}{\dot{Z}_1}\right)$

（ヌ）$\dot{Z}_c \cosh \dot{\gamma} l$　（ル）伝達インピーダンス　（ヲ）位相速度

（ワ）伝搬速度　（カ）集中定数　（ヨ）非線形

解　説　解説図1 (a), (b) より，(a), (b) の四端子定数は次式となる．

(a) $\Rightarrow \begin{pmatrix} \dot{E}_s \\ \dot{I}_s \end{pmatrix} = \underbrace{\begin{pmatrix} 1 & \dot{Z}_1 \\ 0 & 1 \end{pmatrix}}_{\text{行列 C}} \begin{pmatrix} \dot{E}_r \\ \dot{I}_r \end{pmatrix}$

(b) $\Rightarrow \begin{pmatrix} \dot{E}_s \\ \dot{I}_s \end{pmatrix} = \begin{pmatrix} 1 & 0 \\ \dot{Y} & 1 \end{pmatrix} \begin{pmatrix} \dot{E}_r \\ \dot{I}_r \end{pmatrix} = \underbrace{\begin{pmatrix} 1 & 0 \\ \dfrac{1}{\dot{Z}_0} & 1 \end{pmatrix}}_{\text{行列 B}} \begin{pmatrix} \dot{E}_r \\ \dot{I}_r \end{pmatrix}$

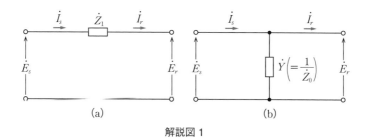

解説図1

また，$1:n$ の理想変圧器部分だけに着目すれば，$\dot{E}_s = \dfrac{1}{n}\dot{E}_r$, $\dot{I}_s = n\dot{I}_r$ より

$\begin{pmatrix} \dot{E}_s \\ \dot{I}_s \end{pmatrix} = \underbrace{\begin{pmatrix} \dfrac{1}{n} & 0 \\ 0 & n \end{pmatrix}}_{\text{行列 A}} \begin{pmatrix} \dot{E}_r \\ \dot{I}_r \end{pmatrix}$

ここで，解説図2のように，四端子回路を縦続接続する場合，1段目，2段目で

$\begin{pmatrix} \dot{E}_1 \\ \dot{I}_1 \end{pmatrix} = \begin{pmatrix} \dot{A}_1 & \dot{B}_1 \\ \dot{C}_1 & \dot{D}_1 \end{pmatrix} \begin{pmatrix} \dot{E}_m \\ \dot{I}_m \end{pmatrix}$, $\begin{pmatrix} \dot{E}_m \\ \dot{I}_m \end{pmatrix} = \begin{pmatrix} \dot{A}_2 & \dot{B}_2 \\ \dot{C}_2 & \dot{D}_2 \end{pmatrix} \begin{pmatrix} \dot{E}_2 \\ \dot{I}_2 \end{pmatrix}$

が成り立つから，右の式を左の式へ代入すれば

送電

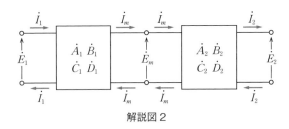

解説図2

$$\begin{pmatrix}\dot{E}_1\\ \dot{I}_1\end{pmatrix}=\begin{pmatrix}\dot{A}_1 & \dot{B}_1\\ \dot{C}_1 & \dot{D}_1\end{pmatrix}\begin{pmatrix}\dot{A}_2 & \dot{B}_2\\ \dot{C}_2 & \dot{D}_2\end{pmatrix}\begin{pmatrix}\dot{E}_2\\ \dot{I}_2\end{pmatrix}=\begin{pmatrix}\dot{A}_1\dot{A}_2+\dot{B}_1\dot{C}_2 & \dot{A}_1\dot{B}_2+\dot{B}_1\dot{D}_2\\ \dot{C}_1\dot{A}_2+\dot{D}_1\dot{C}_2 & \dot{C}_1\dot{B}_2+\dot{D}_1\dot{D}_2\end{pmatrix}\begin{pmatrix}\dot{E}_2\\ \dot{I}_2\end{pmatrix}$$

となる．すなわち，縦続接続における四端子定数は，行列の乗算を用いて計算できる．

したがって，設問の変圧器部分は，行列 A，B，C の乗算をすればよいので

$$\begin{pmatrix}\dot{A}_2 & \dot{B}_2\\ \dot{C}_2 & \dot{D}_2\end{pmatrix}=\underbrace{\begin{pmatrix}\dfrac{1}{n} & 0\\ 0 & n\end{pmatrix}}_{\text{行列 A}}\underbrace{\begin{pmatrix}1 & 0\\ \dfrac{1}{\dot{Z}_0} & 1\end{pmatrix}}_{\text{行列 B}}\underbrace{\begin{pmatrix}1 & \dot{Z}_1\\ 0 & 1\end{pmatrix}}_{\text{行列 C}}=\begin{pmatrix}\dfrac{1}{n} & \dfrac{\dot{Z}_1}{n}\\ \dfrac{n}{\dot{Z}_0} & n\left(1+\dfrac{\dot{Z}_1}{\dot{Z}_0}\right)\end{pmatrix}$$

$$\therefore\quad \dot{D}_2=n\left(1+\dfrac{\dot{Z}_1}{\dot{Z}_0}\right)$$

また，送電系統全体の四端子定数は，次式となる．

$$\begin{pmatrix}\dot{A} & \dot{B}\\ \dot{C} & \dot{D}\end{pmatrix}=\begin{pmatrix}A_1 & B_1\\ C_1 & D_1\end{pmatrix}\begin{pmatrix}A_2 & B_2\\ C_2 & D_2\end{pmatrix}=\begin{pmatrix}\cosh\dot{\gamma}l & \dot{Z}_c\sinh\dot{\gamma}l\\ \dfrac{1}{\dot{Z}_c}\sinh\dot{\gamma}l & \cosh\dot{\gamma}l\end{pmatrix}\begin{pmatrix}\dfrac{1}{n} & \dfrac{\dot{Z}_1}{n}\\ \dfrac{n}{\dot{Z}_0} & n\left(1+\dfrac{\dot{Z}_1}{\dot{Z}_0}\right)\end{pmatrix}$$

$$=\begin{pmatrix}\dfrac{\cosh\dot{\gamma}l}{n}+n\dfrac{\dot{Z}_c\sinh\dot{\gamma}l}{\dot{Z}_0} & \dfrac{\dot{Z}_1\cosh\dot{\gamma}l}{n}+n\dot{Z}_c\left(1+\dfrac{\dot{Z}_1}{\dot{Z}_0}\right)\sinh\dot{\gamma}l\\ \dfrac{\sinh\dot{\gamma}l}{n\dot{Z}_c}+\dfrac{n\cosh\dot{\gamma}l}{\dot{Z}_0} & \dfrac{\dot{Z}_1\sinh\dot{\gamma}l}{n\dot{Z}_c}+n\left(1+\dfrac{\dot{Z}_1}{\dot{Z}_0}\right)\cosh\dot{\gamma}l\end{pmatrix}$$

【解答】(1) ロ (2) ト (3) ヘ (4) チ (5) ニ

7-2 架空送電線の雷害対策・振動対策・塩害対策

攻略のポイント　本節に関して，電験3種では基本的な雷害対策や振動対策が出題される．2種では，不平衡絶縁やアークホーンの副次的な効果を含めた雷害対策，サブスパン振動やコロナ振動を含めた振動対策が出題されている．

1 雷害対策

送電線の雷害は，直撃雷によるものと誘導雷によるものとがある．**直撃雷**とは，雷が送配電線や機器に直接落雷することをいう．直撃雷は最も過酷な異常電圧となり，がいしは雷サージでフラッシオーバし，フラッシオーバした電圧サージが送配電線路を伝搬する．一方，**誘導雷**は，図7·13のように，雷雲が送電線の上空に接近し，静電誘導によって送電線に雷雲と逆極性の電荷が拘束され，雷雲が大地または他の雷雲に放電すると，拘束電荷は自由電荷となって送電線を進行する．これが誘導雷による進行波で，100～200 kV程度の異常電圧を生ずる．このため，77 kV以下の送電線で故障を引き起こす．

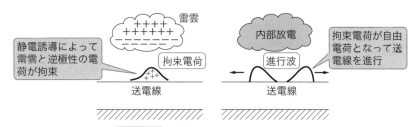

図7·13　誘導雷による異常電圧の発生

送電線路をはじめ電力系統に発生する異常電圧は，6-4節で詳しく説明しているので，参照する．架空送電線の雷害対策を図7·14に示す．

(1) 架空地線の設置

架空送電線を雷から遮へいするため，架空地線が用いられる．架空地線は，**電線導体を遮へいして，直撃雷を防止**する．架空地線の遮へい効果は，図7·15に示す遮へい角が小さく，条数が多いほど大きい．このため，超高圧以上の

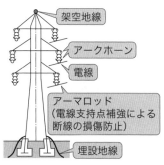

図7·14　送電線の雷害対策

送 電

送電線では架空地線を2〜3条でマイナス遮へい角とすることもある．また，架空地線は，静電遮へい効果によって電線に誘起される**拘束電荷を軽減し，過電圧を低減させ，誘導雷を防止**する．

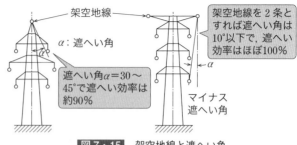

図7・15 架空地線と遮へい角

さらに，地絡電流の一部が架空地線を流れるので，通信線に対する**電磁誘導障害を軽減**するほか，架空地線と電線との電磁結合により，電線上の進行波を減衰させる効果もある．

(2) 塔脚接地抵抗の低減

雷電流 I 〔kA〕が鉄塔頂部または架空地線に落雷する場合，塔脚接地抵抗 R 〔Ω〕を通して大地に流れ，鉄塔の電位は $V=IR$ 〔kV〕となり，架空地線と電線間またはがいし装置のアークホーン間でフラッシオーバを生じ，電力線に雷電圧が侵入する．これを**逆フラッシオーバ**という．したがって，**塔脚接地抵抗はできる限り小さくする**ことが必要である．接地抵抗を低下させるには，接地極を抵抗率の低い土質層まで打ち込み**埋設地線（カウンタポイズ）**を施す．この他，**接地棒，深内電極**等の対策がある．塔脚接地抵抗の目標値は25〜30Ω程度，重要送電線では10〜15Ω程度が望ましい．

(3) 送電用避雷装置

電力線と鉄塔間に酸化亜鉛形避雷装置（図7・16）を取り付けることにより，鉄塔への雷撃時に，鉄塔腕金部の電位が上昇しても避雷装置が動作し，過電圧が抑制されるため，アークホーン間でのフラッシオーバを防止することができる．

(4) 不平衡絶縁の採用

2回線送電線で両回線が同時に故障することを防止するため，回線間にあらかじめ絶縁強度の差を設ける方法である．雷撃時に低絶縁側の回線にフラッシオー

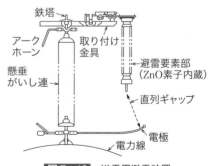

図7・16 送電用避雷装置

バを発生させ，高絶縁側回線のフラッシオーバを防止する．

(5) アークホーンの設置

懸垂がいし連や長幹がいしの両端に**アークホーン**を設置し，雷サージによるフラッシオーバをアークホーン間で起こさせることにより，続流をがいし連から遠ざけて，がいし連をアーク熱から保護する．一般的に 66 kV 以上の送電線路では，図 7・17（a）のように，がいし装置にアークホーンを取り付ける．

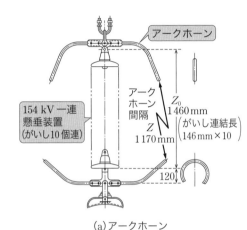 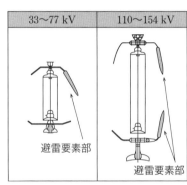

(a) アークホーン　　　(b) 酸化亜鉛形避雷アークホーン

図 7・17　アークホーン

また，アークホーンの設置は，個々のがいしの電圧分担を均等化する効果もある．超高圧以上の送電線では，アークホーンをリング状にして，がいし連の電圧分担を改善し，コロナ放電を抑制している．さらに，アークホーンの間隔を調整することによって送電線路の絶縁を電力系統全体から見て適切な強度とする．

一方，近年，154 kV 以下の送電線では，アークホーン間の過電圧を抑制して逆フラッシオーバや 2 回線同時故障を防止するため，図 7・17（b）の酸化亜鉛形避雷アークホーンを設置することがある．なお，酸化亜鉛形避雷アークホーンも送電用避雷装置の一つである．

2 振動対策

架空送電線の振動には，微風振動，コロナ振動，ギャロッピング，サブスパン振動，スリートジャンプがある．

送電

(1) 微風振動
①発生原因
微風振動は，風速が 6〜7 m/s 以下の比較的緩やかで一様な風が送電線に直角にあたると，図 7・18 のように，電線背後に**カルマン渦**が発生し，電線の鉛直方向に交番力が生じる．この交番周波数が電線の固有振動数の一つと一致すると，電線が共振して定常的な振動が発生する．この微風振動は，長径間で電線張力が高い場合に発生しやすい．また，直径が大きい割に重量の軽い鋼心アルミより線等の場合に発生しやすい．

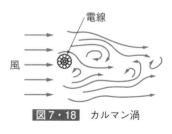

図 7・18　カルマン渦

②影響
微風振動が長時間継続すると電線は繰り返し応力を受け，クランプ取り付け部付近で疲労を起こし，断線しやすくなる．また，がいし金具類の機械的疲労も進行する．

③対策
図 7・19 のような**アーマロッド**を巻き付けてクランプ部の電線を補強する．また，図 7・20 のような**ダンパ**を取り付けることにより，振動エネルギーを吸収し，振動の発生を防止する．

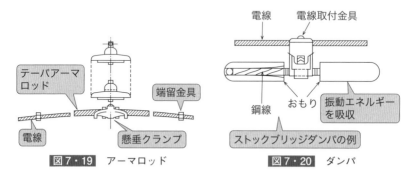

図 7・19　アーマロッド　　　図 7・20　ダンパ

(2) コロナ振動
①発生原因
電線の下面に水滴が付着していると，水滴の先端が尖っているため電位傾度が大きくなり，**コロナ放電**が発生する．これにより荷電した水の微粒子が射出され

る．そこで，電線には水滴の射出の反作用として上向きの力が働き，振動が発生する．これが**コロナ振動**である．気候条件としては，5 mm/h 以上の降雨があって無風のときに発生しやすい．

②影響

金具類の機械的疲労等を生じる．

③対策

発生する箇所が特定径間に限られるため，懸垂がいし連に適当なおもりをつるすなどして，固有振動数をコロナ振動の周波数から遠ざける．

(3) ギャロッピング

①発生原因

着氷雪により送電線断面が非対称（翼状）となり，これに水平風が当たると揚力が発生する．その結果，自励振動を生じて電線が上下に振動する現象が生ずる．これを**ギャロッピング**という．ギャロッピングは，電線の断面積が大きいほど，また単導体よりも多導体に発生しやすい．

②影響

振幅が大きく（10 m 以上になることもある），継続時間も長いので，**相間短絡**を起こしやすい．また，スペーサの損傷や金具の疲労を生ずる．

③対策

ギャロッピングの発生しやすい地域を避けた送電線ルートの選定を行う．**相間スペーサ**（図7·21）を使用して，相間短絡を防止する．また，**ギャロッピング防止ダンパ**や**ルーズスペーサ**（図7·22）の取り付けを行う．

ギャロッピング防止ダンパはねじれ防止ダンパである．電線に氷雪が偏って付着すると，電線がねじれながら回転し，着氷雪が筒状に大きく発達して脱落しにくくな

図7·21　相間スペーサ

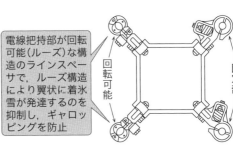

図7·22　ルーズスペーサ

るので，このねじれを防止するのがギャロッピング防止ダンパで，氷雪を偏心して発達させ，自重や風で脱落しやすくする．ルーズスペーサは，図7·22のように，電線把持部が回転可能（ルーズ）な構造のラインスペーサである．ルーズ構造により翼状に着氷雪が発達するのを抑止し，ギャロッピングを防止する．

一方，電線配列を水平配列することも効果的である．

(4) サブスパン振動
①発生原因

まず，**サブスパン**とは，多導体の1相内のスペーサとスペーサとの間隔をいう．**サブスパン振動**は，サブスパン内で発生する振動で，多導体に固有のものである．これは，風上にある素導体によって乱された気流により風下の素導体が振動を起こすものである．素導体の間隔を数十mごとに保持している金具を支点とした振動である．風速が数～20 m/sで発生し，10 m/sを超えると振動が激しくなる．地形的には，樹木の少ない平たん地や湖等の近くで発生することが多い．

②影響

スペーサの電線支持部と電線の表面損傷やスペーサの機械的強度の低下を生じる．

③対策

スペーサの配置を適切に行う．

(5) スリートジャンプ
①発生原因

電線に付着した氷雪が脱落するときに，電線が跳ね上がって過渡的に大きな減衰振動が発生する．これを**スリートジャンプ**という．

②影響

相間短絡を生じることがある．

③対策

相間スペーサを挿入する．また，鉄塔に図7·23のような**オフセット**を設ける．

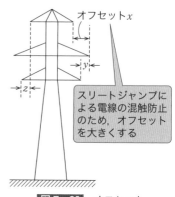

図7·23　オフセット

3　着氷雪対策

2の振動対策における着氷雪対策として，送電線のルート選定による着氷雪の

軽減，鉄塔のオフセット，電線の水平配置，相関スペーサなどを説明した．これ以外の対策について説明する．着雪は，電線素線のより方向に沿って着雪が滑ることによって発達する．そこで，図7・24（a）のように，電線に20～50 cm 間隔でリングを巻き付け，より方向に沿う着雪の移動を分断し，脱落させるのが**難着雪リング**である．また，図7・24（b）のように，素線とは逆のより方向に**スパイラルロッド**を取り付ける対策もある．

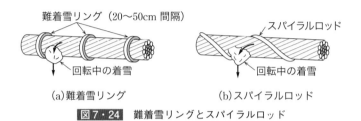

(a)難着雪リング　　(b)スパイラルロッド

図7・24　難着雪リングとスパイラルロッド

4 塩害対策

送電線路の塩害は，工業地域における煙じんや風で運ばれた塩分等の導電性物質ががいし表面に付着し，それがある限度を超え，霧や小雨等の適当な湿りが与えられた場合や，台風等で海水が直接がいしにかかる場合等に発生する．この結果，がいしの絶縁強度が低下し，部分的なアークの発生や汚損フラッシオーバを引き起こして送電できなくなることがある．

(1) 過絶縁

がいしの汚損性能はがいしの表面漏れ距離にほぼ比例するので，**がいしの連結個数を増加**することが一般的な方法である．また，がいしのひだを深くして表面漏れ距離を増加させた**耐塩用がいし**や**スモッグがいし（耐霧がいし）**，雨洗効果の高い**長幹がいし**を採用する．

(2) がいしの洗浄

がいしの汚損量が多くなった場合に，がいしの表面を水で洗浄して塩分を洗い流す方法である．これには，活線で洗浄する方法と，停電して洗浄する方法がある．

(3) はっ水性物質の塗布

磁気表面にシリコンコンパウンド等のはっ水性物質を塗布する．送電線路ではあまり行われない．

送 電

(4) 金属部分の発錆防止

電線については，高純度のアルミで鋼線の表面を覆ったアルミ覆鋼線やグリスを塗布した防食電線等が採用される．また，架線金具や鉄塔材に関しては，めっき厚の厚い溶融亜鉛めっき製品が採用されている．

例題 4 ·· R2 問 2

次の文章は，架空送電線路の雷害対策に関する記述である．

架空送電線路の雷害対策として，送電線への (1) を防止するために架空地線を設置することが有効である．架空地線の条数を増やせば， (2) は小さくなり，遮へい効率は向上する．架空地線や鉄塔に雷撃が生じると，雷撃電流は鉄塔を通して大地に流れる．これによって鉄塔の (3) が上昇し，がいし連の絶縁耐力を超えると鉄塔から電力線に (4) が発生する．これを防止するためには，塔脚の接地抵抗を小さくする必要があり，棒状の接地電極を埋め込むが土壌の性質によっては (5) を設けたりする．

【解答群】
(イ) 電磁誘導電流　　(ロ) 逆フラッシオーバ　　(ハ) 抵抗
(ニ) 混触　　　　　　(ホ) アーマロッド　　　　(ヘ) 結合係数
(ト) 電流　　　　　　(チ) 遮へい角　　　　　　(リ) 電位
(ヌ) 直撃雷　　　　　(ル) アークホーン　　　　(ヲ) 正フラッシオーバ
(ワ) インパルス　　　(カ) 埋設地線　　　　　　(ヨ) 誘導雷

解 説　本節1項を参照する．

【解答】 (1) ヌ　(2) チ　(3) リ　(4) ロ　(5) カ

例題 5 ·· H14 問 7

次の文章は，架空送電線路の雷害対策に関する記述である．

架空送電線路の雷害対策として，電力線への (1) を防止するために架空地線を設置することが有効である．架空地線や鉄塔に雷が襲撃すると，雷撃電流は鉄塔を通して大地に流れる．これによって (2) が上昇し，この値ががいし連の (3) フラッシオーバ電圧を超えると，鉄塔から電力線に逆フラッシオーバが生じる．これを防止するためには，塔脚の接地抵抗を小さくする必要があり，設計目標値として通常 (4) 〔Ω〕程度が推奨されている．

また，2回線鉄塔の線路に不平衡絶縁方式を適用して，2回線 (5) 事故の防止

を図ることができる．

【解答群】
(イ) 25　　　　　　　(ロ) インパルス　　　　(ハ) 鉄塔電流
(ニ) 塔脚温度　　　　(ホ) 混触　　　　　　　(ヘ) 直撃雷
(ト) 鉄塔電位　　　　(チ) 商用周波数　　　　(リ) 断線
(ヌ) 2　　　　　　　(ル) 内雷　　　　　　　(ヲ) 300
(ワ) 誘導雷　　　　　(カ) 緩波頭　　　　　　(ヨ) 同時

解説 本節1項を参照する．

【解答】(1) ヘ　(2) ト　(3) ロ　(4) イ　(5) ヨ

例題6　　　　　　　　　　　　　　　　　　　　　　　　H19 問3

次の文章は，架空送電線のアークホーンに関する記述である．

架空送電線路では，腕金で電線を支持するために懸垂がいし連や長幹がいしを用いるが，一般に，このがいし連の (1) にアークホーンが設置されている．アークホーンを設置する主な目的は，落雷事故などにより絶縁破壊が生じ，交流アーク放電が続いた場合に，放電路が (2) を通らないようにすることである．この他にアークホーンを設置すると以下のような効果が得られる．

① 個々のがいしの電圧分担を (3) することができる．
② アークホーンの (4) を変えることによって送電線の絶縁を系統全体から見て適切な強度とする．また， (5) の低減効果を併せて期待する場合には，シールドリングを設置することがある．

【解答群】
(イ) 最小化　　　　　(ロ) 両端　　　　　　　(ハ) 下端（電線側）
(ニ) 間隔　　　　　　(ホ) 上端（腕金側）　　(ヘ) がいしの表面
(ト) 均等化　　　　　(チ) がいしの内部　　　(リ) 直径
(ヌ) 大気中　　　　　(ル) コロナ放電　　　　(ヲ) アーク放電
(ワ) 最大化　　　　　(カ) 抵抗　　　　　　　(ヨ) グロー放電

解説 本節1項を参照する．シールドリングは7-3節2項（3）を参照する．

【解答】(1) ロ　(2) ヘ　(3) ト　(4) ニ　(5) ル

送 電

例題 7　　　　　　　　　　　　　　　　　　　　　H24 問6

次の文章は送電線の振動に関する記述である．

毎秒数メートルの微風が，電線と直角に当たると電線の背後にカルマン渦ができて電線に　(1)　の周期的な力が働き，これが電線の　(2)　と一致すると微風振動が発生する．全振幅は 3 cm 程度以下と小さいが，電線が長い間繰り返し応力を受けて電線を構成する素線が切れたり断線のおそれが生じる．微風振動は径間が長い場合や，直径が大きい割に重量の軽い電線の場合，電線の張力が大きい場合に発生しやすい．

雨で電線の下面に水滴が付き，しずくが落ちる状態では，コロナ放電が最も激しくなる．電線から帯電した水の粒子が射出するためその反作用で電線の振動を誘発する．これをコロナ振動といい　(3)　の場合に発生しやすい．

電線に氷雪が付着して強風が当たると，氷雪の付き方が非対称であるため　(4)　が発生し，自励振動を生じて電線が上下に大きく振動する．これをギャロッピングという．

多導体に特有の振動で，風上にある素導体によって乱された気流により風下の素導体が振動を起こす．素導体の間隔を数十メートル毎に保持している金具を支点とした振動である．この振動を　(5)　振動という．

【解答群】
(イ) サブシンクロナス　　(ロ) 無風　　　　　(ハ) 張力
(ニ) 揚力　　　　　　　　(ホ) 水平方向　　　(ヘ) 鉛直方向
(ト) スペーサ　　　　　　(チ) 系統周波数　　(リ) 風の方向
(ヌ) サブスパン　　　　　(ル) 抗力　　　　　(ヲ) 固有振動数
(ワ) 台風　　　　　　　　(カ) 強風　　　　　(ヨ) 強制振動周波数

解　説　本節2項を参照する．

【解答】(1) ヘ　(2) ヲ　(3) ロ　(4) ニ　(5) ヌ

7-3 誘導障害とコロナ障害

攻略のポイント

本節に関して，電験3種ではコロナに関する出題等がある．2種一次試験では，静電誘導障害，電磁誘導障害，コロナ障害に関する発生原理や対策が出題されている．二次では，電磁誘導障害の原因・対策等が出題されている．

1 誘導障害

(1) 静電誘導障害

①通信線の静電誘導障害

送電線と通信線の相互の静電結合によって通信線に誘導電圧を生じる現象を**静電誘導**という．静電誘導電圧が大きい場合，受話器に誘導電流が流れ，商用周波数の雑音が入るなどの通信障害などを引き起こす．

静電誘導は，図7・25のように，各相の電線と通信線間の相互静電容量が不平衡のときに生じる．図7・25において

$$\dot{i}_a = j\omega C_a(\dot{E}_a - \dot{E}_s)$$
$$\dot{i}_b = j\omega C_b(\dot{E}_b - \dot{E}_s)$$
$$\dot{i}_c = j\omega C_c(\dot{E}_c - \dot{E}_s)$$
$$\dot{i}_a + \dot{i}_b + \dot{i}_c = \dot{i}_0 = j\omega C_s \dot{E}_s$$

これらの式により

$$C_a(\dot{E}_a - \dot{E}_s) + C_b(\dot{E}_b - \dot{E}_s) + C_c(\dot{E}_c - \dot{E}_s) = C_s \dot{E}_s$$

したがって，静電誘導電圧 $\dot{E}_s$ は次式となる．

$$\dot{E}_s = \frac{C_a \dot{E}_a + C_b \dot{E}_b + C_c \dot{E}_c}{C_a + C_b + C_c + C_s} \quad (7 \cdot 22)$$

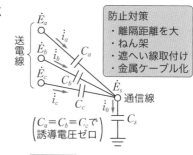

図7・25 静電誘導の等価回路

(ただし，$\dot{E}_a, \dot{E}_b, \dot{E}_c$：各線の相電圧〔V〕，$C_a, C_b, C_c$：各線と通信線間の静電容量〔F〕，$C_s$：通信線の対地静電容量)

これは，電磁誘導のように相互の平行長に比例して増加することはなく，相互の離隔によって決まる．送電線と通信線との間の相互静電容量が三相とも同一で平衡しているとき（$C_a = C_b = C_c$）は常時の静電誘導電圧は零であるが，三相と通信線との距離の差があるとき，すなわちねん架が不十分のときは　送電線と通信線の間の相互静電容量が不平衡となり，常時でも通信線に静電誘導電圧を生じ，通話障害となる．

[通信線の静電誘導軽減対策]
a. 送電線と通信線との**離隔距離を大きく**する．
b. **送電線のねん架または通信線の交差**を行い，距離の差による相互静電容量の不平衡を解消し，障害防止を図る．
c. 送電線の**架空地線に良導性の電線**を張る．
d. **通信線側に遮へい線を設置**する．
e. **通信線を金属ケーブル化**する．

②送電線下の静電誘導

　送電線下の電界中において静電誘導を受けて，人体が接地物体に触れた場合，過渡的な放電によって電流が流れる．この電流は人体に危害を及ぼすものではないが，不快感を与えることがある．これまでの試験の結果，ほとんどの人が不快感を感じない電界は 3 kV/m（30 V/cm）以下である．そこで，現在，地表上 1 m における電界強度が 30 V/cm 以下となるよう施設することが決められている．

[静電誘導低減対策]
a. **送電線地上高の増加**［建設時に電界強度が 30 V/cm になるよう地上高を決定］
b. **送電線逆相配列の採用**［2回線垂直配列送電線では逆相順（1号線が上から a, b, c 相，2号線が上から c, b, a 相の順に配列）にすると，被誘導体からみて各相の電界が打ち消し合う］
c. **遮へい線の施設**［送電線自体の変更が不要］

(2) 電磁誘導障害

　送電線に通信線が接近しているとき，相互の誘導的結合によって通信線に電圧が誘起される現象を**電磁誘導**という．電磁誘導によって通信線に誘起される電圧は，①**異常時誘導電圧**（送電線の1線地絡故障時の零相電流によるもの），②**常時誘導電圧**（常時の各相の負荷電流の不平衡および各相導体と通信線との離隔の不整合によって生じるもの），③**誘導雑音電圧**（送電線の常時の高調波電流に起因するもの）の三つがある．ここでは，重要な①異常時誘導電圧について解説する．

①異常時誘導電圧

　電磁誘導電圧 $\dot{E}_m$ は，図 7·26 のように，送電線の電流により通信線に電磁誘

導によって電圧が誘起されるので，次式となる．

$$\dot{E}_m = -j2\pi fMl(\dot{I}_a + \dot{I}_b + \dot{I}_c) \quad (7\cdot23)$$

（ただし，f：周波数〔Hz〕，M：相互インダクタンス〔H/m〕，l：亘長〔m〕）

式（7・23）において，平常時は，高電圧の三相送電線はほとんどバランスして相電流が流れている（$\dot{I}_a + \dot{I}_b + \dot{I}_c \fallingdotseq 0$）ので，電磁誘導電圧はほとんど生じない．しかし，1線地絡故障が発生して地絡電流が流れると，大地を帰路とする零相電流成分による電磁誘導作用によって，通信線に電磁誘導電圧を生じる．式（7・23）で，$\dot{I}_0$〔A〕を零相電流（起誘導電流 $\dot{I}_g = 3\dot{I}_0$）として

$$\dot{E}_m = -j2\pi fMl(\dot{I}_a + \dot{I}_b + \dot{I}_c) = -j2\pi fMl \times 3\dot{I}_0$$
$$= -j2\pi fMl\dot{I}_g \ \text{〔V〕} \quad (7\cdot24)$$

となる．このため，通信線の作業者に危害を加えたり，通信機器を破壊したりするなどの障害を与える可能性がある．

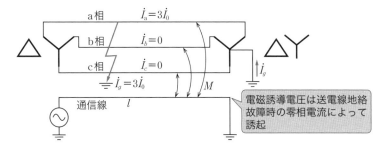

(a) 平常時
$\dot{E}_m = -j2\pi fMl(\dot{I}_a + \dot{I}_b + \dot{I}_c) = 0$

(b) 1線地絡故障時
$\dot{E}_m = -j2\pi fMl(\dot{I}_a + \dot{I}_b + \dot{I}_c)$
$= -j2\pi fMl \times 3\dot{I}_0 = -j2\pi fMl\dot{I}_g$ 〔V〕
（ただし，$\dot{I}_0$ は零相電流，$\dot{I}_g$ は起誘導電流で $\dot{I}_g = 3\dot{I}_0$）

図7・26 通信線への電磁誘導

異常時誘導電圧の制限値に関して，故障電流が0.06秒以内に除去される高安定特別高圧架空電線路では650 V，使用電圧が100 kV以上で故障電流が0.1秒以内に除去される特別高圧架空電線路では430 V，これら以外の特別高圧架空送電線路では300 Vとなっている．

[電磁誘導電圧低減対策]
(電力系統側)
a. 架空地線の条数の増加
b. 架空地線に**導電率の良い鋼心イ号アルミより線（IACSR）やアルミ被鋼より線（AS線）を使用**
c. **送電線のねん架**
d. 送電線の**リレー方式に高速遮断方式を採用して故障を高速除去**

(通信線側)
a. ルートを変更して**離隔距離を拡大**
b. 遮へい効果の高いケーブル（**アルミ被誘導遮へいケーブル，光ケーブル**）を採用
c. 通信回線の途中に**中継コイルまたは高圧用誘導遮へいコイルを挿入して**誘導電圧を分割または軽減
d. 通信線への**避雷器**の設置
e. 電力線と通信線の間に，**導電率の大きい遮へい線**を設置

2 コロナ障害

(1) コロナの発生

　送電電圧が高くなり，導体表面の電位の傾きが大きくなると，導体に接する空気の絶縁が局部的に破れてイオン化し，ジージーという低い音を発し，夜間では電線の周りに薄白い光が見える放電現象が発生する．これを**コロナ**という．コロナが発生し始める対地電圧を**コロナ臨界電圧**という．**空気の絶縁耐力が破れる電位の傾きは**，標準状態（20℃，1 013 hPa）で**約 30 kV/cm（波高値）**である．つまり，**直流では約 30 kV/cm，交流（実効値）では 21 kV/cm**（$=30/\sqrt{2}$）に相当する．コロナ臨界電圧は，電線の表面状態や太さ，気象条件，線間距離等によって異なり，雨天時や外径の小さな電線ほどコロナ臨界電圧は低くなり，コロナが発生しやすくなる．鋼心アルミより線は，同じ抵抗の硬銅より線に比べて外径が大きいのでコロナの点で有利であり，電圧の高い送電線に鋼心アルミより線が用いられる理由の一つである．

(2) 送電線でコロナが発生したときの影響

① コロナ損（コロナによる電力損失）による送電効率の低下

② コロナ雑音による電力線搬送装置の機能低下や消弧リアクトル接地系統の消弧能力の低下

③ 送電線近傍におけるコロナ雑音によるラジオ受信障害

　コロナ放電により雑音電波が生じるが，実際には中波帯（0.5～1 MHz）のラジオ受信に与える障害が最も問題となる．コロナ雑音の雑音レベルは数百 kHz までは周波数によらずほぼ一定で，それ以上では大きく低下していく特性がある．

④ **コロナ騒音**（雨天時に電線表面の水滴からコロナ放電が発生する場合には放電音が聞き取れるようになり騒音源となる）

⑤ コロナ放電で硝酸が生じ，**電線が腐食**

(3) コロナ雑音障害防止対策

[送電線側での対策]

① **電線の最大表面電位の傾きを小さくする（15 kV/cm 程度以下）** よう，電線を太くするか，多導体にする．（多導体は等価的に電線外径が大きくなる．）

② がいしに導電性物質を塗布するほか，がいし装置の金具はできる限り突起をなくして丸みをもたせ，**遮へい環（シールドリング）** を用いて，がいし連の課電側の電位の傾きを低くしてコロナ遮へいを行う．

③ 電線架線時に電線を傷つけないようにする．

④ 送電線の特定場所で発生したコロナ雑音が送電線上を伝搬して広範囲に障害を及ぼさないよう，送電線にブロック装置を取り付ける．

[受信側の対策]

① **受信アンテナを送電線から離れた SN 比の高い場所に設置**する．

② SN 比の高い所で受信した放送波を増幅して各家庭に分配する**共同受信方式**とする．

送電

例題8　　　　　　　　　　　　　　　　　　　　　H21　問7

次の文章は，通信線路の電磁誘導障害と，その防止対策に関する記述である．

送電線に隣接する通信線路への電磁誘導による異常時誘導電圧は，送電線に　(1)　事故が発生した場合に事故電流が　(2)　電流となって流れることにより誘起される．

誘導電圧低減対策のうち，送電線の対策としては，架空地線の低抵抗化や条数を増やす方法などが実施されている．また，通信ケーブルの対策としては，通信線ルート変更による　(3)　の確保，　(4)　効果の高いケーブルへの張替え，　(5)　の設置による誘導電圧の低減などが実施されている．

【解答群】
(イ) 絶縁　　　　　(ロ) 臨界　　　　　(ハ) 損壊
(ニ) 避雷器　　　　(ホ) 遮へい　　　　(ヘ) ライントラップ
(ト) 放電　　　　　(チ) 離隔　　　　　(リ) 3線短絡
(ヌ) 1線地絡　　　(ル) 雑音　　　　　(ヲ) 大地帰路
(ワ) 高調波　　　　(カ) コンデンサ　　(ヨ) インピーダンス

解説　本節1項を参照する．

【解答】(1) ヌ　(2) ヲ　(3) チ　(4) ホ　(5) ニ

例題9　　　　　　　　　　　　　　　　　　　　　H15　問7

次の文章は，高電圧の送電線に発生する放電現象に関する記述である．

空気が絶縁破壊を起こす電位の傾きは，標準気象状態（20℃，1 013 hPa）では，波高値で約　(1)　である．電線表面のごく近い点の電位の傾きがこの値に達したとき　(2)　放電が発生し，そのときの電圧を　(3)　電圧と呼ぶ．この放電が発生すると，　(4)　のために送電効率が低下する．また送電線近傍におけるラジオ等に　(5)　をもたらすだけでなく，可聴音である　(2)　騒音などの問題も発生する．

【解答群】
(イ) 30 kV/cm　　　(ロ) 抵抗損　　　　(ハ) コロナパルス
(ニ) コロナ　　　　(ホ) 受信障害　　　(ヘ) 誘電損
(ト) フリッカ障害　(チ) 30 kV/m　　　 (リ) グロー
(ヌ) フラッシオーバ (ル) コロナ損　　　(ヲ) 3 kV/cm
(ワ) アーク　　　　(カ) ゴースト障害　(ヨ) コロナ臨界

解　説　本節2項を参照する．

【解答】(1) イ　(2) ニ　(3) ヨ　(4) ル　(5) ホ

例題10 ……………………………………………………… H8　問5

表の用語は，送配電線の障害等に関するものである．A欄の語句と最も深い関係があるものをB欄およびC欄の中から選べ．

A	B	C
(1) オフセット	(イ) 電磁誘導障害	(a) 逆フラッシオーバ
(2) 通信線	(ロ) コロナ障害	(b) スリートジャンプ
(3) 塔脚接地抵抗	(ハ) 振動	(c) 1線地絡電流
(4) 微風	(ニ) 雷害	(d) ラジオ受信機
(5) 多導体	(ホ) 雪害	(e) アーマロッド

解　説　7-2節および本節を参照する．

【解答】(1) ホ，b　(2) イ，c　(3) ニ，a　(4) ハ，e　(5) ロ，d

7-4 直流送電

攻略のポイント

本節に関して，電験3種では直流送電の基本的な特徴が出題される．2種では，それよりも深く掘り下げた直流送電の長所・短所や直流送電の主回路構成の特徴まで出題されている．

　直流送電は，わが国では，50/60 Hz 連系の佐久間（1965年），新信濃（1977年），東清水（2006年），飛騨信濃（2021年），海峡横断の北海道－本州間連系（1979年），紀伊水道連系（2000年），非同期連系の南福光（1999年）がある．欧州では，大規模な洋上風力の送電に際して海底直流送電も既に使われており，わが国でも大規模洋上風力送電対策として，長距離海底直流送電も検討されている．

1 直流送電の長所

(1) 交流系統で大容量長距離送電を行う場合には安定度から決まる制約がある．しかし，直流送電では交流系統のリアクタンスに相当する定数がなく，電線の熱的許容電流の限度まで送電できる．すなわち，直流送電は大容量長距離送電が可能である．

(2) 海底ケーブルや地中ケーブルによる交流送電は，大きな充電電流が流れ，誘電体損失が発生する．直流送電は，そのような充電電流が流れないため，送電容量を高めることができる．

(3) 直流送電は電線1条当たりの送電効率が高い．［三相交流：直流送電（正負2回線で帰路共用）＝ $\sqrt{3}\,VI/3 : 2VI/3$］

(4) 直流の絶縁は交流に比べ $1/\sqrt{2}$ に低くできるため，鉄塔を小形にでき，送電線路の建設費が安くなる．

(5) 非同期連系ができ，周波数の異なる交流系統間の連系が可能となる．

(6) 直流による系統連系は短絡容量が増大しないので，交流系統間を直流で連系強化しても，交流系統の短絡容量低減対策の必要性はない．

(7) 応答速度の速い交直変換装置を用いるので，送電方向の反転を含む電力潮流制御を迅速かつ容易に行うことができる．

(8) 常時または故障時に大地帰路方式による送電が可能な場合，帰路導体を省略でき，さらに経済的になる．

2 直流送電の短所

(1) 交流では変圧器により容易にできる電圧の変換が困難である．
(2) 送受電端両端に高価な交直変換装置が必要となる．
(3) 交流系統の電圧で転流動作を行う他励式変換器は，交直変換するときに変換容量の60％程度の無効電力を消費するので，調相設備（電力用コンデンサや同期調相機）の設置が必要である．
(4) 直流は交流のように零点を通過しないため，大容量高電圧の直流遮断器の開発が困難である．このため，変換装置の制御により通過電流を制御してその役割を兼ねる必要がある．したがって，多端子の直流送電系統を構成することは困難であり，系統構成の自由度が低い．
(5) 交直変換装置で高調波が発生するため，高調波対策を講じる必要がある．
(6) 大地帰路方式の場合は，地下埋設金属の**電食**を引き起こす恐れがある．また，大地帰路電流によって発生する磁界による**磁気偏差**（コンパスの指す磁北と地図上の北極の方向との差）への影響が考えられる場合は大地帰路方式を採用できない．

　（注）電食：直流電気鉄道では帰線電流の一部は大地に漏れるが，この電流は線路に近接・並行する水道管等の地中埋設金属体があると大地より抵抗が小さいため，金属体を通って変電所に帰る．このとき，電解作用により腐食されることを電食という．

3 直流送電の主回路構成

　直流送電系統は，図7・27（a）に示すように，順変換装置，逆変換装置，これらをつなぐ直流送電線路によって構成される．なお，直流送電線路がない設備形態を**BTB**（Back to Back；背中合わせという意味）方式という．

　送電端側の順変換所では，交流系統の電力を変換用変圧器で交直変換に適した電圧に変圧し，変換器で交流を直流に順変換する．変換用変圧器はY－Y結線とY－△結線を組み合わせた方式が使われる．変換器は，サイリスタバルブを図7・27（b）のように三相ブリッジ結線して構成されている．サイリスタバルブの機能は，各バルブアームのアノード（陽極）とカソード（陰極）間に順方向の主回路電圧が印加されている期間に，ゲートに点弧パルスを加えると，通電状態とな

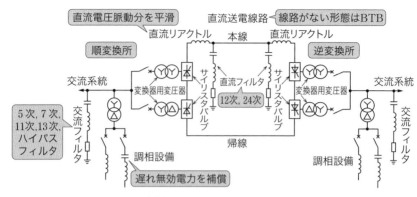

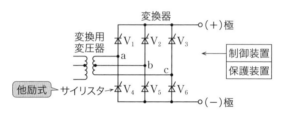

図7・27 直流送電系統の構成と変換装置の主回路

る．このため，点弧パルスを出すタイミングを制御し，順変換（交流→直流），逆変換（直流→交流），故障電流遮断等を行う．

変換器によって交流から直流に変換された電力は，直流リアクトルで直流電圧脈動分を平滑して直流送電する．そして，逆変換所側で直流を交流に逆変換し，変換用変圧器によって交流系統の電圧に変圧して送電する．

他励式変換器で順変換・逆変換するときには，それぞれ60%程度の遅れ無効電力を消費するので，遅れ無効電力を供給（進み無効電力を消費）するために，電力用コンデンサ（SC）または同期調相機（RC）を設置する．さらに，交直変換時に商用周波数の整数倍（交流側：$pm±1$次，直流側：pm次，ただしpは整数の相数，mは1, 2, …の整数）の高調波が発生するので，高調波フィルタにより吸収する．従来の変換所では，12相整流（$p=12$）で，交流系統側では，交直変換装置から発生する高調波電流の流出を抑制するための11次・13次・ハイパスフィルタや交流系統側に存在する高調波の交直変換装置への影響を抑制するた

めの5次・7次フィルタを設置している．また，直流側では12・24次フィルタを設置している．

一方，GTOやIGBTなどの自己消弧形半導体を用いた自励式変換器は，無効電力を制御できるため，調相設備が不要であるうえに，短絡容量の小さな交流系統での連系も可能となるなどの特徴があり，今後，直流送電への適用が期待されている．

4 直流送電の主回路方式

直流送電の主回路方式は次の4種類がある．

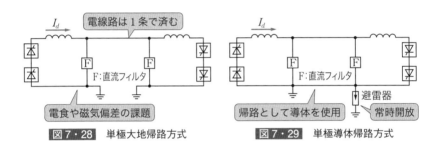

図7・28　単極大地帰路方式

図7・29　単極導体帰路方式

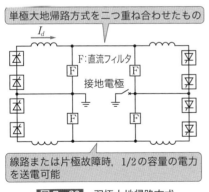

図7・30　双極大地帰路方式

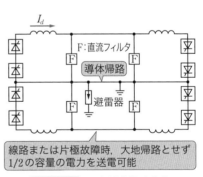

図7・31　双極導体帰路方式

(1) 単極大地（または海水）帰路方式

図7・28に示すように，本方式は架空線またはケーブルを往路とし，大地または海水を帰路とする．そこで，線路条数を少なくすることができるため，建設費

が安い．しかし，本方式は定格電流が大地を流れるため，この大地電流により水道・ガス・パイプライン等の金属埋設物の電食，通信線の電磁誘導障害，海底ケーブルの場合は磁気コンパスに対する影響等の短所がある．

(2) 単極導体帰路方式

図7・29に示すように，帰路として導体を使用する．大地帰路方式における電食問題や直流磁界が作る磁気偏差（コンパスエラー）を避ける方法として，導体を介して帰路電流を戻す．本方式では，一方の変換所の中性点を変換所の接地網に接続し，他方の変換所では常時は避雷器等を介して開放しておく．帰路導体は低絶縁設計となっているので，架空送電線では帰路導体に架空地線の機能を持たせることもできる．北海道－本州間連系の第1, 2期の例がある．

(3) 双極大地帰路方式

図7・30に示すように，図7・28の方式を二つ重ね合わせたもので，一方の線路に正電圧，他方の線路に負電圧を加え，中性点を接地した方式である．常時は，中性点にほとんど電流が流れないため，図7・28の単極大地帰路方式のような障害はない．また，線路または変換装置の片極故障時にも1/2の電圧で運転でき，1/2の容量の電力を送ることができる．ただし，双極がアンバランスな電流で運転する場合や片極停止時の運転では，単極大地帰路方式と同様の注意が必要になる．

(4) 双極導体帰路方式

図7・31に示すように，図7・30の方式の中性点を導体により接続した方式である．すなわち，一方の線路に正電圧，他方の線路に負電圧を加え，中性線導体については順変換所または逆変換所のいずれか一点のみを接地する．線路または変換装置の片極故障時にも大地帰路とすることなく1/2の電力の送電を継続することができる．本方式は，北海道－本州連系の3期増設や紀伊水道直流連系で採用されている．

例題11 ……………………………………………………… R1 問7

次の文章は，直流送電方式の利点と課題に関する記述である．

洋上風力や離島と本土系統を直流送電で連系する場合には，交流送電における海底ケーブルの　(1)　の制約を受けずに送電電力を高めることができ，誘電体損失も

7-4 直流送電

小さいという特徴がある．また，架空送電においては，直流は交流に比べ対地電圧を低くすることができ，一般に鉄塔の高さを低くすることができる．例えば，交流送電と直流送電において，送電電力および送電損失がそれぞれ等しい場合，直流中性点接地2線式（双極式）における送電線の対地電圧は，交流三相3線式の対地波高電圧に比べて (2) 倍となる．ただし，各導体の抵抗の値は同じで，交流の場合，力率は1とする．

一方で，交直変換装置を必要とし，交流系統の電圧で転流動作を行う (3) 変換器を用いる場合には，常に (4) を消費する．このため，交流側には (4) を補償する設備が必要である．直流は交流のように電流零点を通過しないため，事故電流を抑制または遮断するには，交直変換装置の制御により行うか，大容量高電圧の (5) が必要となる．

【解答群】
(イ) 有効電力　　　　(ロ) 直流リアクトル　　(ハ) ジュール熱
(ニ) 進み無効電力　　(ホ) 充電電流　　　　　(ヘ) $1/\sqrt{2}$
(ト) $1/2$　　　　　　(チ) 電食　　　　　　　(リ) 直流遮断器
(ヌ) 遅れ無効電力　　(ル) 他励式　　　　　　(ヲ) 周波数
(ワ) 直流断路器　　　(カ) $\sqrt{3}/2$　　　　(ヨ) 自励式

解説　(2) 直流送電の線電流を I_{DC}，対地電圧を E_{DC}，1線当たりの導体抵抗を R とすれば，送電電力 P_{DC} は1極分の2倍，送電損失 P_{lDC} は2線分を考えればよいので

$$P_{DC}=2E_{DC}I_{DC}, \quad P_{lDC}=2I_{DC}^2R$$

となる．一方，三相3線式交流送電で，線電流を I_{AC}（実効値），相電圧の波高値を E_{AC}，1線当たりの抵抗は直流送電と等しい R とすれば

$$送電電力\ P_{AC}=3\left(\frac{E_{AC}}{\sqrt{2}}\right)I_{AC}\cos 0°=\frac{3}{\sqrt{2}}E_{AC}I_{AC}, \quad 送電損失\ P_{lAC}=3I_{AC}^2R$$

題意より $P_{lDC}=P_{lAC}$ であるから

$$2I_{DC}^2R=3I_{AC}^2R \quad \therefore \quad I_{AC}/I_{DC}=\sqrt{2/3}$$

また，$P_{DC}=P_{AC}$ より

$$2E_{DC}I_{DC}=\frac{3}{\sqrt{2}}E_{AC}I_{AC} \quad \therefore \quad \frac{E_{DC}}{E_{AC}}=\frac{3}{2\sqrt{2}}\cdot\frac{I_{AC}}{I_{DC}}=\frac{3}{2\sqrt{2}}\sqrt{\frac{2}{3}}=\frac{\sqrt{3}}{2}$$

【解答】(1) ホ　(2) カ　(3) ル　(4) ヌ　(5) リ

送 電

例題 12 ················· H24 問 3

次の文章は，直流送電の主回路構成に関する記述である．

直流送電線の主回路構成としては電流を流す2路の一方に大地（または海水）を用いる大地（または海水）帰路方式と双方に送電線を用いる導体帰路方式が存在する．また，回路の極数から単極構成と双極構成があり，組み合わせで4とおりの構成が存在する．

単極構成の大地（または海水）帰路方式では，　(1)　を少なくすることができ経済的ではあるが，大地帰路電流によりパイプラインなど地下埋設金属の　(2)　や鉄道の軌道信号への影響が考えられる場合，また，大地（または海水）帰路電流によって発生する磁界による　(3)　の影響が考えられる場合には使用できない．この問題は双極構成とすることで回避できるが，片極運用時や事故時など電流がアンバランスとなったときには同様に問題となる．

一方，導体を介して帰路電流を戻す方式が導体帰路方式である．この方式では，帰路導体を片側の変換所の中性点の接地網に接続し，もう一方の変換所では常時は　(4)　などを介して変換所の接地網から開放しておく．帰路導体は低絶縁設計となっており，架空送電線区間では　(5)　としての機能をもたせることもできる．

現在わが国で用いられている直流送電では，双極導体帰路方式が採用されている．

【解答群】
(イ) 避雷器　　　(ロ) 線路条数　　(ハ) 変圧器数　　(ニ) 磁気分離
(ホ) 磁気飽和　　(ヘ) 遮断器　　　(ト) 接地開閉器　(チ) 通信線
(リ) 送電損失　　(ヌ) 架空地線　　(ル) 断路器　　　(ヲ) 電食
(ワ) 磁気偏差　　(カ) 電圧異常　　(ヨ) 電界

解 説 本節4項を参照する．

【解答】(1) ロ　(2) ヲ　(3) ワ　(4) イ　(5) ヌ

7-5 地中送電線

攻略のポイント　本節に関して，電験3種では地中送電の概要，CVケーブルの特徴，許容電流増加対策等が出題される．2種では，これらに加え，各種の故障点探査法，地中送電線の設計上の配慮事項等幅広く出題される．

1　地中送電

　都市やその近郊では，保安，法規制，環境，経済性等の制約により，地中送電線（ケーブル）を用いることが多い．地中送電線の運用電圧は 500 kV に達しており，電流容量も 3～10 kA のケーブルが使用されている．地中ケーブルは無効電力の発生による電圧降下の抑制，系統安定度，環境調和の面で架空線に比べて優れた性能を有しているが，送電容量，故障時復旧等の面で短所もある．

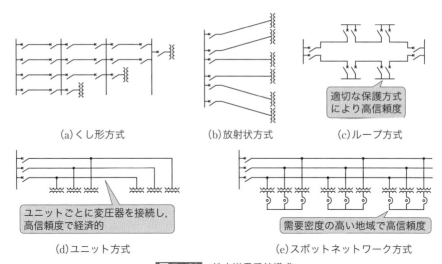

図 7・32　地中送電系統構成

　地中送電系統の構成に関して，くし形方式は，地中送電線の初期に発達した方式で線路の多数化，保護方式の複雑化により現在はあまり使われていない．放射状方式は，22・33 kV 系統で広く利用されている．ループ方式は，適切な保護方式を採用すれば無停電で電力供給できる方式で，特別高圧需要家が近接して集中している工場地域等の場合に設備の合理化ができ経済的である．ユニット方式は，ユニットごとに変圧器を直接線路に接続するもので，1回線故障でも他の2

回線で電力供給できるため，信頼度が高く経済的な方式である．スポットネットワーク方式は，需要密度の高い都市中心部への電力供給として用いられ，無停電で電力供給を行うことができる方式である．

2 ケーブルの種類と特性

電力ケーブルは，ソリッド形（内部に油やガスの通路のないもの）と圧力形に分かれる．各種ケーブルの分類を表7・1に示す．

表7・1 各種のケーブル

分類	小分類	ケーブル名称	絶縁体	使用電圧〔kV〕
ソリッド形	ソリッド（紙絶縁）	ベルト SL, H	油浸紙	～15 11～33
	ゴム・プラスチック	EV BN CV	ポリエチレン ブチルゴム 架橋ポリエチレン	～33 ～77 ～500
圧力形	OF		油浸紙，油	66～500
	パイプ	POF GIL	油浸紙，油 SF_6ガス	66～500 20～500

このうち，ベルトケーブル，SLケーブル，Hケーブル，EVケーブル，BNケーブルは新たに使用されることはない．ここでは，CVケーブル，OFケーブル，POFケーブル，GIL（管路気中送電）を説明する．

(1) CVケーブル（架橋ポリエチレン絶縁ビニルシースケーブル）

CVケーブルは，図7・33に示すように，**絶縁体に架橋ポリエチレンを用いたケーブル**で，**単心形と3線心をより合わせたトリプレックス形（CVT）**が使用されている．CVケーブルは電力ケーブルの主流であり，近年では500 kV地中送電線まで採用されている．

7-5 地中送電線

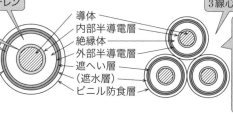

(a) 単心ケーブル　　(b) トリプレックスケーブル

図 7・33　CV ケーブル

[CV ケーブルの特徴]

① 絶縁性能が良い．
② OF ケーブルに比べて，絶縁物の比誘電率，誘電正接（$\tan\delta$）が小さく，誘電体損失や充電電流が小さい．
③ 耐熱性に優れ，許容温度が高く，送電容量が大きい．
④ 給油装置等の付属設備が不要である．
⑤ 重量が軽く，取り扱いが容易であり，メンテナンス面で優れる．
⑥ 高低差の大きい所でも使用できる（油浸紙ケーブルは，高低差が大きいと油が移動し，立ち上がり部分で油が抜けやすい）．
⑦ トリプレックスケーブルは管路布設で一度に 3 線心を引き入れることができる．
⑧ 水トリー現象が発生することがある．

[水トリー]

　水トリーは，**架橋ポリエチレンに侵入した水分と異物・ボイド等に加わる局部的な高電界との両方が存在する条件で，部分放電が発生し，これが繰り返されて徐々に樹枝状に破壊痕跡（直径 0.1～1 μm）が成長し，最終的には絶縁破壊に至る現象**である．水トリーが発生すると，絶縁物の誘電正接（$\tan\delta$），漏れ電流を大きくし，絶縁破壊電圧を著しく低下させる．しかし，CV ケーブルの初期には水トリーの発生は見られたが，製造時に水分を使用しない**乾式架橋方式の採用**，内部半導電層・絶縁体・外部半導電層の三層を同時に押し出す**三層同時押出方式の開発**（半導電層の突起や異物混入の防止に有効）等により大幅に改善されている．また，高信頼度を要求される線路では，アルミシースやステンレスシースを設けて遮水する．

(2) OF ケーブル (油入ケーブル)

OF ケーブルは,図 7・34 のように単心と 3 心があり,いずれもケーブル内部に油通路を設けて油浸紙を絶縁体としている.金属シース内に低粘度の絶縁油を含浸した構造で,外部に設置した油槽によって常時大気圧以上の圧力を加え,絶縁体中のボイドの発生を防ぎ,絶縁耐力の強化を図っている.許容電流も大きいうえに,漏油した場合でも警報装置により絶縁破壊する前に処置できるなど信頼性も高いが,給油設備が必要である.

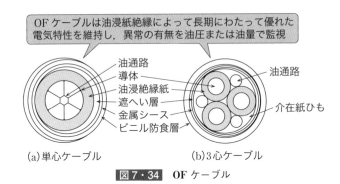

図 7・34　OF ケーブル

(3) POF ケーブル (パイプ形油入ケーブル)

POF ケーブルは,図 7・35 のように,紙絶縁を施し,高粘度の絶縁油を含浸させた線心 3 本を一括して鋼管に収め,高圧力の絶縁油を充てんしたものである.このケーブルは電気的に安定しており,275〜500 kV 級の系統で採用されている.充てん油を冷却循環させることにより送電容量を増大させることができるが,絶縁油を大量に必要とし,特殊な給油設備の設置が必要になるなどの欠点もある.

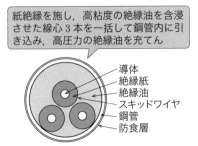

図 7・35　POF ケーブル

(4) GIL (管路気中送電)

GIL は,図 7・36 に示すように,大口径の金属シース (鋼管,アルミ管,ステンレス管等) の中に絶縁特性の優れた SF_6 ガスを加圧充てんし,その中に配置

された単相または三相の厚肉パイプ（アルミまたは銅）導体を円盤状または柱状のエポキシ樹脂の絶縁スペーサで保持している．GILはあらかじめ工場で導体からシースまでを一体的に組み立てた14m長程度のユニットを現地で溶接またはプラグイン接続する．

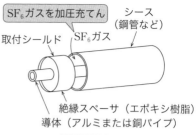

図7・36　GIL

[GILの特徴]
① 導体，シースともに大口径パイプを用いることにより，架空送電線とほぼ同程度の送電容量をもち，雷害や塩じん害のおそれがない．
② SF_6 ガスの比誘電率がほぼ1なので，OFケーブルに比べ，静電容量が小さくなり，充電電流が1/3程度になる．このため，超高圧ケーブル線路として充電電流補償をしなくても長距離送電が可能である．
③ 誘電体損は無視できるほど小さい．
④ SF_6 ガスは封じ切りであり，線路の異常の有無をガス圧で監視できる．

3　電力ケーブルの損失・許容電流と許容電流増加対策

(1) 電力ケーブルの損失

電力ケーブルの温度上昇をもたらす要因となる損失には，導体内に発生する**抵抗損**（$=I^2R$），絶縁体（誘電体）内に発生する**誘電体損**（$=2\pi fCE^2\tan\delta$），鉛被等の金属シースに発生する**シース損**がある．シース損は，金属シースに誘導する電圧によって流れる電流によるものである．長いシースを回路とする電流によって発生する**シース回路損**とシース内でうず電流によって発生する**シースうず電流損**がある．単心ケーブルを管路に1本ずつ入れて交流系統で使用すると相当の損失になるため，**クロスボンド接地方式**を採用してシース回路損を低減させる．これは，図7・37のように，ケーブル各区間のシースを

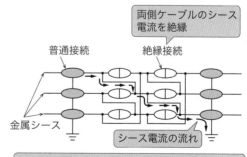

図7・37　クロスボンド接地方式

交互に接続し，各シースの誘導電圧のベクトル和をほぼ零にすることにより，循環電流を抑える．

(2) 許容電流

電力ケーブルの許容電流は，絶縁体に影響を及ぼさない導体の最高許容温度によって決められている．そして，許容電流は，連続して流してよい**常時許容電流**，線路故障時の切替の運用で数分～数時間を対象にした**短時間許容電流**，線路故障の際に流れる2秒程度以下を対象にした**瞬時許容電流**の3種類がある．ちなみに，CVケーブルの導体最高許容温度は，常時が90℃，短時間が105℃，瞬時が230℃となっている．

(3) 許容電流増加対策

電力ケーブルの許容電流を増加させるためには，発生する熱の除去，損失の低減，耐熱性の向上を行う．

まず，発生する熱を除去する方法として，ケーブルの**強制冷却**がある．この方法は大別すると，外部冷却方式と内部冷却方式がある．外部冷却方式は，図7・38に示すように，ケーブルを外部から冷却するもので，管路式の管路を利用して冷却水を循環させる**直接水冷方式**，冷却水通路を別に設けて間接的に冷却する**間接水冷方式**等がある．

一方，内部冷却方式は，ケーブルの内部に冷却媒体を通す方式で，油入ケーブルの絶縁油を循環冷却するもの，水を冷却媒体とするものなどがある．管路を利用する場合には，循環水圧力に耐えるとともに，漏水が生じないように施設する．

次に，損失を低減する手法として，導体の大サイズ化，絶縁材料として比誘電率の小さいポリエチレンの使用等がある．導体の大サイズ化は抵抗が小さくなる

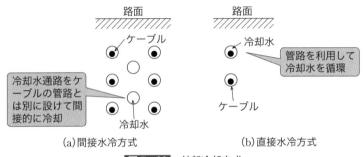

図7・38　外部冷却方式

ため,抵抗損を減少させる.誘電体損は $2\pi fCE^2 \tan\delta$ であるが,静電容量 C に比例する.静電容量は絶縁物の比誘電率 ε_s に比例するため,ε_s の小さいポリエチレンケーブルが誘電体損の観点からも有利である.

最後に,耐熱性の向上には,絶縁材料の改良等がある.

したがって,許容電流を増加させるためには,導体の大サイズ化,強制冷却の採用,絶縁材料の改良による耐熱性の向上と誘電体損の低減等がある.

4 ケーブルの特性と地中送電線路で配慮すべき事項

(1) ケーブルの特性
①抵抗
断面積の大きい導体は,表皮効果によって抵抗が増加する.このような場合には,抵抗の増加を緩和するため,**分割圧縮導体**を採用する.

②インダクタンス
線間距離が架空線に比べて格段に小さいので,**誘導リアクタンスは小さい**(架空線の1/3程度).

③静電容量
線間距離が架空線に比べて格段に小さく,比誘電率が大きいので,**静電容量は非常に大きい**(架空線の20~50倍程度).

(2) 充電電流と充電容量

図7・39でケーブルの1線当たりの静電容量が C [F] で,容量リアクタンスが x_c [Ω] のケーブルに周波数 f [Hz],V [V] の電圧を印加すれば,負荷に無関係に次式の充電電流 I_c が流れる.

$$I_c = \frac{V/\sqrt{3}}{x_c} = \frac{2\pi fCV}{\sqrt{3}} = 2\pi fCE \quad [\text{A}]$$

(7・25)

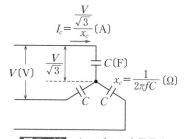

図7・39 ケーブルの充電電流

したがって,充電容量 P_c は

$$P_c = \sqrt{3}\,VI_c \times 10^{-3} = 2\pi fCV^2 \times 10^{-3} \quad [\text{kVA}]$$

(7・26)

となる.電圧が高くなるほど充電電流の影響により有効送電容量が減少し,有効送電容量が零(充電電流のみで許容電流になる)となる限界距離が短くなる.

(3) 作用静電容量

1線当たりの静電容量を**作用静電容量**という.

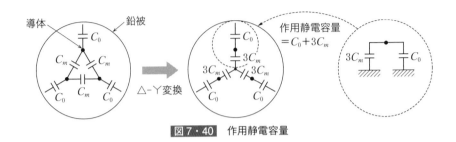

図7・40 作用静電容量

図7・40のように，導体と対地間の静電容量を C_0，導体間の静電容量を C_m とすると，作用静電容量 C は次式となる.

$$C = C_0 + 3C_m \tag{7・27}$$

測定によって作用静電容量を求めるには，次のように行う．3線一括対地間の静電容量を C_1，2線接地と残りの1線との間の静電容量を C_2 とすると，$C_1 = 3C_0$，$C_2 = C_0 + 2C_m$ であるので，両方から C_0 と C_m を求め，作用静電容量の式 (7・27) の式へ代入すると，次式となる.

$$C = C_0 + 3C_m = \frac{C_1}{3} + 3\frac{C_2 - C_0}{2} = \frac{C_1}{3} + 3\frac{C_2 - \frac{C_1}{3}}{2} = \frac{1}{6}(9C_2 - C_1) \tag{7・28}$$

(4) 地中送電線路で配慮すべき事項

①フェランチ効果への配慮

送電線に進み位相の電流が流れると，送電端電圧よりも受電端電圧が上昇する．これを**フェランチ効果**という（図7・41参照）．これは，長距離架空送電線で軽負荷時に発生する現象であるが，地中送電系統では静電容量が大きいため，比較的短距離でも発生する．このため，**分路リアクトル**を設置し，補償する.

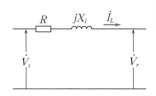

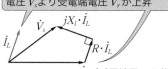

進み位相の電流が流れると，送電端電圧 $\dot{V}_s$ より受電端電圧 $\dot{V}_r$ が上昇
R
jX_l
$\dot{I}_L$
$\dot{V}_s$
$\dot{V}_r$
$jX_l \cdot \dot{I}_L$
$R \cdot \dot{I}_L$
$\dot{V}_r$（受電端電圧を位相基準）
$\dot{V}_s$：送電端電圧　R：送電線の抵抗　$\dot{I}_L$：負荷電流
$\dot{V}_r$：受電端電圧　X_l：送電線のリアクタンス

図 7・41 フェランチ効果

②無負荷地中送電線遮断に伴う設計上の配慮

無負荷の地中送電線には充電電流が流れている．この充電電流を遮断するときには，6-2 節の図 6･13 の進み小電流遮断時の過電圧で説明するような開閉過電圧を生ずるおそれがある．したがって，地中送電線路の設計にあたっては，この開閉過電圧により絶縁破壊されないように絶縁強度を決めなければならない．

③通信線の電磁誘導障害への配慮

地中送電線路は，通信線と接近して布設されることも多いので，常時および故障時の電磁誘導障害に留意する必要がある．高抵抗接地系でも対地静電容量が大きくなると，地絡電流（零相電流）が大きくなるので，補償リアクトル接地系統とするなどの配慮をする必要がある．

5 地中送電線の布設方式

地中送電線の布設方法は，直埋式，管路式，暗きょ式がある．

①直埋式

大地中に線路を直接埋設する方式．線路保護のために，土管やコンクリートトラフ等に収めて埋設する．ケーブルまでの深さを土冠（どかむり）といい，電気設備技術基準により重量物の圧力を受けるおそれのある場所では 1.2 m 以上，その他の場所で 0.6 m 以上とされている．

②管路式

数孔から十数孔のダクトをもったコンクリート管路等を作り，これにケーブルを引き入れる方式．適当な間隔にマンホールを設け，ケーブルの引き入れ，接続，撤去はマンホールの中で行う．

送電

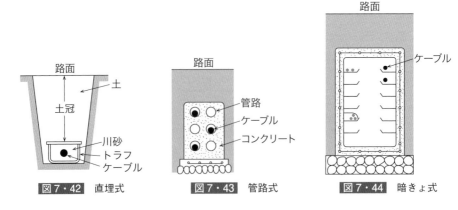

図7・42 直埋式 図7・43 管路式 図7・44 暗きょ式

③暗きょ式

適当な深さに設けられたコンクリート造の暗きょ（トンネル，洞道）内にケーブルを布設する方式．一般に20条程度以上の多数条のケーブルを布設する場合に用いる．共同溝（電力ケーブル・通信ケーブル・上下水道等を一緒に布設した洞道）もこれに含まれる．

6 故障点探査法

ケーブルの故障は，架空線とは異なり，巡視等の目視によって探し出すことはあまり期待できないので，下記の方式によって故障点を探査する．

(1) マーレーループ法

マーレーループ法は，ホイートストンブリッジ法の原理を用いて故障点までの距離を測定する．精度が高く，地絡，短絡故障で測定でき，測定操作が簡単なの

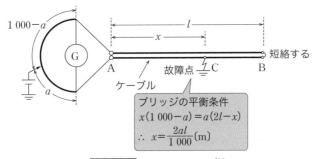

ブリッジの平衡条件
$x(1\,000-a) = a(2l-x)$
$\therefore\ x = \dfrac{2al}{1\,000}\,\text{(m)}$

図7・45 マーレーループ法

で，広く用いられている．

図7・45は1線地絡の例を示す．同図で，ケーブルの長さをl〔m〕，測定端から故障点までの長さをx〔m〕，マーレーループの抵抗辺の読みをaとすれば，ブリッジは全目盛が1 000で，ブリッジの平衡条件から，次式となる．

$$x(1\,000-a)=a(2l-x)$$

$$\therefore \quad x=\frac{2al}{1\,000} \text{〔m〕} \tag{7・29}$$

(2) パルスレーダ法

送信形パルス法は，故障ケーブルに電圧パルスを送り込み，健全ケーブルと異なるサージインピーダンスをもつ故障点からの反射パルスを検知して，パルスの伝搬時間から故障点までの距離を求める方法である．

図7・46で，パルスがケーブル中を伝わる伝搬速度をv〔m/μs〕，パルスを送り出してから反射して返ってくるまでの時間をt〔μs〕とすると，故障点までの時間は$t/2$〔μs〕であるから，故障点までの距離xは次式となる．

$$x=\frac{vt}{2} \text{〔m〕} \tag{7・30}$$

ケーブルのパルス伝搬速度v〔km/s〕は，ケーブルが無損失であると仮定すれば，線路インダクタンスをL〔H/km〕，静電容量をC〔F/km〕とすると，次式となる．

$$v=\frac{1}{\sqrt{LC}} \text{〔km/s〕} \tag{7・31}$$

ケーブルが地絡故障の場合には，図7・46のように，印加した第1波パルスと反射してきた第2波パルスは逆位相になるが，断線故障の場合には，同位相の反射パルスが送信端に戻ってくる．

一方，図7・47は放電検出形パルスレーダ法を示す．これは，故障ケーブルに高電圧を印

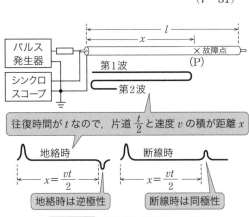

図7・46　送信形パルスレーダ法

加し，故障点で放電を起こさせ，このとき故障点から生じるパルスを利用して故障点までの距離を測定する．故障点までの距離は次式となる．

$$x = \frac{vt}{2} \ [\text{m}] \quad (7・32)$$

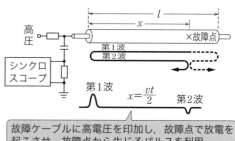

図7・47 放電検出形パルスレーダ法

(3) 静電容量法

静電容量法は，断線故障の場合に故障相と健全相の静電容量の比から故障点までの距離を求める方法である．地絡抵抗が0.1 MΩ以上なら直読静電容量計で測定できるが，それ以下では誤差が大きくなるのでインピーダンスブリッジを用いて測定する．図7・48が測定例である．

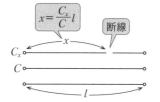

(a) 健全相のある場合　　　　　　　　　　(b) 三相断線の場合

図7・48 断線時における静電容量法の考え方

故障点までの距離は次式で求めることができる．

健全相のある場合　　$x = \dfrac{C_x}{C} l \ [\text{m}]$ 　　　　　(7・33)

三相断線のある場合　$x = \dfrac{C_x}{C_x + C_y} l \ [\text{m}]$ 　　(7・34)

7-5 地中送電線

例題13 ・・ H17 問7

次の文章は，電力ケーブルの構造面からみた問題点に関する記述である．

電力ケーブルを構造面からみると，コンパクトな外形を実現するため，高い電界の下で長期間安定に使用できる (1) が必要である．このため，使用される電圧階級に応じ，各種のケーブルが開発され使用されている．また，電力ケーブルは地中の暗きょ等で使用されるので，架空送電線に比べて (2) が悪く，電流容量の確保が重要な技術的課題となる．このため， (3) を少なくし，熱抵抗を減らす工夫が積極的になされている．大容量送電が必要な場合には (4) が採用される．また，負荷変動に伴って生じるケーブルの (5) に対する配慮も重要である．

【解答群】
(イ) 熱絶縁　　　　　(ロ) 騒音　　　　　　(ハ) 送電損失
(ニ) 強制冷却方式　　(ホ) 遮へい層　　　　(ヘ) 送電電流
(ト) 調相設備　　　　(チ) 導体　　　　　　(リ) 熱放散
(ヌ) 振動　　　　　　(ル) 伸縮　　　　　　(ヲ) 加熱装置
(ワ) 誘導率　　　　　(カ) 無効電力　　　　(ヨ) 絶縁体

解説　(5) ケーブルは数百mおきに，マンホール内で接続して布設する．このとき，負荷変動で熱によりケーブルが伸縮し，接続箇所に支障をきたすことがあるため，設計に配慮する．

【解答】(1) ヨ　(2) リ　(3) ハ　(4) ニ　(5) ル

例題14 ・・ H12 問4

次の文章は，送電用CVケーブルに関する記述である．

CVケーブルは，OFケーブルと異なり絶縁油を使用していないため，軽量で，誘電体損失が少なく，かつ，保守・点検の省力化が図れるなどの特徴を生かして普及してきている．

CVケーブルの構造は，導体が銅またはアルミニウムの (1) 形圧縮のより線で，絶縁は (2) を用いている．導体と絶縁体との間および絶縁体と金属遮へい層の間には (3) 層を設け，その外側の金属遮へい層には銅テープなどを用い，シースは (4) を使用している．また，金属遮へい層は (5) 電流帰路としても十分な容量を有するように配慮している．

【解答群】
(イ) だ円　　　　　　(ロ) ビニル　　　　　(ハ) 防水

送 電

（ニ）ポリプロピレン	（ホ）円	（ヘ）半導電
（ト）鉛被	（チ）短絡	（リ）架橋ポリエチレン
（ヌ）地絡	（ル）クロロプレン	（ヲ）正方
（ワ）半導体	（カ）充電	（ヨ）アルミ被

解 説 （5）ケーブル絶縁物への湿気侵入防止と機械化学的な保護を目的として，絶縁物の外側にシースを施す．CV ケーブルではビニルシースを用いる．地絡故障が発生した場合，地絡電流は大地を帰路とすることから，その通電に耐える金属遮へい層を設ける．

【解答】（1）ホ　（2）リ　（3）ヘ　（4）ロ　（5）ヌ

例題15　　　　　　　　　　　　　　　　H19 問7

次の文章は，電力用 CV ケーブルに関する記述である．

電力用 CV ケーブルの充電電流が大きくなると，送電容量に影響を与えることから，設計に際して考慮が必要である．充電電流は単位長当たりのケーブル静電容量，__(1)__ および線路長に比例して大きくなる．ケーブル導体サイズが同じであれば，単位長当たりのケーブル静電容量は，絶縁体の誘電率が大きいほど，また __(2)__ が小さいほど大きい．

CV ケーブルの __(3)__ 損失も送電容量に影響を与える．これは，充電電流にいくらかの有効成分があるために発生する損失であり，送電電圧が同じ場合，__(4)__ の大きいものほど発生量が大きい．

また，__(5)__ を鉄管に入線すると鉄損が大きくなることから，送電容量を低下させることになるので注意が必要である．

【解答群】

（イ）無効電力	（ロ）埋設深さ	（ハ）許容電流
（ニ）単心ケーブル	（ホ）誘電体	（ヘ）送電電圧
（ト）熱抵抗	（チ）絶縁体厚さ	（リ）三心ケーブル
（ヌ）シース厚さ	（ル）銅	（ヲ）がい装厚さ
（ワ）送電電流	（カ）誘電正接	（ヨ）トリプレックス型ケーブル

解 説 （1）式（7・25）よりケーブルの充電電流 $I_c = 2\pi f C \dfrac{V}{\sqrt{3}}$ であるから，送電電圧である．なお，線路長 l の影響は，単位長当たりのケーブルの静電容量を c とすれば，式（7・25）の静電容量 $C = cl$ の中に織り込まれている．

7-5 地中送電線

次に，(2)に関して，ケーブル1m当たりの静電容量を解説図1をもとに求める．ケーブル導体に単位長当たり $+Q$〔C/m〕，シースに単位長当たり $-Q$〔C/m〕の電荷を与えるとき，中心から x〔m〕の電界の強さ E_x は

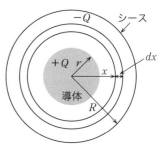

解説図1

$$E_x = \frac{Q}{2\pi\varepsilon_0\varepsilon_s x} \ \text{〔V/m〕}$$

となるから，導体とシース間の電位差 V〔V〕は

$$V = \int_r^R E_x dx = \frac{Q}{2\pi\varepsilon_0\varepsilon_s}\int_r^R \frac{1}{x}dx = \frac{Q}{2\pi\varepsilon_0\varepsilon_s}\log\frac{R}{r} \ \text{〔V〕}$$

∴ 静電容量 $C = \dfrac{Q}{V} = \dfrac{2\pi\varepsilon_0\varepsilon_s}{\log\dfrac{R}{r}}$ 〔F/m〕

すなわち，ケーブルの静電容量は，絶縁体の比誘電率 ε_s が大きいほど，絶縁体厚さ $(R-r)$ すなわち R が小さいほど，大きい．

(3)(4) 解説図2のように，誘電体損失 W_d は，充電電流にわずかの有効成分があるために発生する損失で

$$W_d = EI_R = E(I_C \tan\delta) = E\cdot(2\pi f CE \tan\delta) = 2\pi f CE^2 \tan\delta$$

となる．したがって，誘電体損失 W_d は，送電電圧 E が同じ場合，$\tan\delta$（誘電正接）が大きいほど，大きくなる．

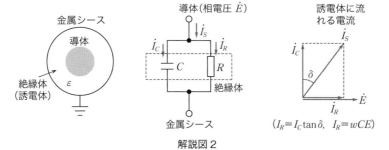

解説図2

(5) 電力ケーブルでは，故障時の故障電流を流すために，絶縁体の外側に金属テープや金属シースが施されており，導体に電流を流すことにより金属テープや金属シースにうず電流や循環電流が流れて損失を生ずる．この現象と同様に，単心ケーブルを鉄管に入線すると鉄損が大きくなり，送電容量を低下させることになるので，注意が必要である．

【解答】(1) ヘ　(2) チ　(3) ホ　(4) カ　(5) ニ

送電

例題 16 ··· H11 問 7

次の文章は，地中送電線路に関する記述である．

近年，都市部においては，超高圧地中送電系統が形成されているが，これらの系統では，同程度の距離の架空送電線に比べて (1) 効果により (2) 電圧が高くなる傾向がある．また，無負荷の線路を遮断器で電源から切り離した場合の (3) が大きいので，遮断器を再投入した場合に大きな (4) が発生する可能性があり， (5) 設計上特に考慮する必要がある．

【解答群】
(イ) 絶縁　　　　　　　(ロ) 中間点　　　　　　(ハ) 電界
(ニ) ジュール熱　　　　(ホ) フェランチ　　　　(ヘ) 強度
(ト) 送電端　　　　　　(チ) 磁気エネルギー　　(リ) 機械力
(ヌ) アークエネルギー　(ル) 残留電圧　　　　　(ヲ) 受電端
(ワ) 開閉異常電圧　　　(カ) 表皮　　　　　　　(ヨ) 耐熱

解 説 本節 4 項および 6-2 節の図 6・13 を参照する．

【解答】(1) ホ　(2) ヲ　(3) ル　(4) ワ　(5) イ

例題 17 ··· H26 問 2

次の文章は，ケーブルの故障点測定に関する記述である．

ケーブルの故障点測定手法にはマーレーループ法，パルス法，静電容量法などがあるが，このうち通常断線故障のみに適用されるのは (1) である．一方，地絡故障に用いられる手法の一つに，一定時間おきにインパルス状の (2) パルスを送り出し，このパルスが故障点で反射して返ってくる性質を利用して，パルスが故障点までの間を往復する時間を測る方法がある．パルスがケーブルの中を伝わる速度を v 〔m/μs〕，パルスを送り出してから返ってくるまでの時間を t〔μs〕とすると，図の故障点までの距離 x〔m〕は (3) で求められる．ケーブルの回路定数は形状，寸法等で異なるが，例えば $L=0.3\,\mathrm{mH/km}$，$C=0.2\,\mu\mathrm{F/km}$ の場合，ケーブルが無損失と仮定して伝搬速度を求めると，約 (4) である．ケーブル導体が故障点において外側遮へい導体と完全短絡して地絡故障が発生している場合には，単一パルスが故障点に到達すると，ケーブルのサージインピーダンスが故障点を除き全長にわたって一様ならば (5) 反射パルスが発生して送信端まで戻ってくる．

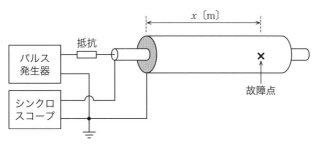

ケーブルの故障点測定

【解答群】
(イ) マーレーループ法　　(ロ) 逆位相の　　(ハ) 超音波
(ニ) 300 m/μs　　(ホ) vt　　(ヘ) $vt/2$
(ト) 同位相の　　(チ) $2vt$　　(リ) 電圧
(ヌ) 電流　　(ル) 静電容量法　　(ヲ) 多数の
(ワ) 4.1 m/μs　　(カ) パルス法　　(ヨ) 130 m/μs

解説 (4) 式 (7·31) より

$$V = \frac{1}{\sqrt{LC}} = \frac{1}{\sqrt{0.3 \times 10^{-6} \times 0.2 \times 10^{-9}}} = \frac{10^8}{\sqrt{0.6}} \fallingdotseq 1.29 \times 10^8 \text{ m/s}$$

すなわち 130 m/μs となる．

【解答】(1) ル　(2) リ　(3) ヘ　(4) ヨ　(5) ロ

章末問題

■1 ──────────── R1 問3

次の文章は，送電容量に関する記述である．

送電線路により送電できる有効電力の最大値（本問題では「送電容量」という）は様々な制約を考慮して定められているが，それぞれの制約によって，送電容量を増加させるための対策は異なる．

電線温度の制約で定まる送電容量を増加させる方法としては，断面積が大きい電線や耐熱性の高い電線を用いることで，電線の (1) を大きくする方法がある．

送電線路に多導体を採用すると，断面積の合計値が同一である単導体の送電線路に比べ，送電線路の (2) が減少することから，過渡安定性，定態安定性（小じょう乱同期安定性），(3) の制約から定まる送電容量も増加する．送電線路の (2) を減少させる方法としては，多導体の採用のほかに，並列して使用する回線数を増やす方法や，(4) の採用も考えられる．

電圧階級を上げると，電線温度の制約によって定まる送電容量は電圧に比例して増加する．また，ある位相差角のときに送電できる有効電力が電圧の (5) にほぼ比例することから，電圧階級を上げることにより，過渡安定性，定態安定性（小じょう乱同期安定性）の制約から定まる送電容量も増加させることができる．

【解答群】
(イ) 線間距離　　　　(ロ) コロナ電圧　　　(ハ) 三乗
(ニ) 電圧安定性　　　(ホ) 一乗　　　　　　(ヘ) 弛度
(ト) 周波数上昇　　　(チ) 直列コンデンサ　(リ) リアクタンス
(ヌ) 直列リアクトル　(ル) 対地静電容量　　(ヲ) 並列コンデンサ
(ワ) 二乗　　　　　　(カ) 周波数低下　　　(ヨ) 許容電流

■2 ──────────── R4 問6

次の文章は，送電系統の損失低減対策に関する記述である．

送電系統の電力損失は線路の抵抗損と変圧器の銅損および鉄損が主なものである．このため，電力損失の低減には，線路電流の (1) と電線，変圧器の電気抵抗の低下が有効であり，具体的な電力損失の低減対策としては次の方法がある．

① 送電電圧の (2)
② (3) の設置
③ 電線の太線化，こう長の短縮，回線数の増加
④ (4) に変電所を導入
⑤ 変圧器の鉄心に方向性けい素鋼板，アモルファスなどの材料の採用

⑥並列運転している変圧器の　(5)　制御

【解答群】
（イ）電力用コンデンサ　　（ロ）消弧リアクトル　　（ハ）電圧
（ニ）位相　　　　　　　　（ホ）維持　　　　　　　（ヘ）発電所近辺
（ト）降圧　　　　　　　　（チ）台数　　　　　　　（リ）変動
（ヌ）昇圧　　　　　　　　（ル）一定間隔　　　　　（ヲ）増大
（ワ）需要地近辺　　　　　（カ）直列リアクトル　　（ヨ）減少

■3　　　　　　　　　　　　　　　　　　　　　　　H27　問4

次の文章は，送電線の自然災害に対する設計に関する記述である．

送電鉄塔の荷重設計で支配的なのは，通常は強風または着氷雪荷重であり，一般的な建築物が地震荷重である点と異なる．これは鉄塔がトラス構造物で建築物に比べて軽いことに加えて架渉線を有していることによる．

風荷重の基本となる設計風速は，10分間平均風速を用いる場合と　(1)　を用いる場合がある．前者の値は夏から秋にかけての台風を想定した高温季では　(2)　〔m/s〕，冬から春にかけての季節風を想定した低温季では，氷雪の付着を考慮し，高温季の荷重の $\frac{1}{2}$ となる風速値としている．

着氷雪荷重には，風荷重と重畳する　(3)　を対象とした着雪荷重，標高の高い山岳地で発生する着氷荷重，降雪が多い地域で対策が必要な積雪荷重があり，それぞれ過去の観測記録や設計実績に基づいて適切な値を設定する．

また，電線においては，電線に付着した氷雪が羽根状となって風を受けて電線が自励振動する　(4)　や，電線に付着した氷雪が脱落して電線が跳ね上がる　(5)　があり，相間短絡などの電気事故が発生しないように対策が取られている．

【解答群】
（イ）ギャロッピング　　　（ロ）ねじれ振動　　　　（ハ）サブスパン振動
（ニ）40　　　　　　　　　（ホ）最大風速　　　　　（ヘ）乾形着雪
（ト）コロナ振動　　　　　（チ）微風振動　　　　　（リ）60
（ヌ）湿形着雪　　　　　　（ル）27　　　　　　　　（ヲ）中間風速
（ワ）瞬間風速　　　　　　（カ）スリートジャンプ　（ヨ）50

送 電

■4 H7 問5

次の表の用語は，送電線の過電圧の発生およびその防止・制御対策に関するものである．A欄の語句と最も深い関係があるものをB欄およびC欄の中から選べ．

A	B	C
(1) フェランチ効果	(イ) 発電機リアクタンス	(a) 非接地系
(2) 不平衡絶縁方式	(ロ) 鉄塔電位上昇	(b) 分路リアクトル
(3) 逆フラッシオーバ	(ハ) 間欠アーク	(c) 絶縁強度の格差
(4) 高調波共振	(ニ) 2回線送電方式	(d) 塔脚接地抵抗
(5) 地絡サージ	(ホ) 充電電流	(e) 制動巻線

■5 H12 問3

次の文章は，架空送電線のOPGW（光ファイバ複合架空地線）を活用した保守情報システムに関する記述である．

OPGWは光ファイバを送電線の架空地線に内蔵させたものである．OPGWに用いる光ファイバは素材が (1) であり，伝送路自体としての (2) が少なく，電力回路からの誘導を受けないなどの特徴を有するため，長距離，大容量の通信伝送路に適している．電力系統における高品質・高信頼性の情報伝送路として適用が拡大されている．

OPGWを活用した保守情報システムは，送電設備の保守業務における支援を目的としたシステムである．事故電流による (3) の変化，架空地線に流れる電流の分布などを検出する各種センサを (4) に取り付け，主にOPGWを情報伝送路として使用し，保守担当箇所において，電気事故発生区間の (5) ，線路・設備の状態監視，気象状況などの情報処理・収集が容易に行えるようにしている．

【解答群】
(イ) プラスチック (ロ) 電界・磁界 (ハ) 騒音
(ニ) 標定 (ホ) 静電容量 (ヘ) 誘導障害
(ト) 導体部 (チ) ガラス (リ) がいし部
(ヌ) リアクタンス (ル) 充電電流検出 (ヲ) 鉄塔部
(ワ) 損失 (カ) 反射 (ヨ) セラミック

8章 配電

学習のポイント

配電分野は，電力損失，電圧降下，1線地絡故障時の故障電流といった計算問題の出題はあるものの，語句選択式の出題が非常に多い．出題数が多いのは，低圧配電線の電気方式，配電線の保護と時限順送方式である．3種に比べ，絶縁協調，電灯動力共用方式，保護，都市形装柱の分野が少し高度になる．学習に際しては，各種配電方式を自らの手により図を描きながら特徴を理解すること，△結線・V結線，電圧降下，故障電流は自分で計算しながら理解を深めること，太字のキーワードをよく理解しておくことである．

8-1 配電方式と配電系統の構成

攻略のポイント　本節に関して，電験3種では低圧配電線の電気方式，スポットネットワーク，レギュラーネットワーク，低圧バンキング方式等が出題される．2種でもこれらと同様の範囲で難易度も同レベルの基礎的な出題が多い．

1 配電電圧

電気設備技術基準では，電圧は，①**低圧**（直流750 V 以下，交流600 V 以下），②**高圧**（低圧の限度を超え，7 kV 以下），③**特別高圧**（7 kV 超）の3種類に区分している．わが国では，配電系統の電圧として，低圧では100, 200, 100/200, 415, 240/415 V が採用されている．また，高圧では3.3, 6.6 kV，特別高圧では11, 22, 33 kV が採用されている．

2 低圧配電線の電気方式

低圧配電線に採用される電気方式と結線を図8・1に示す．すべての方式におい

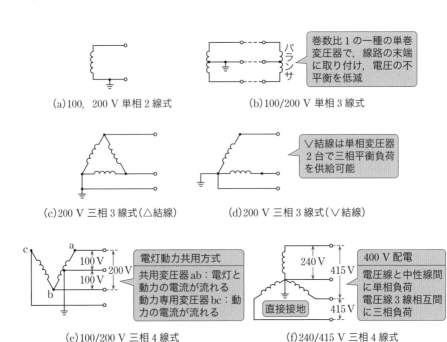

図8・1　低圧配電線の方式と結線

て，混触時の低圧側電圧上昇を抑制するという保安上の理由から，1線または中性線が接地される．

(1) 単相2線式

電線2条で配電する方式である．電灯および小形器具を主体とする小容量の需要家への供給に用いられる．過去，低圧電灯線は本方式を採用していたが，現在では低圧幹線としては用いられていない．

(2) 単相3線式

単相変圧器の低圧側中性点より中性線を引き出し，両外側の電圧線とともに電線3条で負荷に供給し，中性線を接地する方式である．100 V 負荷（電灯）は電圧線と中性線の間に接続し，200 V 負荷（動力）は両電圧線間に接続する．現在，負荷密度の増大により，低圧配電線はほとんど本方式となっている．**単相3線式のメリットは，対地電圧を単相2線式と同じくして，2倍の電圧が得られ，負荷が平衡していれば電圧降下や電力損失は単相2線式の1/4に減少することで**ある．一方，①負荷の不平衡による電圧の不平衡，②電圧線と中性線との間の短絡故障に伴う短絡しない側の電圧の異常上昇，③中性線断線故障による電圧不平衡の発生（軽負荷側の電圧が上昇）が生ずる恐れがある．このため，次の対策を行う．

a. 負荷の不平衡を是正する．
b. 装柱や線径に留意して，断線，短絡故障の発生を極力少なくする．
c. 電線の末端に設置するバランサにて電圧の不平衡を低減する．

(3) 三相3線式

△結線は 200 V の三相動力負荷の比較的大容量の場合に採用する方式であり，単相変圧器3台を用いる．V結線は単相変圧器2台で三相平衡負荷を供給することができるので，広く用いられている．

(4) 異容量三相4線式

電灯動力共用方式であり，電灯需要と動力需要が混在する地域で一般的に採用されている．**100 V 負荷に対しては単相3線式で，三相200 V 負荷に対しては単相変圧器2台をV結線して供給**される．図8・1 (e) で，共用変圧器 ab には電灯と動力の電流が加わって流れ，動力専用変圧器 bc には動力電流が流れる．したがって，通常，共用変圧器の方が容量は大きい．

配電

[電灯動力共用方式のメリット]

① 別供給方式［動力と電灯（単相3線式）別に供給する方式］に比べ，変圧器は3台（V結線2台，電灯用1台）が2台に，低圧線も6条が4条で供給できるため，設備を合理化できる．そして，装柱も簡単になる．
② 共用変圧器は電灯と動力の合成負荷がかかるので，稼働率が向上する．
③ 電灯は自動的に単相3線式となるので，電圧降下が減少する．

[電灯動力共用方式のデメリット]

① 変圧器および低圧線が共用となるものがあるため，電動機の始動電流等による照明のちらつきやフリッカが問題となることがある．
② 各線の電圧降下が異なるので，動力回路の電圧が不平衡となる．

(5) 星形結線三相4線式

受電用変圧器の二次側をY結線にし，中性点を直接接地し，電線4条で配電する方式である．負荷は電圧線と中性線の間に単相負荷を，電圧線3線相互間に三相負荷を接続する **400 V級配電** に適している．供給側の視点では，**400 V級配電は，電圧の格上げにより供給力が増加し，電圧降下，電力損失が減少する**．また，**一次電圧を22〜33 kV** とした場合，**供給力が増加し，中間電圧の6.6 kVを省略** できるため，流通設備の総合コストを低減することができる．需要家の視点では，使用電圧で受電することにより，変圧器や開閉器等を省略でき，受電設備に係る投資抑制や必要スペースの縮小が可能となる．ビル内の需要機器には400 V利用に適した負荷機器（空調やエレベータ等）が多く，効率的な利用や利便性向上に寄与する．また，保守する電気設備が低圧設備だけとなるため，保守に係るコストを軽減できる．総合的な観点でも，省エネルギーの推進，電気料金の低減，使用銅量の節減や電力損失の低減による CO_2 排出抑制等を図ることができる．こうした観点から，100 V負荷が少なく，電動機負荷が大きい規模のビル，工場では，従来の100, 200 V配電に比べて有利であるから，次第に増加しつつある．中性点は直接接地しているので，地絡故障は過電流遮断器で回路の保護はできるが，感電事故および漏電火災事故防止のための地絡保護も必要である．

3 変圧器の三相接続（V結線と△結線）

三相200 Vの負荷に電力を供給するには，三相変圧器による方法と単相変圧器による三相接続がある．単相変圧器による方法は，図8・2のように，2台でV

8-1 配電方式と配電系統の構成

結線または3台で△結線する．架空配電線路では装柱上，変圧器台数が少ないほど良いので，V結線とすることが多い．

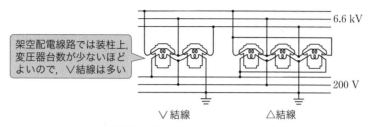

図8・2 単相変圧器による三相接続

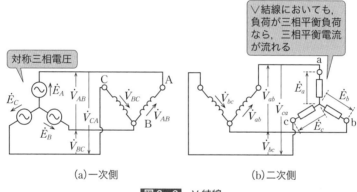

(a) 一次側　　　　　　　(b) 二次側

図8・3 V結線

図8・2のV結線を電気的に示したのが図8・3である．V結線では，一次側に$\dot{V}_{AB}$, $\dot{V}_{BC}$, $\dot{V}_{CA}$の対称三相電圧が加わると，二次側には$\dot{V}_{AB}$, $\dot{V}_{BC}$にそれぞれ同相の$\dot{V}_{ab}$, $\dot{V}_{bc}$が発生し，このとき$\dot{V}_{ca} = -\dot{V}_{ab} - \dot{V}_{bc}$となる．つまり，△結線の場合と同様に，V結線の場合も対称三相電圧となる．したがって，負荷が三相平衡負荷なら，三相平衡電流が流れる．変圧器巻線と線電流の間には，△結線の場合，線電流Iは120°位相差のある変圧器巻線電流$I_\triangle$のベクトル和となるので，$I = \sqrt{3} I_\triangle$となる．

配 電

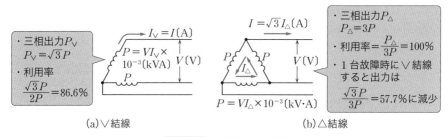

図 8・4　V結線と△結線

(1) V結線

三相出力は $\sqrt{3}VI_V \times 10^{-3}$ [kVA]で，変圧器1台の容量を P [kVA]とすれば，$P = VI_V \times 10^{-3}$ であるから，V結線としての三相出力 P_V は

$$P_V = \sqrt{3}VI_V \times 10^{-3} = \sqrt{3}P \text{ [kVA]} \tag{8・1}$$

すなわち，三相出力は変圧器1台の容量の $\sqrt{3}$ 倍（I_V が変圧器の定格電流に等しい場合）となる．設備としては，$2P$ [kVA]であるから，利用率は

$$\text{利用率} = \frac{\sqrt{3}P}{2P} \times 100 = 86.6\% \tag{8・2}$$

となる．

(2) △結線

単相変圧器3台を△結線して供給する場合，1台の変圧器が故障しても残りの2台でV結線に接続変更して負荷に供給できる．△結線の三相出力は $\sqrt{3}VI \times 10^{-3}$ [kVA]で，線電流 $I = \sqrt{3}I_\triangle$ であるから，三相出力は

$$P_\triangle = \sqrt{3}VI \times 10^{-3} = 3VI_\triangle \times 10^{-3} \text{ [kVA]}$$

ここで，$I_\triangle$ が変圧器の定格電流に等しいとき $P = VI_\triangle \times 10^{-3}$ となるので，三相出力は次式となる．

$$P_\triangle = 3VI_\triangle \times 10^{-3} = 3P \text{ [kVA]} \tag{8・3}$$

三相出力，設備容量ともに $3P$ であるから，利用率は100%である．

さらに，△結線の運転中，1台の変圧器が故障して残りの2台の変圧器でV結線に変更する場合，出力は故障前の $3P$ から $\sqrt{3}P$ になるので

$$\frac{\sqrt{3}P}{3P} \times 100 \fallingdotseq 57.7\% \tag{8・4}$$

に減少する．

4 電灯動力共用方式における変圧器容量

図8・5の電灯動力共用方式（三相4線式）の変圧器容量の決め方について説明する．

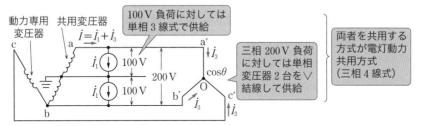

図8・5 電灯動力共用方式

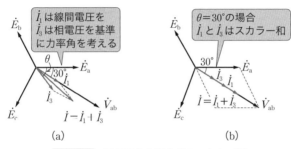

図8・6 電灯動力共用方式のベクトル図

図8・5において，共用変圧器 ab および共用線 aa′，bb′ には単相および三相負荷のベクトル和の電流が，専用変圧器 bc および専用線 cc′ には三相負荷電流が流れる．そして，中性線には単相負荷の差電流が流れる．単相負荷が平衡負荷（中性線電流は零）で力率が100%（$\dot{V}_{ab}$ と同相），Ｙ結線の動力負荷が遅れ力率 $\cos\theta$ で相回転が a′-c′-b′ の場合のベクトル図は図8・6 (a) のとおりである．ここで，$\theta = 30°$ の場合，$\dot{I}_1$ と $\dot{I}_3$ は同相になるので，$\dot{I}_1$ と $\dot{I}_3$ の和は図8・6 (b) のとおりスカラー和となる．変圧器容量は次式となる．

$$\text{共用変圧器容量} = VI = V(I_1 + I_3) \ [\text{VA}] \tag{8・5}$$

$$\text{専用変圧器容量} = VI = VI_3 \ [\text{VA}] \tag{8・6}$$

（ただし，$I_1 = P_1/V$ [A]，$I_3 = P_3/(\sqrt{3}V\cos\theta)$ [A]，V：線間電圧 [V]，P_1：単相負荷 [W]，P_3：三相負荷 [W]）

式 (8·1) から，1台の変圧器にかかる負荷は $P_3/\sqrt{3}$ である．一方，変圧器容量が決まれば，負荷は VI_1 または $\sqrt{3}\,VI_3\cos\theta$ から求まる．

5 高圧配電線の電気方式

現在，ほとんどの配電線は，**6.6 kV 三相 3 線式△結線非接地方式**が採用されている．**△結線非接地方式は，低圧との混触時の対地電圧上昇や通信線への誘導障害が少ないなどのメリット**がある．一方，地絡故障時の選択遮断が比較的難しくなるが，わが国の高感度保護リレーによれば 6 kΩ 程度の高抵抗地絡故障まで検出できる．しかし，この方式は 1 線地絡故障中の健全相電圧上昇が大きくなるので，絶縁レベルは比較的高くとる必要がある．

6 特別高圧配電線の電気方式

需要密度の高い都市部では電流容量面で，需要密度の低い郡部では電圧降下面で有利な **20 kV 級配電（電圧は 22, 33 kV）**が導入されている．この場合，**三相 3 線式Y結線中性点接地方式**が採用されている．特別高圧配電系統では，1 線地絡故障時のリレー動作を確実にするため，一般に抵抗接地方式が用いられる．

7 配電系統の構成

(1) 特別高圧配電系統と高圧配電系統の構成

高圧配電系統では樹枝状方式またはループ方式を標準としている．

①樹枝状方式

本方式は，図 8·7 (a) に示すように，新規需要の発生に応じて樹枝状に幹線や分岐線を延長していくもので，建設費は安いが，このままでは供給信頼度が低い．そこで，自動区分開閉器（常時閉）で幹線を適当な区分に分割し，故障が発生した場合に，自動区分開閉器を開放して故障点を含む区間だけが停電区域として限定されるようにしている．また，分割された各区間は，連系線および連系開閉器（常時開）を通じて隣接幹線と連系できるようになっている．このため，故障時にすべての健全区間は連系開閉器を閉じることによって隣接幹線から供給を受けることができる．

8-1 配電方式と配電系統の構成

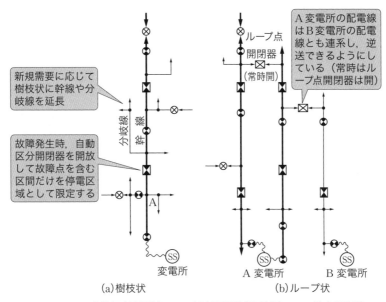

図 8・7 樹枝状方式とループ方式

②ループ方式

本方式は，図 8・7 (b) に示すように，架空配電線の形がループ状（環状）で構成されている．そして，ループ点開閉器を常時開としておいて故障発生時または作業停電時にこれを投入して逆送する**常時開路ループ方式**と，ループ点開閉器を常時閉としておく**常時閉路ループ方式**があり，現在，ほとんどの高圧配電線は前者の方式で運用されている．

③常用予備切換方式

特別高圧または高圧の配電線から需要家への供給方式として，2回線放射状フィーダから T 分岐する**常用予備切換方式**が適用されることがある．この方式では，通常，需要家はあらかじめ定められた常用線から受電しているが，常用線が停電した場合，需要家構内故障ではないこと，予備線に電圧があることを条件に，受電用遮断器または断路器を自動または手動で予備線側に切り換える．図 8・8 は 22 kV 架空配電線の常用予備切換方式の例を示す．

配 電

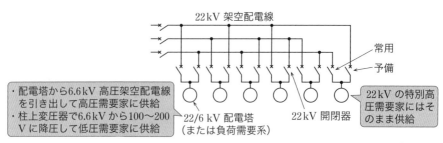

図 8・8 22 kV 架空配電線の常用予備切換方式の例

④ スポットネットワーク方式

本方式は，図 8・9 のように，20 kV 級電源変電所から標準 3 回線の配電線で負荷に供給する方式である．これらの配電線から分岐線を T 分岐で引き込み，それぞれ受電用断路器を経てネットワーク変圧器に接続する．各低圧側はネットワークプロテクタを経て並列に接続し，ネットワーク母線を構成する．

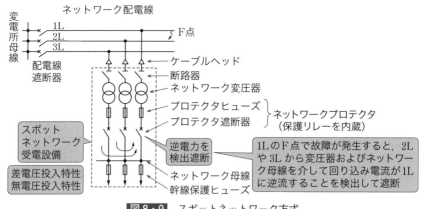

図 8・9 スポットネットワーク方式

本方式は，1 回線に故障が発生した場合でも他の健全回線から自動的に供給することができる無停電方式で信頼度は極めて高い．そして，一次側電圧を 20 kV 級としているため，中間電圧の 6.6 kV を省略でき，供給力が増加し，電圧降下や電力損失が減少する．そこで，この方式は，都市部の高層ビル群等のように大容量で高信頼度が要求される負荷に対して適用する．

図 8・9 のネットワークプロテクタは，プロテクタ遮断器，プロテクタヒュー

ズ，保護リレーから構成され，その自動再閉路や開閉機能は次の特性をもつ．スポットネットワーク方式は，ネットワークプロテクタの設置により，20 kV 級側の受電用遮断器を省略し，設備の簡素化を図っている．

a．逆電力遮断特性

3 回線の配電線のうち 1 回線が故障したときに，健全な他回線から変圧器およびネットワーク母線を介して回り込み電流が故障回線に逆流するのを防止するため，プロテクタ遮断器で自動遮断する特性．

b．差電圧投入特性

上記 a の動作によってプロテクタ遮断器が開放状態にあるとき，停止回線が復電されて当該変圧器の二次側が充電された場合，プロテクタ遮断器の極間電圧を検出し，ネットワーク変圧器から負荷側に向かって電流が流れる条件であれば，プロテクタ遮断器を投入する特性．

c．無電圧投入特性

配電線の全停時にネットワーク母線が無充電状態にあるとき，配電線の 1 回線が復旧してプロテクタ遮断器の変圧器側が充電されると，当該遮断器を投入する特性．

(2) 低圧配電系統の構成

①樹枝状方式

本方式は，配電用変圧器単位に低圧配電線が独立しており，他とは連系しない放射状の方式である．経済的であり最も多く採用されているが，故障時に故障点より末端側の線路は停電するので，信頼度は低い．

②低圧バンキング方式

本方式は，図 8・10 のように，同じ高圧配電線路に接続する 2 台以上の配電用変圧器の二次側低圧配電線をバンキングブレーカまたは区分ヒューズにて接続する方式である．

この方式は，樹枝状方式に比べて，故障や作業の際の停電範囲を小さくすることができ，電圧降下や電力

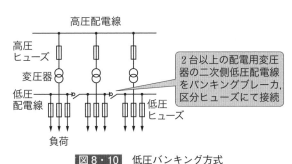

図 8・10　低圧バンキング方式

損失が小さく，電圧変動やフリッカも軽減することができるメリットがある．しかし，樹枝状方式よりも建設費が大きいうえに，故障発生時の保護協調が適切でないと健全な配電用変圧器が次々に遮断される**カスケーディング**が起こる恐れがある．この方式は，高い信頼度を必要とする自家用電気設備低圧幹線として用いられ，低圧配電方式としてはほとんど用いられていない．

③レギュラーネットワーク方式

本方式は，図8・11のように，2回線以上の20kV級ネットワーク配電線からおのおの分岐して，低圧需要家にどの回線に故障があっても無停電で供給する方式である．**低圧ネットワーク方式**ともいう．これは，低圧需要家の割合が高く，需要密度が非常に高い商店街や繁華街の一部で用いられている．

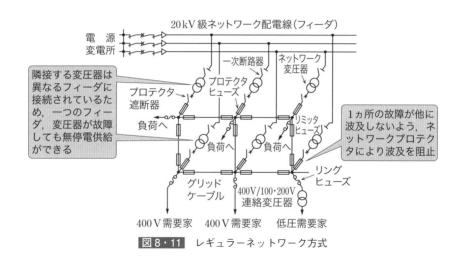

図8・11 レギュラーネットワーク方式

例題1 ·· H25 問7

次の文章は，低圧配電線の配線方式に関する記述である．

低圧配電線には単相2線式，単相3線式，三相3線式および三相4線式などが採用される．いずれの方式においても，混触時の低圧側電圧上昇を抑制するという保安上の理由から，一般には一線または中性点が ____(1)____ されている．

単相3線式は単相変圧器二次側の中性点を ____(1)____ して，そこから中性線を引き出し，両外側の ____(2)____ とともに3線で負荷に供給する方式である．単相2線式と

8-1 配電方式と配電系統の構成

同じ太さと長さの電線を3本使い，中性線と両外側の [(2)] に単相2線式の負荷を半分ずつ配置し，単相2線式と同じ容量の負荷に供給した場合，電圧降下と電力損失は単相2線式の [(3)] に減少し，経済的に有利である．しかし，負荷に不平衡などがあると電圧不平衡となるおそれがある．電圧不平衡の対策として負荷の対称配分を図ることや，線路の末端に [(4)] を設置するなどの方法がある．また，単相3線式では，中性線にヒューズを挿入すると，ヒューズが溶断したときには [(5)] が発生するおそれがある．

【解答群】

(イ) 過電圧　　(ロ) $\dfrac{1}{8}$　　(ハ) SVR　　(ニ) 通信線

(ホ) $\dfrac{1}{4}$　　(ヘ) 架空地線　　(ト) 隠ぺい　　(チ) バランサ

(リ) 昇圧器　　(ヌ) 接地　　(ル) 過電流　　(ヲ) 高調波

(ワ) 電圧線　　(カ) 開放　　(ヨ) $\dfrac{1}{2}$

解説　(3) ①電圧降下

単相2線式の線路電流は $I_2 = P/V$ なので

$$電圧降下\ e_2 = 2rI_2 = \dfrac{2rP}{V}$$

となる．一方，単相3線式の線路電流は $I_3 = P/(2V)$ なので

$$電圧降下\ e_3 = rI_3 = \dfrac{rP}{2V}$$

となる．

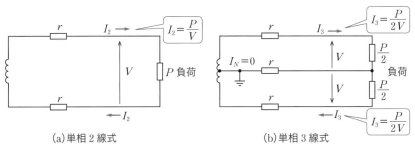

解説図

配 電

$$\therefore \frac{e_3}{e_2} = \frac{rP/(2V)}{2rP/V} = \frac{1}{4}$$

② 電力損失

単相2線式の電力損失 $P_{l2} = 2rI_2^2 = 2r\left(\dfrac{P}{V}\right)^2 = \dfrac{2rP^2}{V^2}$

単相3線式の電力損失 $P_{l3} = 2rI_3^2 = 2r\left(\dfrac{P}{2V}\right)^2 = \dfrac{rP^2}{2V^2}$

$$\therefore \frac{P_{l3}}{P_{l2}} = \frac{rP^2/(2V^2)}{2rP^2/V^2} = \frac{1}{4}$$

(5) 単相3線式では，中性線にヒューズを挿入すると，ヒューズが溶断したときに過電圧が発生するおそれがあるため，電気設備技術基準では，中性線にヒューズを挿入することを原則禁止としている．

【解答】（1）ヌ　（2）ワ　（3）ホ　（4）チ　（5）イ

例題 2　　　　　　　　　　　　　　　　　　　　　　　　H11　問 4

次の文章は，400 V 級配電に関する記述である．

ビルや工場で適用が増加しつつある 400 V 級配電は，受電変圧器の二次側を星形（Y）結線し，中性点を ___(1)___ とした三相 ___(2)___ が一般的である．この方式は，電圧の格上げにより ___(3)___ が増加し，電圧降下，___(4)___ が減少する．

また，一次側受電電圧を 22〜33 kV とした場合，中間電圧の 6.6 kV を ___(5)___ することができる．

【解答群】

(イ) 3線式　　　　　(ロ) 零相電圧　　　　(ハ) 4線式
(ニ) 直接接地　　　(ホ) 逆相電力　　　　(ヘ) 追加
(ト) 高抵抗接地　　(チ) 省略　　　　　　(リ) リアクトル接地
(ヌ) 6線式　　　　　(ル) 非接地　　　　　(ヲ) 線路抵抗
(ワ) 電力損失　　　(カ) 格上げ　　　　　(ヨ) 供給力

解 説　本節2項(5)を参照する．

【解答】（1）ニ　（2）ハ　（3）ヨ　（4）ワ　（5）チ

8-1 配電方式と配電系統の構成

例題 3　　　　　　　　　　　　　　　　　　　　　　　H28 問 4

　次の文章は，配電系統のスポットネットワーク方式に関する記述である．
　スポットネットワーク方式は，同一変電所から 22～33 kV の 3 回線の配電線により常時並列で需要家に電力供給を行う方式であり，分岐線はいずれも ＿(1)＿ 分岐で引き込んでいる．この方式は，供給信頼度が高く，電圧降下，電力損失などが少ないことが特徴として挙げられる．
　需要家の変圧器（ネットワーク変圧器）の一次側は遮断器が省略され，二次側は ＿(2)＿ を経て共通の母線に接続される．この母線に接続された幾つかの幹線によって負荷に電力供給が行われる．
　この方式では，1 回線の配電線またはネットワーク変圧器が事故停止しても，残りの変圧器の過負荷運転で最大需要電力を供給できるよう変圧器容量を選定しており，変圧器の過負荷耐量は通常，少なくとも定格容量の ＿(3)＿ 倍を見込んでおけば，年間数回の連続 8 時間程度の連続運転により，健全な設備から無停電で供給を継続することができる．
　一般的に ＿(2)＿ は遮断器，ヒューズ及び保護リレーからなり，次の三つの特性をもっている．
・＿(4)＿ 遮断特性
・＿(5)＿ 投入特性
・過電圧投入特性（差電圧投入特性）

【解答群】
(イ) 逆電力　　　　(ロ) 3　　　　　　(ハ) ループ点開閉器　　(ニ) 1.5
(ホ) 1.3　　　　　(ヘ) 電磁開閉器　　(ト) 逆電流　　　　　　(チ) 差電流
(リ) 高電圧　　　　(ヌ) π　　　　　　(ル) ネットワークプロテクタ
(ヲ) T　　　　　　(ワ) 無電圧　　　　(カ) 逆相電力　　　　　(ヨ) 1.7

解　説　　(3) スポットネットワーク方式は 1 回線の配電線または 1 台の変圧器が故障停止しても，残りの変圧器の過負荷運転で最大需要電力を供給できるよう変圧器容量を選定する．そして，変圧器単機容量の決定に際しては，ネットワーク変圧器の過負荷特性を 100 % 負荷連続運転後，130 % 負荷で 8 時間の過負荷運転を行うものとして計算する．したがって，(3) は 1.3 倍である．

【解答】(1) ヲ　(2) ル　(3) ホ　(4) イ　(5) ワ

配電

例題 4　　　　　　　　　　　　　　　　　　　　　　　H10　問 4

次の文章は，配電方式に関する記述である．

同じ高圧配電線に接続する 2 台以上の変圧器の二次側を低圧配電線で並列に接続する配電方式を　(1)　方式という．この方式では，事故または作業の際の　(2)　を小さくでき，線路の電圧降下および電力損失を減少できることや，変動負荷による　(3)　が軽減できるなど多くの長所がある．しかし，事故発生時に保護協調が適切でないと，健全な変圧器が　(4)　される，いわゆる　(5)　が起こるおそれがある．

【解答群】
(イ) 保護範囲　　　　(ロ) 同時に遮断　　　(ハ) 故障時間
(ニ) ネットワーク　　(ホ) カスケーディング　(ヘ) 瞬時停電
(ト) 停電範囲　　　　(チ) 周波数変動　　　(リ) フリッカ
(ヌ) 放射状　　　　　(ル) 高圧バンキング　(ヲ) 低圧バンキング
(ワ) つぎつぎに遮断　(カ) 間欠に遮断　　　(ヨ) 循環潮流

解説　本節 7 項 (2) を参照する．

【解答】(1) ヲ　(2) ト　(3) リ　(4) ワ　(5) ホ

例題5　　　　　　　　　　　　　　　　　　　　　　　　H23　問2

次の文章は，変圧器の結線と送電電力の関係に関する記述である．

図1のように単相変圧器3台を△結線した場合と，図2のように単相変圧器2台をV結線した場合とを考える．この変圧器が電圧 V〔V〕，電流 I〔A〕，力率 $\cos\theta$ の三相平衡負荷に送電している場合を考える．図1の場合，それぞれの変圧器を流れる電流は　(1)　〔A〕，変圧器1台当たり必要となる容量は　(2)　〔V・A〕であり，変圧器3台の送電電力の合計は　(3)　〔W〕となる．また，図2の場合，変圧器1台当たり必要となる容量は　(4)　〔V・A〕であり，変圧器2台の送電電力の合計は　(3)　〔W〕となる．したがって，同じ電力を送電する場合に必要となる変圧器1台当たりの容量は，△結線がV結線の約　(5)　〔%〕となる．

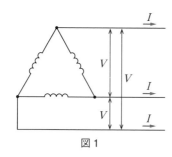
図1

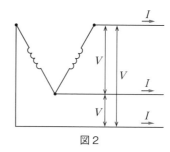
図2

【解答群】

(イ) $\sqrt{3}\,VI\cos\theta$　　(ロ) $\sqrt{3}\,I$　　(ハ) $\dfrac{VI\cos\theta}{\sqrt{3}}$　　(ニ) $\dfrac{VI}{\sqrt{3}}$

(ホ) $\dfrac{2VI}{\sqrt{3}}$　　(ヘ) 50　　(ト) VI　　(チ) I

(リ) 58　　(ヌ) 67　　(ル) $2VI\cos\theta$　　(ヲ) $\dfrac{I}{\sqrt{3}}$

(ワ) $3VI\cos\theta$　　(カ) $VI\cos\theta$　　(ヨ) $\sqrt{3}\,VI$

解説　(5) △結線の場合，変圧器1台当たり必要となる容量 $P_\triangle = VI/\sqrt{3}$ である．一方，V結線の場合，変圧器1台当たり必要となる容量 $P_V = VI$ である．したがって，同じ電力を送電する場合に必要となる変圧器1台当たり容量は，V結線を基準として

$$\frac{P_\triangle}{P_V} = \frac{VI/\sqrt{3}}{VI} = \frac{1}{\sqrt{3}} = 0.577 \Rightarrow 58\%$$

【解答】(1) ヲ　(2) ニ　(3) イ　(4) ト　(5) リ

例題6　H7　問7

次の文章は，配電系統に関する記述である．

最近の配電系統では，将来の電力需要の増大等に対処するため，　(1)　方式と 20 kV 級架空配電方式が採用されている．

　(1)　系統は，超過密地域において適用され，　(2)　方式またはレギュラーネットワーク方式が採用されている．供給方式は 3 回線を標準とし，このうち 1 回線が停止しても残りの健全回線によって全負荷を供給できるように配慮している．

20 kV 級架空配電系統は，都心埋立地，新設される中小工業団地，線路こう長の長い過疎地区などに適用されている．供給方式は，　(3)　方式または放射状方式が一般的に採用されている．

低圧配電線の電気方式には，電灯需要に対しては単相 2 線式 100 V，低圧電力需要に対しては　(4)　と単相 2 線式 200 V が長期にわたって採用されてきた．最近では，電灯低圧線について　(5)　が経済的に有利なため採用され，現在では新設箇所の大部分がこの方式になっている．

【解答群】
(イ) 20 kV 級地中配電　　　　　(ロ) 6.6 kV 級地中配電
(ハ) 単相 3 線式 100/200 V　　　(ニ) 6.6 kV 級架空配電
(ホ) ループネットワーク　　　　(ヘ) ダブルネットワーク
(ト) スポットネットワーク　　　(チ) カスケードネットワーク
(リ) 予備線（本予備線）　　　　(ヌ) 三相 3 線式 200 V
(ル) 専用線　　　　　　　　　　(ヲ) レギュラー線
(ワ) 三相 2 線式 100 V　　　　　(カ) 三相 2 線式 200 V
(ヨ) 三相 3 線式 100/200 V

解説　本節 2 項，7 項を参照する．

【解答】(1) イ　(2) ト　(3) リ　(4) ヌ　(5) ハ

8-2 配電設備

攻略のポイント

本節に関して，電験3種では避雷器やCVケーブルを中心に出題される．2種では，支持物・電線・柱上開閉器・CVTケーブルの構造と劣化，絶縁協調や避雷器など，もう少し幅広く深い観点から出題されている．

1 支持物と電線

(1) 支持物（電柱）

高圧配電線用支持物（電柱）としては，恒久性，設計荷重の増加等の面から，主に**中空鉄筋コンクリート柱が使用**されている．木柱は，従来，防腐剤を注入した杉材が使用されていたが，現在，新設設備としては使用されない．

コンクリート柱は全長14～16 mのものが多く使われる．そして建柱工事に際しては，**15 mまでのものはその全長の1/6の根入れ**をすればよく，それ以上のものは装柱，荷重状況によって強度計算を行う．

コンクリート柱が劣化すると，ひび割れや剥離等を生じ，強度低下に至るので，適切なメンテナンスが必要になる．コンクリート強度の試験法として，シュミットハンマがある．これは，反発硬度から表面硬度を測定し，コンクリート強度を評価する手法である．

木柱は有機物であり，環境条件によって腐朽菌，変色菌が発育・成長して劣化する．内部腐朽の劣化検出は，せん孔スラスト式木柱腐朽度測定器が簡便である．

(2) 電線

架空配電線用の電線の材質は，硬銅，軟銅，アルミである．高圧架空配電線路には，感電事故を防止するため，高圧絶縁電線またはケーブルを使用しなければならない．**高圧線用として架橋ポリエチレン絶縁電線（OC），ポリエチレン絶縁電線（OE），低圧線用には屋外用ビニル絶縁電線（OW），低圧引込線には引込用ビニル絶縁電線（DV）**が用いられる（図8・12参照）．また，多雪地帯では雪害防止のため難着雪形絶縁電線（被覆にひれ状の突起があるもの）が用いられている．

硬銅より線を導体としたOCやOWといった架空配電線は，**応力腐食断線**を起こすことがある．この発生機構は，電線，絶縁体間に雨水が浸入して乾湿を繰り返し，導体表面に酸化被膜が形成され，ここに応力が加わると酸化被膜に亀裂が発生して新たな銅地が現れ，この事象を繰り返して断線に至るものである．こ

のため，導体のより線の隙間に水密コンパウンドを充填した「水密 OC（OC-W），水密 OW（OW-W）」と呼ぶ電線も使用される．

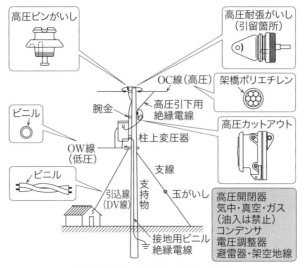

図 8・12 架空配電設備の構成

絶縁電線や次に述べるがいしに関して，対策や処理が難しいのが塩害である．近年の重汚損地域での配電線路の塩害による故障発生原因の半数以上が，高圧絶縁電線の**トラッキング**である．トラッキングの発生メカニズムは，海岸付近の絶縁電線の表面が塩分等で汚染された状態で湿潤を伴うと電線表面に漏れ電流が流れ，その発生熱により局部的に乾燥帯が生ずる．そこで，導電路が分断されて微小放電が起こり，放電箇所に炭化物が生成される．そして，これが繰り返されることにより導電経路が形成される．トラッキングにより絶縁性能が低下する．

(3) がいし

がいしには，充電部を支持する高圧がいし，低圧がいしがある．高圧用としては，引通し電線の支持に**高圧ピンがいし**が用いられる．また，近年，絶縁を強化した **10 号がいし**，信頼性向上を目的として耐吸湿性・長期耐圧性能に優れた**中実がいし**，シリコーンゴムを使用した**ポリマがいし**が使用されている．そして，塩じん汚損地域では，沿面距離を長くして絶縁性を高めた**耐塩用がいし（深溝形がいし）**が使用される．さらには，耐雷性能を上げるため **ZnO 素子を内蔵した**

がいしも一部で使用されている．一方，高圧耐張がいしは電線の引留箇所の支持に用いられる．他方，低圧用としては低圧ピンがいし，低圧引留がいし等が採用されている．

2 柱上変圧器

柱上変圧器は，一次電圧が6.6 kV，二次電圧が105 Vまたは210 Vで，5～100 kVA程度の**単相油入自冷変圧器**が多い．柱上変圧器では，鉄心に**冷間圧延方向性けい素鋼板**を用い，特性を大幅に改善した**巻鉄心形**が採用されて小形化・軽量化を可能とした．

近年，一層の低損失化を図るため，アモルファス材を使用した変圧器が一部で

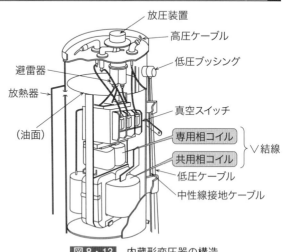

図8・13 内蔵形変圧器の構造

使用されている．さらに，都市の美観を図るため，**内蔵形変圧器**がある．これは**異容量V結線三相4線式油入自冷式密封形**で，専用相（動力相）と共用相（電灯，動力用）の容量の異なる単相変圧器各1台を変圧器ケース内に縦に積み上げV結線とし，一次側に真空バルブを使用した開閉遮断装置，および雷サージ侵入防止用として避雷器を変圧器本体とともに同一ケースに収納したものである．

柱上変圧器のコイル絶縁紙はセルロース分子構造であり，熱や酸素によって劣化するとセルロースの重合度が低下し，二酸化炭素，一酸化炭素，水が生成される．

3 開閉器

(1) 柱上開閉器（区分開閉器）

柱上開閉器（区分開閉器）は，主に配電線路の作業時の区分用または故障時の切り離し用として使用される．柱上開閉器は，操作ひもにより開閉操作する手動

式と，制御装置と組み合わせた自動式に区分される．柱上開閉器は，以前は油入形が主流であったが，電気設備技術基準において柱上開閉器への絶縁油の使用が禁止されたことから，オイルレスの開閉器として，現在は**気中形**と**真空形**が使用されるようになった．また，コンパクト化と高絶縁化を図るため，SF_6 ガスを使用した**ガス開閉器**も使用されているが，SF_6 ガスは温室効果ガスであるため，近年，ガス開閉器を避ける傾向もある．さらに，最近では，**避雷素子（ZnO素子）等を内蔵した開閉器**も使用されている．こうした開閉器の定格電流は，一般的に100～600 A 級のものが使用されている．

①気中開閉器

手動開閉器の主流をなすもので，開閉状態が直接目で確認できるなどの特徴がある．当初，開放形手動開閉器として実用化されたが，耐塩用として，全閉形の気中開閉器が使用されている．消弧は，可動電極の移動によってアークを固定電極から細ぎ消弧室に引き込み，冷却効果と消弧ガスの吹き付け効果により消弧する自力細ぎ消弧方式が主流である．

②真空開閉器

真空開閉器は，電極部分に真空バルブを使用し，真空中におけるアーク拡散現象によって負荷電流を遮断する方式で，可動電極を外部から開閉するものである．

③ガス開閉器

ガス開閉器は，SF_6 ガスが封入された密封容器内における固定電極と可動電極から構成され，接触部，消弧装置，可動電極を動かす機構部が組み合わされた開閉器である．消弧方式により，パッファ方式，ロータリアーク方式，並切り方式がある．パッファ方式は，パッファシリンダの駆動によりシリンダ内のガスを機械的に圧縮し，アークに吹き付けて遮断する．ロータリアーク方式は，駆動コイルに電流が流れて電磁力によりアークを高速に回転させて遮断する．並切り方式は，ガスを吹き付ける機構がない．

(2) 高圧カットアウトスイッチ

高圧カットアウトスイッチは，変圧器の一次側等で開閉を目的として設置されるもので，ヒューズを装着することで過負荷保護も行うことができる．高圧カットアウトの形状には，箱形と円筒形がある．また，高圧カットアウトに内蔵するヒューズは速動形と遅動形があるが，電動機の始動電流や突入電流によって溶断しにくいのが遅動形のタイムラグヒューズである．

4 避雷器と架空地線

　配電線の耐雷設備としては，従来から，避雷器と架空地線が用いられてきた．配電用機器は線路開閉時の内部異常電圧（内雷）には機器の絶縁強度で十分耐えられるよう選定されているが，直撃雷を含めてすべての雷に耐えるようにすることは経済的にも不可能に近い．すなわち，配電線や配電機器の絶縁を外雷の衝撃性過電圧に耐える程度に高めることは経済的に困難なため，**避雷器を設置し，衝撃性過電圧の波高値を各機器の絶縁強度以下に抑制するような対策**がとられる．この**避雷器の制限電圧に対し，配電線路および各機器の絶縁強度が適切な余裕を持つよう絶縁設計を行うことで配電系統の絶縁協調**を図っている．具体的には，架空配電線の耐雷設計は，雷インパルス電圧 100 kV 程度，サージ電流 1 kA 以下の誘導雷を対象として，避雷器等を設置して保護するのが適切とされている．避雷器は，配電用機器を保護するため，この破壊電圧よりも低い電圧で放電を開始し，自動的に続流を遮断する．これにより，配電線路や配電用機器は絶縁を回復し，襲雷前と同じ状態で運転できる．

　近年用いられている避雷器は**酸化亜鉛（ZnO）形避雷器**である．この避雷器は，高い電圧領域まで理想的な非直線抵抗特性をもつ酸化亜鉛（ZnO）素子を活用したものである．酸化亜鉛形避雷器は，従来の非直線抵抗形（弁抵抗形）避雷器とは異なり，直列ギャップがないため，並列使用が可能となり，吸収エネルギーの増加が図れ制限電圧を下げることができる．また，素子の単位体積当たりの処理エネルギーが大きいので，構造を簡素化・小形軽量化できる．さらには，放電遅れがなく，高信頼度なので，配電線にも普及してきている．近年，変圧器や開閉器にも，避雷器を内蔵するケースも生じてきている．

　他方，高圧配電線路の**架空地線は誘導雷を対象として施設**する．この考え方は，架空地線に雷電圧が誘導されると，架空地線の接地点で雷電圧と逆極性の反射波が発生し，この反射波が架空地線と電線との電気的結合により電線に誘導されて，電線に発生した雷電圧を低減するということである．したがって，架空地線は電線との結合率をできる限り大きくする必要がある．そこで，架空地線は一般に亜鉛めっき鋼より線を使用し，高圧線との上部距離を 1 m 程度，遮へい角は 45° 程度として 1 条架線する．

5 地中配電線路

　地中配電系統は，過密都市部など高信頼度を要請される地域に適用されることが多い．地中配電線路の特徴としては，風雨・氷雪等の気象条件の影響を受けにくく信頼度が高いこと，同一ルートにケーブルを多回線施設することができること等のメリットがある．一方，ケーブルの故障復旧には長時間を要すること，建設費が高いこと等のデメリットもある．これらを踏まえ，地中配電系統では，分岐系統であっても末端を他系統と連系したり，重要な系統を二重化したりする方式としている．したがって，ケーブル系統で故障が発生しても，系統切替により早期に停電を解消できる．

　地中配電線路には，かつては，SLケーブル，BNケーブル等が用いられたが，その後，架橋ポリエチレンを絶縁に用いたCVケーブルやCVTケーブルが用いられてきている．

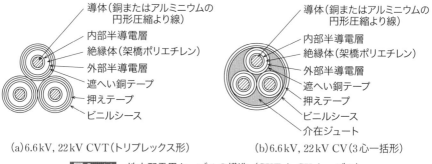

(a) 6.6 kV, 22 kV CVT (トリプレックス形)　　(b) 6.6 kV, 22 kV CV (3心一括形)

図8・14　地中配電用ケーブルの構造（**CVT**と**CV**ケーブル）

　CVTケーブルは，CVケーブルに比べ，①熱放散面積が大きいため同一サイズでも許容電流が増加すること，②接続・端末工事が容易であること，③曲げが容易であること，などの特徴がある．したがって，近年，**CVT（トリプレックス形架橋ポリエチレン絶縁ビニルシースケーブル）が主に用いられる**．CVケーブルやCVTケーブルの詳細あるいは水トリーは，7-5節を参照する．

6 環境調和設備

(1) 架空配電線路

架空配電設備は，ビル化の急速な進展に伴い，環境調和やビル火災時の消防活動の円滑化という観点から，構造物との離隔確保等の安全対策や都市美化と安全を兼ねた対策を施している．

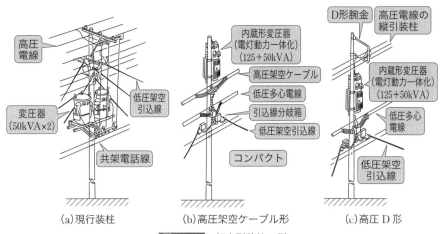

(a) 現行装柱　　(b) 高圧架空ケーブル形　　(c) 高圧 D 形

図 8・15 都市形装柱の例

例えば，占有スペースの縮小化を目的としてコンパクトな**都市形装柱**が開発されている．この装柱には，**高圧線を架空ケーブルとする方式**と，**絶縁電線を縦引にする方式**がある．架空ケーブル方式は，ビルの消防活動を円滑にするため，建物との離隔確保を図っており，図 8・15 (b) に示すように，柱上変圧器は 2 台の単相変圧器を一つの筐体に収め**異容量 V 結線**としたもので，電灯負荷に加え動力負荷も供給可能としている．そして，その下部に架空ケーブルを施設し，都市美化とあわせて，消防車のはしごをかける範囲を拡大している．他方，絶縁電線方式は，図 8・15 (c) のように，道路側に電線を架設できる **D 形腕金**を使用し，縦引装柱（高圧三相 3 線式垂直配列）としている．これにより，建物との離隔を確保することができる．図 8・15 (b)(c) の都市形装柱は，図 8・15 (a) の現行装柱と比較すれば，コンパクトである．

配電

(2) 地中配電線路

都市の過密化に伴う供給力増加対策と環境調和対策として，路上設置の配電塔，変圧器，地中設置の変圧器，開閉器等が開発されてきた．設置スペース面からコンパクト化を進めており，その容積は従来に比べて1/2程度になっている．また，アパート等の集合住宅地域への供給では，**パッドマウント変圧器**（一次開閉器，二次保護ヒューズを内蔵したもの）が地上に設置されるので，コンパクト化を図り，**CDケーブル**（Combined Duct Cable：可とう性ポリエチレンの管に単心～4心のケーブルを収納した構造のケーブル）で供給を行う．

例題7　　　　　　　　　　　　　　　　　　　　　　　H7 問3

次の文章は，配電設備についての記述である．

配電設備に使用される支持物としては従来は木柱がほとんどであったが，耐久性，設計荷重の増加に加え，木材資源が乏しくなってきたことを反映して，____(1)____ が急速に普及してきた．建柱工事に当たっては，一般に15mまでのものはその全長の ____(2)____ の根入れをすればよい．

電線の材料は，一般に銅とアルミニウムである．低圧および高圧架空電線に使用される電線は，感電防止のため，____(3)____ 化が義務付けられている．

がいしには直接，充電部を支持する高圧・低圧がいしがあるほか，全く充電部と関係のない玉がいしなどもある．

柱上変圧器は一般に3kVAから100kVAの屋外 ____(4)____ 変圧器が用いられているが，マンションなど特定な需要場所にはこれ以外の特殊な変圧器が使用されている場合もある．

区分開閉器として一般的に用いられていたものは，油入開閉器で長い歴史を持っていたが，雷撃時の油の飛散による危険を防止するためオイルレスの開閉器として ____(5)____ ，気中開閉器，ガス開閉器等が使用されている．

【解答群】
（イ）送油自冷　　　　（ロ）油入風冷　　　　（ハ）油入自冷
（ニ）防食　　　　　　（ホ）絶縁　　　　　　（ヘ）ケーブル
（ト）コンクリート柱　（チ）強化プラスチック柱
（リ）メタル柱　　　　（ヌ）1/6　　　　　　　（ル）1/8
（ヲ）1/10　　　　　　（ワ）磁気開閉器　　　（カ）真空開閉器
（ヨ）カットアウトスイッチ

解説 本節1～3項を参照する.

【解答】(1) ト (2) ヌ (3) ホ (4) ハ (5) カ

例題8 ·· H10 問7

次の文章は，絶縁電線の塩害に関する記述である.

最近の重汚損地域での配電線路の塩害による事故発生原因の半数以上は，高圧線の [(1)] であるが，この発生機構は以下のとおりである.

絶縁電線の表面が塩分等で汚損された状態で [(2)] を伴うと電線表面に [(3)] 電流が流れ，その発生熱により局部的に [(4)] 帯が生じる．このため，導電路が分断されて微少放電が起こり，放電個所に [(5)] 物が生成され，これが繰り返されることにより導電経路が形成されることである.

【解答群】
(イ) 乾燥　　　　　　(ロ) ポケットバーニング　(ハ) 油分
(ニ) 短絡　　　　　　(ホ) 塩化　　　　　　　　(ヘ) 漏れ
(ト) 塵埃　　　　　　(チ) 湿潤　　　　　　　　(リ) 硫化
(ヌ) トリーバーニング　(ル) トリーイング　　　　(ヲ) 炭化
(ワ) 渦　　　　　　　(カ) トラッキング　　　　(ヨ) 誘導

解説 高圧電線のトラッキングは，解説図1のように，高圧引通しがいしの付近で高圧電線が被害を受ける事例や，解説図2のように高圧引下げ線や高圧カットアウトリード線，変圧器ブッシングリード線が被害を受ける事例に大別される.

トラッキング対策としては，ブチルゴムに水酸化アルミナ等の充てん剤を配合して，カーボンの発生を抑制した耐トラッキングゴム絶縁電線や，充てんするカーボンを適当に選定した耐トラッキング性架橋ポリエチレン電線が一部で採用されている.

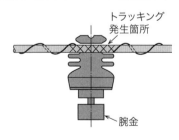

解説図1　高圧引通しがいし付近のトラッキング

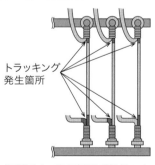

解説図2　高圧引下げ線等のトラッキング

配 電

【解答】(1) カ (2) チ (3) ヘ (4) イ (5) ヲ

例題 9　　　　　　　　　　　　　　　　　　　　　　　H26　問7

次の文章は，配電系統に施設される柱上開閉器に関する記述である．

柱上開閉器は，主に配電線路の作業時の区分用又は故障時の (1) 用として使用される．柱上開閉器は操作ひもにより開閉操作する手動式と，(2) と組み合わせた自動式に区分される．

以前は油入形が主流だったが，昭和51年（1976年）に「電気設備に関する技術基準を定める省令」において柱上開閉器への絶縁油の使用が禁止されたことから，現在は主に気中形と (3) とが使用されるようになった．最近では，(4) と高絶縁化を図るため SF_6 ガスを使用した開閉器も使用されている．

柱上気中開閉器の消弧は，可動電極の移動によって (5) を固定電極から細げき消弧室に引き込み冷却したり，消弧ガスの吹き付け効果により消弧する自力細げき消弧方式が主流である．

【解答群】
(イ) 漏電遮断　　　　(ロ) 中継装置　　　　(ハ) 磁気遮断形
(ニ) 環境性の向上　　(ホ) 短絡電流　　　　(ヘ) コンパクト化
(ト) 電流制限　　　　(チ) 制御装置　　　　(リ) 計測装置
(ヌ) アーク　　　　　(ル) 固体絶縁形　　　(ヲ) 真空形
(ワ) 耐汚損性の向上　(カ) 切り離し　　　　(ヨ) 地絡電流

解説　本節3項を参照する．

【解答】(1) カ (2) チ (3) ヲ (4) ヘ (5) ヌ

8-2 配電設備

例題10 ··· H30 問4

次の文章は，配電系統の絶縁協調に関する記述である．

配電用機器は線路開閉時の内部異常電圧（内雷）には機器の [(1)] で十分に耐えられるように選定されているが，全ての雷に耐えるようにすることは経済的にも不可能に近い．すなわち，配電線や配電用機器の絶縁を外雷の [(2)] に耐える程度に高めることは経済的に困難なため，避雷器のような保護装置を設置して，[(2)] の波高値を各機器の [(1)] 以下に抑制するような方策がとられている．この避雷器の [(3)] に対し，線路および各機器の [(1)] が適切な余裕を持つよう絶縁設計を行うことで配電系統の絶縁協調を図っている．

一方で，避雷器には保護範囲があるため，避雷器の有効設置および [(4)] の架設が効果的となる．[(4)] に雷電圧が誘導されると，接地点で雷電圧と逆位相の [(5)] 波が発生し，この [(5)] 波が [(4)] との電気的結合により電線に誘導されて，電線に発生した雷電圧を低減することが可能となる．

【解答群】
(イ) 衝撃性過電圧　　(ロ) 機械的強度　　(ハ) 架空地線
(ニ) 定在　　　　　　(ホ) 矩形　　　　　(ヘ) トリップコイル
(ト) アーク電流　　　(チ) 放電電圧　　　(リ) 開閉サージ
(ヌ) 定格電圧　　　　(ル) 反射　　　　　(ヲ) 絶縁強度
(ワ) 変動電圧　　　　(カ) 架空共同地線　(ヨ) 制限電圧

解 説 本節4項を参照する．

【解答】(1) ヲ　(2) イ　(3) ヨ　(4) ハ　(5) ル

例題11 ··· H20 問4

次の文章は，地中配電線路に関する記述である．

地中配電系統は，過密都市部など [(1)] を要請される地域に適用されることが多い．その系統構成はケーブルの事故復旧に長時間を要することから，分岐系統であっても末端を他系統と連系したり，あるいは特に重要な部分の系統を [(2)] 化する方式となっている．そのため，ケーブル系統のどこで事故が発生しても切替により，早期に停電が解消できる．

現在，地中配電線路に用いられるケーブルは [(3)] が主流であり，このケーブルは絶縁層に架橋ポリエチレンを用いており耐熱性や作業性に優れている一方，[(4)] という絶縁劣化現象があることが昭和40年代中頃から明らかになり，様々

配　電

な研究が行われた．現在では，定期的に劣化診断を行うなど運用面での対応とともに，　(4)　を抑えるために絶縁層内の　(5)　や不純物を低減し，絶縁層と半導電層との界面を滑らかにするなど，製造過程でも対応を行っている．

【解答群】
(イ) 含水率　　　　　(ロ) OF ケーブル　　　(ハ) 水素
(ニ) 系統裕度　　　　(ホ) 二重　　　　　　　(ヘ) 閉ループ
(ト) 孔食　　　　　　(チ) 脆性　　　　　　　(リ) 経済性
(ヌ) BN ケーブル　　 (ル) 水トリー　　　　　(ヲ) CVT ケーブル
(ワ) 高信頼度　　　　(カ) 応力腐食割れ　　　(ヨ) 安定

解説　水トリーの発生を抑えるには，絶縁体内の含水率や不純物を低減し，絶縁体と半導電層の界面を滑らかにすることが効果的であると判明した．このため，乾式架橋方式を採用し，ポリエチレン系の半導電層を絶縁層と一括して押し出す三層同時押出方式が採用されている．

【解答】(1) ワ　(2) ホ　(3) ヲ　(4) ル　(5) イ

例題 12　　　　　　　　　　　　　　　　　　　　　　　H9　問 7

次の表の用語は，配電線路に使用されている機材の劣化に関するものである．A欄の語句と最も深い関係があるものを B 欄および C 欄の中から選べ．

A	B	C
(1) 水トリー	(イ) 避雷器	(a) シュミットハンマ
(2) 応力腐食	(ロ) コンクリート柱	(b) セルロース
(3) 絶縁紙	(ハ) 絶縁電線	(c) 直流漏れ電流測定
(4) 腐朽菌	(ニ) 柱上変圧器	(d) 電解液
(5) ひび割れ	(ホ) CV ケーブル	(e) せん孔スラスト
	(ヘ) 気中開閉器	(f) 酸化皮膜
	(ト) 木柱	

解説　本節を参照する．なお，CV ケーブルの異常診断（直流漏れ電流測定）は 9-1 節を参照する．

【解答】(1) ホ，c　(2) ハ，f　(3) ニ，b　(4) ト，e　(5) ロ，a

例題 13 ·· R2 問 4

次の文章は，架空配電系統の環境調和設備に関する記述である．

配電設備は地域の実態，都市化の進展に対応して技術開発が進められている．具体的には，環境調和とあわせてビル火災時の消防活動や，構造物との (1) 確保などの安全対策，さらには都市美化を兼ねた対策を施している．

上記の一例として占有スペースの縮小化を目的としてコンパクトな (2) が開発されている．この装柱には，高圧線を架空ケーブルとする方式と，絶縁電線を (3) にする方式がある．

架空ケーブル方式は，ビルの消防活動を円滑にするため，建物との (1) 確保を図っており，柱上変圧器は，2台の単相変圧器を一つの筐体に収め (4) としたもので，電灯負荷に加え動力負荷も供給可能としている．また，その下部に架空ケーブルを施設しており，都市美化とあわせて消防車のはしごをかける範囲を拡大している．

絶縁電線方式は，道路側に電線を架線できる (5) を使用し，建物との (1) を確保している．

【解答群】
(イ) 縦引　　　　　　(ロ) ハンガ装柱　　　　(ハ) 離隔
(ニ) プレハブ装柱　　(ホ) D形腕金　　　　　　(ヘ) 都市形装柱
(ト) 接地　　　　　　(チ) 同容量V結線　　　　(リ) 異容量V結線
(ヌ) スペーサ　　　　(ル) 同容量Y結線　　　　(ヲ) 遮へい
(ワ) 三角配列　　　　(カ) アームタイ　　　　　(ヨ) 2条引

解説 本節6項を参照する．

【解答】(1) ハ　(2) ヘ　(3) イ　(4) リ　(5) ホ

8-3 配電線の保護と配電自動化方式

攻略のポイント
本節に関して，電験3種では出題は少ないが，2種では配電系統の故障の特徴，1線地絡故障時の電流，配電線の高低圧混触，高圧配電線に連系する分散型電源の保護，低圧屋内配線の保護，時限順送方式など出題数は多い．

1 配電系統の故障

　配電系統の故障には瞬時故障と永久故障がある．瞬時故障は，故障点が自然に消滅してリレー動作に至らない場合や，回路が一旦停電した後に故障点が消滅して再閉路した場合である．これは，瞬時的な雷サージフラッシオーバや飛来物，鳥獣，樹木等が電線に瞬間的に接触することなどに起因する故障である．一方，永久故障は，故障点が消滅しない場合で，例えば，断線垂下，機器の絶縁破壊および他物との長時間接触などに起因する故障である．

　配電系統における故障において，瞬時故障は大部分を占める．瞬時故障の場合，リレーによって系統を一旦開路し，故障点の消滅を待って再閉路する方式が有効となる．一方，永久故障の原因を架空配電線および地中配電線について分類すると，図8・16のとおりとなる．架空配電線故障の12%および地中配電線故障の33%は保守不備が原因である．

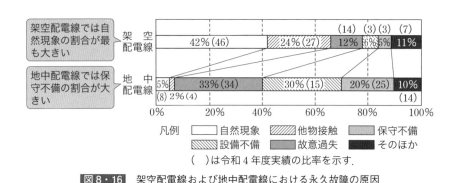

図8・16　架空配電線および地中配電線における永久故障の原因

2 配電系統の保護

(1) 高圧配電線（非接地系統）の保護

①地絡保護

　6.6 kV 高圧配電線は，高低圧混触時の低圧線電位上昇の抑制，通信線への電

8-3 配電線の保護と配電自動化方式

磁誘導障害の防止，V結線による電力供給等を考慮し，**非接地方式**が採用されている．配電用変電所からは主変圧器1台当たり3～7回線程度の配電線が引き出される．そして，その高圧母線に**接地形計器用変圧器（EVT，GPT）**を設け，その一次側はY結線し中性点を接地するとともに，二次側は一端を開放した△結線（ブロークンデルタ）としてその端子間に地絡故障時に地絡電流を制限するための**制限抵抗**を接続する．

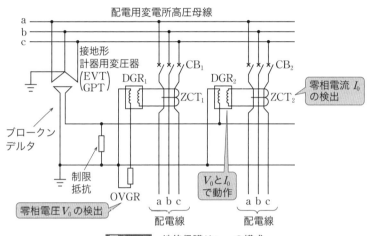

図8・17　地絡保護リレーの構成

配電線の1線に地絡故障が発生すると，故障を生じた相の配電線だけでなく，当該主変圧器の母線の電圧も低下して対地電圧の不平衡を生じ，制限抵抗端子間に電圧を生じる．この電圧が**零相電圧** V_0 でこれを**地絡過電圧リレー（OVGR）**で検出する．これにより，当該主変圧器の配電系統で地絡故障を起こしているかどうかがわかる．さらに，各配電線の引出口に**零相変流器（ZCT）**を取り付け，配電線に地絡故障が発生したときに流れる**零相電流** I_0 を検出する．地絡故障が生じている配電線と健全な配電線とでは，I_0 の位相が180°異なるため，V_0 と I_0 の位相を**地絡方向リレー（DGR）**で検出し故障配電線を選択する．

高圧系統では，地絡故障点抵抗は6kΩ以下が大半である．このため，**リレー感度を6kΩ程度としておけば，ほとんどの地絡故障が検出**される．

図8・18は高圧配電線の地絡故障時の電流分布を示している．そして，配電線1線地絡故障時の等価回路を図8・19に表すことができる．

図 8・19 (a) の配電線で 1 線地絡故障が発生した場合，テブナンの定理を用いた等価回路は図 8・19 (b) となる．1 線地絡電流 $\dot{I}_g$ およびブロークンデルタの制限抵抗端子電圧の一次側換算値 $\dot{V}_0$ は次式となる（R_g：地絡故障点抵抗）．

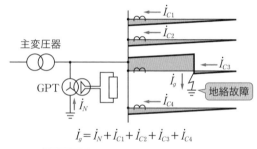

$\dot{I}_g = \dot{I}_N + \dot{I}_{C1} + \dot{I}_{C2} + \dot{I}_{C3} + \dot{I}_{C4}$

図 8・18 高圧配電線の地絡電流分布

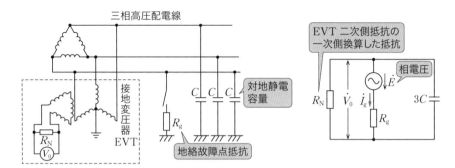

(a) 高圧配電線の 1 線地絡時の回路　　(b) テブナンの定理を用いた等価回路

図 8・19 高圧配電線の 1 線地絡故障

$$\dot{I}_g = \frac{\dot{E}}{R_g + \dfrac{1}{\dfrac{1}{R_N} + j\omega 3C}} \fallingdotseq \frac{\dot{E}}{R_g + \dfrac{1}{j3\omega C}} \quad \left(\because\ R_N \gg \frac{1}{\omega 3C}\right) \quad (8\cdot 7)$$

$$\dot{V}_0 \fallingdotseq \frac{1}{j\omega 3C} \times \dot{I}_g = \frac{\dot{E}}{1 + j3\omega C R_g} \quad (8\cdot 8)$$

配電線の対地静電容量 C が大きくなると，1 線地絡電流 $\dot{I}_g$ は大きくなるが，$\dot{V}_0$ は小さくなるため，リレーの動作は $\dot{V}_0$ で制限される．逆に，対地静電容量 C が小さくなると，$\dot{V}_0$ は大きくなるが，$\dot{I}_g$ は小さくなるため，リレーの動作は $\dot{I}_0$ で制限される．

② **短絡保護**

高圧線路内で発生した短絡故障による過電流を，変電所引出口に設置した**過電**

流リレー（**OCR**）で検出し，遮断器を動作させて保護する．検出感度は，配電用変電所の配電線の過電流リレーで設備容量の 150〜200% 程度で動作させており，需要家の過電流リレーは契約最大容量の 150% 程度で動作させている．

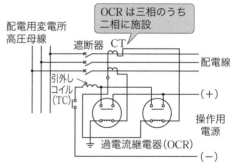

図 8・20　高圧配電線の短絡保護

(2) 柱上変圧器の保護

柱上変圧器の故障は，過負荷や巻線の短絡等による過電流故障，巻線と変圧器ケース，一次巻線と二次巻線との混触，ブッシングの破損による地絡故障がある．このうち，変圧器内部の一次巻線の地絡故障は，変電所の地絡リレーによって検出され，変電所内の遮断器によって遮断される．また，一次巻線と二次巻線の混触は，二次巻線のB種接地工事を行った接地を通じて，変電所で検出・遮断される．このような故障は，変圧器の構造からして自然に発生するものではなく，過負荷の繰り返し，雷によるショックなどによって絶縁劣化し発生する．また，雷によりブッシングが破損し，一次側リード線と変圧器ケースとがフラッシオーバすることで地絡故障は発生する．

[高低圧線の混触対策]

高低圧の混触は，両線が裸線の場合には高圧配電線の地絡故障として変電所で遮断される．これはB種接地工事が施されているためである．この接地工事は，高圧と低圧が混触した場合に，接地線に地絡電流が流れ，その電位上昇によって低圧機器の絶縁破壊を防止するため，接地点の電位が 150 V ［150 V を超えたときは 2 秒（1 秒）以内に自動的に遮断すれば 300 V（600 V）まで］を超えないよう電気設備技術基準で決められている．また，接地抵抗値は，表 8・1 とするよう決められており，いかなる場合でも 75Ω 以下とすることも電気設備技術基準に定められている．

配 電

表8・1 電気設備技術基準で決められている接地抵抗値

接地工事を施す変圧器の種類	当該変圧器の高圧側または特別高圧側の電路と低圧側の電路との混触により，低圧電路の対地電圧が150Vを超えた場合に，自動的に高圧または特別高圧の電路を遮断する装置を設ける場合の遮断時間	接地抵抗値〔Ω〕
下記以外の場合		$150/I_g$
高圧または35 000V以下の特別高圧の電路と低圧電路を結合するもの	1秒を超え2秒以下	$300/I_g$
	1秒以下	$600/I_g$

（備考）I_gは，当該変圧器の高圧側または特別高圧側の電路の1線地絡電流（単位：A）

(3) 高圧受電設備の保護

高圧受電設備の高圧側の受電方式としては，受電設備容量300 kVA以下の主遮断装置には，設備の簡素化から，**高圧限流ヒューズ（PF）** と**高圧交流負荷開閉器（LBS）** を組み合わせた**PF・S形**が，それより大容量の設備には**遮断器（CB）** と過電流リレーを組み合わせた**CB形**が用いられる．高圧母線等の高圧側短絡故障は，PF・S形ではPFで，CB形では過電流リレーとCBで行う．また，低圧側の配線用遮断器にはMCCBが用いられ，これは電路に過電流を生じ

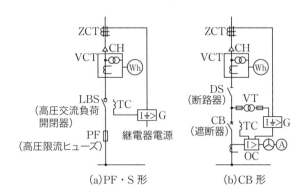

形　式	PF・S形	CB形
受電設備容量	300 kV·A 以下	2000 kV·A 以下
特　徴	負荷電流はLBSで開閉し，故障電流（短絡電流）はPFで遮断	負荷電流はCBで開閉し，また故障電流（短絡・過負荷・地絡など）もCBで遮断

図8・21 高圧受電設備の保護（**PF・S形**と**CB形**）

たときには自動的に電路を遮断する．一般的に負荷開閉器では短絡電流の遮断はできない．

地絡保護としては，通常，零相変流器（ZCT）により零相電流を検出して動作させる地絡過電流リレー（OCGR）が用いられる．しかし，このリレーは無方向性のため，構内の高圧ケーブルの亘長が長い場合には，外部故障時に大きな充電流が流れて不必要動作することがある．この場合には，接地形計器用変圧器（EVT, GPT）を設置して零相電圧を検出し，この零相電圧と零相電流を組み合わせた地絡方向継電器（DGR）が用いられる．

(4) 高圧配電線に連系する分散型電源の保護
①単独運転と自立運転

分散型電源など発電設備が連系する系統において，系統故障が発生して連系する系統が系統電源と切り離された状態（例えば，配電用変電所の遮断器を開放した状態）において，当該系統に連系している発電設備が運転を継続し，当該系統の負荷へ電気を供給している状態のことを**単独運転**という．これに対し，発電設備が系統から解列された状態で，当該発電設備設置者の構内負荷にのみ電力を供給することを**自立運転**といい，区別される．単独運転になった場合，人身および設備の安全に対し影響を与えるおそれがあるとともに，故障点の被害拡大や復旧遅れ等により供給信頼度の低下を招くおそれがあることから，保護リレー等を用いて当該発電設備を当該系統から解列できるような対策を施す必要がある．

逆潮流がない連系の場合には，単独運転時に発電設備から系統側へ電力が流出するため，発電設備設置者の受電点に逆電力リレー等を設置することにより，逆潮流を検出して自動的に系統から解列することが可能である．

一方，逆潮流がある連系の場合には，系統故障時の解列の確実化を図るため，系統の引出口遮断器開放の情報を通信設備を利用して発電設備へ送り，設備解列を行う**転送遮断装置**等を設置するか，**単独運転検出機能を有する装置**を設置する対策を講じる．単独運転検出装置としては，受動的方式と能動的方式とがあり，各1方式以上組み合わせて運用する．

a. 受動的方式

単独運転移行時の発電出力と負荷の不平衡による電圧位相や周波数等の急変を検出する方式である．電圧位相跳躍検出方式，周波数変化率検出方式，3次高調波電圧歪急増検出方式がある．

b. 能動的方式

パワーコンディショナの制御系や外部に付加した抵抗等により,常時,電圧や周波数に変動を与えておき,単独運転移行時に顕著になるこの変動を検出する方式である.周波数シフト方式,スリップモード周波数シフト方式,有効電力変動方式,無効電力変動方式,負荷変動方式,ステップ注入付周波数フィードバック方式がある.

② 高圧配電系統に同期発電機を連系する場合の同期発電機の構内保護

a. 高圧配電系統側の地絡故障保護として地絡過電圧リレー(OVGR)を用いる理由

高圧受電している同期発電機構内の高圧側電路で地絡を生じた場合,地絡点への故障電流は配電系統の充電電流が受電点を通過して流れ込むため,受電点近くに地絡過電流リレー(OCGR)を設置すれば地絡故障を検出できる.しかし,配電系統側の地絡故障に対しては,受電点を通過する故障電流は高圧側構内の充電電流のみでOCGRの動作は期待できない.同期発電機を連系する場合には,配電用変電所の配電線遮断器で遮断したときに配電線ごと単独運転となることが懸念され,配電系統側の地絡故障を検出して発電機を解列する必要があることから,地絡電流が通過しなくても地絡故障を検出できる地絡過電圧リレー(OVGR)を設置する必要がある.

b. 高圧配電系統側の短絡故障保護として短絡方向リレー(DSR)を用いる理由

高圧受電している同期発電機構内の電路で短絡を生じた場合,配電系統の電源から短絡電流が受電点を通過して流れ込むため,受電点に過電流リレー(OCR)を設置すれば短絡故障を検出できる.同期発電機が連系している場合には,配電系統側の短絡故障のときに,その発電機からも短絡電流が流れ出すため,発電機を解列する必要がある.発電機から流れ出す短絡電流は,系統からの短絡電流と比較して小さくOCRの動作は期待できないため,高圧系統側の故障であることを判別し高感度に動作する短絡方向リレー(DSR)を用いる.

c. OVGRとDSRは配電用変電所の保護リレーと時限協調を図る理由

構内保護の地絡過電圧リレー(OVGR)は,連系する配電線と同バンクで別フィーダの配電線に地絡故障を生じたときにも,その地絡を検出する.この場合,配電用変電所の配電線に設置した地絡方向リレー(DGR)が動作して故障配電線を遮断するが,これよりも速くOVGRが動作すると,構内を不要に遮断

してしまう．同様に，構内保護の短絡方向リレー（DSR）は，連系する配電線と同バンクで別フィーダの配電線に短絡故障を生じたときにも，その短絡を検出する．この場合，配電用変電所の配電線の過電流リレー（OCR）が動作して故障配電線を遮断するが，これよりも速く DSR が動作すると構内を不要に遮断することになる．このような事象を避けるため，構内保護の OVGR または DSR の動作時限は，配電用変電所の DGR または OCR の動作時限に対し時限差をつけて長くするといった時限協調を図る必要がある．

(5) 低圧屋内配線の保護

低圧屋内配線における保護の種類としては，過電流保護，地絡保護，過電圧保護の3種類がある．

過負荷電流あるいは短絡電流を総称して過電流というが，この過電流による電線や電気機器の過熱焼損および火災事故を防止するためには，**過電流遮断装置**を施設することが必要である．**過電流遮断装置にはヒューズと配線用遮断器が一般に使用**され，目的に応じて組み合わせて使用される．例えば，限流ヒューズと配線用遮断器を組み合わせ，幹線部分等の短絡保護を，遮断容量が大きく遮断時間の速い限流ヒューズによって行い，配線用遮断器の遮断容量の不足を補う．あるいは，配線用遮断器同士を組み合わせる場合には，過電流が小さいときには負荷側遮断器だけが動作するが，短絡のような大電流のときには電源側と負荷側の両方の遮断器が同時に動作するなど保護協調をとっている．これを**バックアップ**または**カスケード遮断**ともいう．

低圧屋内配線において，地絡とは，電路と大地間の絶縁が低下して，アークや導電性物質により橋絡することをいう．以前は，主として接地工事に頼っていたが，近年，機器の二重絶縁等も普及してきたこと，信頼性のある**漏電遮断器**が開発されて，感電防止や漏電火災防止の有力な保護装置として広く用いられている．低圧で使用する金属性外箱を有する機械器具の絶縁不良による感電防止は，電路に地気（地絡電流，漏れ電流）を生じたときに自動的に電路を遮断する装置を設け，地気発生時に，電路の零相電流を検出して遮断する**電流動作形漏電遮断器**が一般に用いられる．

地絡過電圧には，雷サージ，開閉サージ，共振現象等による過渡的異常電圧があるが，低圧屋内配線を対象とする場合，主に**雷サージによる過電圧の保護を重視**する必要がある．過電圧保護において，電力線，通信線，接地系からの伝導性

伝搬に対しては雷サージ防護装置，空間を介しての電磁誘導結合や静電誘導結合による放射性伝搬に対しては隔離やシールド等の対策がある．それに加えて，等電位ボンディング，接地等を総合的に考慮する必要がある．

3 配電自動化方式

配電自動化の制御方式は，自動区分開閉器の時限順送方式，遠隔場所から信号伝送路を介して開閉器の入・切制御を行う遠方制御方式，コンピュータを利用して配電線運転管理の自動化を行うコンピュータ制御方式の3段階がある．

(1) 時限順送方式

時限順送方式は，配電系統の信頼度向上と故障探査業務の省力化を目的として導入されてきているものである．この時限順送方式とは，配電線の故障発生時に配電用変電所の配電線用遮断器によりこの配電線を停止すると，配電線の自動区分開閉器は一旦無電圧開放され，その後，この配電線用遮断器の再閉路と協調して，一定の時間間隔で順次投入する方式である．

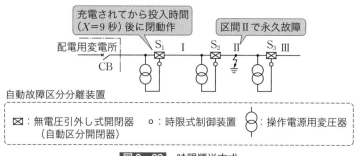

図8・22 時限順送方式

図8・22のように，時限順送方式は配電線の各区分点に自動区分開閉器（無電圧引外し式開閉器）と時限式制御装置およびその電源変圧器からなる自動故障区分分離装置を設置する．自動区分開閉器は，それが充電されてから投入時間（$X=9$秒程度）経過後に閉動作し，無電圧になると開動作する．ただし，閉動作後の検出時間（$Y=6$秒程度）の間に無電圧になったときは，再度充電されても閉動作しない．例えば，図8・22のS_2とS_3の間の区間IIで永久地絡故障が発生した場合の動作は次のとおりである．

[時限順送方式の動作]
① 配電線の故障により,配電用変電所の遮断器(CB)が動作して,開となる.
② 配電線が無電圧になるので,区分開閉器 S_1, S_2, S_3 はすべて開となる.
③ 約1分後,CB が再閉路する.
④ S_1 に電圧が加わり,投入時間 ($X=9$秒) 後に,S_1 は閉となる.
⑤ S_2 に電圧が加わり,投入時間 ($X=9$秒) 後に S_2 は閉となるが,故障が継続しているので,再び配電用変電所の CB が動作し開となる.そして,S_2 は閉動作後,検出時間内に無電圧になるので,次に充電されても閉動作しない.
⑥ 約1分後,CB が再々閉路する.
⑦ S_1 に電圧が加わり,投入時間 ($X=9$秒) 後に,S_1 は閉となる.
⑧ S_2 に電圧が加わるが,S_2 は閉動作しないので,故障区間Ⅱが切り離される.
⑨ S_3 は充電されることがないので,開状態のままである.

この動作プロセスの中で,自動区分開閉器が再閉路により投入時間間隔で順次投入されていく一方,変電所には遮断器の投入動作により起動する区間表示器が設置されていて,故障区間に送電すると遮断器が開放し,区間表示器は停止する.この区間表示器の起動から停止までの時間によって故障区間がわかる.

この時限順送方式により故障区間よりも電源側にある健全区間への自動的な送電は可能となり,故障区間以降にある健全な停電区間への送電(逆送という.図8·22 では,隣接する連系配電線から区間Ⅲへの送電)は遠隔制御方式による遠隔操作または現地での開閉器操作により迅速な復旧を行う.

(2) 遠方制御方式

本方式は,故障停電時間の短縮や作業停電に伴う現地出向の省略といった観点から,区分開閉器や連系用の開閉器を遠隔制御するものである.これにより,故障時の健全区間への逆送を迅速に行うことができるとともに,停電作業時の切替操作も遠隔操作することにより,停電時間の短縮と省力化が期待できる.

(3) コンピュータ制御方式

上述の遠方制御方式とあわせ,負荷状態に応じた最適な逆送操作,日常運転記録,管理資料作成などをコンピュータにより自動処理する方式である.

例題14 　　　　　　　　　　　　　　　　　　　　　　H27　問7

次の文章は，配電系統の故障に関する記述である．

配電系統の故障には瞬時故障と永久故障がある．瞬時故障は故障点が自然に　(1)　してリレー動作に至らない場合や，回路が一旦停電した後に故障点が　(1)　し，再閉路した場合であり，瞬時的な雷サージフラッシオーバや飛来物，鳥獣，樹木などが電線に瞬間的に接触することなどに起因する故障である．一方，永久故障は故障点が　(1)　しない場合で，例えば，断線垂下，機器の絶縁破壊及び他物との長時間接触などに起因する故障である．

配電系統における故障において，瞬時故障は　(2)　．瞬時故障の場合，保護装置によって系統を開路し，故障点の　(1)　を待って再閉路する方式が有効となる．

図1は架空配電線と地中配電線における永久故障の主な原因を示しており，架空配電線事故の12%および地中配電線事故の33%は　(3)　が原因である．

6.6 kV高圧系統では，地絡故障点抵抗は　(4)　以下がほとんどである．このため，リレーの感度を　(4)　程度としており，ほとんどの地絡事故が検出される．非接地配電系統において，図2に示すように1線が地絡抵抗R_gを通じて地絡したとき，電流I_gはテブナンの定理により線路，変圧器，その他のインピーダンスを無視して示せば簡易的に　(5)　となる．

ここに，E：線間電圧，R_g：地絡故障点抵抗，C：1線当たりの静電容量とする．

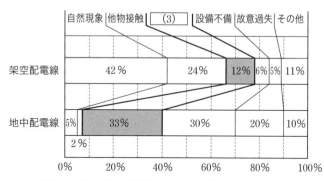

図1　架空・地中配電線における永久故障の主な原因
(出典：電気工学ハンドブック第7版)

【解答群】

(イ) 検出　　(ロ) 1 kΩ　　(ハ) 0.6 kΩ　　(ニ) 半数程度である

(ホ) $I_g = \dfrac{E/\sqrt{3}}{R_g - \dfrac{3}{j\omega C}}$　　(ヘ) $I_g = \dfrac{E/\sqrt{3}}{R_g + \dfrac{1}{j3\omega C}}$　　(ト) 消滅

8-3 配電線の保護と配電自動化方式

図2

(チ) 保守不備　　　(リ) 遮断
(ヌ) 6 kΩ　　　　　(ル) トラッキング
(ヲ)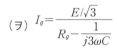
(ワ) 大部分を占める　(カ) 火災
(ヨ) ごく一部である

解説　(5) 設問の図2の等価回路は解説図となる。等価回路では、静電容量が3線一括大地静電容量 $3C$ となることに留意する。したがって、電流 $\dot{I}_g$ は

$$\dot{I}_g = \frac{E/\sqrt{3}}{R_g + \dfrac{1}{j3\omega C}}$$

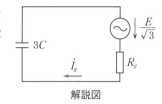

解説図

【解答】　(1) ト　(2) ワ　(3) チ　(4) ヌ　(5) ヘ

例題15 ··· R1 問4

次の文章は、配電線の高低圧混触に関する記述である。
　一般に低圧電路は、変圧器の　(1)　や電線等の　(2)　故障の際に高圧電路と混触を起こし、高圧側の電圧が低圧側に現れて危険となるおそれがあるため、変圧器にはB種接地工事を施して、発生する電位上昇を抑制している。
　図1に示すように、線間電圧の大きさが V の三相3線式電線路に接続された単相変圧器において、高低圧巻線間に混触が生じた際の低圧側電線の対地電圧 $\dot{V}_R$ の大きさを V_1 以下にするための接地抵抗 R の最大値 R_M を以下のように求める。ただし、C は三相線路の電線1条の対地静電容量、ω は電源の角周波数である。また、変圧器のインピーダンスは無視する。
　図2に示す高低圧混触時のテブナンの定理による等価回路より、接地抵抗 R に流れる電流 $\dot{I}_R$ の大きさは　(3)　で表される。ここで、$R \ll \dfrac{1}{3\omega C}$ とすると、最大値 R_M は　(4)　で表される。なお、柱上変圧器の高圧巻線と低圧巻線の混触は、配電用変電所の　(5)　で検出され、配電用変電所の遮断器で遮断される。

配 電

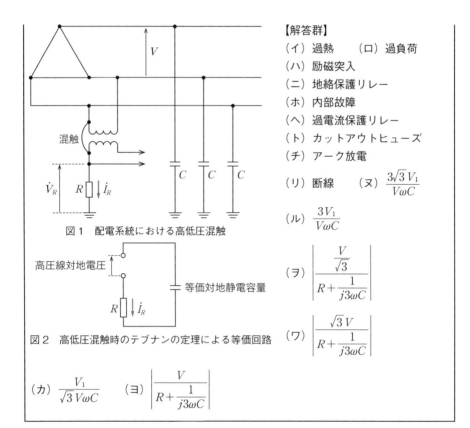

図1 配電系統における高低圧混触

図2 高低圧混触時のテブナンの定理による等価回路

【解答群】
(イ) 過熱　　(ロ) 過負荷
(ハ) 励磁突入
(ニ) 地絡保護リレー
(ホ) 内部故障
(ヘ) 過電流保護リレー
(ト) カットアウトヒューズ
(チ) アーク放電
(リ) 断線　　(ヌ) $\dfrac{3\sqrt{3}\,V_1}{V\omega C}$
(ル) $\dfrac{3V_1}{V\omega C}$
(ヲ) $\left|\dfrac{\dfrac{V}{\sqrt{3}}}{R+\dfrac{1}{j3\omega C}}\right|$
(ワ) $\left|\dfrac{\sqrt{3}\,V}{R+\dfrac{1}{j3\omega C}}\right|$
(カ) $\dfrac{V_1}{\sqrt{3}\,V\omega C}$　　(ヨ) $\left|\dfrac{V}{R+\dfrac{1}{j3\omega C}}\right|$

解 説　(3)をテブナンの定理で解く．高低圧混触は，高圧電路からみれば，接地抵抗 R の1線地絡故障である．高圧線の混触発生前の対地電圧の大きさは相電圧の大きさと等しく $V/\sqrt{3}$ である．そして，図2の等価対地静電容量は $3C$ であるから，テブナンの定理より，$\dot{I}_R$ の大きさ $|\dot{I}_R|$ は

$$|\dot{I}_R| = \left|\dfrac{V/\sqrt{3}}{R+\dfrac{1}{j3\omega C}}\right|$$

(4) で，$R \ll \dfrac{1}{3\omega C}$ とすれば

$$|\dot{I}_R| \fallingdotseq \left|\dfrac{V/\sqrt{3}}{\dfrac{1}{j3\omega C}}\right| = \sqrt{3}\,V\omega C$$

題意より，$R_M I_R = V_1$ であるから

$$R_M = \frac{V_1}{I_R} = \frac{V_1}{\sqrt{3}\,V\omega C}$$

【解答】 (1) ホ (2) リ (3) ヲ (4) カ (5) ニ

例題 16 　　　　　　　　　　　　　　　　　　　　　H29 問 4

次の文章は，配電系統と需要設備の電路の保護及び配電系統の故障区間分離方式に関する記述である．

電路の保護には一般に (1) 保護，短絡保護，地絡保護がある．

(1) 保護の場合は，導体の (2) に達するまでに電流を遮断することが求められるが，あらゆる条件下で自動遮断することは困難なため，施設場所の危険度に応じて，適切な場所に過電流遮断器を設置する．

短絡保護の場合は，故障点から最も (3) の遮断器で故障点を速やかに切り離すことが基本である．

地絡保護は (4) が不十分であると，末端における故障でも直ちに広範囲の停電となることがある．

配電系統の場合，配電線を適当な区間に区分し，故障時に故障区間の電源側自動区分開閉器を開放して，故障区間以降を切り離す故障区間分離方式がとられている．この方式の制御方法には，自動区分開閉器の (4) による (5) 方式と，制御信号を使用した信号方式とがあるが，前者が一般的に使用されており，配電用変電所の再閉路，再々閉路等における自動開閉器の動作状況により故障区間と健全区間を自動的に切り分けている．

【解答群】
(イ) 差動協調　　　(ロ) 遠い電源側　　　(ハ) 瞬時電圧低下
(ニ) 時限協調　　　(ホ) 時限順送　　　　(ヘ) 近い負荷側
(ト) 許容温度　　　(チ) 過負荷　　　　　(リ) 連続使用時許容電流
(ヌ) 短時間許容電流　(ル) 定格電流　　　　(ヲ) 絶縁協調
(ワ) 自動区間開放　　(カ) 近い電源側　　　(ヨ) 逆電力遮断

解説 本節 2 項，3 項を参照する．

【解答】 (1) チ (2) ト (3) カ (4) ニ (5) ホ

配 電

例題 17　H24 問 7

次の文章は，配電自動化システムに関する記述である．

配電自動化システムにより配電線事故発生箇所を含む区間を自動的に区分する方式として，事故発生時に配電線停止によりいったん (1) 開放された自動開閉器を，変電所の配電線用遮断器の再閉路と協調して，一定の時間間隔で順次投入する (2) が一般的に採用されている．

事故の一定時間後，配電線用遮断器が再閉路すると自動開閉器の制御装置に電圧が印加されて，自動開閉器を一定時限で順次投入していき，故障区間の電源側自動開閉器が投入されると，故障区間へ通電され，再び配電線用遮断器が遮断動作し，故障区間が検出される．

その後の2回目の再閉路時には，この自動開閉器は (3) 状態のままロックされて故障区間を分離し，この自動開閉器までの (4) を確保する．

また，配電線用遮断器の投入から再遮断までの (5) を計測することで，効率的に故障区間を配電用変電所側で把握することができる．

【解答群】
(イ) 回数　　　　　　(ロ) 間隔投入方式　　(ハ) 時限順送方式
(ニ) 時限協調方式　　(ホ) 逆潮流　　　　　(ヘ) 大きさ
(ト) 過電流　　　　　(チ) 送電　　　　　　(リ) 開放
(ヌ) 時間　　　　　　(ル) 任意　　　　　　(ヲ) 無電圧
(ワ) 手動　　　　　　(カ) 自立運転　　　　(ヨ) 投入

解 説　本節3項を参照する．

【解答】(1) ヲ　(2) ハ　(3) リ　(4) チ　(5) ヌ

例題 18　H21 問 4

次の文章は，受電設備の保護協調に関する記述である．

保護協調とは，系統または電力設備に故障が発生した際，故障発生源を早期に検出し，迅速に除去し，故障の波及・拡大を防ぎ， (1) の不要遮断を避けることである．保護装置がそれぞれ協調せずに動作すると故障した部位が正確に選択できず，不必要に広範囲の (2) を引き起こす場合が生じる．このため，各保護装置相互間の適正な協調を図ることが必要である．

地絡保護協調については，配電用変電所の保護方式に対応して需要家側で (3) 協調と感度（地絡電流）協調を図る必要がある．

一般に需要家用地絡継電器は (4) によって動作する非方向性のものが用いら

れているが，需要家構内のケーブル系統の対地静電容量が大きい場合，配電系統の故障によって不必要動作する場合があるため， (5) 継電器を使用して協調を図る必要がある．

【解答群】
(イ) 回線選択式地絡　　(ロ) 距離　　　　　(ハ) 停電
(ニ) 健全回路　　　　　(ホ) 断線　　　　　(ヘ) 地絡方向
(ト) 制限電圧　　　　　(チ) 零相電流　　　(リ) 時限
(ヌ) 通電　　　　　　　(ル) 絶縁　　　　　(ヲ) 線路無電圧
(ワ) 零相電圧　　　　　(カ) 故障点　　　　(ヨ) 故障区間

解説 本節2項を参照する．

【解答】(1) ニ　(2) ハ　(3) リ　(4) チ　(5) ヘ

例題19　H21 問6

次の文章は，高圧配電線に連系する分散形電源の保護装置に関する記述である．

分散形電源など発電設備が連系する系統において，系統事故が発生して連系する系統が系統電源と切り離された状態（例えば，配電用変電所の遮断器を開放した状態）において，当該系統に連系している発電設備が運転を継続し，当該系統の負荷へ電気を供給している状態のことを (1) という．これに対し，発電設備が系統から解列された状態で，当該発電設備設置者の構内負荷にのみ電力を供給することを (2) といい区別される． (1) になった場合，人身および設備の安全に対し影響を与えるおそれがあると共に，事故点の被害拡大や復旧遅れなどにより供給信頼度の低下を招くおそれがあることから，保護リレーなどを用いて当該発電設備を当該系統から解列できるような対策を施す必要がある．

逆潮流がない連系の場合には， (1) 時に発電設備から系統側へ電力が流出するため，発電設備設置者の受電点に (3) 等を設置することにより，逆潮流を検出して自動的に系統から解列することが可能である．

一方，逆潮流がある連系の場合には，系統事故時の解列の確実化を図るため，系統の引出口遮断器開放の情報を通信設備を利用して発電設備へ送り，設備解列を行う (4) を設置するか， (5) を有する装置を設置する方策を採ることとしている．

【解答群】
(イ) 通信遮断装置　　　(ロ) 並列運転　　　(ハ) 単独運転検出機能
(ニ) 単独運転　　　　　(ホ) 逆電力リレー　(ヘ) 自動同期検定

配 電

（ト）逆変換装置	（チ）自動負荷制限	（リ）自立運転
（ヌ）再閉路	（ル）過負荷運転	（ヲ）同期運転
（ワ）転送遮断装置	（カ）方向性地絡リレー	（ヨ）ネットワークリレー

解説 本節2項（4）を参照する．

【解答】（1）ニ （2）リ （3）ホ （4）ワ （5）ハ

例題20 ･･････････････････････････････････････ H22 問7

次の文章は，低圧屋内配線の保護方式に関する記述である．

低圧屋内配線における保護の種類としては，主として過電流保護，地絡保護，過電圧保護の3種類がある．

過負荷電流，あるいは，__(1)__ を総称して過電流というが，この過電流による電線，電気機器の過熱焼損及び火災事故を防止するためには，過電流遮断装置を設置することが必要である．

低圧屋内配線において，地絡とは，電路と大地間の __(2)__ が低下して，アークや導電性物質により __(3)__ することをいう．地絡による感電を防止する方法としては，二重絶縁，保護接地，__(4)__ 等がある．これらにはそれぞれ特徴があるが，現行において最も有効な方法は __(4)__ である．

過電圧には __(5)__ や共振現象などによって生じる過渡的異常電圧があるが，低圧屋内配線を対象にする場合，主に __(5)__ による過電圧の保護を特に重要視する必要がある．

【解答群】

（イ）過負荷	（ロ）過渡電流	（ハ）過電流遮断
（ニ）離隔距離	（ホ）続流	（ヘ）コンデンサ
（ト）雷サージ	（チ）過電圧保護	（リ）絶縁復帰
（ヌ）橋絡	（ル）漏電遮断	（ヲ）電圧
（ワ）開閉サージ	（カ）短絡電流	（ヨ）絶縁

解説 本節2項（5）を参照する．

【解答】（1）カ （2）ヨ （3）ヌ （4）ル （5）ト

8-4 配電系統の電圧調整と電力損失

> **攻略のポイント**
> 本節に関して，電験3種では単相2線式や三相3線式の電圧降下，電圧変動率，電力損失率などの計算問題が出題される．2種では，配電系統の電圧調整の基本的な考え方が出題されている．

1 配電系統の電圧調整

電気事業法および同施行規則において，**需要家の供給電圧は電灯（標準電圧100 V）で101±6 V，動力（標準電圧200 V）で202±20 Vに維持**することが決められている．このため，配電用変電所および配電線では次の電圧調整を行う．

(1) 配電用変電所の電圧調整

配電用変電所では，**負荷時タップ切換変圧器**（**LRT**：タップ切換装置を変圧器に組み込んだもの）または**負荷時電圧調整器**（**LRA**）によって，高圧配電線の送出電圧をあらかじめ決められた電圧に保持する．調整は，高圧側の母線電圧を一括して調整する方式が一般的である．配電用変電所の高圧側母線電圧は，一般に重負荷時に高く，軽負荷時に低く制御する．

送出電圧の制御方式には，あらかじめ時刻別の送出電圧を決めておき，タイムリレーで切り換える**タイムスケジュール方式**，電圧継電器に系統内の一定点までの線路インピーダンスに比例したインピーダンスを挿入し，その点の電圧を一定に保つ**LDC（線路電圧降下補償器）**，および両者の併用方式がある．

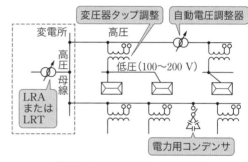

図8・23 配電系統の電圧調整

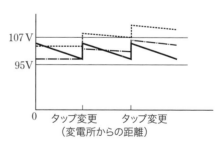

── 重負荷時（95～107Vに収まっている）
⋯⋯ 軽負荷時（送り出し電圧がそのままだと107Vを超える）
─・─ 軽負荷時（送り出し電圧を下げる）

図8・24 変電所引出口電圧調整（低圧側）

(2) 高圧配電線路

高圧配電線路の電圧降下が比較的大きく，柱上変圧器のタップ調整のみで対処できない場合は，高圧配電線路の途中に調整装置を設ける．これには，**ステップ式自動電圧調整器（SVR: Step Voltage Regulator）** と**電力用コンデンサ**がある．SVR は，単巻変圧器に多段式の切換タップを設け，これを LDC 方式で負荷に応じて自動的にタップを切り換えて電圧調整を行うものが多い．一方，電力用コンデンサに関しては，線路に並列に入れ，力率を改善して電流を減らし，電圧降下を減少させることができる．しかし，電力用コンデンサを線路に入れたままにしておくと，軽負荷時にフェランチ効果によって需要家の電圧が高くなりすぎるので，開閉器を取り付け，軽負荷時にはコンデンサを自動的に線路から開放する．

(3) 柱上変圧器のタップ調整

柱上変圧器の二次側電圧は 105 V および 210 V で一定である．一次側は，定格電圧を中心にして 5 個程度のタップ電圧をもっている．二次側電圧は，100 V 結線の場合，次式となる．

$$二次側電圧 = 受電点電圧 \times \frac{105}{タップ電圧} \quad [\text{V}] \qquad (8 \cdot 9)$$

上式は変圧器内部の電圧降下を無視した場合であるが，内部電圧降下は全負荷時 2〜3 V 程度である．このため，受電点電圧に応じてタップ電圧を適切に選定すれば，図 8·24 のように，二次側電圧を一定の範囲に保つことができる．

(4) 無効電力による電圧調整

電力用コンデンサ，分路リアクトル，静止形無効電力補償装置（SVC: Static Var Compensator）等を用いて，配電線に流れる無効電力を調整することにより，電圧調整を行う．

(5) 直列コンデンサ

高圧配電線に直列にコンデンサを入れると，線路の誘導リアクタンスを x_L，直列コンデンサの容量リアクタンスを x_C とすれば，線路の合成リアクタンスは $(x_L - x_C)$ に減少するので，電圧降下は減少し，負荷に即応した電圧調整が可能であり，フリッカ等の電圧変動防止対策上からも有効である．しかし，配電線故障時の故障電流により過電圧が生じたり，軽負荷時に共振現象を生じたりするなどの弊害もあるため，特殊な場合のほかは用いられていない．

2 電圧降下

(1) 電圧降下

送電端電圧と受電端電圧の電圧差 v を求めるためには，1線当たりの電圧降下 e を求め，単相2線式は2倍，三相3線式は $\sqrt{3}$ 倍すればよい．

単相2線式　　$v = 2I(R\cos\theta + X\sin\theta)$ 〔V〕　　　　(8・10)

三相3線式　　$v = \sqrt{3}I(R\cos\theta + X\sin\theta)$ 〔V〕　　　(8・11)

(ただし，v：電圧降下，I：線電流〔A〕，R：1線当たりの電線抵抗〔Ω〕，X：1線当たりの電線リアクタンス〔Ω〕，$\cos\theta$：負荷力率)

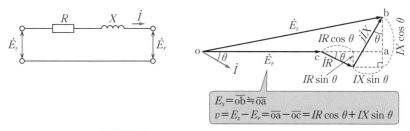

図8・25　高圧配電線の等価回路とベクトル図

図8・25のように，受電端電圧 $\dot{E}_r$ を基準にすれば，送電端電圧 $\dot{E}_s$ は
$$E_s = \overline{\mathrm{ob}} = \sqrt{\overline{\mathrm{oa}}^2 + \overline{\mathrm{ab}}^2}$$
$$= \sqrt{(E_r + IR\cos\theta + IX\sin\theta)^2 + (IX\cos\theta - IR\sin\theta)^2} \quad (8\cdot12)$$

となる．ここで，電圧降下 v は $\dot{E}_s$ と $\dot{E}_r$ との大きさの差であり，$\dot{E}_s$ と $\dot{E}_r$ の位相差は小さいから $E_s = \overline{\mathrm{ob}} \fallingdotseq \overline{\mathrm{oa}}$ とみなすことができる．したがって

$$E_s \fallingdotseq E_r + IR\cos\theta + IX\sin\theta$$

$$\therefore \quad e = E_s - E_r = IR\cos\theta + IX\sin\theta = I(R\cos\theta + X\sin\theta) \quad (8\cdot13)$$

となる．これは1線当たりであるため，2線式の電圧降下はこの2倍となるから，式 (8・10) になる．また，三相3線式の場合は，$\sqrt{3}E_s = V_s$，$\sqrt{3}E_r = V_r$ (V_s，V_r：線間電圧)，$v = \sqrt{3}e$ であるから，式 (8・13) を $\sqrt{3}$ 倍すれば式 (8・11) になる．

(2) 電圧降下率と電圧変動率

送電端電圧 V_s と受電端電圧 V_r の差 (電圧降下) と受電端電圧 V_r との比の百分率を **電圧降下率** といい，次式で表される．

$$\text{電圧降下率 } \varepsilon = \frac{V_s - V_r}{V_r} \times 100 = \frac{v}{V_r} \times 100 \ [\%] \qquad (8\cdot14)$$

したがって，三相 3 線式の場合の電圧降下率 ε_3〔%〕は次式で表される．

$$\text{電圧降下率 } \varepsilon_3 = \frac{\sqrt{3}I(R\cos\theta + X\sin\theta)}{V_r} \times 100 \ [\%] \qquad (8\cdot15)$$

一方，無負荷時の受電端電圧 V_{or} と全負荷時の受電端電圧 V_r との差と受電端電圧 V_r との比の百分率を**電圧変動率**といい，次式で表される．

$$\text{電圧変動率} = \frac{V_{or} - V_r}{V_r} \times 100 \ [\%] \qquad (8\cdot16)$$

(3) 電圧降下軽減策

1項で配電系統の電圧調整を説明したが，高圧配電線，低圧配電線等の電圧降下が大きすぎると，調整装置だけでは電圧維持基準に収まらないことが考えられる．このため，高圧配電線，低圧配電線，引込線等にそれぞれ電圧降下値の限度（**電圧降下配分**）を決め，それぞれの設備が限度内となるよう，必要に応じて電圧降下軽減対策をとる．電圧降下は式 (8・13) で表されるから，これを小さくするには，I, R, X を減少させればよく，**電圧の格上げ，電線張替（太線化），分割，変圧器の位置や容量の適正化，力率の改善**等を行う．

3 電力損失

(1) 配電線の抵抗損

配電線の抵抗 R〔Ω〕に電流 I〔A〕が流れるとジュール熱 I^2R〔W〕が発生し，抵抗損となる．

①単相 2 線式

図 8・26 のように，負荷端電圧を V〔V〕，電力を P〔W〕，力率を $\cos\theta$ とすれ

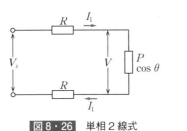

図 8・26　単相 2 線式　　　図 8・27　三相 3 線式

ば，負荷電流 I_1 は $I_1 = P/(V\cos\theta)$〔A〕である．したがって，単相2線式の抵抗損 P_{l1} は電線が2条あるから次式となる．

$$P_{l1} = 2I_1^2 R = 2\left(\frac{P}{V\cos\theta}\right)^2 R = \frac{2P^2 R}{V^2\cos^2\theta} \text{〔W〕} \qquad (8\cdot 17)$$

②三相3線式

図8・27のように，負荷端電圧を V〔V〕，電力を P〔W〕，力率を $\cos\theta$ とすれば，負荷電流 I_3 は $I_3 = P/(\sqrt{3}V\cos\theta)$〔A〕である．したがって，電線の抵抗損 P_{l3} は電線が3条あるから次式となる．

$$P_{l3} = 3I_3^2 R = 3\left(\frac{P}{\sqrt{3}V\cos\theta}\right)^2 R = \frac{P^2 R}{V^2\cos^2\theta} \text{〔W〕} \qquad (8\cdot 18)$$

すなわち，抵抗損は，線路抵抗に比例するとともに，線路電流や負荷電力の2乗に比例し，負荷電圧と負荷力率の2乗に反比例する．この抵抗損と受電端電力の比を**電力損失率**という．単相2線式および三相3線式の電力損失率をそれぞれ p_1, p_3 とすれば次式となる．

$$p_1 = \frac{P_{l1}}{P} = \frac{2PR}{V^2\cos^2\theta} \qquad (8\cdot 19)$$

$$p_3 = \frac{P_{l3}}{P} = \frac{PR}{V^2\cos^2\theta} \qquad (8\cdot 20)$$

(2) 電力損失軽減対策

配電系統の電力損失は，線路の抵抗損と柱上変圧器の銅損および鉄損が主なものである．抵抗損および銅損は $I^2 R$ で与えられるので，損失を減らすには電流 I または抵抗 R を減らせばよい．また，鉄損を減らすには，鉄損の少ない巻鉄心変圧器を使えばよい．したがって，電力損失軽減策は次のようになる．

①配電電圧の昇圧

式（8·18）に示すように，電圧を上昇させると，電力損失は電圧の2乗に反比例して減少する．例えば，電圧を3.3 kVから6.6 kVに昇圧すると，電流は1/2になるので，電力損失は1/4になる．

②電力用コンデンサの設置

負荷に並列に電力用コンデンサを設置すれば，式（8·18）に示すように，線路電流は力率に反比例して減少するので，電力損失は力率の2乗に反比例して減少する．

③**電線の太線化・分割・亘長の短縮**

電線の太線化・分割・亘長の短縮により抵抗を減少させる．また，分割によって電流が減少し，電力損失が減少する．

④**給電点の適正化**

柱上変圧器を負荷の中心に設置すると，電流分布が良くなり，電力損失が減少する．

⑤**単相3線式の採用と負荷電流の不平衡の是正**

100 V負荷に単相3線式を採用すると，電圧上昇の効果もあり，電力損失が減少する．また，単相3線式でも負荷電流が不平衡であると，平衡の場合に比べて電力損失が増加するので，負荷電流をできる限り平衡させる．

⑥**その他**

方向性けい素鋼板を使用した巻鉄心変圧器の採用，負荷に応じた変圧器運転台数の調整，△結線変圧器をV結線とすること，休日・夜間等で使用していない変圧器の開放（鉄損の減少）などの方法がある．

8-4 配電系統の電圧調整と電力損失

例題21 ··· H23 問7

次の文章は，配電線の電圧調整に関する記述である．

低圧需要家への供給電圧を電気事業法で定められた範囲内に維持するためには，配電用変電所の ___(1)___ を合理的に調整し，配電系統各部の電圧降下を適切に配分することが必要である．ただし，近年普及してきた分散形電源が接続された系統では，需要家構内の消費電力より発電電力が大きい場合に，需要家から系統側へ電力が供給されるいわゆる ___(2)___ が生じ，部分的に系統の電圧上昇を発生することがあるので注意を要する．

また，こう長が長く電圧降下が大きい配電線のように，配電線の電圧を限度内に保持することが困難な場合には，配電線に ___(3)___ が使用される他，電力用コンデンサや静止形 ___(4)___ 補償装置（SVC及びSTATCOM）などを用いて，配電線に流れる ___(4)___ を調整することにより電圧調整を行うこともある．

その他に，配電線に直列コンデンサを挿入して，配電線のリアクタンスを補償することにより電圧改善を行うこともできるが，配電線事故時の事故電流により ___(5)___ が生じるなどの弊害もあるため，あまり採用されていないのが実状である．

【解答群】
(イ) 線路電圧調整器　　(ロ) 直流電圧　　　　(ハ) 逆潮流
(ニ) 過負荷　　　　　　(ホ) 不平衡　　　　　(ヘ) 過電圧
(ト) 稼働率　　　　　　(チ) 送出電圧　　　　(リ) 横流
(ヌ) 皮相電力　　　　　(ル) バランサ　　　　(ヲ) 限流リアクトル
(ワ) 有効電力　　　　　(カ) 無効電力　　　　(ヨ) 保護装置

解 説 本節1項および8-3節2項（4）を参照する．

【解答】(1) チ　(2) ハ　(3) イ　(4) カ　(5) ヘ

8-5 電力系統の障害現象

攻略のポイント　本節に関して，電験3種ではあまり出題されないが，2種ではフリッカや高調波の発生やその抑制対策が出題されている．

1　フリッカ

送配電系統にアーク炉，溶接機等の変動負荷が接続されると，その負荷電流による線路の電圧降下のために電圧変動が発生する．この電圧変動は頻繁に繰り返されると電灯や蛍光灯の明るさにちらつきが生じ，著しい場合は人に不快感を与える．これを**フリッカ**と呼ぶ．

電圧変動に対し最も敏感にちらつきを生じるのは**白熱電灯**であり，フリッカはそのちらつきをもって評価される．日本では，**電圧変動の周波数成分を人が最も感じやすい10 Hzの成分に補正したフリッカの許容値（ΔV_{10}）による評価**が推奨されている．ΔV_{10}は，各種周波数成分にウエイト付けした後，1分間実効値を求め，その成分をRMS合成したものとして，次式で定義される．

$$\Delta V_{10} = \sqrt{\sum_{n=1}^{\infty}(a_n \cdot \Delta V_n)^2} \quad (8 \cdot 21)$$

（ただし，ΔV_n：周波数f_nの電圧変動分の実効値〔V〕，a_n：10 Hzを1.0とした周波数f_nにおけるちらつき視感度係数）

なお，フリッカは，ちらつき評価試験で50%の人にちらつきがあると認識される0.45 Vを限度値とする考え方が一般的である．

[フリッカ抑制対策]

① アーク炉，溶接機等の運転条件を改善してフリッカの発生を軽減する．
② 発生源への供給を**短絡容量の大きな電源系統に変更**する．
③ 発生源への供給を**専用線または専用変圧器**で行う．
④ 電源側に直列コンデンサを，**負荷側にSVCやSTATCOMを挿入**する．
⑤ アーク電流が不安定な交流アーク炉に代え，安定した電流が得られる**直流アーク炉**を採用する．
⑥ アーク炉用変圧器の二次側に直列に**可飽和リアクトル**を挿入する．

2 高調波

(1) 高調波の発生源
電力系統の負荷には，線形負荷と非線形負荷がある．このうち，非線形負荷は，印加電圧が正弦波であるにもかかわらず，ひずみ波形の電流が流れるため，高調波発生源となる．これには下記の機器があげられる．

①半導体を用いた機器

a．AC-DC 変換装置

電気化学，電気鉄道用の直流電源，直流電動機のレオナード制御等に使用される三相サイリスタブリッジ整流回路の交流側電流波形ひずみによるものである．三相ブリッジ整流回路が p パルスの場合，理論的には次数が $n = pm \pm 1$（m：整数）で大きさが基本波電流の $1/n$ の高調波が発生する（例えば，6パルスでは $6m \pm 1$ すなわち5次，7次，11次，13次…等の高調波が発生する）．

b．交流電力調整装置

抵抗炉の温度制御，調光装置，誘導電動機の速度制御等の電圧位相制御によるもので，高調波電流は位相制御角 α の変化によって連続的に変化する．

c．サイクロコンバータ

交流を別の周波数の交流に直接変換し，誘導電動機の速度制御等に使われる．

②電気炉，圧延機，溶接機等の変動負荷

電極での短絡・開放が繰り返されることにより，電流が不規則に変動する．

③変圧器・回転機等の鉄心の磁気飽和によって励磁電流に高調波を含む機器

(2) 高調波による障害

① 電力系統では，電力機器の損失増加による過熱，異常騒音と振動，焼損，容量性負荷での高調波電流の増加による機器の過熱，電力用コンデンサ（付属直列リアクトル）や周波数変換所フィルタの過負荷や過熱など

② 負荷機器では，過大な高調波電流が流れることによる電力用コンデンサ（付属直列リアクトル）の過負荷や過熱，ラジオ・テレビの音響装置の雑音・映像のちらつき，蛍光灯のコンデンサ・チョークコイルに過電流が流れることによる過熱・焼損，回転数の周期的変動による電動機のうなりや損失増加による温度上昇など

③ 通信線の誘導障害，波形ひずみによる保護リレーの誤動作や制御装置の制御不

安定,測定計器の指示不良など

(3) 高調波対策

①発生源側における対策

a. **進相コンデンサの直列リアクトル設置** 需要家側に設置される進相コンデンサは直列リアクトルとともに使用する.直列リアクトルを設置しないとコンデンサが直接線路に接続されるので,そのキャパシタンスと系統の変圧器・線路のリアクタンスとの共振により,高調波の電圧と電流が拡大する.

b. **三相電力変換装置の多パルス化** パルス数 p の三相電力変換装置の発生する高調波電流の次数 n は $n = pm \pm 1$ で大きさは基本波電流の $1/n$ となるから,パルス数を増加させて高調波電流を抑制する.△-△結線と△-Y結線の変圧器の組み合わせにより,12パルス相当にする.

c. **交流フィルタやアクティブフィルタの設置** 交流フィルタにより高調波を吸収させたり,アクティブフィルタにより高調波を打ち消したりする.

d. **過大な位相制御(位相シフト)を避け**,制御角の相間ばらつきを低減する.

e. **チョークリアクトルの挿入** 家電製品に使用されているコンデンサ平滑単相ブリッジ整流回路の場合,交流側にチョークリアクトルを挿入することにより,高調波電流を抑制する.

②配電系統における対策

・供給線路の太線化等による短絡容量の増大を図る.
・短絡容量の大きい系統から受電する.
・高調波発生負荷を専用線から供給する.

3 瞬時電圧低下

電力系統において落雷等で送変電設備が故障した場合,保護リレーにより高速で故障区間を除去するまでの短時間(0.05秒〜0.1秒程度,最長で2秒)に瞬間的な系統電圧の低下と停電,すなわち**瞬時電圧低下**と**瞬時停電**が発生する.この現象は500・275 kV といった基幹系統で故障が発生すると,広範囲に及ぶ.

(1) 瞬時電圧低下による影響

①近年の生産設備や事務設備はコンピュータやサイリスタ等で構成されている.これらの機器は瞬時電圧低下によりメモリが消失したりデータ処理が不安定になったりして,プログラムの誤動作や誤制御を発生させる.

②工場の電動機の開閉装置として使われる電磁開閉器は，瞬時電圧低下により不完全接触を生じ，電源が正常に復帰してもそのままとなるものがある．

③水銀ランプは，安定点灯中に電圧低下により一旦消灯すると，再起動可能な状態となるまで数分を要し，点灯できなくなる．

(2) 瞬時電圧低下の防止対策

電力系統が自然にさらされているため故障は避けられず，電力系統側での抜本的な対策は技術的・経済的な理由から不可能であるため，需要家側での対策が効果的である．

①電力系統側の対策

・雷等の故障を短時間で除去する．
・送電線の地中化により雷・風雨等による故障発生を少なくさせる．
・電源の需要地近傍への分散配置等により，電源と需要間の距離を短くする．
・送電系統の分割や放射状運用により，電圧低下範囲を少なくする．
・中性点の高インピーダンス化により，故障頻度の多い1線地絡時の電圧低下を小さくさせる．

②需要家側の防止対策

・コンピュータ等のエレクトロニクス機器に浮動充電方式の**静止形無停電電源装置（UPS）**を付加する（図8・28参照）．UPSでは，常時は整流器を通して交流系統から受電しているが，瞬時電圧低下や瞬時停電が発生した場合にはバッテリからインバータへ直流電力を供給して負荷側に常に交流電力を継続して供給する．
・サイリスタ等による可変速電動機では，電圧低下時にサイリスタの動作をロックし，電圧復帰時に自動的にロックを解除して，電動機を正常運転させる．

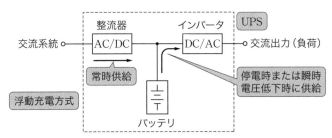

図8・28 静止形無停電電源装置（UPS）の基本回路構成

配 電

- 電動機には遅延釈放式，タイマ挿入式等のマグネットスイッチを取り付け，電動機の運転を継続させる．
- 高圧水銀灯に関しては，ランプ消灯時に高圧パルスを発生させてランプを瞬時点灯する瞬時再点灯形等に取り換える．
- 受電設備に短時間動作形不足電圧リレー（UVR）を取り付け，動作時間を遅延させ，製品の品質面や機器保護面で許す限り，電力の受電を継続させる．

例題22　　H19　問4

次の文章は，フリッカに関する記述である．

配電線にアーク炉や溶接機などのような変動負荷が接続されると，その負荷電流による電圧降下のために配電線の電圧が変動する．この電圧変動が頻繁に繰り返され，照明の明るさにちらつきを生じる現象をフリッカという．

電圧変動に対し最も敏感にちらつきを生じるのは　(1)　であり，フリッカは，そのちらつきをもって評価される．

日本においては，現在，次式により算出される値による評価が推奨されている．

$$\sqrt{\sum_{n=1}^{\infty}(a_n \Delta V_n)^2}$$

式の ΔV_n は n 次変動周波数における電圧の実効値である．また，a_n は各変動周波数におけるちらつき視感度係数であり，その値が　(2)　となる　(3)　〔Hz〕のときを1.0としたものとなっている．

なお，フリッカは，ちらつき評価試験で50%の人にちらつきがあると認識される　(4)　〔V〕を限度値とする考え方が一般的である．

フリッカ防止の対策としては，電流変動を補償する方法があり，　(5)　等が用いられている．

【解答群】
(イ) 1　　　　　　　（ロ）自動力率調整装置（APFR）　　　　（ハ）0.12
(ニ) 0.45　　　　　（ホ）蛍光灯　　　　　　　　　　　　　　（ヘ）白熱灯
(ト) ハロゲン灯　　（チ）3　　　　　　　　　　　　　　　　（リ）最小
(ヌ) 10　　　　　　（ル）自動電圧調整装置（SVR）　　　　　（ヲ）0.23
(ワ) 平均値　　　　（カ）静止形無効電力補償装置（SVC）　　（ヨ）最大

解 説　本節1項を参照する．

【解答】(1) ヘ　(2) ヨ　(3) ヌ　(4) ニ　(5) カ

例題23　　　　　　　　　　　　　　　　　　　　H20　問3

次の文章は，送配電系統の高調波対策に関する記述である．

送配電系統の高調波電流抑制対策としては，発生源の一つであるパルス数 p の三相ブリッジ回路を持つ電力変換装置の発生する高調波次数は　(1)　（m は整数）で，大きさは次数に反比例するため，パルス数を増加することにより低次数の高調波を抑制することができる．また，　(2)　など高調波発生を抑制した制御方式を採用した電力変換装置も使用されている．単相整流及び三相ブリッジ整流回路の場合は，交流側に　(3)　を直列に挿入することにより高調波電流の発生を抑制することができる．

電気機器や装置の負荷電流の高調波成分の電力系統への流出を抑制する方法の一つとして，受動（パッシブ）フィルタが用いられる．受動フィルタは負荷電流に含まれる高調波成分を吸収するもので，複数の所定次数調波吸収用の　(4)　と，高次調波吸収用の高次フィルタで構成される場合が多い．

需要家に設置される力率改善用　(5)　は，一般的に高圧側に設置されることが多いが，これを低圧側に設置することにより配電系統に流出する高調波電流を抑制することができる．

【解答群】
(イ) 位相制御方式　　　　(ロ) 同調フィルタ　　　　(ハ) $pm \pm 1$
(ニ) 電動機　　　　　　　(ホ) 避雷器　　　　　　　(ヘ) リアクトル
(ト) $pm \pm 2$　　　　　(チ) 整流器　　　　　　　(リ) コンデンサ
(ヌ) ハイパスフィルタ　　(ル) パルス幅変調方式　　(ヲ) $p(m \pm 1)$
(ワ) 周波数変調方式　　　(カ) 抵抗器　　　　　　　(ヨ) 発電機

解説　　(2) パルス幅変調方式（PWM）など高調波発生を抑制する制御方式を採用した電力変換装置も使用されている．(5) に関して，力率改善用コンデンサを低圧側に設置すると，そのコンデンサがフィルタの役割をして，系統への高調波流出が抑制される．

【解答】(1) ハ　(2) ル　(3) ヘ　(4) ロ　(5) リ

章末問題

1 　　　　　　　　　　　　　　　　　　　　　　　　　　　R3　問7

次の文章は，配電線の保護に関する記述である．

我が国の配電線は架空線が多く，年度により若干の差異はあるものの雷，風水害，氷雪，　(1)　など自然災害の影響を大きく受けることが多く，約半数を占める．その他の事故の要因としては，設備不備，保守不備や自動車の衝突，クレーン車の接触などの故意過失，　(2)　の接触が主な原因としてあげられる．

一方で，地中線は都市の美観，　(3)　の観点などから都市部を中心に増加しており，主な事故の原因は道路工事における故意過失や設備不備，保守不備があげられる．

下表は，高圧配電線の事故の種類，事故時に動作する保護装置，事故の主な原因についてまとめたものである．

表　高圧配電線の事故

事故の種類	動作する保護装置	事故の内容	主な事故の原因
短絡事故	過電流リレー	線間短絡	・自然災害 ・自動車衝突による短絡 ・機器内不良による接触（高圧線に接続されているもの） ・　(4)　の倒壊による短絡 ・道路工事による損傷（地中線） ・その他
異相地絡事故	過電流リレー	線間短絡	・自然災害のうち特に　(5)
	地絡リレー	地絡	
地絡事故	地絡リレー	地絡	・自然災害 ・自動車衝突による断線 ・機器内不良による接触（高圧線に接続されているもの） ・　(2)　の接触 ・テレビアンテナ，看板接触による損傷 ・道路工事による損傷（地中線） ・クレーン車誤操作による接触 ・その他

【解答群】
（イ）スリートジャンプ　　（ロ）支持物　　（ハ）混触
（ニ）雷による碍子の亀裂　（ホ）防犯上　　（ヘ）台風によるトラッキング
（ト）雪害による断線　　　（チ）架空地線　（リ）炭化

（ヌ）塩害　　　　　　（ル）防災上　　　　　（ヲ）樹木鳥獣
（ワ）絶縁体　　　　　（カ）経済性　　　　　（ヨ）トリーイング

■ 2　　　　　　　　　　　　　　　　　　　　　　　　　　　R4　問4

次の文章は，柱上変圧器の事故と保護に関する記述である．

　柱上変圧器の地絡事故は，巻線と変圧器ケース，一次巻線と二次巻線との接触などにより発生する．

　変圧器内部の一次巻線の地絡事故は，変電所の　(1)　によって検出され，変電所内の遮断器によって遮断される．また，一次巻線と二次巻線の混触事故は，二次巻線のB種接地工事を行った接地を通じて，同様に変電所で検出，遮断される．

　このような事故は変圧器の構造からして自然に発生するものではなく，　(2)　の繰り返し，雷によるショックなどによって　(3)　劣化し発生する．

　また，雷により　(4)　が破損し，一次側リード線と変圧器ケースとが　(5)　することで地絡事故は発生する．

【解答群】
（イ）過電流リレー　　　（ロ）シーリング　　　　（ハ）逆フラッシオーバ
（ニ）過負荷　　　　　　（ホ）鉄心　　　　　　　（ヘ）損傷
（ト）地絡リレー　　　　（チ）腐食　　　　　　　（リ）絶縁
（ヌ）フラッシオーバ　　（ル）風雨　　　　　　　（ヲ）気温変化
（ワ）GR付PAS　　　　　（カ）コイル　　　　　　（ヨ）ブッシング

■ 3　　　　　　　　　　　　　　　　　　　　　　　　　　　H18　問4

次の文章は，配電自動化システムに関する記述である．

　配電線事故発生時に，配電自動化システムにより事故発生箇所を含む区間を自動的に区分する方式として，事故発生時に，配電線停止によりいったん　(1)　開放された自動開閉器を，変電所の配電用遮断器の　(2)　と協調して，一定の時間間隔で順次投入する　(3)　方式が一般的に採用されている．この方式においては，事故発生箇所を含まない区間においても，　(4)　回の送電停止が発生してしまう．これを軽減するため，開閉器本体で検出した事故電流の情報を収集し，事故区間を直ちに判別すれば，当該事故区間よりも　(5)　側区間の1回分の送電停止が回避可能となる．

【解答群】
（イ）負荷　　　　　　　（ロ）時限順送　　　　　（ハ）再閉路
（ニ）転送遮断　　　　　（ホ）無電圧　　　　　　（ヘ）2
（ト）4　　　　　　　　（チ）差電圧　　　　　　（リ）抵抗投入

8章
配電

427

配 電

| (ヌ) 開放 | (ル) 3 | (ヲ) 電源 |
| (ワ) 逆電力 | (カ) 連系 | (ヨ) 能動 |

■4　　　　　　　　　　　　　　　　　　　　　　　　　　　　H27　問3

次の文章は，送配電系統の電圧上昇とその対策に関する記述である．

都市部の送配電系統では　(1)　の採用や需要家側に設置された力率改善用コンデンサの常時投入などにより，深夜軽負荷帯などに無効電力発生が過剰となる場合がある．これに伴う電圧上昇対策として　(2)　の投入や，変圧器タップ位置の調整，発電機の進相運転（低励磁運転）などを行っている．発電機の進相運転（低励磁運転）では　(3)　及び補機電圧の低下などの問題がある．よって，あらかじめ運転可能範囲を十分に検討しておく必要がある．

一方，太陽光発電設備の多く導入された配電系統では，5月上旬等日照条件がよく負荷の比較的小さい期間において，太陽光発電設備による逆潮流により，特に高圧配電線末端の電圧が上昇する．電圧上昇対策は系統側条件と発電設備側条件の両面から検討することが基本であり，　(4)　側では　(5)　や出力抑制の機能をもつ自動電圧調整装置等を設置する方法が用いられている．

【解答群】
(イ) 母線連絡用遮断器　　(ロ) 軸ねじれ共振　　(ハ) GIS
(ニ) 変圧器タップ切換　　(ホ) フォルトライドスルー
(ヘ) 分路リアクトル　　(ト) 電圧脈動の増大　　(チ) 変電所
(リ) 進相無効電力制御　　(ヌ) 同期安定性の悪化
(ル) アモルファス変圧器　(ヲ) ケーブル系統　　(ワ) 系統
(カ) 発電設備　　　　　　(ヨ) 直列コンデンサ

■5　　　　　　　　　　　　　　　　　　　　　　　　　　　　H12　問7

次の表の用語は，配電線に関するものである．A欄の語句と最も深い関係があるものをB欄およびC欄の中から選べ．

A欄	B欄	C欄
(1) 自動開閉器	(イ) 低圧線電圧降下補償	(a) 建造物接近
(2) スペーサ	(ロ) 故障区間切離し	(b) 時限順送
(3) 避雷器	(ハ) フリッカ対策	(c) 対地静電容量不平衡
(4) SVR	(ニ) 雷害対策	(d) 直列共振
(5) バランサ	(ホ) 高圧線電圧降下補償	(e) 酸化亜鉛
	(ヘ) 電圧ひずみ低減	(f) 不平衡電流
	(ト) 線間離隔距離	(g) 自動電圧調整

(備考) SVR：ステップ式自動電圧調整器

■6　　　　　　　　　　　　　　　　　　　　　　　　　　H8　問7

次の表の用語は，配電線に関するものである．A欄の語句と最も深い関係があるものをB欄およびC欄の中から選べ．

A欄	B欄	C欄
(1) 分路リアクトル	(イ) 配電線用遮断器	(a) 短絡事故検出
(2) 高調波	(ロ) 遮へい効果	(b) 地絡事故検出
(3) DGリレー	(ハ) 太陽電池	(c) フェランチ現象
(4) フリッカ	(ニ) 圧延機・プレス機	(d) 雷害対策
(5) 架空地線	(ホ) 進み電流	(e) 停電事故防止対策
	(ヘ) サイリスタ機器	(f) 白熱電灯のちらつき
	(ト) 直列接続	(g) コンデンサ設備焼損

9章 電気材料

学習のポイント

　電気材料の分野は1～8章の分野に比べて出題数は圧倒的に少ない．とはいえ，空気，真空，SF_6，絶縁油等の特徴は電力機器のベースとなるため，重要である．この観点で，変圧器，開閉器，ケーブルなど他の分野と共通する点も多い．電気材料分野で出題されているのは，絶縁材料の特徴，ケーブルの異常診断，変圧器の鉄心材料などである．学習に際しては，本文中の太字のキーワード，例題や章末の過去問題の出題箇所を中心に，語句や重要な数字を覚えておく．

9-1 絶縁材料

攻略のポイント　本節に関して，電験3種では絶縁材料，磁性材料，導電材料のいずれかが出題されている．2種では電気材料の出題は少なく，絶縁材料では空気・SF_6・絶縁油・架橋ポリエチレンを含めた総括的な出題がされた程度である．

1 絶縁材料として必要な性質

電気機器に使用される絶縁物に要求される主な性質は，次の通りである．
① 絶縁抵抗や絶縁耐力が高いこと
② 絶縁材料内部の電気的損失が少ないこと
③ 使用温度に十分耐えること
④ 機械的性質，加工性が優れていること
⑤ 耐コロナ性，耐アーク性が優れていること
⑥ 吸湿性がなく，化学的に安定であること
⑦ 比熱，熱伝導率が大きいこと
⑧ 液体絶縁材料の場合は，引火点が高く，凝固点が低いこと
⑨ 気体絶縁材料の場合は，不燃性で，人体に無害であり，液化温度が低いこと
⑩ 価格が安いこと

2 気体絶縁材料

気体は，抵抗率が無限大に近く，比誘電率もほとんど1に等しく，誘電損失の少ない優れた絶縁材料である．しかし，固体や液体の絶縁材料に比べると，気体の絶縁耐力は低く，それを高めるために加圧状態で用いることも多い．

(1) 空気

送電線・変電・配電設備にみられるように，空気は優れた絶縁材料であるが，他の絶縁材料に比べて絶縁耐力が低い．交流に対する空気の絶縁耐力（波高値，大気圧）は一般に 30 kV/cm 程度である．また，放電を生じると，オゾンや酸化窒素を発生し，付近の絶縁物や金属を劣化させる．

(2) 真空

真空は 10^{-4} mmHg 程度以下の圧力で高い絶縁耐力が得られるとともに，アークは真空中で急速に拡散し半サイクル以内に消滅するため，真空遮断器や真空開閉器に活用されている．

(3) SF_6 ガス

SF_6 ガスは無色・無臭・不活性の気体であり，約 500℃ まで安定な優れた絶縁性ガスである．SF_6 ガスは空気の約 3 倍の絶縁耐力をもち，3 気圧程度に圧縮すると絶縁油と同等な絶縁耐力となる．また，アークの消弧特性は空気の 100 倍程度で，絶縁回復が早い．SF_6 ガスの熱伝導率は空気より小さいが，熱伝達率は空気の 1.6 倍である．このように SF_6 ガスは絶縁耐力やアークの消弧特性に優れていることから，ガス遮断器，ガス絶縁開閉装置，ガス絶縁変圧器等の絶縁材料や消弧媒体として多用されている．一方で，SF_6 ガスの絶縁耐力は電界依存性が高く，金属異物が存在すると大幅に絶縁耐力が低下するため，製造・組み立て時の品質管理は重要である．また，アーク放電により，ふっ化物等の分解物を生ずるという短所もある．他方，近年，SF_6 ガスの温暖化係数は高いことが明らかになってきている．このため，SF_6 ガスの使用量を減らす動きの中で，$SF_6 + N_2$ ガス等の混合ガス絶縁の適用化について研究が行われている．

3 液体絶縁材料

(1) 鉱油系絶縁油

鉱油は天然に産出する原油から蒸留法により精製されるが，絶縁油として古くから使用される．絶縁油（鉱油）の絶縁耐力（波高値）は 200 kV/cm 程度で，空気（30 kV/cm）に比べて極めて高い．しかし，絶縁油は，温度が上昇すると，絶縁抵抗が低下して漏れ電流が増加し，電気的損失（誘電損）も増加する．また，水や不純物が多くなると，これらがイオン化して絶縁抵抗が低下し，絶縁破壊電圧が下がる．主な用途として，油入変圧器，油入ケーブル，コンデンサ等がある．

(2) 合成絶縁油

鉱油の引火点は約 130～150℃ と低く可燃性で劣化しやすいなどの短所があるため，改良して開発されたのが合成絶縁油である．

アルキルベンゼンを他の絶縁油と混合し，OF ケーブル，コンデンサに用いられている．アルキルベンゼンは，流動点が低く，不平等電界下での雷インパルス電圧に対して絶縁耐力に優れているという特徴をもつ．

また，ポリブテンは，重合度の調整が容易で広範囲の粘度の製品ができるため，鉱油やアルキルベンゼンと混合して用いることができる．ケーブルやコンデ

ンサに用いられている．

さらに，シリコーン油は合成絶縁油の一種で，引火点が300℃以上と耐熱性に優れ，コンデンサや車両用変圧器として使用されている．

4 固体絶縁材料

(1) 無機絶縁材料
①磁器

けい酸アルミナ磁器（長石磁器）は，長石，蛍石（SiO_2），粘土を混合成形・乾燥し焼結したもので，SiO_2 や Al_2O_3 を主成分とする．電気絶縁性，耐熱性，耐湿性に優れ，機械的強度を有し，価格も安い．がいし，がい管，ブッシングなど広く電力機器に使われている．

②マイカとマイカ製品

マイカはけい酸四面体（SiO_4）が層状に配列し，この層間に Al や Mg などが入ってサンドイッチ状の雲母層をつくり，この雲母層間に K が入った構造をした板状結晶で，薄片にはがれやすい．電気絶縁性，耐熱性に優れ，機械的強度を有し，部分放電性，耐トラッキング性が良いので，回転機のコイル絶縁に使われている．

(2) 有機固体絶縁材料

有機絶縁材料は，**絶縁紙，合成ゴム，プラスチック（合成樹脂）**等がある．

①絶縁紙

電気的特性に優れ，化学的にも安定で安価であるので，変圧器やコンデンサ等によく使用されている．絶縁紙は変圧器の巻線の導体被覆として用いられており，最も高温にさらされているため，絶縁紙の劣化が変圧器の寿命を左右する．絶縁紙に要求される性能は絶縁性能と機械的性能であり，重要なのは絶縁性能では絶縁破壊電圧，機械的性能では引張り強度である．使用年数が長い変圧器の絶縁紙における絶縁破壊電圧はそれほど低下しないものの，引張り強度と平均重合度は大きく低下するといわれている．絶縁紙の主要構成物質はセルロース分子であり，この分子の長さの目安となるのが平均重合度である．絶縁紙が熱的に劣化すなわち酸化すると，絶縁紙のセルロース分子間の連鎖が切断され，平均重合度が低下し引張り強度は低下する．絶縁紙の劣化の過程において，アルコール類，アルデヒド類，フルフラール，一酸化炭素，二酸化炭素，水などが生成される．

こうした劣化により，通常は問題なくても，外部短絡故障により巻線に電磁機械力が加わると，絶縁紙が破断する可能性が生ずる．

② **合成ゴム**

柔軟で振動に強く，耐熱性に優れるため，電線の被覆，絶縁テープ等に使用されている．

③ **合成樹脂**

合成樹脂には多くの種類がある．モールドVT・CTやガス絶縁設備の導体支持物に使用される**エポキシ樹脂**，耐熱性に優れたH種絶縁の**シリコン樹脂**，電力ケーブルの絶縁体に使用される**(架橋)ポリエチレン**，絶縁電線の被覆に使用される**ポリ塩化ビニル**等がある．

a．**エポキシ樹脂**

これは，金属との接着性，耐湿性，耐アーク性，耐熱性に優れた熱硬化性樹脂である．

b．**架橋ポリエチレン**

ポリエチレンは電気絶縁性および耐摩耗性が優れた絶縁材料であるが，105～110℃で溶融変形する欠点がある．このため，放射線の照射等により分子鎖間の架橋を行い，耐熱性と耐軟化性を向上させたものが架橋ポリエチレンである．架橋ポリエチレンは，熱軟化温度が230～275℃と高く，耐候性，耐オゾン性，耐トラッキング性等に優れた材料で，電力ケーブルや絶縁電線の絶縁体として広く使用されている．

5 絶縁材料の劣化

絶縁材料の劣化には電気的要因，熱的要因，機械的要因，環境的要因がある．

(1) 電気的要因

雷，サージ等の衝撃電圧，コロナ，アーク等が要因としてある．電気的要因による劣化は，過電圧が印加されると，絶縁物内部の空隙で発生するボイド放電や絶縁物外部表面で起きる表面（沿面）放電等の部分放電が促進され，劣化が進行するということである．これは，電圧劣化ともいう．有機絶縁材料は，無機絶縁材料に比べ，連続的な過電圧ストレスに弱い．

(2) 熱的要因

負荷電流に基づく発生熱による絶縁材料の温度上昇によって，特に有機絶縁材

料は，酸化，重合，解重合等の化学反応を伴った熱劣化が進む．そこで，絶縁材料の熱的劣化を防止するため，表9・1のように，耐熱クラス（＝許容最高温度）が決められている．

表9・1 絶縁材料の耐熱クラス

指定文字	耐熱クラス （許容最高温度）（℃）	絶縁材料の種類（例）	用途別（例）
Y	90	木綿，絹，紙などの材料で構成され，油やワニス類を含浸しないもの	低電圧，小形の機器
A	105	上記材料を油やワニス類で含浸したもの	普通の回転機，変圧器
E	120	ポリウレタン樹脂，エポキシ樹脂またはメラミン樹脂，フェノール樹脂など，セルロース充てん成形品，積層品など	比較的大容量の機械，E種電動機（小形誘導電動機）
B	130	マイカ，石綿，ガラス繊維などの無機材料を接着剤とともに用いたもの	高電圧の機器
F	155	B種の材料をシリコーンアルキド樹脂などの接着材料とともに用いたもの	高温場所で使用する場合，特に小形化を図る場合，電車用モータ
H	180	B種の材料をシリコーン樹脂または同等以上の接着材料とともに用いたもの	同上，および油を用いない高圧用機器，乾式変圧器
N	200	生マイカ，石英，ガラス，磁器またはこれらに類似の高温度に耐えるもの	特に耐熱性，耐候性を必要とする部分
R	220		
250	250		

(3) 機械的要因

負荷電流による電磁力，短絡故障等による電磁力，運転中の機械的振動，電磁的振動，熱膨張収縮による応力等がある．

(4) 環境的要因

紫外線，オゾン，水分，化学薬品等により進行する劣化である．

6 絶縁材料の異常診断

(1) 交流電気機器の絶縁診断
非破壊試験による交流電気機器の絶縁診断方法として，絶縁抵抗試験，直流試験，誘電正接試験，部分放電（コロナ測定）試験がある．

①絶縁抵抗試験
〈原理〉
直流電圧を印加して絶縁抵抗を測定し，その値から絶縁物の劣化状態を測定する．

〈特徴〉
・装置も試験方法も簡単であるため，初期の絶縁診断として用いられる．
・温度，湿度によって測定値が大きく変動する．
・設備を停止しないと診断ができない．
・本試験のみで絶縁の良否を判断することは難しい．

②直流試験
〈原理〉
直流電圧を印加して検出される電流の大きさおよび電流の時間的変化を測定し，絶縁物の劣化状態を判定する．

〈特徴〉
・測定実績が多く，信頼度が高い．
・電源容量が小さくてすみ，特にケーブル等の劣化診断に採用される．
・絶縁物の吸湿劣化の検出に効果がある．

③誘電正接（$\tan \delta$）試験
〈原理〉
交流電圧を印加し，シェーリングブリッジにて $\tan \delta$ を測定する．$\tan \delta$ の値が印加電圧や周囲温度によってどのように変化するかを評価することにより，劣化傾向を判断する．

〈特徴〉
・大形の電源装置が必要となる．
・絶縁物の形状・寸法に影響されず，絶縁物の吸湿・熱・薬品等による劣化の検出に効果がある．

・油入機器では温度により測定値が変化するため，油温も記録する．

④ 部分（コロナ測定）試験

〈原理〉

絶縁物に交流または直流の高電圧を印加し，部分放電の発生・消滅電圧，放電電荷量を測定し，絶縁物の劣化状態を判定する．

〈特徴〉

・絶縁物のボイドなど，局部的な絶縁不良の判断に適する．
・活線状態で測定することも可能である．
・装置が複雑で，ノイズに対する配慮も必要である．

(2) ケーブルの異常診断

油浸絶縁ケーブルの絶縁低下は，シースの腐食・外傷等による絶縁体の吸湿，振動・熱伸縮による損傷や空隙の発生，過熱や長年の使用に伴う絶縁体の変質等の原因がある．CVケーブルの絶縁低下は，主に水トリーの進展により発生する．

CVケーブルに関しては，ケーブル部の劣化診断として，直流漏れ電流測定法，損失電流法，残留電荷法，耐電圧法等が適用され，接続部の劣化診断として部分放電測定，温度測定，終端部ガス分析等が行われる．また，OFケーブルに関しては，油中ガス分析，絶縁油特性試験，ケーブルコア移動量測定，部分放電測定等が実施される．ケーブルの絶縁診断方法は次の方法がある．

① 直流漏れ電流法（直流高圧法）

ケーブルの導体－シース間に直流高電圧を印加し，短時間で減衰する変位電流や吸収電流，時間的に変化しない漏れ電流の大きさ，変化等から，絶縁状態を推定する．絶縁物が劣化すると，漏れ電流が増加する．極端に劣化が進むと，電流値が増加したり，電流キック現象（電流－時間特性上の電流の急激な変動）が発生したりする（図9・1）．

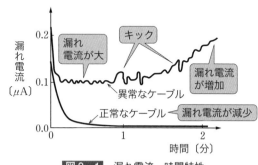

図9・1　漏れ電流－時間特性

② 部分放電法（コロナ法）

絶縁体内に空隙（ボイド）等の部分的欠陥がある電力ケーブルに高電圧を印加

すると，欠陥部で**部分放電（コロナ）**が発生して絶縁破壊の原因となることがある．そこで，部分放電法は，交流または直流課電時の部分放電を測定し，一定時間内に発生する一定量を超えるパルス数等を電圧や時間で整理し，その特徴から，欠陥部を未然にかつ非破壊で検知できる．部分放電測定は，CVケーブル，OFケーブルとも適用できる．

③誘電正接（$\tan \delta$）法

ケーブル絶縁体中に水トリーが発生すると，誘電正接（$\tan \delta$）が増加することが知られており，それに伴って絶縁破壊値が低下する．本方法は，被測定ケーブルに印加されている電圧および充電電流を検出して$\tan \delta$を測定する．部分放電測定が局部的な絶縁劣化の測定に適しているのに対し，誘電正接測定は全体的な劣化の診断に向いている．

④損失電流法

CVケーブルの水トリー劣化に対する診断法である．ケーブルに交流電圧を印加し，ケーブル絶縁体に流れる充電電流から課電電圧と同位相の電流成分（損失電流成分）を抽出し，その中に含まれる高調波電流（主に第3高調波電流）から，劣化の状況を把握する．

⑤残留電荷法

CVケーブルの水トリー劣化に対する診断法である．最初に直流課電によって水トリー部に電荷を蓄積させ，次に交流課電で蓄積した電荷を放出させる．直流課電と交流課電を組み合わせた手法である．検出された電荷の量は，水トリーの数や長さによって変化するため，水トリーの発生状況を検知することができる．

⑥耐電圧法

CVケーブルの水トリー劣化のスクリーニングを目的とし，常規電圧よりも高い試験電圧をケーブルに印加し，試験結果から水トリー劣化の進行度を判断し，ケーブルの余寿命を診断する．劣化レベルに応じて，試験電圧の大きさや周波数を選定する．

⑦油浸絶縁ケーブルの絶縁油調査

OFケーブル，POFケーブルの絶縁油を採取して，誘電特性や絶縁破壊電圧等の電気的特性，水分の測定，油中ガス分析を行い，劣化の程度を調べる．油中ガス分析では，可燃性ガス総量と，H_2（水素），C_2H_2（アセチレン），CO（一酸化炭素），CO_2（二酸化炭素），CH_4（メタン），C_2H_6（エタン），C_2H_4（エチレ

電気材料

ン）等の油中溶存ガスのパターンを分析し，絶縁劣化の進行と油中放電の有無を評価する．絶縁紙の劣化が進むと，CO や CO_2 が増加する．また，油中放電等が生じると，C_2H_2 が発生するので，微量でも注意を要する．

例題 1 ・・ H26　問 4

次の文章は，高電圧電力機器の絶縁材料に関する記述である．

高電圧電力機器の絶縁材料としては，空気，SF_6 ガスなどの気体，絶縁油などの液体，エポキシ樹脂，高分子固体，フィルムなどの固体および真空などがあり，それぞれの絶縁耐力は大きく異なる．

交流に対する空気の絶縁耐力（波高値，大気圧）は，一般に　(1)　程度である．GIS に用いられている SF_6 ガス（大気圧）は，空気の約　(2)　の絶縁耐力をもっている．SF_6 ガスの絶縁耐力は電界依存性が高く，　(3)　が存在すると大幅に絶縁耐力が低下するため，製造・組み立て時の品質管理は重要である．

油入変圧器では，絶縁油と絶縁紙の複合絶縁となるが，電圧がほとんど油間隙にかかる．絶縁油（鉱油）の絶縁耐力（波高値）は　(4)　程度であるが，気泡，水分，微粒子が存在すると絶縁耐力が低下するので，製造・組み立て時に品質管理をする必要がある．

CV ケーブルで用いられる高分子絶縁材料である架橋ポリエチレン（XLPE）の設計電界（波高値換算）は最近のものでは，500 kV/cm 程度である．他の機器と比較すると絶縁厚さが薄いので，製造時に，絶縁体中に　(3)　や　(5)　が存在し絶縁耐力が低下しないように，きめ細かい品質管理をする必要がある．

【解答群】
(イ) 3 倍　　　　　(ロ) 吸着剤　　　　(ハ) 60 kV/cm　　(ニ) 水トリー
(ホ) 30 kV/cm　　(ヘ) 10 倍　　　　(ト) 10 kV/cm　　(チ) 30 倍
(リ) 20 倍　　　　(ヌ) 800 kV/cm　　(ル) 200 kV/cm　　(ヲ) 80 kV/cm
(ワ) ボイド　　　　(カ) 金属異物　　　(ヨ) 5 倍

解　説　本節 2～4 項を参照する．

【解答】(1) ホ　(2) イ　(3) カ　(4) ル　(5) ワ

9-1 絶縁材料

例題 2　　　　　　　　　　　　　　　　　　　　　　H23　問3

次の文章は，ケーブルの絶縁診断に関する記述である．

油浸絶縁ケーブルの絶縁低下は，主にシースの腐食・外傷などによる絶縁体の吸湿，浸水やケーブルの熱伸縮などによる　(1)　の発生，長年月の使用による絶縁体の変質などの単独あるいは組み合わせにより発生する．また，CVケーブルの絶縁低下は主に　(2)　の進展により発生する．

主な絶縁診断方法は次のとおりである．

a. 直流　(3)　測定

ケーブルの導体とシース間に一定の直流電圧を印加し，　(3)　の大きさ・変化・三相不平衡などを時間で整理し，その形状や値から絶縁状態を調べる．

b. 　(4)　測定

交流または直流課電時の　(4)　を測定し，一定時間内に発生する一定量を超えるパルス数などを電圧や時間などで整理し，その特徴を調べる．この方法では　(4)　発生位置も測定しうる利点もある．

c. 油浸絶縁ケーブルの　(5)　調査

OFケーブル，POFケーブルの　(5)　を採取して，誘電特性，ガス含有量などの測定を行い，劣化の程度を調べる．

d. CVケーブルの絶縁診断

CVケーブルの　(2)　による劣化に対する絶縁診断手法の主なものは，絶縁体中への空間電荷の蓄積現象を利用した残留電荷法，電流-電圧特性の非線形性を利用した交流損失電流法などがあげられる．

【解答群】
(イ) スラッジ　　(ロ) ガス　　　　(ハ) ひずみ　　　(ニ) コア移動
(ホ) 部分放電　　(ヘ) 誘電正接　　(ト) 漏れ電流　　(チ) 局部過熱
(リ) 絶縁抵抗　　(ヌ) 水トリー　　(ル) 水分　　　　(ヲ) 熱抵抗
(ワ) 絶縁油　　　(カ) 空げき　　　(ヨ) 充電電流

解説　本節5項（2）を参照する．

【解答】(1) カ　(2) ヌ　(3) ト　(4) ホ　(5) ワ

9-2 磁性材料・導電材料

攻略のポイント
本節に関して，電験3種では鉄損の基本的な特徴が出題される．2種では，鉄損におけるヒステリシス損やうず電流損の特徴，方向性けい素鋼板やアモルファス磁性材料等の特徴が出題されている．

1 磁性材料

(1) ヒステリシス曲線

磁界中に物質を置いたとき，端部に磁極が現れ，物質中に新たな磁束を生じる現象を**磁気誘導**といい，物質は**磁化**されたという．磁化のメカニズムは，原子内部における電子の軌道運動と電子のスピン（自転）により生じている，微小電流ループの磁気モーメントである．普通は，磁気モーメントの方向は一致せず，全体として外部に磁極は現れないが，磁界を加えると磁気モーメントの方向が変わり，外部に磁極が現れる．物質は常磁性体，強磁性体，反磁性体に大別できるが，このうち，電気材料として重要な材料は強磁性体である．強磁性体は，常磁性体のうちで特に磁化が大きい物質である（図9・2参照）．

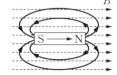

図9・2 強磁性体

強磁性体に磁界を加えると，この磁気モーメントは磁界方向に向きを変え，磁気分極 P_m を生ずる．磁気分極はベクトル量で，その向きはS極からN極へ向かう．磁気分極した磁性体内には磁束が生じる．単位面積当たりの磁束量は磁束密度 B 〔T〕と呼ばれ，磁界 H 〔A/m〕と磁気分極 P_m との間には次式が成立する（ただし，μ_0 は透磁率で $\mu_0 = 4\pi \times 10^{-7}$ 〔H/m〕，μ_s は比透磁率）．

$$B = \mu_0 H + P_m = \mu_0 \mu_s H \qquad (9・1)$$

磁性体に磁界 H 〔A/m〕を加えると，磁性体内部に磁束が生じる．磁界を強くしていくと磁束密度は大きくなるが，ある程度で飽和する．そして磁束密度が飽和した後，磁界を零としても，磁束密度の大きさは零とならず，ある大きさの磁束密度が残る．これを**残留磁束密度** B_r という．さらに，磁束密度が残留している状態で逆方向の磁界を加えると，ある大きさの磁界 H_c で磁束密度が

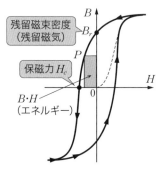

図9・3 ヒステリシス曲線

零になる．この磁界の大きさ H_c を**保磁力**という．図 9・3 のように，磁性体の磁化特性（横軸に磁界の強さ H，縦軸に磁束密度をとった B-H 曲線）は非可逆的でループを描くが，この曲線を**ヒステリシス曲線**という．

(2) 鉄損

　電気機器の鉄心内で生じる損失を**鉄損**という．鉄損は，磁気回路に交番磁界が通るために発生する損失であり，**ヒステリシス損**と**うず電流損**がある．ヒステリシス損とうず電流損は 6-1 節で詳しく解説しているので，参照する．ヒステリシス損は，式（6・4）に示すように，ヒステリシスループの囲む面積に比例し，鉄板の厚さに無関係である．また，うず電流損は，式（6・5）に示すように，鉄板の厚さの 2 乗に比例する．

(3) 磁心材料として必要な性質

　変圧器や回転機の鉄心に用いられる磁心材料は，鉄損が少なく，機器をできる限り小形にするため，次の性能が要求される．
① 飽和磁束密度が高いこと
② 透磁率が大きいこと
③ 電気抵抗が大きく，保磁力，残留磁束密度（残留磁気）が小さいこと
④ 機械的に強く，加工しやすいこと
⑤ 価格が安いこと

　変圧器や電動機等の電気機器の鉄心には，けい素鋼が一般的に使われる．けい素鋼は，鉄にけい素を 3〜5% 程度含ませたもので，透磁率と抵抗率が大きく磁心材料に適している．そして，けい素鋼は積層して用いられるので，層間のうず電流損を軽減するため，表面に絶縁被膜が施される．けい素鋼帯には，表 9・2 がある．主なものは，冷間圧延けい素鋼帯と方向性けい素鋼帯である．**冷間圧延けい素鋼帯は回転機等の磁心材料として，方向性けい素鋼帯は電力用変圧器の鉄心等に用いられる．方向性けい素鋼帯は，圧延方向に優れた高透磁特性を有し，鉄損が非常に小さい．**

表9・2 けい素鋼の種類と特徴・用途

材料名	特　徴	用　途
低けい素鋼帯 （小形電機用磁性鋼帯）	安価，鉄損は多少大きい	家庭電気機器用小形電動機
冷間圧延けい素鋼帯	けい素含有量 3～5% 厚さ 0.35～0.7 mm 鉄損小	回転機（けい素 3.5% 以下） 変圧器（3.5～5%）
方向性けい素鋼帯	強冷間圧延によるもので磁気特性は圧延方向が最良 けい素含有量 3～3.5% 厚さ 0.3～0.35 mm 冷間圧延より鉄損小	大形タービン発電機，電力用変圧器，巻鉄心変圧器
薄けい素鋼帯	方向性けい素鋼帯で厚さ 0.1～0.025 mm	400 Hz 以上の可聴周波領域で使用する発電機，変圧器，磁気増幅器など

(4) 永久磁石材料

永久磁石に用いられる材料としては，次の性能が要求される．

①残留磁束密度，保磁力が大きいこと（永久磁石として要求される性能と電気機器の磁心材料として要求される性能が逆である点に注意が必要）

②温度変化，振動，衝撃等を受けても磁気特性が変化しないこと

図 9・3 のヒステリシス曲線の第二象限部分は，特別に減磁曲線と呼ばれることがある．図 9・3 のように減磁曲線上の 1 点 P に対応する磁束密度 B と磁界 H の積はエネルギーを表し，この最大値 (BH) max は磁石として利用できる最大エネルギーを与え，永久磁石の最も重要な特性値となる．

(5) アモルファス材料

アモルファスは結晶構造をもたない固体（非結晶質）をいい，一般に溶融して液状にある金属を急冷して作られる．アモルファス磁性材料は，Fe, Co, Ni の強磁性元素と，B, P, Si, C, Ti, Hf 等の合金である．アモルファス磁性材料はけい素鋼に比べ，次の特徴がある．配電用の柱上変圧器として使われている．

①抵抗率が約 3 倍で板厚が薄いため，鉄損は 1/3～1/4 である．

②励磁電流は約 1/3 である．

③高透磁率で，保磁力が小さく，飽和磁束密度が小さい．

④加工しにくく厚さが薄いため占有率が悪くなり，変圧器が大形化する．

2 導電材料

導電率が大きいことに着目して通電を目的とする材料を**導電材料**という．導電率は抵抗率の逆数である．標準軟銅の導電率（20℃における抵抗率が1/58 Ω・mm²/m，比重が8.89のもの）を100％として，電線材料等の導電率を比較する．硬銅線および硬アルミ線の導電率はそれぞれ97％および61％を標準としている．導電率 C〔％〕と抵抗率（長さ1 m，断面積1 mm² 当たり）の関係は次式となる．

$$\rho = \frac{1}{58} \times \frac{100}{C} \text{〔Ω・mm}^2\text{/m〕} \tag{9・2}$$

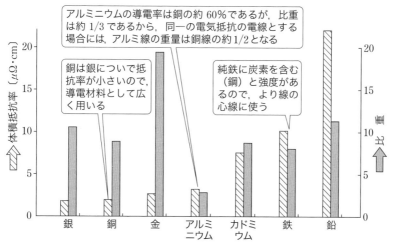

図9・4　各種金属における体積抵抗率と比重

電線に交流が流れると，電流分布は一様ではなく，中心ほど流れにくく，電線の周辺（表皮）に近づくほど多く流れる．この現象を**表皮効果**という．このため，電線の抵抗は増加する．**表皮効果は，周波数が高いほど，電線の断面積が大きいほど，比透磁率が大きいほど，大きくなる．**

導電材料として，銀は高価であるため，安価な銅やアルミニウムおよびこれらの合金が使われる．銅は，導電率が良く，機械的性能，耐食性，加工性も良いため，広く使われる．銅線は処理の状態によって硬銅線と軟銅線に分かれる．硬銅

電気材料

線は架空用電線，軟銅線は屋内配線や電気機器の巻線等に用いられる．

一方，アルミニウムは，銅に比べ，軽量であり，耐食性，加工性に優れる．硬アルミ線は電線に，軟アルミ線は電気機器等の巻線に用いられる．

例題 3 .... H16 問4

次の文章は，電力用変圧器に使用される鉄心材料に関する記述である．

変圧器の鉄損はヒステリシス損と渦電流損とからなる．ヒステリシス損は交番磁界のもとで鉄心を磁化するとき，磁気ヒステリシスループを一巡するごとに必要とされるエネルギーが熱の形となって放出されるもので，磁気ヒステリシスループに囲まれた面積に比例し，鉄心を形成するけい素鋼板の厚さ　(1)　．渦電流損は，磁束変化によって鉄心内に誘導起電力が生じ，これによって流れる渦電流によるジュール損であり，けい素鋼板のような薄板では厚さ　(2)　．変圧器の鉄心は，厚さ0.3～0.35 mm程度のけい素鋼板を互いに絶縁して積層しており，　(3)　方向に渦電流が流れるのを防止している．

電力用変圧器に一般に用いられる方向性けい素鋼板は，結晶粒が　(4)　に配向しており，無方向性けい素鋼板に比べて鉄損が小さく透磁率が高いので，大容量変圧器の高性能化・小形化に寄与している．

アモルファス磁性材料は，原子配列が無秩序で結晶磁気異方性や結晶粒界がなく，抵抗率が高く保磁力が小さい　(5)　の材料である．このため，鉄損が小さい．

【解答群】
(イ) 低透磁率　　　　　　(ロ) の2乗に比例する　　　(ハ) 板面に沿った（沿層）
(ニ) に反比例する　　　　(ホ) 圧延方向　　　　　　　(ヘ) 高透磁率
(ト) に比例する　　　　　(チ) の1/2乗に比例する　　(リ) に無関係である
(ヌ) 高誘電率　　　　　　(ル) 圧延と直角方向　　　　(ヲ) の1/2乗に反比例する
(ワ) 板面の周回（周回）　(カ) 厚さ方向　　　　　　　(ヨ) 板面を貫く（貫層）

解説　本節1項および6-1節5項(2)を参照する．

【解答】(1) リ　(2) ロ　(3) ヨ　(4) ホ　(5) ヘ

章末問題

■1 ──────── H7 問4

次の文章は，変圧器の鉄心についての記述である．

変圧器の鉄損は，　(1)　損と鉄損の約80%を占める　(2)　損からなり，前者は，鉄板の厚さの　(3)　乗に比例し，また，鉄板の　(4)　率の　(5)　乗に比例するが，後者は，鉄板の厚さに無関係である．

【解答群】

(イ) 誘電　　　　　　(ロ) 透磁　　　　　　(ハ) 抵抗
(ニ) アモルファス　　(ホ) 渦電流　　　　　(ヘ) コロナ
(ト) 電磁　　　　　　(チ) 1　　　　　　　 (リ) −2
(ヌ) 無負荷　　　　　(ル) 表皮　　　　　　(ヲ) 2
(ワ) ヒステリシス　　(カ) −1　　　　　　　(ヨ) 負荷

■2 ──────── H11 問5

次の文章は，発電設備の非破壊検査方法に関する記述である．

非破壊検査は，機器の品質管理や予防保全に著しい成果をあげている．非破壊検査は，製造時に欠陥が発生しやすく使用時に応力の　(1)　が起こり易い形状急変部，当該部材の使用応力が高い高応力部，並びに母材と溶接材の組織の相違及び　(2)　などの潜在欠陥ができやすい溶接部に対し重点的に実施する．

機器の欠陥の有無を全般的に把握するためには，まず，表面に開口した欠陥の検出に最適な浸透探傷試験，または，表面及び　(3)　の欠陥も検出できる磁粉探傷試験を実施する．ただし，磁粉探傷試験は　(4)　にしか適用できない．欠陥が発見された場合は，その欠陥の様相・位置等を詳細に検査するために，X線あるいは　(5)　を透過して欠陥の形状寸法を調べる放射線透過試験，また，パルス反射法により深部の微細な欠陥まで探知できる超音波探傷試験等を実施する．

【解答群】

(イ) α線　　　　　　(ロ) 緩和　　　　　　(ハ) γ線
(ニ) 裏面　　　　　　(ホ) 非磁性金属　　　(ヘ) ピンホール
(ト) 表面下　　　　　(チ) 深部　　　　　　(リ) 非金属材料
(ヌ) ラミネーション　(ル) 磁性金属　　　　(ヲ) 変動
(ワ) 溶け込み不良　　(カ) β線　　　　　　(ヨ) 集中

章末問題解答

1章 水力発電

▶1 解答 (1) ヲ (2) カ (3) ニ (4) ル (5) チ

「1-3 水車 10 水車の付属装置 (1) 入口弁」で詳しく解説しているので，参照する．ロータリ弁は，図1・26に示すように，管状の弁体が回転する．各種入口弁の全開時損失係数に関して，ちょう形弁は0.25～0.35，複葉弁は0.1～0.2であるのに対し，ロータリ弁はほぼ0であり，圧力損失が最も小さい．

▶2 解答 (1) リ (2) ニ (3) ル (4) ト (5) ワ

「1-3 水車 3 フランシス水車」で詳しく解説しているので，参照する．(5)の封水装置は，主軸が静止体の上カバー部を貫通する部分に設けられ，水車回転部と静止部である上カバーとの隙間からの漏水を防止するものである．主軸に一体に取り付けたステンレス製のスリーブの外周に数段のパッキンを押し付けて漏水を防止するカーボンリング式，グランドパッキン式，ラビリンスシール式，メカニカルシール式等がある．

▶3 解答 (1) ト (2) ロ (3) イ (4) リ (5) ワ

「1-3 水車 9 水車のキャビテーション」で詳しく解説しているので，参照する．

▶4 解答 (1) ニ (2) ル (3) チ (4) ホ (5) ヲ

「1-1 水力発電所の種類と出力」および「1-3 水車」の「4 斜流水車」と「5 プロペラ水車」で詳しく解説しているので，参照する．(2)に関して，式(1・15)に示すように，落差の3/2乗に比例する．

▶5 解答 (1) チ (2) ニ (3) ロ (4) ヲ (5) ト

「1-3 水車 5 プロペラ水車」で詳しく解説しているので，参照する．

▶6 解答 (1) ハ (2) ト (3) カ (4) ル (5) ヌ

「1-6 揚水式発電所 3 揚水式発電所の始動方式」で詳しく解説しているので，参照する．

2章 火力発電

▶1 解答 (1) ヨ (2) ヌ (3) カ (4) ハ (5) ホ

「2-1 熱サイクルと火力発電所の概要」で詳しく解説しているので，参照する．

▶2 解答 (1) ニ (2) ワ (3) ハ (4) ル (5) ホ

「2-1 熱サイクルと火力発電所の概要 2 ランキンサイクル」と「2-6 ガスタービ

ン，コンバインドサイクル，ディーゼル発電，1 ガスタービン発電，2 コンバインドサイクル発電」で詳しく解説しているので，参照する．(5) を補足する．入力を1とすると，ガスタービン発電の出力は η_G であり，残った排ガスのエネルギー $(1-\eta_G)$ から汽力発電の出力を取り出すのでこれに汽力発電部分の効率 η_S を掛ければよいから，コンバインドサイクル発電の熱効率 η は次式となる．

$$\eta = \eta_G + (1-\eta_G)\eta_S$$

▶3 解答 (1) ヘ (2) ル (3) ハ (4) イ (5) チ

「2-4 タービン発電機と電気設備 4 同期発電機の可能出力曲線とタービン発電機の進相運転」で詳しく解説しているので，参照する．

▶4 解答 (1) ロ (2) ハ (3) ル (4) ト (5) ニ

「2-4 タービン発電機と電気設備 5 逆相電流がタービン発電機に与える影響」で詳しく解説しているので，参照する．(2) を補足する．系統内のサイリスタ変換装置等の非線形負荷や電気炉等により発生した高調波は電源側に流れ込み，主として第5高調波，第7高調波成分の電流により電圧波形ひずみを生ずる．このうち，固定子巻線に第5高調波電流が流れた場合，逆相電流の場合と同じ原理により逆回転の回転磁界を生じ，回転子表面に渦電流が流れる．

▶5 解答 (1) ヌ (2) ホ (3) ワ (4) リ (5) ヲ

「2-6 ガスタービン，コンバインドサイクル，ディーゼル発電 3 ディーゼル発電とコジェネレーション (1) ディーゼル発電」で詳しく解説しているので，参照する．非常用電源として，直流電源の蓄電池は重要な保護・制御回路，必要最小限の非常用電動機負荷を供給する．発電機を安全に停止するために無電源になってはいけない補機や保護・制御装置に対して，外部の交流電源喪失と同時に，蓄電池より電力を供給する．重要な補機関係は，タービンや発電機が回転を停止するまで軸受に潤滑油を供給するターニング油ポンプ，水素の漏れを防ぐための密封油ポンプ等がある．

3章 原子力発電

▶1 解答 (1) ロ (e) (2) ニ (d) (3) ホ (a) (4) ハ (b) (5) イ (c)

本章で詳しく解説しているので，参照する．

▶2 解答 (4)

沸騰水型は，図3·5に示すように，冷却材が炉心で沸騰し，発生した蒸気は汽水分離器で水と分離されてタービンに直接送られ，水は再循環ポンプによって再び炉心へ循環される．蒸気発生器は，加圧水型にしかない設備である．したがって，(4) は誤りで

ある.
▶3 解答 （2）

「3-1 原子力発電の原理 3 火力発電と比べた原子力発電の特徴 （3）設備面」を参照する．原子力発電所の高圧タービンの排気は湿分を多く含んでいるので，そのまま低圧タービンで使用すると動翼の浸食が著しくなるだけでなく，タービン効率を大幅に低下させる．このため，高圧タービンと低圧タービンの連絡管の途中に，湿分分離器を設け，乾き蒸気に近い状態にする．

4章 再生可能エネルギー

▶1 解答 （1）ニ （2）リ （3）ル （4）イ （5）ワ
「4-1 太陽光発電」で詳しく解説しているので，参照する．
▶2 解答 （1）ホ （2）ト （3）ル （4）ハ （5）ヨ
「4-2 風力発電」で詳しく解説しているので，参照する．
▶3 解答 （1）カ （2）ヲ （3）ワ （4）ホ （5）イ
本章で詳しく解説しているので，参照する．

5章 電力系統

▶1 解答 （1）ヌ （2）ヲ （3）イ （4）ヘ （5）チ
「5-1 交流送電と短絡容量 1 交流送電」で詳しく解説しているので，参照する．
▶2 解答 （1）ヲ （2）ハ （3）チ （4）ヨ （5）カ
(1) 三相3線式送電線路において，線間電圧を V，線路電流を I，送電端力率を $\cos\phi$ とすれば，送電端の送電電力 P は $P=\sqrt{3}\,VI\cos\phi$
(2) 電線1条の断面積が A，送電距離が L，電線の体積抵抗率が ρ なので，電線1条の抵抗 R は $R=\rho L/A$
(3) 電線の質量密度が σ，電線1条の体積が AL，三相3線式で電線は3条なので，全電線合計の質量 G は $G=3\sigma AL$
(4) 式⑤を二乗し，式②を代入すると

$$\frac{P^2}{G^2}=\left(\frac{VI\cos\phi}{\sqrt{3}\,\sigma AL}\right)^2=\frac{V^2I^2\cos^2\phi}{3\sigma^2A^2L^2}=\frac{V^2\left(\dfrac{\lambda P}{3R}\right)\cos^2\phi}{3\sigma^2A^2L^2}=\frac{V^2\lambda P\cos^2\phi}{9\sigma^2A^2L^2R}$$

さらに，式③を代入すると

$$\frac{P^2}{G^2} = \frac{V^2 \lambda P \cos^2 \phi}{9\sigma^2 A^2 L^2 (\rho L/A)} = \frac{V^2 \lambda P \cos^2 \phi}{9\sigma^2 \rho A L^3}$$

(5) 式⑥より

$$P = \frac{G}{P} \times G \times \frac{V^2 \lambda P \cos^2 \phi}{9\sigma^2 \rho A L^3}$$

なので式④を代入すると

$$P = \frac{G}{P} \times 3\sigma A L \times \frac{V^2 \lambda P \cos^2 \phi}{9\sigma^2 \rho A L^3} = V^2 G \lambda \times \frac{\cos^2 \phi}{3\sigma \rho L^2}$$

この式より，距離 L，全電線合計の質量 G，および送電損失率 λ が同じ送電線を利用すると，送電電力 P は送電線線間電圧 V の2乗に比例する．

▶3 解答 （1）ト （2）ヌ （3）ハ （4）ヨ （5）ヘ

「5-1 交流送電と短絡容量 3 短絡容量の増大に伴う課題と対策」で詳しく解説しているので，参照する．(1) を補足する．電力系統では，系統全体に連系する発電機出力の総量と，需要の総量が等しくなるように，需要の変動にあわせて，発電機の並列・解列や出力調整を行い，周波数を一定に維持している．系統容量とは，系統全体の需要の総量あるいは連系している発電機出力の総量をいう．したがって，系統容量が大きくなれば，需要の不等時性による総合ピーク需要を低減したり，電源や負荷の脱落による周波数変動を小さくしたりするメリットがある一方，系統故障時の短絡電流が大きくなるというデメリットもある．

▶4 解答 （1）ニ （2）ヲ （3）ホ （4）リ （5）ハ

本書では対象座標法を説明していないが，基礎的な知識があれば解ける問題である．三相の電圧や電流は，三つの対称成分すなわち正相分，逆相分，零相分に分けることができる．零相電圧（電流）は，各相について，同じ大きさ，同じ位相の電圧（電流）である．正相電圧（電流）は，各相について，同じ大きさで位相が a 相，b 相，c 相の順に 120°ずつ遅れている対称三相電圧（電流），逆相電圧（電流）は，各相について，同じ大きさで位相が a 相，c 相，b 相の順に 120°ずつ遅れている対称三相電圧（電流）である．変圧器に零相電流が流れる条件としては，零相電流が各相で大きさと位相の等しい電流が同方向に流れる必要があるため，零相電流は中性点が接地された Y 結線にのみ，しかも二次側または三次側にその零相電流の二次電流または三次電流を還流させる △結線か，または中性点を接地した Y 結線がある場合のみ流れることである．

さて，Y-Y 結線の零相電流の流れを解説図1に示す．一次側で各相から $\dot{I}_{a0}$ が中性点に流れ込み，$\dot{Z}_N$ を通して接地される．二次側は，Y 結線で中性点が $\dot{Z}_N$ を通して接地されているので，各相に $\dot{I}_{a0}$ が流れる．解説図2は，解説図1を単相回路に置き換え

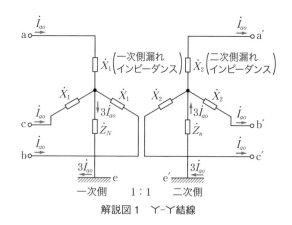

解説図1 Y-Y結線

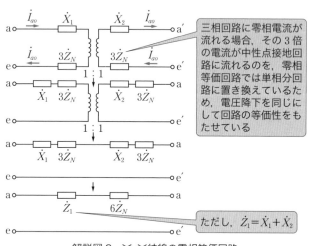

解説図2 Y-Y結線の零相等価回路

た零相等価回路であり，$\dot{Z}_1$ に $\dot{Z}_N$ の6倍のインピーダンスを直列接続したものになる．

次に，Y-△結線の零相回路では，一次側がY結線で中性点が $\dot{Z}_N$ で接地され，二次側が△結線であるため，一次側はY-Y結線の零相回路一次側と同様の零相電流が流れ，二次側は△結線内を $\dot{I}_{a0}$ が環流して二次側電流として出力されない．したがって，零相等価回路は解説図3の通りとなる．

変圧器，リアクトル，送電線といった静止

解説図3 Y-△結線の零相等価回路

対称機器の正相インピーダンスと逆相インピーダンスは同一となるが，回転機器では電流の位相回転が機器の回転方向と同じか反対かによって異なってくるので，同一とならない場合がある．

▶5 解答 (1) ワ (2) ニ (3) ヘ (4) チ (5) ヌ

「5-2 定態安定度と過渡安定度」で詳しく解説しているので，参照する．

▶6 解答 (1) ワ (2) リ (3) ホ (4) ニ (5) ヲ

「5-2 定態安定度と過渡安定度」で詳しく解説しているので，参照する．

▶7 解答 (1) ヌ (2) ト (3) ハ (4) リ (5) ロ

「5-2 定態安定度と過渡安定度」で詳しく解説しているので，参照する．

6章 変 電

▶1 解答 (1) チ (2) ホ (3) ヘ (4) イ (5) ワ

「6-1 変電所と変圧器 4 変圧器の結線方式」で詳しく解説しているので，参照する．

▶2 解答 (1) ヌ (2) ヨ (3) ホ (4) チ (5) カ

「6-1 変電所と変圧器 5 変圧器のインピーダンスと損失」で詳しく解説しているので，参照する．

▶3 解答 (1) ニ (2) カ (3) ロ (4) ヌ (5) リ

「6-1 変電所と変圧器 7 負荷時タップ切換装置」で詳しく解説しているので，参照する．

▶4 解答 (1) ヌ (2) ヘ (3) ニ (4) ヲ (5) ホ

「6-1 変電所と変圧器 9 中性点接地方式」で詳しく解説しているので，参照する．(5)の間欠アーク地絡について補足する．非接地系統の地絡故障時，地絡電流が零の位相で自然消弧すると，対地静電容量には残留電荷が蓄えられる．これが放電する前に，地絡点で再点弧すると健全相に大きな過渡異常電圧が現れる現象を間欠アーク地絡という．配電系統に電力ケーブルが多くなると対地静電容量が大きくなるため，間欠地絡が起こりやすくなる．

▶5 解答 (1) ヌ (2) リ (3) ヘ (4) イ (5) カ

「6-3 保護継電器（リレー）」で詳しく解説しているので，参照する．位相比較リレーについて解説する．位相比較リレー方式は，系統故障発生時に，保護区間の各端子に流れる故障電流の位相を比較することにより，内部故障か外部故障かを判定する．解説図に示すように，互いに保護区間に向かう方向を基準にすると，内部故障時はほぼ同

位相になり，外部故障時はほぼ逆位相になる．この電流位相に着目して電流波形をレベル検出回路により方形波に変換し，互いに同期タイミングをあわせて相手端子に伝送し，比較することにより，両端子の位相を検出する．過去，基幹系統の送電線保護に使われていた．

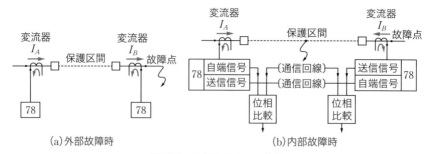

解説図　位相比較リレー方式

▶6　解答　(1) ル　(2) ロ　(3) リ　(4) ワ　(5) チ

「6-3　保護継電器（リレー）　2　送電線保護　(3) 距離リレー方式」で詳しく解説しているので，参照する．

▶7　解答　(1) イ　(2) チ　(3) ニ　(4) ヲ　(5) カ

「6-4　変電所の絶縁設計と塩害対策　5　変電所の塩害対策」で詳しく解説しているので，参照する．

▶8　解答　(1) ニ　(2) ヌ　(3) ル　(4) ヲ　(5) カ

電池は「第4章　再生可能エネルギー　4-5　電力貯蔵用新形電池」で取り上げているが，発変電所の直流電源として説明しておく．発変電所では，通常時は当然として，系統故障時に開閉器や保護制御装置を動作させる必要があり，その電源として直流が用いられている．直流電源を得る方法としては，所内変圧器等により低圧に降圧した電気を整流器等で直流に変換し，充電器を用いて一定値に調整のうえ，蓄電池に蓄える方式が一般的である．そして，通常，この充電器を用いて，蓄電池各セルの充電状態を均等化するための浮動充電を実施している．使われる蓄電池は，従来から鉛蓄電池が用いられているが，最近ではアルカリ蓄電池も普及している．アルカリ蓄電池は，鉛蓄電池のサルフェーション（硫酸化）に相当する故障がなく，過充電，過放電に対する寿命への影響も少ない．しかし，鉛蓄電池に比べて，起電力が低い（鉛蓄電池 2.0 V，アルカリ蓄電池 1.2 V）ので，設置するスペースや環境によって使い分ける．

電池の容量はアンペア時〔Ah〕で表す．これは，蓄電池が充電された状態からある一

定の電流で放電されたとき，規定の放電終止電圧になるまで出し得る電気量（＝電流×時間）をいう．したがって，蓄電池の容量を検討するときには，放電電流の大きさや放電時間を想定する必要がある．それらの性能を蓄電池の放電率という．通常，10時間アンペア時の容量を標準としている．設計上留意すべき事項は設問にある通りである．

7章 送 電

▶1 解答 (1) ヨ (2) リ (3) ニ (4) チ (5) ワ

「7-1 架空送電線路と特性 1 架空送電線路」および「第5章 電力系統」の「2 過渡安定度」と「3 電圧安定度」で詳しく解説しているので，参照する．(5) に関して，式 (5・22) より送電電力は電圧の2乗に比例する．

▶2 解答 (1) ヨ (2) ヌ (3) イ (4) ワ (5) チ

本問は送電系統の損失低減対策を扱っているが，基本的には配電系統にもあてはまる．配電系統の損失低減対策は，「8-4 配電系統の電圧調整と電力損失 3 電力損失 (2) 電力損失軽減対策」で詳しく解説しているので，参照する．

▶3 解答 (1) ワ (2) ニ (3) ヌ (4) イ (5) カ

「7-1 架空送電線路と特性 1 架空送電線路 (3) 架空送電用支持物」および「7-2 架空送電線の雷害対策・振動対策・塩害対策 2 振動対策」で詳しく解説しているので，参照する．

▶4 解答 (1) ホ (b) (2) ニ (c) (3) ロ (d) (4) イ (e) (5) ハ (a)

7章で詳しく解説しているので，参照する．(4) に関して，高調波共振は線路に2線短絡等の故障が起きたとき，発電機リアクタンス等の非線形要素と線路の静電容量との間で発生する共振現象であり，ひずみ波形の異常電圧を発生させる．発電機に制動巻線を施すことにより，高調波起電力を抑制し，過電圧の発生を防止できる．(5) に関して，地絡サージは線路に地絡が生じたとき，交流分に重畳して健全相に現れる過電圧である．非接地系の線路では，故障点のアークが自然消弧を繰り返す間欠アーク地絡となることがあり，消弧・点弧のタイミングによっては通常の3～4倍の極めて高い過電圧が発生することがある．

▶5 解答 (1) チ (2) ワ (3) ロ (4) ヲ (5) ニ

「7-1 架空送電線路と特性 1 架空送電線路 (2) 架空地線用電線」を参照する．光ファイバは高絶縁性で無誘導であり，送電線が通信線に及ぼす誘導問題がなく，落雷時にもトラブルを生じないことから，光ファイバを架空地線に内蔵させたOPGWが使用されている．OPGWの光ファイバはガラスを採用し，伝送路としては低損失，広帯

域という優れた特性をもつ．OPGW は送電設備の保守の 1 システムとして，故障区間の標定にも適用できる．故障電流による電界や磁界の変化，架空地線に流れる電流の分布等を検出する各種センサを鉄塔部に取り付け，OPGW を情報伝送路として使用し，故障発生区間の標定，線路・設備の状態監視，気象状況等の情報処理・収集を容易に行えるようにしている．

8章　配　電

▶ 1　解答　(1) ヌ　(2) ヲ　(3) ル　(4) ロ　(5) ニ
「8-3　配電線の保護と配電自動化方式　1　配電系統の故障」で詳しく解説しているので，参照する．

▶ 2　解答　(1) ト　(2) ニ　(3) リ　(4) ヨ　(5) ヌ
「8-3　配電線の保護と配電自動化方式　2　配電系統の保護　(2) 柱上変圧器の保護」で詳しく解説しているので，参照する．

▶ 3　解答　(1) ホ　(2) ハ　(3) ロ　(4) ヘ　(5) ヲ
「8-3　配電線の保護と配電自動化方式　3　配電自動化方式　(1) 時限順送方式」で詳しく解説しているので，参照する．そこで説明した時限順送方式では，故障個所を含まない区間でも再々閉路によって送電が完了するため，2 回の送電停止が発生することになる．これを軽減するため，配電線の自動区分開閉器設置点に地絡・短絡・断線を検出する故障検出センサを取り付け，この動作情報や自動区分開閉器の状態情報および配電用変電所の機器状態情報等を伝送装置により配電制御所に伝送するとともに，制御所では制御用コンピュータを活用してこれらの情報から故障の発生と故障区間を直ちに判別し，健全区間への送電等の系統切替を自動制御する配電自動化システムが採用されるようになってきている．この方式によれば，当該故障区間よりも電源側区間 1 回分の送電停止が回避できるとともに，故障区間以降の健全区間への送電についても，遠方操作による迅速な投入操作が可能になるため，信頼度が向上する．

▶ 4　解答　(1) ヲ　(2) ヘ　(3) ヌ　(4) カ　(5) リ
「第 2 章　火力発電　2-4　タービン発電機と電気設備　4　同期発電機の可能出力曲線とタービン発電機の進相運転」，「第 4 章　再生可能エネルギー　4-1　太陽光発電」，「第 7 章　送電」，「第 8 章　配電」を参照する．

▶ 5　解答　(1) ロ (b)　(2) ト (a)　(3) ニ (e)　(4) ホ (g)　(5) イ (f)
第 8 章で詳しく解説しているので，参照する．なお，(2) に関して，配電線で用いられるスペーサは，ほとんどが相間の電線接触の防止を目的に設置されているが，近接の

建造物との離隔確保にも用いられている.

▶6 解答 (1) ホ (c) (2) ヘ (g) (3) イ (b) (4) ニ (f) (5) ロ (d)

第8章で詳しく解説しているので,参照する.

9章　電気材料

▶1 解答 (1) ホ (2) ワ (3) ヲ (4) ハ (5) カ

「9-2節」および「6-1節」で詳しく解説しているので,参照する.

▶2 解答 (1) ヨ (2) ワ (3) ト (4) ル (5) ハ

　一般金属材料に関する非破壊検査技術は,水力発電所の水車本体および付属装置の保守検査に適用している.水車本体では,ケーシング,ノズル,ランナ,主軸・軸受等に適用し,付属装置では入口弁,制圧機に適用している.

　検査箇所は可能な限り全面について実施するが,主要箇所としては形状急変部,高応力部,溶接部を重点的に実施する.

　検査方法を分類すると,磁粉探傷試験,浸透探傷試験,超音波探傷試験,放射線透過試験等がある.表面欠陥には,浸透探傷試験と磁粉探傷試験が有効であるが,磁粉探傷試験は非磁性金属には適用できない.表面下欠陥では,これらの検査法に加え,放射線透過試験が有効である.X線は肉厚の少ない被検査体に,γ線は肉厚の大きいものに適用する.

索引—Index

ア 行

アークホーン……………………………323
アースダム………………………………15
アーチダム………………………………14
圧縮空気貯蔵…………………………183
圧力水頭…………………………………5
圧力水路…………………………………15
油遮断器………………………………249
アモルファス材料……………………444
アレイ…………………………………156
暗きょ式………………………………354
安全弁……………………………………80
安定限界電圧…………………………216
安定限界電力…………………………216
安定性評価……………………………282
アンモニア接触還元法………………122

イエローケーキ………………………148
異常時想定荷重………………………306
異常時誘導電圧………………………332
位置水頭…………………………………5
移動用変電設備………………………240
異容量三相4線式……………………367
入口弁……………………………………30
インターナルポンプ…………………146

うず電流損…………………………231, 443
内鉄形…………………………………228

永久故障………………………………396
永久磁石材料…………………………444
液化天然ガス……………………………73
液体絶縁材料…………………………433
液体燃料…………………………………73

液体冷却方式……………………………93
エコノマイザ……………………………78
エポキシ樹脂…………………………435
エルボ形…………………………………24
遠心式サイクロン集じん装置………124
円すい形…………………………………24
円筒水車…………………………………26
遠方制御方式…………………………405
遠方雷…………………………………282

応力腐食断線…………………………383
押込通風…………………………………79
温度継電器……………………………265

カ 行

加圧水型軽水炉………………………141
がいし……………………………306, 384
壊食………………………………………29
回線選択リレー方式…………………262
ガイドベーン……………………………24
外部異常電圧…………………………277
外部冷却方式…………………………350
開閉過電圧…………………………251, 277
開閉器…………………………………385
開閉極位相制御方式…………………253
外雷……………………………………277
改良形加圧水型軽水炉………………145
改良形沸騰水型軽水炉………………146
架橋ポリエチレン……………………435
架橋ポリエチレン絶縁ビニルシースケーブル
　………………………………………346
架空送電線路…………………………304
架空送電用支持物……………………305
架空地線用電線………………………305

索 引

架空配電線路	389
格納容器	135
核分裂	134
核融合	134
化合物半導体系太陽電池	155
ガス開閉器	386
ガス化燃料	74
カスケーディング	376
カスケード遮断	403
ガス遮断器	248
ガスタービン	111
河川流量	7
過電圧	277
過電圧リレー	259
過電流リレー	259
過渡安定度	203
過熱器	78
可能出力曲線	96
カプラン水車	25
可変速機	166
可変速揚水発電システム	56
火力発電所	67
カルノーサイクル	66
カルマン渦	324
環状母線方式	256
間接水冷方式	350
間接冷却方式	93
完全変圧運転	107
貫流ボイラ	77
管路気中送電	348
管路式	353
危険速度	85
気体絶縁材料	432
気体燃料	73
気中開閉器	386
逆電力遮断特性	375
逆フラッシオーバ	322

逆流防止素子	157
ギャップレスアレスタ	279, 280
キャパシタ貯蔵	183
キャビテーション	29
ギャロッピング	325
給水加熱器	87
給水加熱方式	113, 115
給水ポンプ	87
強制循環ボイラ	77
強制通風方式	79
強制冷却	350
許容電流	350
距離リレー	259
距離リレー方式	263
汽力発電所	67
近接雷	282
空　気	432
空気遮断器	249
空気比	74
空気予熱器	79
空気冷却方式	93
くし形タービン	84
区分開閉器	385
クロスコンパウンド形タービン	84
クロスフロー水車	26
クロスボンド接地方式	349
けい酸アルミナ磁器	434
継電器	229
系統安定化装置	207
ケーシング	24
結晶シリコン太陽電池	155
原子燃料	135, 136
原子燃料サイクル	148
原子力発電	134
懸垂がいし	307
減速材	135, 137

高圧	366
高圧カットアウトスイッチ	386
高圧給水加熱器	87
高位発熱量	74
高インピーダンス差動方式	266
高温季荷重	312
鋼心アルミより線	304
鋼心耐熱アルミ合金より線	304
合成効率	9
合成ゴム	435
剛性軸	85
合成樹脂	435
合成絶縁油	433
高速中性子	134
高速度再閉路	267
高低水位警報	80
硬銅より線	305
後備保護リレー	259
鉱油系絶縁油	433
交流送電	190
交流励磁機方式	48, 95
コジェネレーション	117
固体高分子形燃料電池	175
固体酸化物形燃料電池	175
固体絶縁材料	434
固体燃料	73
誤動作	258
誤不動作	258
コミュテータレス方式	95
コロナ	334
コロナ振動	324, 325
コロナ法	438
コロナ放電	324
コロナ臨界電圧	334
コンクリートダム	14
混合揚水式発電所	51
コンバインドサイクル発電	112
コンピュータ制御方式	405

サ 行

再生サイクル	68
最大出力追従制御	157
最大使用水量	9
最大無拘束速度	28
再熱器	78
再熱サイクル	69
再熱再生サイクル	70
再閉路	267
サイリスタ始動方式	53
サイリスタ励磁方式	49, 96
サージタンク	16
差電圧投入特性	375
差動リレー	259
サブスパン	326
サブスパン振動	326
作用静電容量	352
酸化亜鉛形避雷器	279, 387
三相3線式	367
三相再閉路	267
三相変圧器	228
三巻線	228
残留磁束密度	442
残留電荷法	439
ジェット	22
ジェットブレーキ	22
磁化	442
直埋式	353
磁器	434
磁気偏差	339
磁気誘導	442
軸受油圧低下トリップ装置	88
時限協調	261
時限順送方式	404
事故遮断サージ	252
自己励磁現象	46

索　引

支持物	383
シースうず電流損	349
シース回路損	349
シース損	349
自然循環ボイラ	76
持続性過電圧	277
湿式法	122
質量欠損	134
自動監視機能	261
自動電圧調整器	49
自動点検	261
絞り調速法	87
遮断器	229, 248
遮へい環	335
遮へい材	135, 137
斜流水車	25
周波数変換所	228
重力ダム	14
樹枝状方式	372, 375
取水口	15
出力カーブ	164
出力係数	162
主弁	30
主変圧器	228
主保護リレー	259
瞬時許容電流	350
瞬時切替方式	99
瞬時故障	396
純揚水式発電所	51
蒸気タービン	83
蒸気利用背圧式	169
蒸気利用復水式	169
衝撃圧力継電器	265
消弧リアクトル接地方式	239
常時開路ループ方式	373
常時監視	261
常時許容電流	350
常時想定荷重	306
常時閉路ループ方式	373
常時誘導電圧	332
上水槽	16
使用水量	9
衝動水車	22
衝動タービン	83
常用予備切換方式	373
所内単独運転	107
シリコン樹脂	435
自立運転	401
自流式発電所	3
シールドリング	335
真空	432
真空開閉器	386
真空遮断器	249
シングルフラッシュ方式	169
進相運転	97
深層取放水法	125
振動異常トリップ装置	89
水圧管	17
水圧管路	17
水圧変動率	40
水位調整器	32
水撃	32
水撃圧	16
水車	22
水車発電機	44
水素冷却方式	93
吸出し管	24
吸出し高さ	24
垂直荷重	306
垂直軸形	162
水平軸形	162
水平軸プロペラ形風車	163
水平縦荷重	306
水平横荷重	306
水幕方式	284

索 引

水力発電所	2
水路式発電所	2
スタック	174
ステップ式自動電圧調整器	414
ストリング	156
ストール制御	164
スパイラルロッド	327
スポットネットワーク方式	374
スラスト軸受摩耗トリップ装置	89
スリートジャンプ	326
スルース弁	31
制圧機	32
制御棒	135, 137
制限電圧	280
静止形無停電電源装置	423
静電誘導	331
静電誘導障害	331
静電容量法	356
制動巻線始動方式	53
性能曲線	164
静 翼	85
石炭ガス化コンバインドサイクル発電	74
石炭スラリ	74
絶縁協調	278
絶縁紙	434
絶縁抵抗試験	437
節炭器	78
接地抵抗値	400
セル	156, 173
全日効率	232
全周噴射法	87
全水頭	6
全揚程	54
線路電圧降下補償器	413
相間スペーサ	325
双極大地帰路方式	342
双極導体帰路方式	342
総合効率	9, 55
送電用変電所	228
相反転断路器	54
速度水頭	5, 6
速度調定率	38
速度変動率	39
続 流	279
外鉄形	228
損失水頭	8
損失電流法	439

タ 行

第2調波ロック方式	233
耐電圧法	439
耐熱クラス	436
タイムスケジュール方式	413
太陽光発電	154
太陽電池	154
多結晶シリコン太陽電池	155
多相再閉路	267
立軸形	44
脱気器	87
脱 調	203
タービンケーシング	85
タービン追従制御方式	105
タービン発電機	93
タービンロータ	85
ダブルフラッシュ方式	169
ダ ム	14
ダム式発電所	2
ダム水路式発電所	3
他励式SVC	292
たわみ軸	85
単位動作責務	281
単位法	191
単極大地帰路方式	341

索 引

単極導体帰路方式·················342
単結晶シリコン太陽電池··········155
短時間過電圧······················277
短時間許容電流···················350
単相2線式·························367
単相3線式·························367
単相再閉路·······················267
タンデムコンパウンド形タービン······84
タンデム式························51
単独運転··························401
断熱圧縮······················67, 111
断熱膨張······················67, 111
単母線方式························254
単巻変圧器························228
短絡比·····························44
短絡方向リレー···················259
短絡保護··························398
断路器·······················229, 250

地中送電··························345
地中送電系統構成················345
地中配電線路················388, 390
地熱貯留層·······················169
地熱発電··························169
抽　気······························68
中空重力ダム······················14
柱上開閉器························385
柱上変圧器························385
注水方式··························285
中速度再閉路·····················267
チューブラ水車····················26
長幹がいし·················284, 307
ちょう形弁························31
調整池····························18
調整池式発電所····················4
調相設備·····················229, 291
調速機····························37
調速装置··························87

超電導エネルギー貯蔵装置······182
直撃雷····························321
直接水冷方式·····················350
直接接地方式·····················237
直接冷却方式······················93
直流高圧法························438
直流試験··························437
直流漏れ電流法···················438
直流励磁機方式····················48
直列ギャップ付避雷器···········279
貯水池····························18
貯水池式発電所····················4
直結電動機始動方式···············53
地絡過電圧リレー···············259
地絡方向リレー···················259
地絡保護··························396
沈砂池·····························15

通風装置···························79

低　圧·····························366
定圧運転··························106
低圧給水加熱器····················87
低圧ネットワーク方式···········376
低圧バンキング方式···············375
低位発熱量························74
低インピーダンス形差動方式····266
定インピーダンス特性············217
低温季荷重·······················312
定格電圧··························280
抵抗式負荷時タップ切換器······234
抵抗接地方式·····················238
抵抗損·····························349
ディスク···························22
ディーゼル発電···················116
低速度再閉路·····················267
定態安定極限電力···············203
定態安定度·······················202

定電流特性	217
定電力特性	217
低濃縮ウラン	136
鉄機械	44
鉄損	231, 443
デフレクタ	22
デリア水車	25
電圧安定度	215
電圧降下配分	416
電圧降下率	415
電圧差動方式	266
電圧高め解	216
電圧高め解領域	216
電圧低め解	216
電圧低め解領域	216
電圧変動率	416
転換比	138
電気式集じん装置	124
電源制限	206
電磁誘導	332
電磁誘導障害	332
電食	339
電制	206
電線	309, 383
電線荷重	311
電線のたるみ	309
電柱	383
電灯動力共用方式	371
天然ウラン	136
伝搬定数	316
伝搬方程式	316
電流さい断現象	253
電流差動方式	266
電流差動リレー	262
電流差動リレー方式	261
電力相差角曲線	203
電力損失率	417
電力用コンデンサ	291, 414
電力用変電所	228
等圧加熱	67
等圧冷却	67
銅機械	93
同期化力	203
同期化力係数	203
同期始動方式	53
同期調相機	293
同期発電機による直流リンク方式	166
動作開始電圧	281
導水路	15
銅損	232
導電材料	445
等面積法	205
動翼	85
特性インピーダンス	316
特別高圧	366
トラッキング	384
トリプレックス形架橋ポリエチレン絶縁ビニルシースケーブル	388

ナ 行

内部異常電圧	277
内部冷却方式	350
内雷	277
流れ込み式発電所	3
ナトリウム-硫黄電池	179
鉛蓄電池	182
ならし効果	166
難着雪リング	327
二重給電誘導発電機方式	165
二重母線4ブスタイ方式	254
二重母線方式	254
二段燃焼法	121
ニードル弁	22

索 引

二巻線 …………………………… 228

熱効率 ……………………………… 75
熱サイクル ………………………… 66
熱消費率 …………………………… 75
熱中性子 …………………………… 134
熱中性子炉 ………………………… 135
燃　焼 ……………………………… 74
燃　料 ……………………………… 73
燃料電池 …………………………… 173

ノーズカーブ ……………………… 216
ノズル …………………………… 22, 85
ノズル調速法 ……………………… 87

ハ 行

排ガス混合燃焼法 ………………… 121
排気再燃方式 ……………………… 112
排気室温度上昇トリップ装置 …… 89
排気助燃方式 ……………………… 112
配電系統
　——の故障 …………………… 396
　——の保護 …………………… 396
配電電圧 …………………………… 366
配電用変電所 ……………………… 228
バイナリー発電方式 ……………… 170
バイナリー方式 …………………… 170
排熱回収方式 ……………………… 112
バイパス混合法 …………………… 125
バイパス弁 ………………………… 30
パイプ形油入ケーブル …………… 348
パイロットリレー方式 …………… 261
薄膜シリコン太陽電池 …………… 155
バケット …………………………… 22
パージインタロック ……………… 80
はずみ車効果 …………………… 40, 44
パーセントインピーダンス降下 … 231

パーセント法 ……………………… 191
バックアップ ……………………… 403
発電所出力 ………………………… 9
パッドマウント変圧器 …………… 390
バットレスダム …………………… 14
パッファ式ガス遮断器 …………… 248
バナジウム系レドックスフロー電池 … 180
パルスレーダ法 …………………… 355
パワーカーブ ……………………… 164
パワー係数 ………………………… 162
パワーコンディショナ …………… 157
反射材 ……………………………… 135
反動水車 …………………………… 22
反動タービン ……………………… 83

光起電力効果 ……………………… 154
光ファイバ複合架空地線 ………… 305
非常調速装置 ……………………… 88
ヒステリシス曲線 …………… 442, 443
ヒステリシス損 ……………… 231, 443
非接地方式 ………………………… 239
比速度 ……………………………… 28
非直線抵抗形避雷器 ……………… 279
ピッチ制御 ………………………… 164
微風振動 …………………………… 324
百分率短絡インピーダンス ……… 231
表皮効果 …………………………… 445
表面復水器 ………………………… 86
避雷器 ……………………………… 279
比率差動リレー …………………… 259
ピンがいし ………………………… 308

フィルダム ………………………… 15
風力発電 …………………………… 162
フェランチ効果 ……………… 291, 352
負荷開閉器 ………………………… 250
負荷時タップ切換器 ……………… 229
負荷時タップ切換器付き変圧器 … 229

負荷時タップ切換装置	234
負荷時タップ切換変圧器	229
負荷時電圧調整器	234
負荷損	232
複合がい管・がいし	308
複合変圧運転	107
復水器	86
復水器真空度低下トリップ装置	89
複葉弁	31
不足電圧リレー	259
不足補償	239
沸騰水型軽水炉	143
ブッフホルツ継電器	265
不動時間	39
部分試験	438
部分放電法	438
フライホイール電力貯蔵	183
ブラシレス励磁方式	48, 95
フランシス水車	24
プラント総括制御方式	106
フリッカ	420
プルサーマル	148
ブレイトンサイクル	111
プロペラ水車	25
分路リアクトル	292
平滑化効果	166
平衡通風	79
閉鎖時間	39
並列形タービン	84
並列切替方式	99
別置式	51
ヘッドタンク	16
ペテルゼンコイル接地方式	239
ペルトン水車	22
ベルヌーイの定理	6
変圧運転	106
変圧器の効率	232
変圧器保護	264
弁抵抗形避雷器	279
ボイラ	75
ボイラ追従制御方式	105
放圧装置	281
放水路	17
放電開始電圧	281
保護協調	260
保護リレー	229, 258
保護レベル	278
星形結線三相4線式	368
補償リアクトル接地方式	238
保磁力	443
母　線	229
ポリ塩化ビニル	435
ポリマーがい管・がいし	308
ポリマーがいし	308
ポンプ水車	51
ポンプ水車式	51

マ　行

マイカ	434
マスターフュエルトリップリレー	80
マルチサイクロン	124
マーレーループ法	354
水トリー	347
無圧水路	15
無機絶縁材料	434
無拘束速度	28
無電圧投入特性	375
無負荷損	231
モジュール	156
漏れ電流	281

索　引

ヤ　行

有機がいし	308
有機固体絶縁材料	434
有効接地	237
有効容量	18
有効落差	8
誘電正接試験	437
誘電正接法	439
誘電体損	349
誘導雑音電圧	332
誘導障害	331
誘導発電機	
——の二次抵抗制御方式	164
——の二次励磁制御方式	165
誘導発電機直結方式	164
誘導雷	321
油浸絶縁ケーブルの絶縁油調査	439
ユニットシステム	99
ユニット方式	256
油入ケーブル	348
揚水式発電所	4, 51
溶融炭酸塩形燃料電池	175
横軸形	44
余水吐	17
余水路	17
ヨー制御	164
四端子回路	312

ラ　行

雷インパルス電圧	277
雷過電圧	277
ラインポストがいし	308
落　差	8
ランキンサイクル	67
ランナ	22, 24

リチウムイオン電池	181
リプレックス形	346
流況曲線	7
流出係数	7
流　量	7
理論空気量	74
理論水力	8
りん酸形燃料電池	173, 174
ルーズスペーサ	325
ループ方式	373
冷却材	135, 137
励磁突入電流	233
れき青炭	73
レギュラーネットワーク方式	376
レドックスフロー電池	180
連続の原理	4
ロータリ弁	31
ロックフィルダム	15

英数字・記号

ABWR	146
ACSR	304
APWR	145
AVR	49
BTB 変換装置	166
BTB 方式	339
BWR	143
CAES	183
CD ケーブル	390
COM	74
CVT	346
CVT ケーブル	388

索 引

CV ケーブル···346
CWM···74
C レート···179

DfR···259
DGR···259
DSR···259
DZR···259
DZ 方式···263

FCB···107
FRT 機能···159

GIL···348

HDCC···305

IGCC···74

LDC···413
LNG···73
LRA···234
LRT···234

MCFC···175
MOX 燃料···148
MPPT···157

NaS 電池···179

OCR···259
OF ケーブル···348
OPGW···305
OVGR···259
OVR···259

PAFC···174
PCS···157

PEFC···175
POF ケーブル···348
PSS···207
P-V カーブ···216
PWR···141
P-δ 曲線···203

RDfR···259

SF_6 ガス···433
SF_6 ガス絶縁開閉設備···251
SOC···179
SOFC···175
SS 方式···262
STATCOM···292
SVR···414

TACSR···304
TCR 方式···292
TSC 方式···292
T 形回路···313, 314

UPS···423
UVR···259

$1\frac{1}{2}$ CB 方式···254

△結線···370

π 形回路···313, 314

% インピーダンス降下···231
% インピーダンス電圧···231
% 抵抗降下···231
% リアクタンス降下···231

V 結線···370

〈著者略歴〉
塩沢孝則（しおざわ　たかのり）
昭和61年　東京大学工学部電子工学科卒業
昭和63年　東京大学大学院工学系研究科電気工学専攻修士課程修了
昭和63年　中部電力株式会社入社
平成元年　第一種電気主任技術者試験合格
平成12年　技術士（電気電子部門）合格
　　　　　中部電力株式会社執行役員等を経て
現　　在　一般財団法人日本エネルギー経済研究所専務理事

- 本書の内容に関する質問は、オーム社ホームページの「サポート」から、「お問合せ」の「書籍に関するお問合せ」をご参照いただくか、または書状にてオーム社編集局宛にお願いします。お受けできる質問は本書で紹介した内容に限らせていただきます。なお、電話での質問にはお答えできませんので、あらかじめご了承ください。
- 万一、落丁・乱丁の場合は、送料当社負担でお取替えいたします。当社販売課宛にお送りください。
- 本書の一部の複写複製を希望される場合は、本書扉裏を参照してください。

|JCOPY|＜出版者著作権管理機構　委託出版物＞

ガッツリ学ぶ
電験二種　電力

2024年11月25日　第1版第1刷発行

著　　者　塩沢孝則
発行者　村上和夫
発行所　株式会社　オーム社
　　　　郵便番号　101-8460
　　　　東京都千代田区神田錦町3-1
　　　　電話　03(3233)0641(代表)
　　　　URL　https://www.ohmsha.co.jp/

© 塩沢孝則 2024

印刷　精興社　　製本　協栄製本
ISBN978-4-274-23249-7　Printed in Japan

本書の感想募集　https://www.ohmsha.co.jp/kansou/
本書をお読みになった感想を上記サイトまでお寄せください。
お寄せいただいた方には、抽選でプレゼントを差し上げます。

基本からわかる 講義ノート シリーズのご紹介

大特長

1 広く浅く記述するのではなく，必ず知っておかなければならない事項について やさしく丁寧に，深く掘り下げて解説しました

2 各節冒頭の「キーポイント」に 知っておきたい事前知識などを盛り込みました

3 より理解が深まるように， 吹出しや付せんによって補足解説を盛り込みました

4 理解度チェックが図れるように， 章末の練習問題を難易度3段階式としました

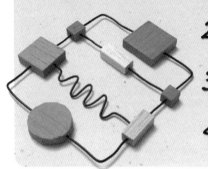

基本からわかる 電気回路講義ノート
- 西方 正司 監修
- 岩崎 久雄・鈴木 憲吏
- 鷹野 一朗・松井 幹彦・宮下 收 共著
- A5判・256頁
- 定価(本体2500円【税別】)

主要目次 直流は電気回路の登竜門〜直流の基礎〜／直流回路／交流の基礎／交流回路／電力／相互誘導／二端子対回路／三相交流

基本からわかる 電磁気学講義ノート
- 松瀬 貢規 監修
- 市川 紀充・岩崎 久雄
- 澤野 憲太郎・野村 新一 共著
- A5判・234頁
- 定価(本体2500円【税別】)

主要目次 電荷と電界，電位／導体と静電容量／電流と磁界／電磁誘導／電磁波／絶縁体／磁性体

基本からわかる パワーエレクトロニクス 講義ノート
- 西方 正司 監修
- 高木 亮・高見 弘
- 鳥居 粛・枡川 重男 共著
- A5判・200頁
- 定価(本体2500円【税別】)

主要目次 パワーエレクトロニクスの基礎／パワーデバイス／DC-DC コンバータ／整流回路／インバータ

基本からわかる 信号処理講義ノート
- 渡部 英二 監修
- 久保田 彰・神野 健哉
- 陶山 健仁・田口 亮 共著
- A5判・184頁
- 定価(本体2500円【税別】)

主要目次 信号処理とは／フーリエ解析／連続時間システム／標本化定理／離散信号のフーリエ変換／離散時間システム

もっと詳しい情報をお届けできます．
※書店に商品がない場合または直接ご注文の場合は右記宛にご連絡ください．

ホームページ https://www.ohmsha.co.jp/
TEL/FAX TEL.03-3233-0643 FAX.03-3233-3440

(定価は変更される場合があります)

A-1408-130

好評関連書籍

統計学図鑑

栗原伸一・丸山敦史 [共著]

A5判／312ページ／定価(本体2500円【税別】)

「見ればわかる」統計学の実践書！

本書は、「会社や大学で統計分析を行う必要があるが、何をどうすれば良いのかさっぱりわからない」、「基本的な入門書は読んだが、実際に使おうとなると、どの手法を選べば良いのかわからない」という方のために、基礎から応用までまんべんなく解説した「図鑑」です。パラパラとめくって眺めるだけで、楽しく統計学の知識が身につきます。

数学図鑑
〜やりなおしの高校数学〜

永野 裕之 [著]

A5判／256ページ／定価(本体2200円【税別】)

苦手だった数学の「楽しさ」に行きつける本！

「算数は得意だったけど、
　数学になってからわからなくなった」
「最初は何とかなっていたけれど、
　途中から数学が理解できなくなって、文系に進んだ」

このような話は、よく耳にします。本書は、そのような人達のために高校数学まで立ち返り、図鑑並みにイラスト・図解を用いることで数学に対する敷居を徹底的に下げ、飽きずに最後まで学習できるよう解説しています。

もっと詳しい情報をお届けできます。
◎書店に商品がない場合または直接ご注文の場合も右記宛にご連絡ください。

ホームページ　https://www.ohmsha.co.jp/
TEL/FAX　TEL.03-3233-0643　FAX.03-3233-3440

(定価は変更される場合があります)

マジわからん シリーズ

「とにかくわかりやすい！」だけじゃなく ワクワクしながら読める！

電気、マジわからん と思ったときに読む本

田沼 和夫 著

四六判・208頁・定価（本体1800円【税別】）

Contents

Chapter 1
電気ってなんだろう？

Chapter 2
電気を活用するための電気回路とは

Chapter 3
身の周りのものへの活用法がわかる！
電気のはたらき

Chapter 4
電気の使われ方と
できてから届くまでの舞台裏

Chapter 5
電気を利用したさまざまな技術

モーターの「わからん」を「わかる」に変える！

モーター、マジわからん と思ったときに読む本

森本 雅之 著

四六判・216頁・定価（本体1800円【税別】）

Contents

Chapter 1
モーターってなんだろう？

Chapter 2
モーターのきほん！　DCモーター

Chapter 3
弱点を克服！　ブラシレスモーター

Chapter 4
現在の主流！　ACモーター

Chapter 5
進化したACモーター

Chapter 6
ほかにもある！
いろんな種類のモーターたち

Chapter 7
モーターを選ぶための
一歩踏み込んだ知識

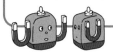

今後も続々、発売予定！

もっと詳しい情報をお届けできます。
◎書店に商品がない場合または直接ご注文の場合も右記宛にご連絡ください。

ホームページ　https://www.ohmsha.co.jp/
TEL／FAX　TEL.03-3233-0643　FAX.03-3233-3440

（定価は変更される場合があります）